Adriano Oprandi

Differentialgleichungen in der Festigkeits- und Verformungslehre

De Gruyter Studium

Weitere empfehlenswerte Titel

Anwendungsorientierte Differentialgleichungen
Adriano Oprandi, geplant für 2024

Differentialgleichungen in der Theoretische Ökologie
Räuber-Beute-Modelle zur Dynamik von Populationen
ISBN 978-3-11-134482-9, e-ISBN (PDF) 978-3-11-134526-0

Differentialgleichungen in der Baudynamik
Modalanalyse, Schwingungstilger, Knickfälle
ISBN 978-3-11-134487-4, e-ISBN (PDF) 978-3-11-134585-7

Differentialgleichungen für Wärmeübertragung
Stationäre und Instationäre Wärmeleitung und Wärmestrahlung
ISBN 978-3-11-134492-8, e-ISBN (PDF) 978-3-11-134583-3

Differentialgleichungen in der Strömungslehre
Hydraulik, Stromfadentheorie, Wellentheorie, Gasdynamik
ISBN 978-3-11-134494-2, e-ISBN (PDF) 978-3-11-134586-4

Differentialgleichungen in der Fluiddynamik
Grenzschichttheorie, Stabilitätstheorie, Turbulente Strömungen
ISBN 978-3-11-134505-5, e-ISBN (PDF) 978-3-11-134587-1

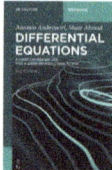

Differential Equations
A First Course on ODE and a Brief Introduction to PDE
Antonio Ambrosetti, Shair Ahmad, 2024
ISBN 978-3-11-118524-8, e-ISBN (PDF) 978-3-11-118567-5

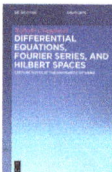

Differential Equations, Fourier Series, and Hilbert Spaces
Lecture Notes at the University of Siena
Raffaele Chiappinelli, 2023
ISBN 978-3-11-129485-8, e-ISBN (PDF) 978-3-11-130252-2

Adriano Oprandi

Differentialgleichungen in der Festigkeits- und Verformungslehre

Elastostatik, Balkentheorie, Impulsanregung, Pendel

2. Auflage

DE GRUYTER
OLDENBOURG

Mathematics Subject Classification 2020
65L10

Autor
Adriano Oprandi
Bartenheimerstr. 10
4055 Basel
Schweiz
spideradri@bluewin.ch

ISBN 978-3-11-134483-6
e-ISBN (PDF) 978-3-11-134581-9
e-ISBN (EPUB) 978-3-11-134618-2

Library of Congress Control Number: 2023951728

Bibliografische Information der Deutschen Nationalbibliothek
Die Deutsche Nationalbibliothek verzeichnet diese Publikation in der Deutschen Nationalbibliografie;
detaillierte bibliografische Daten sind im Internet über
http://dnb.dnb.de abrufbar.

Coverabbildung: artishokcs / iStock / Getty Images Plus
Satz: VTeX UAB, Lithuania
Druck und Bindung: CPI books GmbH, Leck

www.degruyter.com

Vorwort zur 2. Auflage

Die Differentialgleichung (DG) stellt ein unverzichtbares Werkzeug der mathematischen Modellierung in den Naturwissenschaften dar. Sie wird hinzugezogen, wenn man die Änderung physikalischer Größen in Relation zueinander oder zu anderen Größen setzen kann. Viele Naturgesetze werden über eine DG formuliert und führen erst über Rand- und Anfangsbedingungen zu speziellen Lösungen oder Formeln. Die Entscheidung darüber, ob man die Änderung einer Größe oder die Größe selbst betrachtet, wird über die Mess- oder Nichtmessbarkeit der Größe gefällt. Beispielsweise ist die Anzahl radioaktiver Kerne in einem Präparat schwer zu bestimmen, weshalb man die zeitliche Änderung der Aktivität misst, um auf diese Weise auf die Änderung der radioaktiven Kernanzahl zu schließen. Bei der Vermehrung von Bakterien hingegen wäre die Messung der Bakterienzahl direkt möglich, was aber nicht daran hindert, ihre Zu- oder Abnahme mithilfe einer DG zu beschreiben.

In den Naturwissenschaften ist man mit dem generellen didaktischen Problem konfrontiert, wie ein Sachverhalt zuerst in Worten der natürlichen Sprache formuliert und danach derart in die formale Sprache der Mathematik oder Informatik übersetzt werden soll, dass dieser Prozess nachvollziehbar und verständlich bleibt. Es gilt, eine Brücke zwischen diesen beiden Sprachen zu schlagen. Ein möglicher Ansatz besteht darin, eine zielführende Frage zu stellen. Beispielsweise werden Optimierungsfragen der Mathematik wegweisend mit der Frage, welche Größe extremal werden soll, beantwortet. In der Kombinatorik wiederum sind zwei Fragen entscheidend: Ist die Reihenfolge wesentlich und sind Wiederholungen gestattet? Bei magnetischen Phänomenen drängt sich als Eingangsfrage womöglich die Suche nach den magnetischen Polen auf usw. Betrachtet man nun eine DG, so mag Einigen die Struktur derselben, bestehend aus infinitesimalen Größen, nur eine lästige Etappe auf dem Weg zum Ziel, nämlich der Lösung dieser DG, darstellen. Schließlich drückt die Lösung oder Formel die Abhängigkeit der in ihr enthaltenen Größen aus und ist, was die Anwendung betrifft, das Maßgebende. Meine Überzeugung ist es hingegen, dass eine solche, reduzierte Sichtweise das Hauptsächliche unterschlägt, nämlich die Frage, welche Annahmen dem ermittelten Gesetz überhaupt vorangingen und unter welchen Voraussetzungen es Gültigkeit besitzt. Unter diesem Blickwinkel wird man also, nicht nur aus praktischen Gründen, unweigerlich auf die zugehörige DG, insbesondere deren Ausgangspunkt, die Bilanzgleichung zurückgeworfen. Eine solche Bilanz kann beispielsweise eine Längen-, Massen-, Stoffmengen-, Impuls-, Kräfte-, Energie-, Drehmoment-, Leistungsbilanz usw. darstellen. Dabei kann die Bilanz selber an einem infinitesimal kleinen Element oder in einem gedachten Kontrollbereich stattfinden. In dieser Bilanz steckt aber genau das Wesentliche: Man erkennt das verwendete Modell (z. B. ideales oder reales Gas), das zugrunde liegende System (offen, geschlossen oder abgeschlossen), die Vernachlässigung einer Größe gegenüber einer anderen (z. B. Reibungskraft gegenüber Gewichtskraft), die Vereinfachung einer Größe (z. B. konstante Dichte) oder Ähnliches.

https://doi.org/10.1515/9783111345819-201

Eine DG ist eine Gleichung und somit eine Bilanz. Deshalb rücken wir die folgende Leitfrage in den Fokus: „Die Änderung welcher Größe soll mithilfe einer DG am infinitesimalen Element bilanziert werden?". Auf diese Weise wird die Rolle der DG als Bilanz neu definiert: Sie bildet den Ausgangspunkt zur Erfassung des Sachverhalts und hat zum Ziel, Theorie und Praxis als eine Einheit zu begreifen, um auf diese Weise ein tieferes Verständnis für das gestellte Problem zu erlangen. Nicht zuletzt sollte der wiederholte Umgang mit DGen dem Leser und der Leserin die zentrale, themenübergreifende Bedeutung dieser Gleichungen bei der Beschreibung von Naturvorgängen zuteilwerden lassen. Es ist deshalb zwingend, auf die Herleitungen besonderen Wert zu legen, weil diese mit den angesprochenen Bilanzen einhergehen. Leider wird vom Autor immer wieder beobachtet, dass Lehrmittel bei der Herleitung die Voraussetzungen und getroffenen Vereinfachungen nicht klar und ersichtlich herausschälen, was es für die Studentin und den Studenten erschwert, das Ergebnis zu relativieren und dessen Anwendungsbereich klar abzustecken und einzugrenzen.

Aus diesem Grund verfolgt diese 2. Auflage ein klares Ziel und verfährt diesbezüglich nach einem einheitlichen und nachvollziehbaren Muster, indem konsequent jeder Herleitung zuerst allfällige Idealisierungen und Einschränkungen inklusive Begründung oder Zulässigkeit vorangestellt werden. Damit ist sich die Leserin und der Leser immer im Klaren darüber, unter welchen Voraussetzungen die Bilanz geführt wird.

Verglichen mit der 1. Auflage sind einerseits die bestehenden Kapitel durch weitere praktische Aspekte ergänzt und andererseits weitere Kapitel hinzugefügt worden. Dazu gehören das Kapitel 11.1, in dem die verschiedenen Arten erzwungener Schwingungen anhand zahlreicher Beispiele behandelt werden und das Kapitel 12.5, in dem die diskrete und die schnelle Fourier-Transformation erarbeitet werden.

Fast alle Übungen, die in der 1. Auflage erst am Ende des Buches aufgeführt waren, habe ich zu den bestehenden in den Fließtext übernommen. Diese werden als Aufgaben mit konkreten Fragestellungen formuliert und jede Teilaufgabe wird in nachvollziehbaren Schritten vollständig durchgerechnet. Insgesamt enthält dieser Band 136 Beispiele und 85 Abbildungen.

Obwohl Anwendungspakete existieren, die das numerische Lösen von DGen als Werkzeug beinhalten, ist es der Anspruch dieser Bandreihe, sämtliche notwendigen Programme für eine Simulation mit einem TI-nspire CX CAS niederzuschreiben. Dabei soll allein das Eulerverfahren zum Einsatz kommen (Kap. 2), damit die Rekursionsvorschriften nachvollziehbar bleiben. Die Leserin und der Leser mögen bei Interesse die Programme und deren Ergebnisse mit der eigenen Software vergleichen.

Beim Verlag Walter de Gruyter möchte ich mich herzlich für die bisherige Zusammenarbeit und die Möglichkeit einer Zweitauflage bedanken.

Basel, Februar 2024 Adriano Oprandi

Inhalt

1 Einleitung

Didaktik

Besonderes Augenmerk soll in diesem Band auf den didaktischen Unterbau einschließlich der Lerninhalte, der Methodik und der angestrebten Lernziele gelegt werden. Es ist ein Anliegen des Autors, dass die Leserin und der Leser die immer wieder verwendeten Bausteine beim Erstellen einer DG kennt und sie zu gebrauchen lernt. Auf die Herleitungen wird besonderen Wert gelegt. Sie enthalten die angesprochene Vielzahl an Bilanzen und bilden das Kernstück der Methodik.

A. Lerninhalte

Wir beginnen mit der beschleunigten Bewegung von Massenpunkten mithilfe der Newtonschen Mechanik. Dies führt zwangsläufig auf DGen 2. Ordnung. Es werden sowohl analytische wie auch numerische Methoden zu deren Lösung vorgestellt. Danach behandeln wir die Verformung von Festkörpern für den statischen Fall. Es folgt eine Vielzahl von freien und erzwungenen Schwingungsarten. Im Fokus steht, wie schon eingangs mehrfach hervorgehoben, die Bilanzierung der Energie, des Impulses und des Drehimpulses für die jeweilige Bewegung.

B. Lernziele
Unter anderem beinhaltet jedes Kapitel folgende Lernziele:
i. Die notwendigen Begriffe bereitstellen und erklären.
ii. Ein praktisches Problem formalisieren, d. h. die Bedürfnisse und Forderungen in eine DG übersetzen.
iii. Analytische und numerische Methoden zur Lösung einer DG verwenden.
iv. Berechnungen mithilfe von Formeln durchführen.
v. Programme zur numerischen Lösung von DGen verfassen.

C. Methoden
i. Problemstellung erfassen und Diskussion der Bedingungen.
ii. Aufstellen der das Problem beschreibenden DG.
iii. Die Lösung der DG über einen vorher eingeübten Formalismus bestimmen.
iv. Ergebnis (Formel) diskutieren.
v. Anwendung der Ergebnisse auf die Praxis.

Details zur Methode iii. Folgende Werkzeuge zur Lösung einfacher DGen werden vorausgesetzt: die direkte Integration, die Variablentrennung, die Substitution und die Konstantenvariation. Diese Methoden werden wir bei der analytischen Lösung einer DG über den gesamten Band hinweg antreffen.

https://doi.org/10.1515/9783111345819-001

Die ersten beiden Methoden – i. und ii. – erfolgen mittels nachstehender Prinzipien:

I. Bilanzierung am infinitesimal kleinen Element oder im Kontrollbereich.

II. Modellidealisierung und Vernachlässigung von Größen.

III. Lineare Approximation der Änderung einer Größe als Basis einer DG.

Details zu I.

Handelt es sich um eine Punktmasse, so wird die Bilanz zwar direkt für den Schwerpunkt der Masse durchgeführt. Wirken äußere Kräfte auf die Masse ein, dann muss die betrachtete Umgebung miteinbezogen und für diesen Kontrollbereich die Bilanzierung vorgenommen werden. Bei verteilter Masse wie beispielsweise einem Balken, wird die Bilanz an einem infinitesimalen Element durchgeführt, was der Bilanzierung an einem Ort bei der Punktmasse entspricht. Wiederum muss man bei äußeren Krafteinflüssen das infinitesimale Element zu einem Kontrollgebiet erweitern.

Details zu II.

Als Idealisierung bezeichnen wir fortan sämtliche bewusst vernachlässigten Einflüsse eines Problems. Demgegenüber wollen wir die Spezialisierung eines allgemeinen Problems als Einschränkung unterscheiden. Betrachten wir beispielsweise die Bewegung einer Masse. Vernachlässigen wir den Luftwiderstand, dann nennen wir dies eine Idealisierung, hingegen wollen wir die Betrachtung auf vertikale Bewegungen allein als eine Einschränkung bezeichnen.

Details zu III. Wir erläutern dieses grundlegende Prinzip anschließend.

Was ist eine Differentialgleichung?

Eine DG bezeichnet eine Gleichung für eine gesuchte Funktion y in einer oder mehrerer Variablen, die mindestens die erste Ableitung y' dieser Funktion enthält. Dabei beschreibt eine DG beispielsweise die Änderung einer Größe y bezüglich dem Ort x oder die Änderung einer Größe y im Vergleich zur Größe selber usw. Im Weiteren konzentrieren wir uns auf gewöhnliche DGen.

Einschränkung: Wir betrachten bis auf Weiteres DGen in einer Variablen (gewöhnliche DGen).

Beispiele sind $y'(x) = 3x^2 - 1$, $\dot{y}(t) = 2 \cdot \sin[y(t)] + t$ oder $y''(x) - 3 \cdot y'(x) \cdot y^2(x) = 0$. Dabei steht x meistens für den Ort und t für die Zeit. Für die Ableitung nach der Zeit wählt man einen Punkt anstelle des Strichs. Die drei genannten DGen sind allesamt von der Form $f(x, y(x), y'(x), y''(x), \ldots, y^{(n)}(x)) = 0$. Man nennt sie gewöhnlich, weil die Funktion y inklusive ihrer Ableitungen y', y'', nur von einer Variablen allein abhängig ist. Lässt man nur jeweils die 1. Potenz einer Ableitung zu und als Koeffizienten nur Funktionen in derselben Variablen, so erhält man die (gewöhnlichen) linearen DGen in der Form

$$y^{(n)}(x) = a_{n-1}(x) \cdot y^{(n-1)}(x) + \cdots + a_1(x) \cdot y'(x) + a_0(x) \cdot y(x) + g(x).$$

Für $g(x) \equiv 0$ heißt die DG homogen, ansonsten inhomogen. Beispielsweise sind $y'(x) + x \cdot y(x) = e^x$ und $\ddot{y}(t) + t \cdot \dot{y}(t) + t^2 \cdot y(t) = 0$ linear, aber $y'(x) + y^2(x) = 0$ und $\ddot{y}(t) = t \cdot \ln[y(t)]$ nichtlinear.

Analytische und numerische Lösung

Das Grundproblem besteht natürlich darin, die DG zu lösen. Ist eine DG analytisch lösbar, dann geschieht dies immer mithilfe einer Art Umkehroperation, der Integration. Dabei kann sich die Lösung auch als unendliche Reihe schreiben. Auch in diesem Fall geht eine Integration voraus. Viele DGen lassen sich nur näherungsweise mittels numerischer Verfahren lösen. Um die Eindeutigkeit der Lösung einer DG zu gewährleisten, benötigt man sogenannte Anfangswerte, Randwerte oder beides. Ein immer wiederkehrendes Prinzip bei der Herleitung von DGen, besteht darin, Funktionen in eine Taylorreihe zu entwickeln, diese nach dem linearen Term abzubrechen und die Funktionswertänderung für einen kleinen Orts- oder Zeitschritt als Differential zu schreiben (daher auch der Name Differentialrechnung).

Herleitung von (1.1)–(1.7)

Nehmen wir an, $y(x)$ sei eine auf dem Intervall $I \subset \mathbb{R}$ $(n + 1)$-mal stetig differenzierbare Funktion (eigentlich braucht $y^{(n+1)}(x)$ selber nicht mehr stetig zu sein). Weiter sei x_0, $x \in I$. Dann gibt es ein ξ zwischen x_0 und x so, dass sich $y(x)$ in eine Taylorreihe um x_0 entwickeln lässt. Es gilt

$$y(x) = y(x_0) + y'(x_0) \cdot (x - x_0) + \frac{y''(x_0)}{2} \cdot (x - x_0)^2 + \cdots + \frac{y^{(n)}(x_0)}{n!} \cdot (x - x_0)^n + R_n(x) \quad (1.1)$$

mit der sogenannten Restfunktion $R_n(x) = \dfrac{y^{(n+1)}(\xi)}{(n + 1)!} \cdot (x - x_0)^{n+1}$.

Das Ergebnis (1.1) sagt noch nichts über die Konvergenz der Reihe für $n \to \infty$ aus. Dies liefert erst der nächste Satz. Diesmal ist $y(x)$ eine auf dem Intervall $I \subset \mathbb{R}$ unendlich oft stetig differenzierbare Funktion. Die Taylorreihe konvergiert genau dann gegen $y(x)$, wenn $\lim_{n \to \infty} R_n(x) = 0$. In diesem Fall hat man

$$y(x) = \sum_{n=0}^{\infty} \frac{y^{(n)}(x_0)}{n!} \cdot (x - x_0)^n. \quad (1.2)$$

Die Darstellungen (1.1) und (1.2) benutzt man, um den Funktionsverlauf in einer Umgebung von x_0 durch eine Polynomfunktion anzunähern. Dabei wird die Konvergenzumgebung der Gleichung (1.2) durch den Konvergenzradius bestimmt. Der hauptsächliche Verwendungszweck der Taylorreihe im Zusammenhang mit DGen ergibt sich, wenn man in (1.1) x durch $x + dx$ und x_0 durch x ersetzt, wobei $x, x + dx, \xi \in I$ sein muss.

Es folgt

$$y(x + dx) = y(x) + y'(x) \cdot dx + \frac{y''(x)}{2} \cdot dx^2 + \cdots + \frac{y^{(n)}(x)}{n!} \cdot dx^n + R_n(x)$$

$$\text{mit der Restfunktion } R_n(x) = \frac{y^{(n+1)}(\xi)}{(n+1)!} \cdot dx^{n+1}. \tag{1.3}$$

Diese Darstellung ermöglicht es, bei Kenntnis der Werte $y(x), y'(x), y''(x), \ldots, y^{(n)}(x)$ den Wert $y(x + dx)$ mit beliebiger Genauigkeit vorauszusagen. Für die exakte Differenz zwischen $y(x + dx)$ und $y(x)$ aus (1.3) schreiben wir

$$y(x + dx) - y(x) =: \Delta y. \tag{1.4}$$

Brechen wir hingegen (1.3) nach dem linearen Term ab, so ergibt sich

$$y(x + dx) - y(x) \approx y'(x) \cdot dx =: dy. \tag{1.5}$$

Mit dy bezeichnen wir den linearen Anteil des Zuwachses der Grösse y entlang der Strecke dx und nennen diesen Zuwachs „Differential von y". Aus Abb. 1.1 wird der Unterschied zwischen dy und Δy sichtbar. Dabei nehmen wir der Einfachheit halber $\Delta x = dx$.

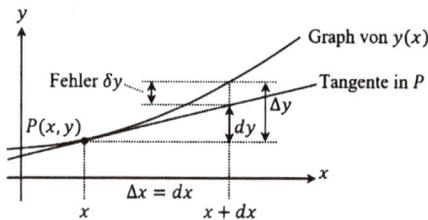

Abb. 1.1: Das Differential einer Grösse y.

Gleichung (1.5) führt zu den bekannten Darstellungen

$$y'(x) \approx \frac{y(x + dx) - y(x)}{dx}, \tag{1.6}$$

$y'(x) = \frac{dy}{dx}$ oder die auf den ersten Blick etwas komisch anmutende Identität $dy = \frac{dy}{dx} \cdot dx$. Auf dieselbe Weise folgen Ableitungen höherer Ordnung wie beispielsweise

$$\frac{d^2 y}{dx^2} = \frac{d}{dx}\left(\frac{dy}{dx}\right) = y''(x) \approx \frac{y'(x + dx) - y'(x)}{dx} = \frac{\frac{dy}{dx}(x + dx) - \frac{dy}{dx}(x)}{dx}. \tag{1.7}$$

Es stellt sich nun die Frage, wie gut die Approximationen (1.6) und (1.7) für die weitere Verrechnung sind. Die Frage ist leicht zu beantworten, falls die mithilfe dieser Näherungen aufgestellte DG exakt lösbar ist. Bildet man in diesem Fall den Grenzwert

$dx \rightarrow 0$, für (1.6) und (1.7), gilt dann das Gleichheitszeichen und schließlich führt eine Integration zur geschlossenen Lösung. Ungeachtet dessen, ob eine DG analytisch oder nur numerisch lösbar ist, soll gelten:

III. Die Herleitung aller bevorstehenden DGen erfolgt grundsätzlich mithilfe der Ausdrücke (1.6) und (1.7) für y' bzw. y'' usw. Wir nennen dieses Prinzip die lineare Approximation oder 1. Näherung einer Größenänderung.

Lässt eine DG nur eine numerische Lösung zu, so wählt man eine Schrittweite $dx > 0$ und approximiert die Ableitungen durch die Terme (1.6) und (1.7). Je größer man dx wählt, umso ungenauer wird die Punktfolge gegenüber der exakten Lösungskurve und je kleiner dx gewählt wird, umso genauer wird die Lösungskurve. Gleichzeitig erhöht sich aber die Schrittzahl und der zusätzliche Rechenaufwand wächst enorm.

Ergebnis. Eine DG mit Anfangsbedingung entspricht somit nichts anderem als der rekursiven Darstellung einer Punktfolge mit Startwert. Die Rekursionsvorschrift ist dabei die DG bzw. die DFG (Differenzengleichung) selber. Die eindeutige Lösungskurve wird damit Punkt für Punkt konstruiert. Bei einer analytischen Lösung ist die Punktzahl unendlich, bei einer numerischen Lösung endlich.

Für die leistungsfähigen Rechner unserer Zeit stellt die numerische Berechnung mit großer Schrittzahl meistens kein Problem mehr dar und die Lösung kann bis zu einer gewünschten Genauigkeit erreicht werden. Noch vor wenigen Jahrzehnten konnte man nicht auf eine derart hohe Rechenkapazität zurückgreifen. Insbesondere musste der Wert $y(x + dx)$ aus der Kenntnis von $y(x)$ auf einem anderen Weg als über die Gleichung (1.5) erfolgen, um den Fehler zwischen dem exakten und dem numerisch bestimmten Wert $\delta y = |y_E(x) - y_N(x)|$ an einer Stelle x möglichst klein zu halten. Es wurden Verfahren entwickelt, die bei der Schrittweitenwahl dx den Fehler δy nicht nur um ein Vielfaches ($k \cdot dx$, $k \in \mathbb{R}^+$), sondern proportional zur Potenz der Schrittweite ($k \cdot dx^p$, $k \in \mathbb{R}^+$, $p > 1$, $p \in \mathbb{N}$) reduzieren, um so den Rechenaufwand auf dem Weg zu einer möglichst exakten Lösung zu verringern. Einige solcher Verfahren stellen wir in Kap. 2 vor.

Beispiel 1. Gegeben ist die DG $y'(x) = g(x)$ mit $y(0) = 0$, wobei $g(x) \neq y(x)$. Man kann die Gleichung durch eine Integration lösen. Aus $\frac{dy}{dx} = g(x)$ folgt $dy = g(x) \cdot dx$, $\int dy = \int g(x) \cdot dx$ und damit $y(x) = \int g(x) \cdot dx + C$. Nehmen wir speziell $g(x) = 2x$, dann erhalten wir $y(x) = x^2 + C$ und mit der Anfangsbedingung $y(0) = 0$ folgt $y(x) = x^2$.

Zum Vergleich nehmen wir an, dass die DG $y'(x) = 2x$ nur numerisch lösbar wäre. Somit schreibt sich (1.6) in der Form $\frac{y(x+\Delta x) - y(x)}{\Delta x} \approx 2x$, woraus $y(x+\Delta x) \approx y(x) + 2x \cdot \Delta x$ mit $y(0) = 0$, eine sogenannte Differenzengleichung (DFG), entsteht. Für die numerische Berechnung ist es wichtig, y_i von $y(x_i)$ zu unterscheiden, auch wenn diese unter Umständen identisch sind. Daraus entsteht die Rekursionsvorschrift $y_{i+1} = y_i + 2x_i \cdot \Delta x$ und $y_0 = 0$ für $i \in \mathbb{N}_0$. Als Schrittlänge wählen wir $\Delta x = 0.5$, also recht grob, um einen klaren Unterschied zu den exakten Werten von $y(x) = x^2$ zu erhalten. Es folgt nacheinander

$$y_1 = y_0 + 2x_0 \cdot \Delta x = 0 + 2 \cdot 0 \cdot 0.5 = 0,$$

$$y_2 = y_1 + 2x_1 \cdot \Delta x = 0 + 2 \cdot 0.5 \cdot 0.5 = 0.5,$$
$$y_3 = y_2 + 2x_2 \cdot \Delta x = 0.5 + 2 \cdot 1 \cdot 0.5 = 1.5,$$
$$y_4 = 3 \quad \text{und} \quad y_5 = 5.$$

Allgemein ist $y_i = \frac{1}{4}i(i-1)$, $i \in \mathbb{N}_0$. Der Verlauf der exakten Lösung inklusive der Punktfolge bestehend aus den sechs numerisch bestimmten Werten entnimmt man Abb. 1.2 links.

Beispiel 2. Gegeben ist die DG $y'(x) = y(x)$ mit $y(0) = 1$. Aus $\frac{dy}{dx} = y(x)$ folgt durch Trennung der Variablen $\frac{dy}{y} = dx$, $\int \frac{dy}{y} = \int dx$ und damit $\ln|y| = x + C_1$. Aufgelöst ergibt sich $y(x) = e^{x+C_1} = e^{C_1} \cdot e^x = C \cdot e^x$. Mit $y(0) = 1$ folgt $C = 1$ und damit $y(x) = e^x$.

Zum Vergleich lösen wir die DG numerisch. Die Verwendung von (1.6) liefert

$$\frac{y(x + \Delta x) - y(x)}{\Delta x} \approx y(x), \quad y(x + \Delta x) \approx y(x) + y(x) \cdot \Delta x \quad \text{und}$$
$$y(x + \Delta x) \approx (1 + \Delta x) \cdot y(x) \quad \text{mit } y(0) = 1.$$

Abermals sei die Schrittlänge $\Delta x = 0.5$ und man erhält die Rekursionsvorschrift $y_{i+1} = 1.5 \cdot y_i$ mit $y_0 = 1$ für $i \in \mathbb{N}_0$. Weiter ergibt sich nacheinander

$$y_1 = 1.5 \cdot y_0 = 1.5 \cdot 1 = 1.5,$$
$$y_2 = 1.5 \cdot y_1 = 1.5 \cdot 1.5 = 2.25,$$
$$y_3 = 1.5 \cdot y_2 = 3.38, \quad y_4 = 5.06 \quad \text{und} \quad y_5 = 7.59.$$

Allgemein ist $y_i = 1.5^i$, $i \in \mathbb{N}_0$. Abb. 1.2 enthält den Verlauf der exakten Lösung sowie die numerisch bestimmten Werte der Punktfolge.

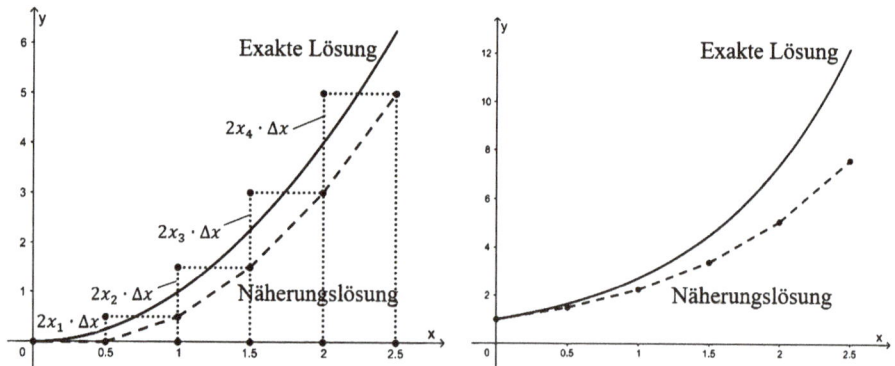

Abb. 1.2: Exakte und numerische Lösung der Beispiele 1 und 2.

2 Numerisches Lösen von Differentialgleichungen

Lassen sich DGen oder DG-Systeme nicht mehr geschlossen lösen, dann benötigt man numerische Verfahren, um den Verlauf der Lösung zu bestimmen. Dazu wird die DG diskretisiert. Drei Verfahren sollen vorgestellt werden. Ausgangspunkt sei die DG $y'(x) = f(x, y(x))$.

1. Das Euler-Verfahren

Herleitung von (2.1)

Die Lösung $y = y(x)$ soll durch einen Polygonzug der (äquidistanten) Schrittweite h angenähert werden. Je feiner h gewählt wird, umso besser entspricht der Polygonzug der Lösungskurve (Abb. 1.2 links). Im Folgenden bezeichnet $y(x_i)$ den exakten Funktionswert der Lösung und y_i den numerisch bestimmten Wert an der jeweiligen Stelle x_i. Sei x_0 der Startwert, dann gilt $y(x_0) = y_0$. Gehen wir zu einem Wert $x_1 = x_0 + h$ über, dann kann man $y(x_1)$ gemäß Gleichung (1.1) durch die Taylorreihe vom Grad 1 approximieren: $y(x_1) \approx y_0 + y'(x_0) \cdot h = y_0 + f(x_0, y_0) \cdot h := y_1$. Analog folgt $y(x_2) \approx y_1 + f(x_1, y_1) \cdot h := y_2$ usw. Daraus ergibt sich eine explizite Rekursionsformel für die Punkte des Polygonzugs (Euler-Verfahren):

$$x_{i+1} = x_i + h,$$
$$y_{i+1} = y_i + h \cdot f(x_i, y_i). \tag{2.1}$$

2. Das Trapez-Verfahren

Herleitung von (2.2)–(2.4)

Dazu schreiben wir die DG $y'(x) = f(x, y)$ um. Nach dem Hauptsatz der Integralrechnung gilt $\int_a^b f(x)dx = F(b) - F(a)$, wenn $F'(x) = f(x)$. Angewendet auf unsere DG mit $a = x_i$ und $b = x_{i+1}$ folgt $\int_{x_i}^{x_{i+1}} y'(x)dx = \int_{x_i}^{x_{i+1}} f(x, y(x))dx = y(x_{i+1}) - y(x_i)$ oder $y(x_{i+1}) = y(x_i) + \int_{x_i}^{x_{i+1}} f(x, y(x))dx$. Ersetzt man $y(x_i) \approx y_i$ und $y(x_{i+1}) \approx y_{i+1}$, so erhält man

$$y_{i+1} = y_i + \int_{x_i}^{x_{i+1}} f(x, y(x))dx. \tag{2.2}$$

Dies stellt ebenfalls eine Rekursionsformel für die Punkte des Polygonzugs dar. Nun müssen wir noch das Integral in (2.2) annähern. Hierzu gäbe es viele Möglichkeiten. Wir wählen das Trapez, das sich ergibt, wenn man das Kurvenstück innerhalb des Intervalls durch eine Strecke ersetzt (Abb. 2.1 rechts). Der Flächeninhalt A des Trapezes beträgt dann $A = \frac{1}{2}h \cdot [f(x_i, y(x_i)) + f(x_i + h, y(x_i + h))]$, falls die Lösungskurve $y(x)$ bekannt wäre.

https://doi.org/10.1515/9783111345819-002

In einer Näherung ist deshalb

$$A = \frac{1}{2}h \cdot [f(x_i, y_i) + f(x_i + h, y_{i+1})] \tag{2.3}$$

Ersetzt man das Integral in (2.2) durch den Wert (2.3), so ergibt sich die implizite Rekursionsformel für das Trapezverfahren:

$$x_{i+1} = x_i + h,$$
$$y_{i+1} = y_i + \frac{1}{2}h \cdot [f(x_i, y_i) + f(x_i + h, y_{i+1})]. \tag{2.4}$$

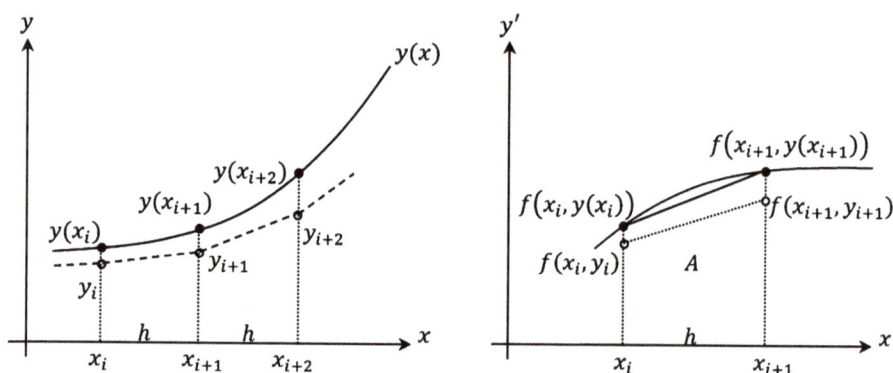

Abb. 2.1: Skizzen zum Euler- und Trapezverfahren.

3. Das Heun-Verfahren

Wird der Wert von y_{i+1} aus Gleichung (2.4) durch den Wert aus (2.1) ersetzt, so erhält man das explizite Heun-Verfahren:

$$x_{i+1} = x_i + h,$$
$$y_{i+1} = y_i + \frac{1}{2}h \cdot [f(x_i, y_i) + f(x_i + h, y_i + h \cdot f(x_i, y_i))].$$

Die drei Verfahren besitzen in der aufgelisteten Reihenfolge globale Fehler der Ordnung h, h^2, h^2 respektive. Für $h = 0.1$ ergäbe der globale Fehler $|y(x_i) - y_i|$ zwischen dem exakten und dem numerisch bestimmten Wert an der Stelle x_i ein Vielfaches von 0.1, 0.01, 0.01 resp.

Für die folgenden Anwendungen wählen wir trotzdem das Euler-Verfahren. Es ist ausreichend genau, wir ersparen uns komplizierte Rekursionsformeln und erreichen bei Bedarf eine Verbesserung durch verkleinern der Schrittweite.

Beispiel 1. Gegeben ist die DG

$$\dot{y} = 0.2y(10 - y) \quad \text{mit } y(0) = 1. \tag{2.5}$$

a) Gesucht ist die exakte Lösung.
b) Die Lösung aus a) soll mithilfe des expliziten Euler-Verfahrens nacheinander bei zwei verschiedenen Schrittlängen $h = dt = 0.5$ und $h = dt = 0.1$ verglichen werden.

Lösung.
a) Die exakte Lösung ergibt sich mit zu

$$y(t) = \frac{y_0 \cdot G}{y_0 + (G - y_0) \cdot e^{-kGt}} = \frac{10}{1 + 9 \cdot e^{-2t}}$$

(vgl. Band 1).
b) Für die Diskretisierung schreiben wir die DG als

$$dy = 0.2y(10 - y)dt \quad \text{und} \quad y_{i+1} - y_i = 0.2y_i(10 - y_i)h.$$

Dieses und alle folgenden Programme werden mithilfe eines TI-nspire CX CAS erstellt.
Die Rekursionsvorschrift lautet übersetzt $y_i := y_i + 0.2y_i(10 - y_i)h$ und das zugehörige Programm für die numerische Lösung sieht dann wie folgt aus:

```
Define DG(n)
Prgm
xa:= {xi}
ya:= {yi}
xi:= 0
yi:= 1                      (Anfangsbedingung y(0) = 1)
For i,1,n
xi:= xi + 0.5               (0.5 durch 0.1 ersetzen)
yi:=yi+0.2·yi(10-yi)·0.5    (0.5 durch 0.1 ersetzen)
xa:= augment(xa,{xi})
ya:= augment(ya,{yi})
End For
Disp xa, ya
End Prgm
```

Führt man das Programm für $n = 10$ bzw. $n = 50$ aus, so ergeben sich die in Abb. 2.2 dargestellten Punktfolgen (Kreise für $n = 10$ und Pluszeichen für $n = 50$). Die Übereinstimmung mit der genauen Lösung (schwarze Linie) kann beliebig verbessert werden, indem man kleinere Schrittweiten wählt. Dafür muss dann natürlich die Schrittzahl erhöht werden, um denselben Zeitbereich zu erfassen.

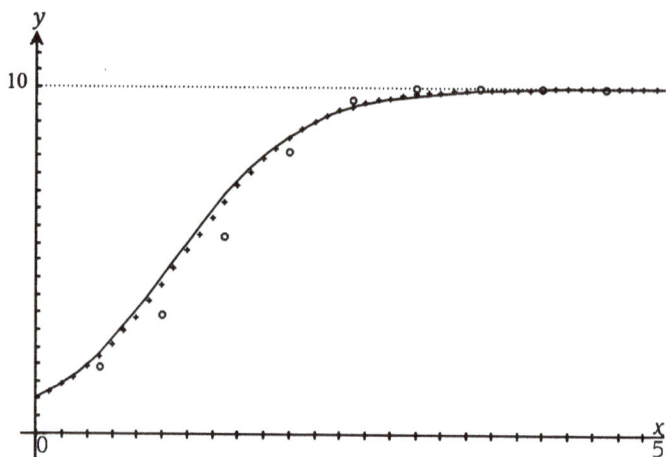

Abb. 2.2: Exakte und numerische Lösungen von (2.5).

Beispiel 2. Gegeben ist die DG $\dot{y} = -10y$ mit $y(0) = 1$.

Untersuchen Sie, für welche Schrittlängen $h = dt$ das explizite Euler-Verfahren brauchbare Werte für die Näherung der exakten Lösung liefert. Wandeln Sie dazu die Rekursionsformel in ihre explizite Form um.

Lösung. Die exakte Lösung ist $y(t) = e^{-10t}$. Für die Näherung gilt $dy = -10y \cdot dt$ und

$$y_{i+1} - y_i = -10y_i h \quad \text{oder} \quad y_{i+1} = (1 - 10h)y_i \quad \text{mit } y_0 = y(0) = 1.$$

Explizit erhält man $y_i = (1 - 10h)^i y_0$ mit $y_0 = 1$.

Daraus lassen sich vier Fälle unterscheiden:

I. $h > 0.2$. Die Werte von y_i sind alternierend und zudem gilt $|y_i| \to \infty$.
II. $0.1 < h < 0.2$. Man erhält eine alternierende Folge für y_i.
III. $h = 0.1$. In diesem Fall ist $y_i \equiv 0$ für $i \in \mathbb{N}$.
IV. $h < 0.1$. Diese ermittelten Näherungswerte können verwendet werden.

Nur im Fall IV. spiegeln die Näherungswerte den Verlauf der exakten Lösung wieder.

Eine DG und ihre zugehörige DFG zeigen nicht immer dasselbe Verhalten. Für weiterführende Untersuchungen siehe Band 1.

3 Differentialgleichungen 2. Ordnung

Die allgemeine DG 2. Ordnung stellt eine Erweiterung der DG 1. Ordnung unter Hinzunahme der 2. Ableitung einer Größe y dar. Die neue Gleichung verknüpft also y, y' und y''. Physikalisch gesehen sind DGen 2. Ordnung untrennbar mit der beschleunigten Bewegung einer Masse verknüpft. Mit der Zeit t als Variable verwenden wir im Weitern $x(t)$ für den Ort. Ableitungen nach der Zeit versehen wir mit einem Punkt und schreiben für die Geschwindigkeit und die Beschleunigung $v(t)=\dot{x}(t) = \frac{d}{dt}x(t)$ und $a(t)=\dot{v}(t) = \ddot{x}(t) = \frac{d^2}{dt^2}x(t)$ respektive. Der Bewegungszustand eines Körpers der Masse m kann durch die beiden Zustandsgrößen Energie und Impuls beschrieben werden. Als Zustandsgrößen sind sowohl Impuls als auch Energie unabhängig davon, wie der Zustand erreicht wurde. In einer Momentaufnahme besitzt z. B. ein Körper auf der Höhe $h = 0$ den Impuls $p = mv$ und die Energie $\frac{1}{2}mv^2$. Zwei wesentliche Merkmale unterscheiden die beiden Größen aber voneinander. Impuls wie auch Drehimpuls sind im Gegensatz zur Energie vektorielle Größen. Zweitens wird der Impuls über die zeitliche Wirkung einer Kraft, die Energie hingegen über die Kraft längs eines Weges definiert. Die Energie ist ein Maß für die am Körper zu verrichtende Arbeit, um diesen aus der Ruhelage auf den entsprechenden Energiezustand zu bringen. Bei gewissen Problemstellungen ist die Behandlung mithilfe der Gesamtenergie von Vorteil, weil dann der Einbezug der Zeitvariable umgangen werden kann. Beispielsweise gestattet der Energievergleich $mgh = \frac{1}{2}mv^2$ die Ermittlung der Endgeschwindigkeit $v = \sqrt{2gh}$ einer aus der Höhe h fallenden Masse m unter Vernachlässigung der Luftreibung, ohne die Ortsfunktion $x(t) = \frac{1}{2}gt^2$ miteinzubeziehen. Der Impulssatz gilt somit immer, unabhängig davon, ob eine Energieänderung stattfindet. Zwei Körper mit gleichem Impuls können verschiedene Energien besitzen. Bei der Verwendung des Energiesatzes müssen die einzelnen Energieanteile bekannt sein. Das kann bei vorhandener Reibung zum Problem werden, weil der Energieverlust unter Umständen abgeschätzt werden muss. Das Standardbeispiel hierzu ist der unelastische Stoß: Der Gesamtimpuls bleibt erhalten. Die kinetische Energie bleibt nicht mehr erhalten, wohl aber die Gesamtenergie, falls der in Wärme umgewandelte Teil der kinetischen Energie in der Energiebilanz mitberücksichtigt wird (vgl. Kap. 3.2, Bsp. 8).

Herleitung von (3.2)

Als Impuls definiert man die vektorielle Größe $\boldsymbol{p} = m\boldsymbol{v}$. Der Impuls zeigt in Bewegungsrichtung und ändert sich mit der Masse, dem Betrag der Geschwindigkeit oder der Geschwindigkeitsrichtung.

Bilanz: Die Änderung des Impulses. Die zeitliche Änderung des Impulses heißt Impulsstrom oder Impulsfluss und hat die Dimension einer Kraft $\boldsymbol{F}$. Genauer gilt:

$$\boldsymbol{F}(t) = \frac{d\boldsymbol{p}(t)}{dt} = \frac{d[m(t)\boldsymbol{v}(t)]}{dt} = \frac{dm(t)}{dt} \cdot \boldsymbol{v}(t) + m(t) \cdot \frac{d\boldsymbol{v}(t)}{dt}. \qquad (3.1)$$

https://doi.org/10.1515/9783111345819-003

Dies kann man auch als

$$\boldsymbol{F}(t) = \dot{m}(t) \cdot \boldsymbol{v}(t) + m(t) \cdot \dot{\boldsymbol{v}}(t) = m(t) \cdot \boldsymbol{a}(t) + \boldsymbol{v}(t) \cdot \dot{m}(t)$$

schreiben.

Dabei kann die Kraft $\boldsymbol{F}$ aus vielen Einzelkräften bestehen, die zur Impulsänderung beitragen: $\boldsymbol{F} = \sum \boldsymbol{F}_i$. Ebenso können mehrere Massen im System vorhanden sein.

Die Änderung des Impulses ist damit gleich der Summe aller am System angreifenden Kräfte:

$$\sum \boldsymbol{F}_i = \sum \dot{\boldsymbol{p}}_i(t) = \sum \dot{m}_i(t) \cdot \boldsymbol{v}_i(t) + \sum m_i(t) \cdot \dot{\boldsymbol{v}}_i(t). \tag{3.2}$$

Dieser Impulssatz entspricht dem 2. Newtonschen Axiom. Die Gleichungen (3.1) und (3.2) gelten (für einen Beobachter) im ruhenden Inertialsystem. Sie besagen: Eine Impulsänderung findet genau dann statt, wenn Kräfte am Werk sind. Besitzt der Körper oder besitzen die Körper des Systems eine konstante Masse, so erhält man im Fall einer Masse $\boldsymbol{F}(t) = m \cdot \boldsymbol{a}(t)$. Gleichung (3.1) lässt sich zuerst als $d\boldsymbol{p}(t) = \boldsymbol{F}(t) \cdot dt$ und in integraler Form, $\boldsymbol{p}(t_2) - \boldsymbol{p}(t_1) = \int_{t_1}^{t_2} \boldsymbol{F}(t)dt$, formulieren, wenn wir die Einwirkung der (zeitlich abhängigen) Kraft während der Zeit $\Delta t = t_2 - t_1$ betrachten. In diesem Sinne führt jeder Kraftstoß zu einer Impulsänderung. Die Größe des zugehörigen Kraftstoßes entspricht dem Flächeninhalt unter dem Kraftverlauf. Dieser kann durch eine während der Zeit Δt wirkende durchschnittliche Kraft $\overline{F}$ ersetzt werden und liefert denselben Kraftstoss:

$$\left| \int_{t_1}^{t_2} \boldsymbol{F}(t) \cdot dt \right| = \overline{F} \cdot \Delta t.$$

Wie schon weiter oben erwähnt, ist es demnach für die Größe des Impulses unerheblich, wie der Kraftverlauf innerhalb des Zeitintervalls im Einzelnen aussieht. Abb. 3.1 hält einige kurz andauernde Kraftstöße in idealisierter Form fest. Impulsströme können durchwegs oder stückweise fließen. Stellen wir uns dazu einen auf einer horizontalen Unterlage reibungsfrei rollenden Wagen vor, der in Intervallen von 1 s während der Zeit Δt mit derselben Kraft angestossen wird. Da man dem Wagen portionsweise Impuls überträgt, gleicht der zugehörige Geschwindigkeitsverlauf einer Treppenfunktion. Damit ist die Geschwindigkeitsfunktion nur stückweise stetig und innerhalb der Zeiten Δt nicht differenzierbar. In diesem Fall muss die Gleichung (3.1) durch $\frac{\Delta p}{\Delta t} = \frac{\Delta(mv)}{\Delta t} = m \cdot \frac{\Delta v}{\Delta t} = m \cdot \frac{v_2 - v_1}{\Delta t}$ ersetzt werden. Neigt man dagegen die Unterlage hinreichend stark ohne den Wagen anzustoßen, so erfolgt die Impulsänderung einzig über die (höhenabhängige) Gravitationskraft. Sofern die Unterlage nicht uneben ist, kann man davon ausgehen, dass diese Änderung in infinitesimal kleinen gleichen Portionen, also kontinuierlich und gleichmäßig erfolgt und die Geschwindigkeitsfunktion überall stetig und differenzierbar ist. Wird die Fahrbahn stärker geneigt, so kommt es wieder darauf an, ob die Winkeländerung durchgehend oder in Portionen erfolgt.

Erdrutsch	Schlag	Hüpfen Stoss	Motor einschalten Schleudern eines Pkw

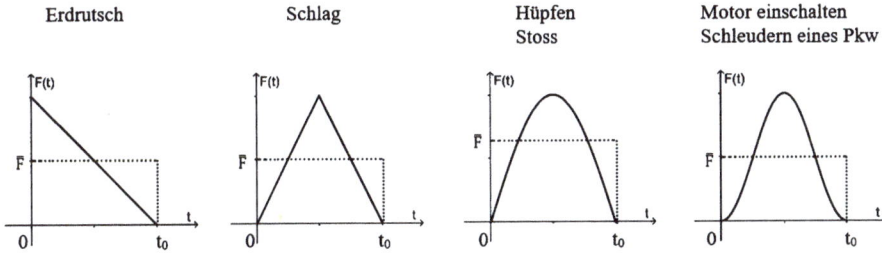

Abb. 3.1: Idealisierte kurze Kraftstöße.

Herleitung von (3.3)–(3.10)

Gleichung (3.2) lässt sich auf die Größe des Drehimpulses umschreiben.

Bilanz: Die Änderung des Drehimpulses. Der Satz besagt, dass die Änderung des Drehimpulses $L = \sum L_i(t)$ gleich der Summe aller am System angreifenden Drehmomente $\sum M_i$ ist. Dabei sind $L_i = J_i \cdot \omega_i$ und $M_i = F_i \times r_i$. Es bedeuten J_i die Massenträgheitsmomente, $\omega_i = \dot{\varphi}_i$ die Winkelgeschwindigkeiten mit $v_i = \omega_i \circ r_i$ und r_i die Vektoren vom Drehpunkt zu den Angriffspunkten der Kräfte F_i. Es gilt dann $\sum M_i = \sum \dot{L}_i(t)$ oder ausgeschrieben im Fall konstanter Massen

$$\sum (F_i \times r_i) = \sum J_i \cdot \ddot{\varphi}_i. \tag{3.3}$$

Die Gleichungen (3.2) und (3.3) nennt man auch Bewegungsgleichungen.

Weiter soll nun der Energiesatz für ein abgeschlossenes, reibungsfreies System bewiesen werden:

Energieerhaltungssatz für Punktmassen.
In einem abgeschlossenen, reibungsfreien System bleibt die gesamte mechanische Energie erhalten. (3.4)

Damit können Energieformen nur ineinander umgewandelt werden.

Beweis. Dazu soll nebst der kinetischen Energie einer Punktmasse auch eine potentielle Energie definiert werden. Letztere lässt sich einführen, wenn ein konservatives Kraftfeld vorliegt. Ein solches ist gegeben, wenn man eine Masse von einem Raumpunkt hin zu einem anderen verschieben kann und die dabei verrichtete Arbeit gleich groß bleibt. Beispiele konservativer Kräfte ergeben sich im Gravitationsfeld oder in einem elektrostatischen Feld. Nichtkonservative Kräfte sind jegliche dissipativen Kräfte und werden beispielsweise auch von Magnetfeldern oder Wirbelfeldern erzeugt. Dabei definiert man die Dissipation wie folgt:

Definition 1. Steht die durch Arbeit erhöhte Gesamtenergie nicht mehr vollständig zur Verfügung, um in mechanische Energie umgewandelt zu werden, sondern geht ein Teil der Energie aufgrund von Reibung in Wärme über, dann bezeichnet man diese Differenz als „dissipierte Energie".

Weiter gibt es vier äquivalente Definitionen eines konservativen Kraftfeldes:

Definition 2.
1. Die Arbeit entlang eines beliebigen Weges innerhalb des Feldes ist konstant.
2. Die Arbeit entlang eines geschlossenen Weges innerhalb des Feldes ist null.
3. Es lässt sich ein skalares Feld, das Potential des Kraftfeldes, definieren.
4. Auf einem einfach zusammenhängenden Gebiet innerhalb des Feldes verschwindet die Rotation.

Die genauen Ausführungen zu 2.–4. werden erst im Zusammenhang mit den Potential-strömungen und der Navier-Stokes-Gleichung in den Bänden 5 und 6 resp. behandelt.

I. Gehen wir vorerst von einer einzigen Masse m aus. Liegt nun ein konservatives Kraftfeld vor, so bleibt die Arbeit also sowohl vom Weg als auch von der verstrichenen Zeit unabhängig und die Arbeit lässt sich dem Endpunkt allein zuordnen. Somit kann man

$$E_{\text{pot}}(\boldsymbol{r}) - E_{\text{pot}}(\boldsymbol{r}_{\text{Bez}}) = - \int\limits_{r_{\text{Bez}}}^{r} \boldsymbol{F}(\boldsymbol{r}) \cdot d\boldsymbol{s} \tag{3.5}$$

schreiben. Dabei darf der Bezugspunkt frei gewählt werden. Zerlegt in die drei Raum-richtungen erhält man

$$dE_{\text{pot},x} + dE_{\text{pot},y} + dE_{\text{pot},z} = - \int\limits_{x_{\text{Bez}}}^{x} F_x(\boldsymbol{r}) \cdot dx - \int\limits_{y_{\text{Bez}}}^{y} F_y(\boldsymbol{r}) \cdot dy - \int\limits_{z_{\text{Bez}}}^{z} F_z(\boldsymbol{r}) \cdot dz$$

oder einzeln

$$-\frac{dE_{\text{pot},x}}{dx} = F_x(\boldsymbol{r}), \quad -\frac{dE_{\text{pot},y}}{dy} = F_y(\boldsymbol{r}), \quad -\frac{dE_{\text{pot},z}}{dz} = F_z(\boldsymbol{r}).$$

Als Vektor geschrieben ist dann

$$\boldsymbol{F}(\boldsymbol{r}) = (F_x(\boldsymbol{r}), F_y(\boldsymbol{r}), F_z(\boldsymbol{r})) = \left(-\frac{dE_{\text{pot},x}}{dx}, -\frac{dE_{\text{pot},y}}{dy}, -\frac{dE_{\text{pot},z}}{dz} \right) = -\operatorname{grad} E_{\text{pot}}(\boldsymbol{r}) \tag{3.6}$$

oder kurz

$$E_{\text{pot}}(\boldsymbol{r}) = U(\boldsymbol{r}) \tag{3.7}$$

mit einem Potential $U(\boldsymbol{r})$, das die Eigenschaft (3.6) besitzt. Gleichung (3.6) stellt gerade die 3. Bedingung der Definition 2 dar. Da die Masse eine Körpereigenschaft ist, kann diese von der potentiellen Energie entkoppelt werden: $E_{\text{pot}}(\mathbf{r}) = m \cdot V(\mathbf{r})$ mit einem Potential $V(\mathbf{r})$, das in sich die Raumeigenschaften des Feldes vereint. Analog gilt bei einer Punktladung im elektrostatischen Feld $E_{\text{pot}}(\mathbf{r}) = q \cdot V(\mathbf{r})$.

II. Befinden sich nun n Teilchen in einem abgeschlossenen Raum, so wird die Lage jedes Teilchens mit der Masse m_k, $k = 1, 2, \ldots, n$ durch den Ortsvektor $\mathbf{r}_k$ resp. relativ zu einem Bezugspunkt bestimmt. Wiederum kann man mithilfe eines Potentials $U(\mathbf{r}_1, \mathbf{r}_2, \ldots, \mathbf{r}_n) = E_{\text{pot}}(\mathbf{r}_1, \mathbf{r}_2, \ldots, \mathbf{r}_n)$ nun

$$\mathbf{F}_k(\mathbf{r}_1, \mathbf{r}_2, \ldots, \mathbf{r}_n) = -\operatorname{grad}_k E_{\text{pot}}(\mathbf{r}_1, \mathbf{r}_2, \ldots, \mathbf{r}_n) \tag{3.8}$$

schreiben. Dabei ist $\mathbf{F}_k$ die Kraft auf das k-te Teilchen und $\operatorname{grad}_k = (\frac{\partial}{\partial x_k}, \frac{\partial}{\partial y_k}, \frac{\partial}{\partial y_k})$, also die partiellen Ableitungen der x-, y- und z- Koordinate des k-ten Teilchens.

Nun zur eigentlichen Herleitung des Energiesatzes. Dazu betrachten wir n Teilchen in einem abgeschlossenen System und jedes Teilchen steht in Wechselwirkung zu einem anderen. Von einer externen Krafteinwirkung sehen wir der Einfachheit halber aber ab. Für die gesamte kinetische Energie erhält man

$$E_{\text{kin}} = \sum_{k=1}^{n} \frac{1}{2} m_k \mathbf{v}_k^2. \tag{3.9}$$

Dabei ist $\mathbf{v}_k = (v_{k1}, v_{k2}, v_{k3})$ ein räumlicher Vektor.
Weiter ist

$$\frac{dE_{\text{kin}}}{dt} = \sum_{k=1}^{n} m_k \mathbf{v}_k \circ \frac{d\mathbf{v}_k}{dt} = \sum_{k=1}^{n} m_k \mathbf{v}_k \circ \mathbf{a}_k. \tag{3.10}$$

Der Kringel soll andeuten, dass es sich hier um ein Skalarprodukt handelt.

Um die zeitliche Ableitung der potentiellen Energie besser zu verstehen, schreiben wir das Potential vollständig aus: $E_{\text{pot}}(\mathbf{r}) = U(\mathbf{r}) = U(x_1, y_1, z_1, x_2, y_2, z_2, \ldots, x_n, y_n, z_n)$.
Dann ist

$$
\begin{aligned}
\frac{dU}{dt} &= \frac{dU}{dx_1} \cdot \frac{dx_1}{dt} + \frac{dU}{dy_1} \cdot \frac{dy_1}{dt} + \frac{dU}{dz_1} \cdot \frac{dz_1}{dt} + \cdots + \frac{dU}{dx_n} \cdot \frac{dx_n}{dt} + \frac{dU}{dy_n} \cdot \frac{dy_n}{dt} + \frac{dU}{dz_n} \cdot \frac{dz_n}{dt} \\
&= \operatorname{grad}_1 U \circ \frac{d\mathbf{r}_1}{dt} + \operatorname{grad}_2 U \circ \frac{d\mathbf{r}_2}{dt} + \cdots + \operatorname{grad}_n U \circ \frac{d\mathbf{r}_n}{dt} \\
&= \operatorname{grad}_1 U \circ \mathbf{v}_1 + \operatorname{grad}_2 U \circ \mathbf{v}_2 + \cdots + \operatorname{grad}_n U \circ \mathbf{v}_n \\
&= \sum_{k=1}^{n} \operatorname{grad}_k U \circ \mathbf{v}_k.
\end{aligned}
$$

Mit (3.5) folgt weiter

$$\frac{dE_{\text{pot}}}{dt} = \frac{dU}{dt} = -\sum_{k=1}^{n} \mathbf{F}_k \circ \mathbf{v}_k = -\sum_{k=1}^{n} m_k \mathbf{a}_k \circ \mathbf{v}_k. \tag{3.11}$$

Schließlich erhält man mithilfe von (3.10) und (3.11)

$$\frac{dE_{total}}{dt} = \frac{dE_{kin}}{dt} + \frac{dE_{pot}}{dt} = \sum_{k=1}^{n} m_k \boldsymbol{v}_k \circ \boldsymbol{a}_k - \sum_{k=1}^{n} m_k \boldsymbol{a}_k \circ \boldsymbol{v}_k = 0.$$

q. e. d.

Beispiel 1. Gegeben sind n Teilchen mit derselben Masse m. Die Teilchen befinden sich auf einer jeweiligen Höhe $h_1, h_2, \ldots, h_n$ resp. bezüglich zur Erdoberfläche. Bestimmen Sie das zugehörige Potential, falls die die einzelnen Höhen gegenüber dem Erdradius klein sind.

Lösung. Man erhält $U(h_1, h_2, \ldots, h_n) = E_{pot}(h_1, h_2, \ldots, h_n) = mg(h_1 + h_2 + \cdots + h_n)$.

Beispiel 2. Eine Masse m befindet sich im Gravitationsfeld der Erde. Weiter bezeichnen M und R die Masse resp. den Radius der Erde.
a) Wie lautet das zugehörige Potential?
b) Die Masse soll vom Erdboden auf eine Höhe h gebracht werden. Zeigen Sie, dass für $h \ll R$, das Potential aus a) in das Potential $U(h) = mgh$ übergeht.

Lösung.
a) Nach dem Newtonschen Gravitationsgesetz gilt für die Wechselwirkung der beiden Massen $\boldsymbol{F}(\boldsymbol{r}) = -\frac{GmM}{|\boldsymbol{r}|^3} \cdot \boldsymbol{r}$. Dabei setzen wir den Bezugspunkt ins Unendliche und den Ursprung in den Mittelpunkt der Erde. Die potentielle Energie berechnet sich demnach mithilfe von (3.5) zu

$$E_{pot}(r) = -\int_{r_{Bez}}^{r} \boldsymbol{F}(\boldsymbol{r}) \cdot d\boldsymbol{r} = GmM \int_{\infty}^{r} \frac{1}{r^2} \cdot dr = GmM \left[-\frac{1}{r} \right]_{\infty}^{r} = -\frac{GmM}{r}.$$

Häufig wird an dieser Stelle die sich im Feld befindliche Masse m von der felderzeugenden Masse M entkoppelt und man schreibt anstelle von $E_{pot}(r) = U(r) = -\frac{GmM}{r}$ auch $E_{pot}(r) = m \cdot V(r)$ mit $V(r) = -\frac{GM}{r}$.
b) Es gilt

$$U(r) = m \cdot V(R + h) - m \cdot V(R) = mGM\left(-\frac{1}{R+h} + \frac{1}{R} \right) = mGM\left[\frac{-R + R + h}{R(R+h)} \right]$$

$$= mGM\left[\frac{h}{R(R+h)} \right].$$

Für $h \ll R$ folgt $U(h) \approx mGM(\frac{h}{R \cdot R}) = m\frac{GM}{R^2}h = mgh$.

3.1 Physikalische Systemumgebungen

Damit die bekannten Erhaltungssätze zur Anwendung kommen dürfen oder nicht, muss man sich über die Umgebung im Klaren sein, innerhalb dessen die entsprechenden

Größen bilanziert werden sollen. Als Systemumgebung soll ein räumlich abgegrenztes Objekt (z. B. Masseteilchen, Inhalt einer Gasflasche, Stück eines Balkens usw.) oder ein Gebiet (z. B. Flussabschnitt) gemeint sein, das sich durch physikalische Größen beschreiben lässt. Wir unterscheiden dabei offenes, geschlossenes oder abgeschlossenes (isoliertes) System. Welcher Art das System ist, wird von den eigens festgesetzten Bereichsgrenzen bestimmt.

1. Ein als offen betrachtetes System steht in Verbindung zu seiner Umgebung. Materie kann das System verlassen oder in das System hineinfließen. Dasselbe gilt für den Impuls und die Energie. Der Gesamtimpuls und die Gesamtenergie in einem offenen System bleiben damit nicht erhalten. Für den Gesamtimpuls gilt vielmehr, dass seine Änderung gleich der Summe aller am System angreifenden Kräfte ist.
2. In einem geschlossenen System findet kein Materie-, wohl aber ein Impuls- oder ein Energieaustausch mit der Umgebung statt. Auch hier gilt, dass die Änderung des Gesamtimpulses gleich der Summe aller am System angreifenden Kräfte ist.
3. Ein abgeschlossenes System gestattet weder einen Materie-, noch einen Impulstransfer über dessen Grenzen hinaus. Der Gesamtimpuls in einem abgeschlossenen System bleibt demnach erhalten oder die Änderung des Gesamtimpulses ist null. Ein solches System stellt eine Idealisierung dar.

In den obigen drei Fällen kann man den Impuls durch den Drehimpuls ersetzen und erhält dieselben Aussagen. Auf die Massen(strom)bilanz wurde verzichtet. Sie entspricht jeweils der Summe der Impulsströme. Die Energieerhaltung gilt nur im abgeschlossenen, reibungsfreien System. Energiebilanzen in offenen und geschlossenen Systemen behandeln wir erst im Zusammenhang mit der Thermo- und Fluiddynamik.

Beispiel. Eine Lokomotive schiebt einen Güterwagen, der während der Fahrt mit Sand beladen wird, langsam vor sich her. Die Reibung der Räder mit der Schiene wird berücksichtigt. Drei mögliche Impulsänderungen sind erkennbar.

a) Über die Sandzufuhr wird gleichmäßig Impuls dem System übertragen.
b) Die Lokomotive überträgt einen Impuls auf den Güterwagen.
c) Die Reibungskräfte vermindern den Gesamtimpuls.

1. Betrachten wir die Lokomotive und den Wagen samt Inhalt, Räder und Schiene als offenes System, so sind alle drei genannten Impulsübertragungen zulässig.
2. Für ein geschlossenes System muss die Massenzufuhr eingestellt werden, womit nur die Impulsänderungen der Form b) und c) möglich sind.
3. Möchten wir von einem abgeschlossenen System ausgehen, so kommt dafür lediglich die Impulsänderungsform c) infrage.

3.2 Beispiele zu den Bewegungsgleichungen

Beispiel 1. Ein Fahrzeug der konstanten Masse m wird aus dem Stand mithilfe einer Kraft F auf einer horizontalen Fahrbahn beschleunigt. Die Rollreibung (Reibungskoeffizient μ) zwischen Fahrzeug und Unterlage soll beachtet werden.

a) Um welches physikalische System handelt es sich beim Fahrzeug inklusive Rädern?
b) Bestimmen Sie die Ortsfunktion $x(t)$ mit Hilfe einer Impulsbilanz.
c) Wie groß ist die dissipierte Energie zur Zeit t?
d) Führen Sie eine Energiebilanz des Systems durch.

Lösung.
 Bilanz: Kraft- oder Impulsänderungsbilanz des Fahrzeugs.
 Idealisierungen:
– Der Reibungskoeffizient μ soll konstant sein.
– Die Luftreibung wird vernachlässigt.

a) Da keine Massenänderung im System stattfindet, aber eine Kraft von außen auf das Fahrzeug wirkt, handelt es sich um ein geschlossenes System.
b) Nach (3.1) gilt $\frac{dp}{dt} = \frac{d(mv)}{dt} = m \cdot \frac{dv}{dt} = m \cdot \ddot{x}$. Diese Impulsänderung entspricht der Summe der am Fahrzeug angreifenden Kräfte. Diese sind nach (3.2) $\sum \vec{F}_i = F - F_R$, wenn man noch die entsprechenden Richtungen beachtet. Insgesamt erhält man

$$m \cdot \ddot{x} = F - \mu mg. \tag{3.2.1}$$

Weiter folgt $\ddot{x}(t) = \frac{F}{m} - \mu g$ und mit $x(0) = 0$, $\dot{x}(0) = 0$ ergibt sich nacheinander

$$\dot{x}(t) = \left(\frac{F}{m} - \mu g \right)t \quad \text{und} \quad x(t) = \frac{1}{2} \left(\frac{F}{m} - \mu g \right)t^2.$$

c) Man erhält

$$E_{\text{diss}}(t) = \int_0^{x(t)} F_R \cdot dx(\tau) = \mu mg \int_0^{x(t)} 1 \cdot dx(\tau) = F_R \cdot x(\tau) = \frac{\mu mg}{2} \left(\frac{F}{m} - \mu g \right)t^2.$$

d) Dazu multiplizieren wir Gleichung (3.2.1) mit $\dot{x}$ und erhalten $m \cdot \ddot{x}\dot{x} = F\dot{x} - \mu mg\dot{x}$ oder $\frac{d}{dt}(\frac{1}{2}mv^2) = (F - \mu mg)\dot{x}$. Dies lässt sich auch schreiben als $\frac{dE_{\text{pot}}}{dt} = (F - \mu mg)\frac{dx}{dt}$ oder $dE_{\text{pot}} = (F - \mu mg)dx$. Integriert, erhält man

$$E_{\text{pot}} = \int_0^{x(t)} (F - \mu mg)dx = F \cdot x(t) - \mu mg \cdot x(t) = W_F - W_{F_R}$$

und die

Energiebilanz: $E_{\text{pot}} = W_F - W_{F_R}$. Die kinetische Energie ergibt sich aus der durch die antreibende Kraft zugeführten Energie, vermindert um die am System verrichteten Reibungsarbeit. Damit erhält man die kinetische Energie auch wie folgt:

$$E_{\text{kin}} = (F - \mu mg)x(t) = \frac{1}{2}(F - \mu mg)\left(\frac{F}{m} - \mu g\right)t^2 = \frac{1}{2}m\left(\frac{F}{m} - \mu g\right)^2 t^2 = \frac{1}{2}mv^2.$$

Beispiel 2. Ein Körper der Masse m gleitet aus der Ruhe mit einem konstanten Reibungskoeffizienten μ auf einer schiefen Ebene der Neigung α hinunter (Abb. 3.2 links).
a) Bestimmen Sie eine Bedingung dafür, dass sich der Körper überhaupt in Bewegung setzt.
b) Ermitteln Sie die Ortsfunktion $x(t)$ über eine Impulsbilanz.
c) Berechnen Sie die dissipierte Energie als Funktion der Zeit zuerst über eine Energiebilanz und danach mithilfe der Definition der Arbeit.

Lösung.
Bilanz: Kraft- oder Impulsänderungsbilanz des Körpers.
a) Aus der Skizze entnimmt man die Kräfte $F_H = mg \cdot \sin\alpha$, $F_N = mg \cdot \cos\alpha$ und $F_R = \mu mg \cdot \cos\alpha$. Damit sich der Körper in Bewegung setzt, muss $F_H > F_R$ gelten. Daraus folgt die Bedingung $\tan\alpha > \mu$.
b) Die Kraftbilanz lautet $\frac{d(mv)}{dt} = m \cdot \ddot{x} = F_H - F_R$, woraus $m \cdot \ddot{x}(t) = mg \cdot \sin\alpha - \mu \cdot mg \cdot \cos\alpha$ entsteht. Weiter erhält man $\ddot{x}(t) = g \cdot (\sin\alpha - \mu \cdot \cos\alpha)$ und mit $x(0) = 0$ und $\dot{x}(0) = 0$ folgt die Lösung

$$x(t) = \frac{1}{2}g \cdot (\sin\alpha - \mu \cdot \cos\alpha) \cdot t^2.$$

c) *Energiebilanz:* Beim Start hat man $E_{\text{total1}} = E_{\text{pot1}} = mgh_{t=0}$ und zu einer beliebigen Zeit t ist $E_{\text{total2}} = E_{\text{pot2}} + E_{\text{kin2}} = mgh_t + \frac{1}{2}mv^2(t)$. Daraus folgt

$$
\begin{aligned}
E_{\text{diss}} = E_{\text{total1}} - E_{\text{total2}} &= mg(h_{t=0} - h_t) - \frac{1}{2}mv^2(t) = mgx(t)\sin\alpha - \frac{1}{2}mv^2(t) \\
&= \frac{mg^2}{2}(\sin\alpha - \mu\cos\alpha)\sin\alpha \cdot t^2 - \frac{m}{2}[g(\sin\alpha - \mu \cdot \cos\alpha)t]^2 \\
&= \frac{mg^2}{2}(\sin\alpha - \mu\cos\alpha)\sin\alpha \cdot t^2 - \frac{mg^2}{2}(\sin\alpha - \mu \cdot \cos\alpha)^2 t^2 \\
&= \frac{mg^2}{2}(\sin\alpha - \mu\cos\alpha)t^2(\sin\alpha - \sin\alpha + \mu \cdot \cos\alpha) \\
&= \frac{1}{2}\mu mg^2 \cos\alpha(\sin\alpha - \mu\cos\alpha)t^2.
\end{aligned}
$$

Anderseits ist auch $E_{\text{diss}}(t) = F_R \cdot x(t) = \frac{1}{2}\mu mg^2 \cos\alpha(\sin\alpha - \mu\cos\alpha)t^2$.

Beispiel 3. Zwei Massen m_1 und m_2 sind über eine masselose Rolle mit einem masselosen, vollständig biegsamen aber nicht dehnbaren Seil verbunden und befinden sich auf einer schiefen Ebene (Abb. 3.2 rechts). Die Reibung des Seils mit der Rolle soll unbeachtet bleiben. Die Reibung der Massen mit der Unterfläche wird berücksichtigt und sie ist überall gleich groß (Koeffizient μ). Zudem soll das Seil schlupffrei über die Rolle laufen.

a) Bestimmen Sie eine Bedingung dafür, dass sich die Körper überhaupt in Bewegung setzen.

b) Stellen Sie die Impulsbilanz für jeden Teilkörper durch Freischneiden auf.

c) Nehmen Sie als Zahlenbeispiel $m_1 = 5 \cdot m_2$, $\alpha = 45°$, $\mu = 0.5$ und bestimmen Sie die Ortsfunktion $x(t)$ mit den Anfangsbedingungen $x(0) = 0$ und $\dot{x}(0) = 0$.

Lösung.

Bilanz: Gesonderte Kraft- oder Impulsänderungsbilanz des jeweiligen Körpers.

Idealisierungen:

– Eine Biegesteifigkeit wie bei einem Balken besitzt das Seil nicht, was bedeutet, dass es beim Verbiegen nicht mit einer Rückstellkraft reagiert. Es soll nur Kräfte in Zugrichtung erfahren und weitergeben.

– Weil das Seil keine Dehnung und damit eine eventuelle Längenänderung zulässt, wird die Ortskoordinate der Massen nicht beeinflusst.

– Ist das Seil masselos, so fehlt dessen Beschleunigung in der Impulsbilanz (vgl. Bsp. 6).

– Die als masselos aufgefasste Rolle (= nicht vorhandene Rolle) hat zur Konsequenz, dass die Beschleunigung der Rolle nicht in einer zusätzlichen Drehimpulsbilanz einfließt. Dies wird in Bsp. 10 nachgeholt.

– Eine masselose Rolle kann zwangsweise auch keine Reibung des Lagers beinhalten und folglich herrscht überall im Seil dieselbe Spannkraft: $|\vec{F}_{S1}| = |\vec{F}_{S2}|$.

a) Aus der Skizze entnimmt man die Bedingung $F_{H1} - F_{H2} - F_{R1} - F_{R2} - F_{S1} + F_{S2} > 0$. Es müssen also α und/oder das Verhältnis der Massen m_1 und m_2 so gewählt werden, dass gilt:

$$(m_1 - m_2)g \cdot \sin\alpha > \mu(m_1 + m_2)g \cdot \cos\alpha \quad \text{oder} \quad \tan\alpha > \mu \cdot \frac{m_1 + m_2}{m_1 - m_2}.$$

b) Wählt man die Bewegungsrichtung als positive Richtung, so beträgt die Impulsänderung der rechten Masse $\frac{d(m_1 v_1)}{dt} = m_1 \cdot \dot{v}_1$. Die Resultierende der an m_1 angreifenden Kräfte ist $F_{H1} - F_{R1} - F_{S1}$, was zusammen $m_1 \cdot \dot{v}_1 = F_{H1} - F_{S1} - F_{R1}$ ergibt.

Für die linke Masse erhält man (wiederum mit der Bewegungsrichtung als positive Richtung) $m_2 \cdot \dot{v}_2 = F_{S2} - F_{H2} - F_{R2}$. Mit $\dot{v}_1 = \dot{v}_2 = \ddot{x}(t)$ folgt durch Addition beider Impulsänderungen die Bewegungsgleichung zu

$$(m_1 + m_2) \cdot \ddot{x}(t) = (m_1 - m_2) \cdot g \cdot \sin\alpha - \mu \cdot (m_1 + m_2) \cdot g \cdot \cos\alpha.$$

c) Man erhält nacheinander $6m_1 \cdot \ddot{x}(t) = 4m_1 \cdot g \cdot \sin\alpha - \mu \cdot 6m_1 \cdot g \cdot \cos\alpha$, $6 \cdot \ddot{x}(t) = \frac{\sqrt{2}}{2} \cdot (4 \cdot g - 3 \cdot g)$ und $\ddot{x}(t) = \frac{\sqrt{2}}{12} \cdot g$. Mit $x(0) = 0$ und $\dot{x}(0) = 0$ folgt die Lösung zu

$$x(t) = \frac{1}{2}\left(\frac{\sqrt{2}}{12}g\right) \cdot t^2 \quad \Rightarrow \quad x(t) \approx \frac{1}{2}\left(\frac{1}{10}g\right) \cdot t^2.$$

Das System bewegt sich mit einer durchschnittlichen Beschleunigung von $\frac{1}{10}g$.

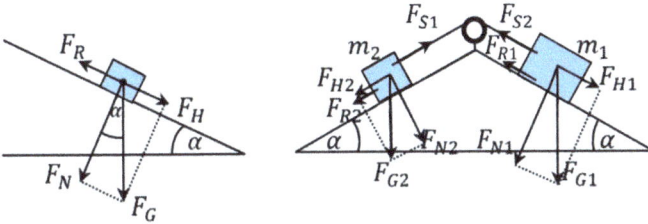

Beispiel 4. Ein kugelförmiger Körper sinkt aus der Ruhelage von der Wasseroberfläche aus ab. Die viskose Reibung soll bei der einsetzenden beschleunigten Bewegung beachtet werden. Für Kugeln gilt das Gesetz von Stokes. Es besagt, dass eine sich mit der Geschwindigkeit v bewegende Kugel in einer Flüssigkeit den Reibungswiderstand $F_R = 6\pi \cdot \eta \cdot r \cdot v$ erfährt. Dabei sind r der Radius der Kugel und η die dynamische Viskosität der Flüssigkeit.

a) Stellen Sie die Impulsbilanz der Kugel auf.
b) Bestimmen Sie die Geschwindigkeitsfunktion $v(t)$ und ihre Grenzgeschwindigkeit.
c) Integrieren Sie die Lösung von b) und ermitteln Sie die Ortsfunktion $x(t)$.
d) Ermitteln Sie die dissipierte Energie als Funktion der Zeit.
e) Wie lange braucht der Sand, um 10 m abzusinken? Die zugehörigen Werte sind

$$\eta_{\text{Wasser}} = 10^{-3}\,\frac{\text{kg}}{\text{m} \cdot \text{s}}, \quad r_{\text{Sandkugel}} = 0.1\,\text{mm} \quad \text{und} \quad \rho_{\text{Sand}} = 2.50 \cdot 10^3\,\frac{\text{kg}}{\text{m}^3}.$$

Lösung.
Bilanz: Kraft- oder Impulsänderungsbilanz der Kugel.

a) Es gilt $\frac{d(mv)}{dt} = m \cdot \dot{v} = F_{\text{Gewicht}} - F_{\text{Reibung}} - F_{\text{Auftrieb}}$. Daraus folgt $m \cdot \dot{v} = m \cdot g - 6\pi \cdot \eta \cdot r \cdot v - \rho_{Fl} \cdot V \cdot g$ Mit den Abkürzungen $a = g - \frac{\rho_{Fl} \cdot V \cdot g}{m} = g - \frac{m_{\text{spez}}}{m}$ und $b = \frac{6\pi \cdot \eta \cdot r}{m}$ erhält man $\dot{v} = a - b \cdot v$.

b) Aus $dv = (a - b \cdot v)dt$ folgt $\int \frac{dv}{a - b \cdot v} = \int dt$ und daraus $-\frac{1}{b}\ln(a - bv) = t + C_1$ oder $\ln(a - bv) = -bt + C_2$. Weiter erhält man $a - bv = Ce^{-bt}$ und $v(t) = \frac{1}{b}(a - Ce^{-bt})$. Die Bedingung $v(0) = 0$ liefert $C = a$ und damit die Lösung $v(t) = \frac{a}{b}(1 - e^{-bt})$. Die Grenzgeschwindigkeit beträgt $v_\infty = \lim_{t \to \infty} v(t) = \frac{a}{b}$.

c) Aus $\frac{dx}{dt} = v(t) = \frac{a}{b}(1 - e^{-bt})$ erhält man $\int dx = \frac{a}{b}\int(1 - e^{-bt})dt$ und daraus $x(t) = \frac{a}{b}(t + \frac{1}{b}e^{-bt}) + C$. Mit $x(0) = 0$ ergibt sich $C = -\frac{a}{b^2}$ und damit

$$x(t) = \frac{a}{b}\left(t + \frac{1}{b}e^{-bt}\right) - \frac{a}{b^2} = \frac{a}{b}\left[t + \frac{1}{b}(e^{-bt} - 1)\right].$$

d) Es gilt

$$E_{\mathrm{diss}}(t) = \int\limits_0^{x(t)} F_R(\tau)dx(\tau) = 6\pi\eta r \int\limits_0^t v(\tau)\dot{x}(\tau)d\tau = 6\pi\eta r \int\limits_0^t v^2(\tau)d\tau$$

$$= \frac{6\pi\eta ra^2}{b^2}\int\limits_0^t(1 - e^{-b\tau})^2 d\tau = \frac{6\pi\eta ra^2}{b^2}\int\limits_0^t(1 - 2e^{-b\tau} + e^{-2b\tau})d\tau$$

$$= \frac{6\pi\eta ra^2}{b^2}\left[\tau + \frac{2}{b}e^{-b\tau} - \frac{1}{2b}e^{-2b\tau}\right]_0^t$$

$$= \frac{6\pi\eta ra^2}{b^2}\left(t + \frac{2}{b}e^{-bt} - \frac{1}{2b}e^{-2bt} - \frac{3}{2b}\right).$$

Für große Zeiten hat man $E_{\mathrm{diss}}(t) \approx \frac{6\pi\eta ra^2}{b^2}(t - \frac{3}{2b})$.

e) Die Masse des Sandkorns beträgt $m = \rho V = 2.5 \cdot 10^3 \cdot \frac{4}{3}\pi(10^{-4})^3 = \frac{10}{3}\pi \cdot 10^{-9}$ kg. Zu lösen ist

$$10 = \frac{9.81(\frac{10}{3}\pi \cdot 10^{-9} - 10^3 \cdot \frac{4}{3}\pi(10^{-4})^3)}{6\pi \cdot 10^{-3} \cdot 10^{-4}}\left[t + \frac{\frac{10}{3}\pi \cdot 10^{-9}}{6\pi \cdot 10^{-3} \cdot 10^{-4}}(e^{-\frac{6\pi \cdot 10^{-3} \cdot 10^{-4}}{\frac{10}{3}\pi \cdot 10^{-9}} \cdot t} - 1)\right]$$

oder

$$10 = \frac{9.81}{300}\left[t + \frac{1}{180}(e^{-180 \cdot t} - 1)\right].$$

Man erhält $t \approx 306$ s.

Beispiel 5. Ein Gegenstand fällt aus einer gewissen Höhe und aus der Ruhelage auf die Erde. Der Luftwiderstand soll beachtet, der Auftrieb vernachlässigt werden. Die Gravitationskonstante wird als konstant vorausgesetzt. Für den Reibungswiderstand gilt $F_R = \frac{1}{2}c_W \cdot \rho \cdot A \cdot v^2$. Dabei sind A der Querschnitt der Kugel, v die Geschwindigkeit des Körpers, ρ die Dichte der Luft und c_W die Widerstandszahl, die ein Maß für den Strömungswiderstand der Luft darstellt.

a) Stellen Sie die Impulsbilanz der Kugel auf.

b) Bestimmen Sie die Geschwindigkeitsfunktion $v(t)$, die Grenzgeschwindigkeit und die Ortsfunktion $x(t)$.

c) Berechnen Sie die dissipierte Energie als Funktion der Zeit zuerst über eine Energiebilanz und danach mithilfe eines Arbeitsintegrals.

Lösung.

Bilanz: Kraft- oder Impulsänderungsbilanz des Gegenstands.

Idealisierung: Weder die Beachtung des Auftriebs noch die Abhängigkeit der Gravitationskonstanten mit der Höhe ergäbe einen nennenswerten Einfluss auf die Fallgeschwindigkeit.

a) Es gilt $\frac{d(mv)}{dt} = m \cdot \dot{v} = F_{\text{Gewicht}} - F_{\text{Reibung}}$. Daraus folgt $m \cdot \dot{v} = m \cdot g - \frac{1}{2}c_W \cdot \rho \cdot A \cdot v^2$. Mithilfe der Abkürzung $a := \frac{c_W \rho A}{2m}$ schreibt sich die DG in der Form $\dot{v} = g(1 - \frac{a}{g}v^2)$.

b) Die Substitution $u^2 = \frac{a}{g}v^2$ ergibt $v = u\sqrt{\frac{g}{a}}$, $\frac{dv}{dt} = \frac{du}{dt}\sqrt{\frac{g}{a}}$. Eingesetzt erhält man

$$\frac{du}{dt}\sqrt{\frac{g}{a}} = g(1 - u^2) \quad \text{oder} \quad \int \frac{du}{1 - u^2} = \sqrt{ag}\int dt.$$

Es folgt $\operatorname{arctanh}(u) = \sqrt{ag} \cdot t + C$.

Die Rücksubstitution führt zu $\operatorname{arctanh}(v\sqrt{\frac{a}{g}}) = \sqrt{ag} \cdot t + C$ und damit $v(t) = \sqrt{\frac{g}{a}} \cdot \tanh(\sqrt{ag} \cdot t + C)$. Die Anfangsbedingung $v(0) = 0$ ergibt $C = 0$ und insgesamt $v(t) = \sqrt{\frac{g}{a}} \cdot \tanh(\sqrt{ag} \cdot t)$. Für große t ist $\tanh(\sqrt{ag} \cdot t) \approx 1$. Daraus folgt $\lim_{t \to \infty} v(t) = \sqrt{\frac{g}{a}}$, d. h. im Grenzfall gilt $F_G = F_R$ und die Geschwindigkeit würde sich nicht mehr ändern.

Mit $x(0) = 0$ folgt durch Integration $x(t) = \frac{1}{a}\ln[\cosh(\sqrt{ag}\, t)]$.

c) *Energiebilanz:* Beim Start ist $E_{\text{Total}1} = E_{\text{pot}1} = mgh_{t=0}$ und nach der Zeit t hat man $E_{\text{Total}2} = E_{\text{pot}2} + E_{\text{kin}2} = mgh_t + \frac{1}{2}mv^2$.

Daraus folgt

$$\begin{aligned}
E_{\text{diss}}(t) = E_{\text{Total}2} - E_{\text{Total}1} &= mg(h_{t=0} - h_t) - \frac{1}{2}mv^2 = mgx(t) - \frac{1}{2}mv^2 \\
&= \frac{mg}{a}\ln[\cosh(\sqrt{ag}t)] - \frac{mg}{2a} \cdot \tanh^2(\sqrt{ag} \cdot t) \\
&= \frac{mg}{a}\left\{\ln[\cosh(\sqrt{ag} \cdot t)] - \frac{1}{2} \cdot \tanh^2(\sqrt{ag} \cdot t)\right\}.
\end{aligned} \tag{3.2.2}$$

Im Grenzfall ist $\lim_{t \to \infty}\tanh(rt) = 1$ und

$$\begin{aligned}
\ln[\cosh(rt)] = \ln\left(\frac{e^{rt} + e^{-rt}}{2}\right) &= \ln(e^{rt} + e^{-rt}) - \ln 2 \\
&= \ln[e^{rt}(1 + e^{-2rt})] - \ln 2 = \ln(e^{rt}) + \ln(1 + e^{-2rt}) - \ln 2 \\
&= rt + \ln(1 + e^{-2rt}) - \ln 2.
\end{aligned}$$

Für große t gilt somit $\ln[\cosh(rt)] \approx rt - \ln 2$. Insgesamt erhält man als Asymptote $E_{\text{diss}}(t) \approx \frac{mg}{a}\{rt - \ln 2 - \frac{1}{2}\}$ für große t.

Arbeitsintegral: Anderseits ist

$$E_{diss}(t) = \int_0^{x(t)} F_R(\tau)\,dx(\tau) = \mu \int_0^t \dot{x}^2(\tau)dx(\tau)$$

$$= am \int_0^t \dot{x}^2(\tau)\dot{x}(\tau)d\tau = am \int_0^t \dot{x}^3(\tau)d\tau = mg\sqrt{\frac{g}{a}} \int_0^t \tanh^3(\sqrt{ag} \cdot \tau)d\tau.$$

Zuerst betrachten wir das Integral:

$$\int \tanh^3(rx)dx = \int \frac{\sinh^3(rx)}{\cosh^3(rx)}\,dx$$

$$= \int \frac{\sinh^2(rx)}{\cosh^3(rx)}\sinh(rx)dx = \int \frac{\cosh^2(rx)-1}{\cosh^3(rx)}\sinh(rx)dx.$$

Wir wählen folgende Substitution: $u = \cosh(rx)$, $du = r \cdot \sinh(rx)dx$.
Dann folgt

$$\int \tanh^3(rx)dx = \frac{1}{r}\int \frac{u^2-1}{u^3}\,du = \frac{1}{r}\int \left(\frac{1}{u} - \frac{1}{u^3}\right)du = \frac{1}{r}\left(\ln u + \frac{1}{2u^2}\right) + C$$

$$= \frac{1}{r}\left(\ln[\cosh(rx)] + \frac{1}{2} \cdot \frac{1}{\cosh^2(rx)}\right) + C_1$$

$$= \frac{1}{r}\left\{\ln[\cosh(rx)] + \frac{1}{2} \cdot [1 - \tanh^2(rx)]\right\} + C_1$$

$$= \frac{1}{r}\left\{\ln[\cosh(rx)] - \frac{1}{2} \cdot \tanh^2(rx)\right\} + C.$$

Schließlich erhalten wir

$$E_{diss}(t) = mg\sqrt{\frac{g}{a}} \int_0^t \tanh^3(\sqrt{ag} \cdot \tau)d\tau$$

$$= \frac{mg}{a}\left\{\ln[\cosh(\sqrt{ag} \cdot t)] - \frac{1}{2} \cdot \tanh^2(\sqrt{ag} \cdot t)\right\}$$

und somit denselben Ausdruck wie (3.2.2).

Beispiel 6. Ein homogenes, vollständig biegsames aber nicht dehnbares Seil der Masse m und der Länge $l = 20$ m befindet sich anfangs in Ruhe und hängt dabei $l_0 = 5$ m über einer Tischkante. Die Reibung mit der Unterlage wird vorerst vernachlässigt.
a)   Es bezeichnet $x(t)$ die Länge des überhängenden Seilstücks zur Zeit t. Stellen Sie die Impulsbilanz für das Seil auf.

b) Bestimmen Sie die Lösung von $x(t)$ mithilfe des Ansatzes $x(t) = C \cdot e^{kt}$.
c) Nach welcher Zeit ist das Seil vollständig abgerutscht?

Lösung.

Bilanz: Kraft- oder Impulsänderungsbilanz des Seils.

Idealisierung: Es gelten dieselben vereinfachten Annahmen wie in Beispiel 3.

a) Die Masse des überhängenden Seilstücks zur Zeit t beträgt $m_{\ddot{u}} = \frac{x(t)}{l} \cdot m$.

   Die Änderung des Gesamtimpulses ist $\frac{d(m \cdot v)}{dt} = m \cdot \ddot{x} = m_{\ddot{u}} g$.

b) Aus a) folgt $m \cdot \ddot{x} = \frac{x(t)}{l} \cdot mg$ oder $\ddot{x} - \frac{g}{l} \cdot x = 0$. Den Ansatz eingesetzt, ergibt

   $Ck^2 \cdot e^{kt} - \frac{g}{l} \cdot C \cdot e^{kt} = 0$, daraus $k^2 = \frac{g}{l}$ und $k_{1,2} = \pm \sqrt{\frac{g}{l}}$. Die Gesamtlösung besitzt

   damit die Gestalt $x(t) = C_1 \cdot e^{\sqrt{\frac{g}{l}}t} + C_2 \cdot e^{-\sqrt{\frac{g}{l}}t}$. Aus $\dot{x}(0) = 0$ erhält man $C_1 = C_2$ und

   mit $x(0) = l_0$ folgt $C_1 = \frac{l_0}{2}$. Insgesamt ist

$$x(t) = \frac{l_0}{2}(e^{\sqrt{\frac{g}{l}}t} + e^{-\sqrt{\frac{g}{l}}t}) = l_0 \cdot \cosh\left(\sqrt{\frac{g}{l}} \cdot t\right).$$

d) Es gilt $20 = 5 \cdot \cosh(\sqrt{\frac{9.81}{20}} \cdot t)$ zu lösen. Man erhält $t = 2.95$ s.

Beispiel 7. Gleiche Situation wie in Beispiel 6. Zusätzlich soll nun die Reibung mit einer rauen Unterlage berücksichtigt werden: $\mu = 0.1$.
a) Unter welcher Bedingung bewegt sich das Seil überhaupt?
b) Stellen Sie die Impulsbilanz für $x(t)$ auf.
c) Bestimmen Sie die Lösung von $x(t)$ mithilfe des Ansatzes $x(t) = C \cdot e^{kt} + D$.
d) Nach welcher Zeit ist das Seil vollständig abgerutscht?

Lösung.

a) Das auf dem Tisch liegende Seilstück besitzt die Masse $m_a = m - \frac{x}{l}m = (1 - \frac{x}{l})m$.

   Somit ist $F_R = \mu(1 - \frac{x}{l})mg$. Für eine Bewegung muss $F_{\text{total}} = F_G - F_R > 0$ oder

   $\frac{l_0}{l} \cdot mg > \mu(1 - \frac{l_0}{l})mg$ erfüllt sein. Das führt zu $\frac{l_0}{l} > \mu(1 - \frac{l_0}{l})$ und damit $l_0 > \frac{\mu}{\mu+1} \cdot l$.

b) Es gilt $\frac{d(m \cdot v)}{dt} = m \cdot \ddot{x} = F_G - F_R$. Man erhält daraus $m \cdot \ddot{x} = \frac{x}{l} \cdot mg - \mu(1 - \frac{x}{l})mg$, woraus

   $\ddot{x} - (\mu + 1)\frac{g}{l} \cdot x + \mu g = 0$ entsteht.

c) Die DG kann man mit Variation der Konstanten bestimmen. Um die Berechnung abzukürzen, gehen wir direkt vom Ansatz $x(t) = C \cdot e^{kt} + D$ aus und erhalten

$$Ck^2 \cdot e^{kt} - (\mu + 1)\frac{g}{l} \cdot (C \cdot e^{kt} + D) + \mu g = 0 \quad \text{oder}$$

$$Ce^{kt}\left[k^2 - (\mu + 1)\frac{g}{l}\right] - (\mu + 1)\frac{g}{l} \cdot D + \mu g = 0.$$

Da dies für alle t gültig sein muss, folgt $k^2 = (\mu + 1)\frac{g}{l}$ und $D = \frac{\mu l}{\mu+1}$. Weiter erhält man

$k_{1,2} = \pm\sqrt{(\mu + 1)\frac{g}{l}}$ und die Darstellung

$$x(t) = C_1 \cdot e^{\sqrt{(\mu+1)\frac{g}{l}} \cdot t} + C_2 \cdot e^{-\sqrt{(\mu+1)\frac{g}{l}} \cdot t} + \frac{\mu l}{\mu+1}.$$

Die Bedingung $\dot{x}(0) = 0$ liefert $C_1 = C_2$ und aus $x(0) = l_0$ ergibt sich $2C_1 + \frac{\mu l}{\mu+1} = l_0$ und damit $C_1 = \frac{1}{2}(l_0 - \frac{\mu l}{\mu+1})$.
Insgesamt hat man

$$x(t) = \left(l_0 - \frac{\mu l}{\mu+1}\right) \cdot \cosh\left[\sqrt{(\mu+1)\frac{g}{l}} \cdot t\right] + \frac{\mu l}{\mu+1}.$$

d) Die Gleichung

$$20 = \left(5 - \frac{0.1 \cdot 20}{0.1+1}\right) \cdot \cosh\left[\sqrt{(0.1+1) \cdot \frac{9.81}{20}} \cdot t\right] + \frac{0.1 \cdot 20}{0.1+1}$$

liefert $t = 3.31$ s.

Beispiel 8. Zwei Massen m_1 und m_2 besitzen die Geschwindigkeiten v_1 und v_2 respektive und führen einen inelastischen Stoß aus.
a) Formulieren Sie die Impuls- und kinetische Energiebilanz.
b) Ermitteln Sie einen Ausdruck für den Wärmeverlust.

Lösung.
a) Die Impulserhaltung lautet $m_1 v_1 + m_2 v_2 = (m_1 + m_2)u$ mit u als gemeinsamer Geschwindigkeit nach dem Stoss. Für die kinetische Energierhaltung erhält man $\frac{1}{2}m_1 v_1^2 + \frac{1}{2}m_2 v_2^2 = \frac{1}{2}(m_1 + m_2)u^2 + \Delta Q$ mit dem in Wärme umgewandelten Teil ΔQ.
b) Die Impulsbilanz liefert $u = \frac{m_1 v_1 + m_2 v_2}{m_1 + m_2}$ und eingesetzt in die kinetische Energiebilanz folgt

$$\begin{aligned}
\Delta Q &= \frac{1}{2}m_1 v_1^2 + \frac{1}{2}m_2 v_2^2 - \frac{1}{2}(m_1 + m_2)\left(\frac{m_1 v_1 + m_2 v_2}{m_1 + m_2}\right)^2 \\
&= \frac{1}{2} \cdot \left[m_1 v_1^2 + m_2 v_2^2 - \frac{(m_1 v_1 + m_2 v_2)^2}{m_1 + m_2}\right] \\
&= \frac{1}{2} \cdot \frac{m_1 m_2 v_1^2 + m_1 m_2 v_2^2 - 2 m_1 m_2 v_1 v_2}{m_1 + m_2} = \frac{1}{2} \cdot \frac{m_1 m_2}{m_1 + m_2}(v_1 - v_2)^2.
\end{aligned}$$

Beispiel 9. Ein auf einer ebenen Fahrbahn mit der konstanten Geschwindigkeit v_0 rollender Güterwagen der Masse m_0 wird während seiner Fahrt senkrecht zu seiner Bewegungsrichtung mit Sand beladen. Pro Sekunde werden dem Wagen $0.1 m_0$ an Masse zugeführt. Von einer Rollreibung mit der Unterlage wird abgesehen.
a) Geben Sie die Wagenmasse zur Zeit t an.
b) Bestimmen Sie die Geschwindigkeitsfunktion $v(t)$ des Wagens über eine Impulsbilanz.

Lösung.

Bilanz: Kraft- oder Impulsänderungsbilanz des Güterwagens.

Idealisierung: Würde der Sand nicht senkrecht zur Bewegungsrichtung beladen, so erteilte man dem Wagen einen Impuls entweder in Bewegungsrichtung oder in Gegenrichtung.

a) Man erhält $m(t) = m_0 + 0.1m_0t = m_0(1 + 0.1t)$, t in Sekunden.

b) Da keine äußeren Kräfte wirken, gilt $\frac{d(mv)}{dt} = \dot{m} \cdot v + m \cdot \dot{v} = 0$. Daraus folgt $0.1m_0 \cdot v + m_0(1 + 0.1t) \cdot \dot{v} = 0$ und $v + (10 + t) \cdot \dot{v} = 0$. Die Trennung nach Variablen liefert nacheinander $v + (10+t) \cdot \frac{dv}{dt} = 0$, $\frac{dt}{10+t} = -\frac{dv}{v}$, $\int \frac{dt}{10+t} = -\int \frac{dv}{v}$, $\ln(10+t) = -\ln v + C_1$ und $10 + t = \frac{C}{v}$. Mit der Anfangsbedingung $v(0) = v_0$ ergibt sich $C = 10v_0$ und schließlich die Lösung $v(t) = \frac{10v_0}{10+t}$.

Beispiel 10. Gleiche Situation wie in Beispiel 9. Der Wagen soll aber aus der Ruhelage auf einer mit dem Winkel α zur Horizontalen geneigten Bahn rollen. Zusätzlich wird die Rollreibung (Koeffizient μ) beachtet.

a) Unter welcher Bedingung setzt sich der Wagen überhaupt in Bewegung?

b) Bestimmen Sie die Geschwindigkeitsfunktion $v(t)$ des Wagens über eine Impulsbilanz.

Lösung.

Bilanz: Kraft- oder Impulsänderungsbilanz des Güterwagens.

a) Es muss $F_H - F_R > 0$ erfüllt sein, was $mg \sin \alpha > \mu mg \cos \alpha$ oder $\tan \alpha > \mu$ entspricht.

b) In diesem Fall gilt $\frac{d(mv)}{dt} = \dot{m} \cdot v + m \cdot \dot{v} = F_H - F_R$, wobei F_H die Hangabtriebskraft bezeichnet. Es folgt

$$0.1m_0 \cdot v + m_0(1 + 0.1t) \cdot \dot{v} = m_0(1 + 0.1t)g \sin \alpha - \mu m_0(1 + 0.1t)g \cos \alpha$$

und daraus $\frac{v}{10+t} + \dot{v} = \gamma$ mit $\gamma = (g \sin \alpha - \mu g \cos \alpha)$. Die Lösung der homogenen DG $\frac{v}{10+t} + \dot{v} = 0$ ist mit $v = \frac{C}{10+t}$ aus Beispiel 9 bekannt. Gemäß der Methode der Variation der Konstanten setzen wir nun $v(t) = \frac{C(t)}{10+t}$ an und gehen damit in die inhomogene DG. Es ergibt sich

$$\frac{C(t)}{(10 + t)^2} + \left[\frac{\dot{C}(t)}{10 + t} - \frac{C(t)}{(10 + t)^2} \right] = \gamma$$

und daraus $\dot{C}(t) = \gamma(10 + t)$. Eine Integration liefert

$$C(t) = \gamma \left(10t + \frac{t^2}{2} \right) + C_1$$

und damit

$$v(t) = \frac{\gamma t(20 + t) + C_2}{2(10 + t)}.$$

Die Anfangsbedingung $v(0) = 0$ erzeugt $C_2 = 0$ und schließlich

$$v(t) = \frac{g(\sin\alpha - \mu\cos\alpha)t(20 + t)}{2(10 + t)}$$

mit $\sin\alpha - \mu\cos\alpha > 0$.

Beispiel 11. Zwei Eimer mit den Massen m_1 und m_2 sind über eine masselose Rolle mit einem masselosen Seil verbunden. Man nennt dies auch eine Atwood'sche Fallmaschine (Abb. 3.3 links). Dabei bezeichnen F_{G1} und F_{G2} die Gewichtskräfte der Eimer, F_{S1} und F_{S2} die Zugkräfte in den Seilstücken und F_{GR} die Gewichtskraft der Rolle. Die Lagerreibung der Rolle soll vernachlässigt werden. Zudem soll das Seil schlupffrei über die Rolle laufen.

a) Schneiden Sie die beiden Massen frei (gestrichelte Rechtecke in Abb. 3.3 links) und stellen Sie für jeden Eimer die Impulsbilanz auf. Nehmen Sie dabei, wie in der Abbildung dargestellt, die Bewegungsrichtung als positive Bezugsrichtung.

b) Bestimmen Sie, mit welcher Beschleunigung a sich das System in Bewegung setzt.

c) Bestätigen Sie das Ergebnis von b) mithilfe einer Energiebilanz am gesamten System (ohne Rolle).

Lösung.

Bilanz: Gesonderte Kraft- oder Impulsänderungsbilanz des jeweiligen Eimers.

Idealisierung: Es gelten dieselben Annahmen aus Beispiel 3.

a) Für den linken und rechten Eimer gilt

$$\frac{d(m_1 v_1)}{dt} = m_1 \cdot \dot{v}_1 = F_{G1} - F_{S1} \quad \text{und} \quad \frac{d(m_2 v_2)}{dt} = m_2 \cdot \dot{v}_2 = F_{S2} - F_{G2}$$

respektive.

b) Da die Rolle masselos ist, also sozusagen nicht vorhanden, wird aus diesen beiden Gleichungen allein die Bewegungsgleichung bestimmt. Mit $v_1 := v$ ist $\dot{v}_1 = \dot{v} = a$ und gleichfalls $\dot{v}_2 = \dot{v} = a$. Insgesamt erhält man durch Addition $m_1 \cdot a + m_2 \cdot a = F_{G1} - F_{G2}$, $m_1 \cdot a + m_2 \cdot a = m_1 g - m_2 g$ und schließlich $a = \frac{m_1 - m_2}{m_1 + m_2}g$, weil bei einer masselosen Rolle $|\vec{F}_{S1}| = |\vec{F}_{S2}|$ gilt. Man erhält übrigens dasselbe Ergebnis, wenn man die Bezugsrichtung für den zweiten Eimer umkehrt: Dann wird aus $v_2 = -v_1$ auch $\dot{v}_2 = -\dot{v}_1$ und die Impulsbilanz schreibt sich als $-m_2 \cdot \dot{v}_1 = -F_{S2} + F_{G2}$.

c) *Bilanz:* Energiebilanz an beiden Eimern.

Mit h_1 und h_2 bezeichnen wir die relativen positiv gemessenen Höhen der beiden Eimer bei einer beliebigen Bezugshöhe unterhalb des zweiten Eimers. Da weder eine Massenänderung vorliegt noch weitere von außen wirksame Kräfte einwirken, ist das System abgeschlossen und der Energiesatz (3.4) kann angewendet werden, was bedeutet, dass die Änderung der Gesamtenergie null sein muss.

Ausgangspunkt ist die Gleichung $E_{\text{tot}} = \frac{1}{2}m_1 v_1^2 + \frac{1}{2}m_2 v_2^2 + m_1 g h_1 + m_2 g h_2$. Dann gilt $\frac{dE_{\text{tot}}}{dt} = m_1 v_1 \dot{v}_1 + m_2 v_2 \dot{v}_2 + m_1 g \dot{h}_1 + m_2 g \dot{h}_2 = 0$. Die globale Bezugsrichtung weist von unten nach oben. Deswegen ist $\dot{h}_1 = v_1 < 0$, weil die Höhe h_1 mit der Zeit abnimmt. Hingegen ist $\dot{h}_2 > 0$ und $v := v_2 = \dot{h}_2 > 0$. Zusammen erhält man $v = v_2 = \dot{h}_2 = -\dot{h}_1 = -v_1$. Damit weisen sowohl $-v_1$ als auch v_2 in dieselbe (positive) Bezugsrichtung. Oben eingesetzt folgt $m_1(-v)(-\dot{v}) + m_2 v \dot{v} + m_1 g (-v) + m_2 g v = 0$. Daraus ergibt sich

$$m_1 \dot{v} + m_2 \dot{v} - m_1 g + m_2 g = 0 \quad \text{und} \quad \dot{v} = a = \frac{m_1 - m_2}{m_1 + m_2} g.$$

Beispiel 12. Gleiche Situation wie in Beispiel 11. Zusätzlich soll nun die Masse der Rolle inklusive ihrer Lagerreibung in die Bewegung mit einbezogen werden.

a) Schneiden Sie zu den beiden Massen auch die Rolle frei (gestrichelte Rechtecke in Abb. 3.3 links) und stellen Sie gesamthaft zwei Impulsbilanzen und eine Drehimpulsbilanz auf.

b) Bestimmen Sie, mit welcher Beschleunigung a sich das System in Bewegung setzt.

c) Ermitteln Sie die Differenz $F_{S1} - F_{S2}$ der Seilkräfte.

Lösung.

Bilanz: Gesonderte Kraft- oder Impulsänderungsbilanz des jeweiligen Eimers und Momentbilanz oder Drehimpulsänderung der Rolle.

Idealisierung: Es gelten dieselben Annahmen aus Beispiel 11 mit einer Ausnahme: Da die Rolle nun nicht mehr masselos ist, folgt $|\boldsymbol{F}_{S1}| \neq |\boldsymbol{F}_{S2}|$.

a) Die Kraftbilanzen der einzelnen Eimer entnimmt man aus der Lösung des Beispiels 11: $m_1 \cdot \dot{v} = F_{G1} - F_{S1}$ und $m_2 \cdot \dot{v} = F_{S2} - F_{G2}$. Aus der Skizze der freigeschnittenen Rolle erkennt man die auf die Rolle ausgeübten Drehmomente $M_1 = F_{S1} \cdot R$ und $M_2 = F_{S2} \cdot R$ aufgrund der Eimermassen ($\boldsymbol{F}_{Gi} \times \boldsymbol{R} = F_{Gi} \cdot R$). Mit M_R berücksichtigen wir das durch die Lagerreibung ausgeübte Drehmoment, das wir nicht weiter aufschlüsseln wollen. Gleichung (3.3) liefert schließlich den Zusammenhang $F_{S1} \cdot R - F_{S2} \cdot R - M_R = J_{\text{Rolle}} \cdot \ddot{\varphi}$.
    Aus $v = \omega R = \dot{\varphi} R$ folgt $\dot{v} = \ddot{\varphi} R$ und die Drehimpulsbilanz schreibt sich als

$$F_{S1} - F_{S2} - \frac{M_R}{R} = \frac{J}{R^2} \cdot \dot{v}.$$

b) Addiert man die beiden Kraftbilanzen, so erhält man $(m_1 + m_2) \cdot \dot{v} = F_{G1} - F_{G2} + F_{S2} - F_{S1}$. Die Gleichung nach $F_{S1} - F_{S2}$ aufgelöst und in die Drehimpulsbilanz eingesetzt, führt zu

$$F_{G1} - F_{G2} - (m_1 + m_2) \cdot \dot{v} - \frac{M_R}{R} = \frac{J}{R^2} \cdot \dot{v},$$

$$F_{G1} - F_{G2} - \frac{M_R}{R} = \left(m_1 + m_2 + \frac{J}{R^2} \right) \cdot \dot{v}$$

und schließlich

$$a = \dot{v} = \frac{(m_1 - m_2)g - \frac{M_R}{R}}{m_1 + m_2 + \frac{J}{R^2}}.$$

Für einen Zylinder werden wir das Massenträgheitsmoment zu $J = \frac{1}{2}m_R \cdot R^2$ bestimmen.

c)

$$F_{S1} - F_{S2} = \frac{J}{R^2} \cdot \frac{(m_1 - m_2)g - \frac{M_R}{R}}{m_1 + m_2 + \frac{J}{R^2}} + \frac{M_R}{R} = \frac{J(m_1 - m_2)g + M_R(m_1 + m_2)R}{(m_1 + m_2)R^2 + J}.$$

Beispiel 13. Gleiche Situation wie in Beispiel 11. Jeder der beiden Eimer besitzt nun die Anfangsmasse m_0. Der Linke ist mit Wasser gefüllt, der Rechte ist leer. Aus dem linken Eimer fließt gleichmäßig Wasser heraus. Es gilt $m_2(t) = m_0 \cdot (1 - 0.1t)$, t in Sekunden. Dem rechten Eimer wird Masse gemäß $m_1(t) = m_0 \cdot (1 + 0.2t)$ gleichmäßig zugeführt.
a)   Stellen Sie die Impulsbilanz für jeden Eimer auf.
b)   Bestimmen Sie die Geschwindigkeitsfunktion $v(t)$ mit $v(0) = 0$.
c)   Ermitteln Sie die Ortsfunktion $x(t)$ mit $x(0) = 0$.

Lösung.
   Bilanz: Gesonderte Kraft- oder Impulsänderungsbilanz des jeweiligen Eimers.
   Idealisierung: Es gelten dieselben Annahmen aus Beispiel 11.
a)   Man erhält

$$\frac{d(m_1 v_1)}{dt} = \dot{m}_1 \cdot v_1 + m_1 \cdot \dot{v}_1 = F_{G1} - F_{S1} \quad \text{und} \quad \frac{d(m_2 v_2)}{dt} = \dot{m}_2 \cdot v_2 + m_2 \cdot \dot{v}_2 = F_{S2} - F_{G2}$$

respektive.
b)   Die Addition beider Gleichungen liefert mit $F_{S1} = F_{S2}$ und $v = v_1 = v_2$ (Bezugsrichtungen verschieden) $(\dot{m}_1 + \dot{m}_2) \cdot v + (m_1 + m_2) \cdot \dot{v} = (m_1 - m_2) \cdot g$.
   Daraus wird $m_0(0.2 - 0.1) \cdot v + m_0(2 + 0.1t) \cdot \dot{v} = m_0 \cdot 0.3t \cdot g$ und es entsteht die inhomogene DG $v + (20 + t) \cdot \dot{v} = 3gt$. Die Lösung der homogenen DG $v + (20 + t)\dot{v} = 0$ ist mit $v = \frac{C}{20+t}$ aus den Beispielen 9 und 10 bekannt. Für die inhomogene DG setzen wir $v(t) = \frac{C(t)}{20+t}$ an. Es ergibt sich

$$\frac{C(t)}{20 + t} + (20 + t)\left[\frac{\dot{C}(t)}{20 + t} - \frac{C(t)}{(20 + t)^2}\right] = 3gt$$

und daraus $\dot{C}(t) = 3gt$. Eine Integration liefert $C(t) = \frac{3}{2}gt^2 + C_1$ und damit

$$v(t) = \frac{\frac{3}{2}gt^2 + C_2}{20 + t}.$$

Aus $v(0) = 0$ folgt $C_2 = 0$ und damit $v(t) = \frac{3gt^2}{2(20+t)}$.

c) Eine weitere Integration führt mit $x(0) = 0$ zu

$$x(t) = \frac{3}{4}\left[t^2 - 40t + 800 \cdot \ln\left(\frac{t+20}{20}\right)\right] \cdot g.$$

Für die ersten 10 Sekunden (linker Eimer leer) würde man etwa

$$x_*(t) \cong \frac{1}{2}\left(\frac{3}{10}g\right) \cdot t^2$$

mit einer durchschnittlichen Beschleunigung von $\frac{3}{10}g$ erhalten.

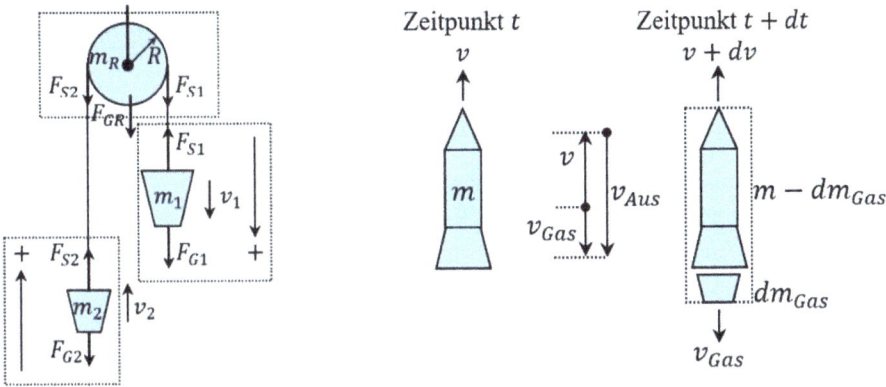

Abb. 3.3: Skizzen zur Atwood'schen Fallmaschine und zur Raketengleichung.

Beispiel 14. Eine sich lotrecht bewegende Rakete besitzt zu einem gewissen Zeitpunkt t die Masse $m(t)$ und die Geschwindigkeit $v(t)$ (Abb. 3.3 rechts). Ein außenstehender Beobachter sieht, wie die Rakete Treibstoffmasse der Größe dm_{Gas} verliert und diese mit der Geschwindigkeit v_{Gas} ausstößt. Die Luftreibung soll nicht beachtet werden.

a) Um welches physikalische System handelt es sich, wenn man das gestrichelte rechteckige Kontrollvolumen in Abb. 3.3 rechts zur Impulsbilanzierung heranzieht?

b) Stellen Sie die Impulsbilanz auf. Setzen Sie $g = $ konst.

c) Bestimmen Sie die Geschwindigkeitsfunktion $v(t)$ mit der Anfangsgeschwindigkeit $v(0) = v_0$ und der Anfangsmasse $m(0) = m_0$.

d) Nun führen wir die Zeitabhängigkeit der Massenänderung ein. Dabei gehen wir von einem konstanten Brennstoffausstoß aus, also $m(t) = m_0 - a \cdot m_0 \cdot t = m_0 \cdot (1 - at)$. Ermitteln Sie $v(t)$ und danach $x(t)$.

e) Für ein Zahlenbeispiel sei $m_0 = m_{\text{leere Rakete}} + m_{\text{Brennstoff}}$ mit $m_{\text{leer}} = 100\,\mathrm{kg}$, $m_{\text{Brennstoff}} = 1000\,\mathrm{kg}$ und $v_0 = 0$, $v_{\text{Aus}} = 1000\,\frac{\mathrm{m}}{\mathrm{s}}$, $a = \frac{1}{110}$. Nach welcher Zeit wäre der Treibstoff verbraucht, welche Endgeschwindigkeit und welche Höhe besitzt dann die Rakete?

f) Die Endgeschwindigkeit der Rakete reicht bei Weitem nicht aus, um das Gravitationsfeld der Erde vollständig (theoretisch bis zu einer unendlich großen Entfernung) zu verlassen. Die dafür notwendige Geschwindigkeit nennt man zweite kosmische Geschwindigkeit v_{k2}. Führen Sie eine Energiebilanz der Rakete für die beiden Zustände am Boden und in unendlich weiter Entfernung durch und bestimmen Sie daraus v_{k2}. Die Raketenmasse wird als konstant betrachtet, Oberflächenreibungen vernachlässigt. Welches physikalische System liegt vor?

g) Schließlich betrachten wir eine Sonde, die aus einer gewissen Höhe mit der Anfangsgeschwindigkeit $v_0 = 0$ auf den Mond abgelassen werden soll. Die Fallbeschleunigung des Mondes ist etwa $\frac{1}{6}g$. Die Ausstoßgeschwindigkeit des Sondentreibstoffs sei $v_{Aus} = 100\frac{m}{s}$ mit $\alpha = \frac{1}{150}$. Die Landung soll „sanft" erfolgen, das heißt, beim Auftreffen soll neben $x(t) = 0$ auch $v(t) = 0$ gelten. Dazu muss das Triebwerk in einer gewissen Höhe H gezündet werden. Bestimmen Sie H.

Lösung.

Bilanz: Impulsbilanz der Rakete inklusive Treibstoff.

Idealisierung: Die Luftreibung findet keine Beachtung.

a) Die Massenänderung der Rakete und die Gravitationskraft als am System von außen angreifende Kraft bestimmen dies als offenes System.

b) Die Gasmasse nimmt zu, also ist $dm_{Gas} > 0$. Gleichzeitig nimmt die Raketenmasse um dieselbe Treibstoffmenge ab: $dm_{Rak} = dm < 0$, was $dm_{Gas} = -dm$ nach sich zieht. Weiter ist zu beachten, dass mit $v_{Rakete} = v$ der Zusammenhang $v_{Gas} = v - v_{Aus}$ besteht. Dabei ist v_{Aus} die Austrittsgeschwindigkeit relativ zur Rakete, also bezüglich einer ruhenden Rakete (Abb. 3.3, Pfeile zwischen mitte und rechts). Damit lautet die Impulsbilanz (aus Sicht des Beobachters)

$$\frac{d(mv)}{dt} = \dot{m} \cdot v + m \cdot \dot{v} = -\dot{m}_{Gas} \cdot v_{Gas} - mg.$$

c) Man erhält nacheinander

$$\frac{dm}{dt} \cdot v + m \cdot \frac{dv}{dt} = -\frac{dm_{Gas}}{dt} \cdot v_{Gas} - mg,$$

$$\frac{dm}{dt} \cdot v + m \cdot \frac{dv}{dt} = \frac{dm}{dt} \cdot (v - v_{Aus}) - mg,$$

$$dv = -\frac{\dot{m}}{m} \cdot v_{Aus}dt - gdt,$$

$$\int dv = -v_{Aus} \int \frac{\dot{m}}{m}dt - g \int dt \quad \text{und}$$

$$v(t) = -v_{Aus} \cdot \ln[m(t)] - gt + C.$$

Mit der Anfangsgeschwindigkeit $v(0) = v_0$, der Anfangsmasse $m(0) = m_0$ folgt

$$C = v_0 + v_{\text{Aus}} \cdot \ln(m_0)$$

und insgesamt

$$v(t) = v_0 + v_{\text{Aus}} \cdot \ln\left[\frac{m_0}{m(t)}\right] - gt.$$

d) Es ergibt sich

$$v(t) = v_0 + v_{\text{Aus}} \cdot \ln\left[\frac{m_0}{m_0(1 - at)}\right]$$

$$= v_0 + v_{\text{Aus}} \cdot \ln\left(\frac{1}{1 - at}\right) - gt = v_0 - v_{\text{Aus}} \cdot \ln(1 - at) - gt.$$

Die Integration von 0 bis t liefert

$$x(t) = \int_0^t v_0 \, dt - v_{\text{Aus}} \int_0^t \ln(1 - at) \, dt - g \int_0^t t \, dt$$

und

$$x(t) = v_0 t - v_{\text{Aus}}\left[\frac{1}{a}(at - 1) \cdot \ln(1 - at) - t\right]_0^t - \frac{1}{2}gt^2$$

$$= (v_0 + v_{\text{Aus}})t - \frac{v_{\text{Aus}}}{a}(at - 1) \cdot \ln(1 - at) - \frac{1}{2}gt^2.$$

e) Es muss $m(t) = m_{\text{leer}}$ sein, d. h. $m_{\text{leer}} = m_0 \cdot (1 - at)$. Daraus erhält man

$$100 = 1100 \cdot \left(1 - \frac{1}{110}t\right) \quad \text{und somit } t = 100 s.$$

Weiter folgt

$$v_{\text{End}} = 0 - 1000 \cdot \ln\left(1 - \frac{100}{110}\right) - 9.81 \cdot 100 = 1416.90 \, \frac{\text{m}}{\text{s}}.$$

Die erreichte Höhe ist

$$x_{\text{End}} = 1000 \cdot 100 - 110 \cdot 1000 \cdot \left(\frac{100}{110} - 1\right) \cdot \ln\left(1 - \frac{100}{110}\right) - \frac{1}{2}9.81 \cdot 100^2 = 26{,}971 \, \text{m}.$$

f) Das Kontrollvolumen wäre unendlich groß und das System abgeschlossen. Es gilt $E_{\text{tot}} = E_{\text{Kin}} + E_{\text{Pot}} = $ konst. Die zeitliche Änderung ist zwar null, aber diese bringt uns Nichts, da uns der Bewegungsablauf hier im Einzelnen nicht interessiert. Wir schreiben deshalb $\Delta E_{tot} = \Delta E_{kin} + \Delta E_{pot} = 0$. Der Änderunsgprozess kann theoretisch auch unendlich lang dauern. Es gilt $\Delta E_{kin} = \frac{1}{2} m_R \cdot v_{k2}^2 - \frac{1}{2} m_R \cdot v_0^2 = \frac{1}{2} m_R \cdot v_{k2}^2$ und $\Delta E_{pot} = -G \cdot \frac{m_R \cdot m_E}{R_E}$. Anstelle der Potentialdifferenz kann auch über die Definition die dafür geleistete Arbeit berechnet werden:

$$\Delta E_{pot} = \int_{R_{Erde}}^{\infty} -F_{Gr}(r)dr = -\int_{R_{Erde}}^{\infty} G \cdot \frac{m_R \cdot m_E}{r^2} dr = G \cdot m_R(t) \cdot m_E \left[\frac{1}{r}\right]_{R_E}^{\infty}$$

$$= -G \cdot \frac{m_R \cdot m_E}{R_E}.$$

Demnach ist

$$\frac{1}{2} m_R \cdot v_{k2}^2 - G \cdot \frac{m_R \cdot m_E}{R_E} = 0 \quad \text{und} \quad v_{k2} = \sqrt{\frac{2G \cdot m_E}{R_E}} = \sqrt{2g \cdot R_E}.$$

Letztes gilt, da $g(R = R_E) = G \cdot \frac{m_E}{R_E^2}$. Man erhält $v_{k2} = 11{,}179 \frac{m}{s}$.

g) Zuerst bestimmen wir die Zeit, die für die Landung benötigt wird. Dazu muss die Gleichung

$$0 = v_0 - v_{Aus} \cdot \ln(1 - \alpha t) + gt = 0 - 100 \cdot \ln\left(1 - \frac{t}{150}\right) - \frac{1}{6} \cdot 9.81t$$

gelöst werden. Man erhält $t_* = 132.93\,\text{s}$. Demnach muss das Triebwerk 132.93 s vor der Landung gezündet werden. Die zugehörige Höhe beträgt

$$H = 100 \cdot 132.93 - 150 \cdot 100 \cdot \left(\frac{132.93}{150} - 1\right) \cdot \ln\left(1 - \frac{132.93}{150}\right) - \frac{1}{12} 9.81 \cdot 132.93^2$$

$$= -4862\,\text{m}.$$

Die Höhe ist negativ, weil die Bewegung entgegen der Bezugsrichtung verläuft.

4 Statische Auslenkungen einer vorgespannten Saite

Bei einer Saite denkt man wohl zuerst an die Saite eines Streichinstruments. Zum Begriff Saite gehören aber auch die Seile oder Ketten, so lange man diese als vollkommen elastisch (innerhalb der Elastizitätsgrenze) auffasst. Damit setzen solche Saiten keinen Widerstand gegenüber einer Biegung entgegen, ihre Biegesteifigkeit ist vernachlässigbar. Der letzte Begriff spielt dann bei der Biegung von Balken in Kap. 7 eine wesentliche Rolle. In diesem Kapitel betrachten wir ausschließlich masselose, vorgespannte und auf beiden Seiten fest eingespannte Saiten. (Die Kettenlinien, ungespannte Seile und deren eingenommene Form bezüglich Eigengewicht folgt im nächsten Kapitel.) Im einfachsten Fall wird die Saite in einem Punkt mit Abstand $x = a$ festgehalten und vertikal mit einer Kraft F ausgelenkt (Abb. 4.1 links). Offensichtlich erfahren Teilchen auf der rechten Seite eine grössere Dehnung bei konstanter Dichte und konstantem Querschnitt in x-Richtung als Teilchen auf der linken Seite (kleine horizontale Pfeile). Deswegen sind die Spannungskräfte N_1 und N_2 auch unterschiedlich groß. Lenkt man die Saite genau in der Mitte aus, dann ist die Dehnung beidseits gleich groß. Insgesamt unterliegt jedes Teilchen im Allgemeinen drei Bewegungen (Abb. 4.1 rechts oben): einer Translation in vertikaler Richtung (1), einer Drehung (2) und einer Dehnung (3). Die Drehung spielt hier aufgrund der fehlenden Biegesteifigkeit keine Rolle. Die Saite kann nebst mit Einzelkräften auch mit Gleichlasten einer Breite $s \leq l$ belastet werden. Wir nennen diese vom Ort abhängige Last kurz $q(x)$ mit der Einheit $\frac{N}{m}$.

Herleitung von (4.1)–(4.7)
Gesucht ist die Auslenkung $u(x)$ als Funktion der Spannungskraft N und der Last $q(x)$.
  Idealisierungen:
–   Dichte und Querschnitt sind konstant (konstante Massenbelegung).
–   Die Saite besitzt keine Biegesteifigkeit.
–   Die Saite wird als masselos aufgefasst.

Vertikale Bilanz und lineare Approximation: Kraft- oder Impulsänderungsbilanz eines Saitenstücks der Länge ds (Abb. 4.1 rechts unten).
  Es gilt

$$\frac{d(m\dot{u})}{dt} = -F_1 + F_2 + q(x)ds = 0 \quad \text{oder} \quad N_2 \cdot \sin\beta - N_1 \cdot \sin\alpha + q(x)ds = 0. \qquad (4.1)$$

  Zusätzliche Idealisierung:
  Die Auslenkungen $u(x)$ sind klein gegenüber der Saitenlänge l.
  Diese Annahme zieht einige Folgerungen nach sich:
1.   Die Dehnung der Teilchen kann man vernachlässigen und $N_1 \approx N_2 \approx N_0 = N$ setzen. Zusätzlich lautet damit die horizontale Kraft- oder Impulsänderungsbilanz des Saitenstücks schlicht $\frac{d(m\dot{u})}{dt} = -F_{H1} + F_{H2} = 0$ und die Kräfte bleiben wirkungslos.

https://doi.org/10.1515/9783111345819-004

2. Mit $\frac{\partial u}{\partial x} \ll 1$ ist $\left(\frac{\partial u}{\partial x}\right)^2 \approx 0$ und somit

$$\frac{ds}{dx} \approx \frac{\sqrt{(dx)^2 + (du)^2}}{dx} = \sqrt{1 + \left(\frac{\partial u}{\partial x}\right)^2} \approx 1,$$

woraus $ds \approx dx$ folgt.

3. Man erhält weiter $\sin \alpha \approx \tan \alpha = u'(x)$ und $\sin \beta \approx \tan \beta = u'(x + dx)$.

Damit schreibt sich (4.1) als $N \cdot [u'(x + dx) - u'(x)] + q(x)dx = 0$. Die Verschiebungsände-rung wird nur bis zur 1. Näherung betrachtet, woraus $N \cdot [u'(x) + \frac{du'}{dx}dx - u'(x)] + q(x)dx = 0$ entsteht. Schliesslich folgt nacheinander $N\frac{du'}{dx}dx + q(x)dx = 0$, $N\frac{du'}{dx} + q(x) = 0$ und end-lich die DG der statischen Auslenkung einer Saite zu

$$\frac{d^2u}{dx^2} = -\frac{q(x)}{N}. \tag{4.2}$$

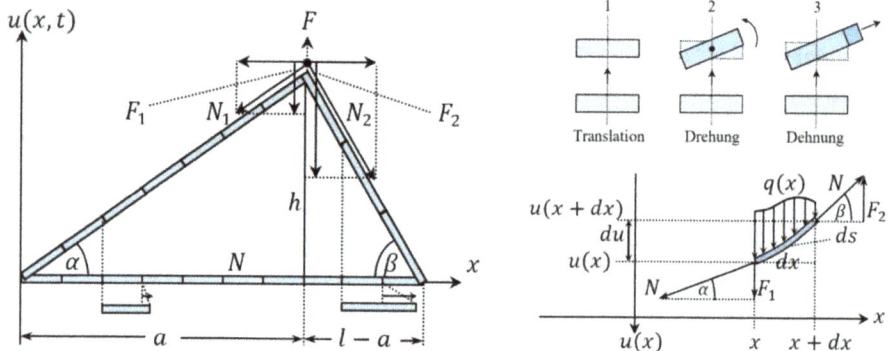

Abb. 4.1: Skizzen zur statischen Auslenkung einer Saite.

Beispiel 1. Gegeben sei der Fall für Gleichlast $q(x) = q_0$. Bestimmen Sie die statische Auslenkung der eingespannten Saite mit der Spannkraft N.

Lösung. Die zweifache Integration von (4.2) liefert $u(x) = -\frac{q_0}{2N}x^2 + C_1 x + C_2$. Mit den Randbedingungen (RB) I. $u(0) = 0$ und II. $u(l) = 0$ folgt $C_2 = 0$ und $C_1 = \frac{q_0}{2N}l$. Insgesamt erhält man $u(x) = -\frac{q_0}{2N}x^2 + \frac{q_0}{2N}lx$, $u(x) = -\frac{q_0}{2N}(x^2 - lx)$ und

$$u(x) = -\frac{q_0 l^2}{2N}\left[\left(\frac{x}{l}\right)^2 - \left(\frac{x}{l}\right)\right]. \tag{4.3}$$

Beispiel 2. Die beidseits fest eingespannte Saite wird im Abstand a von der linken Einspannung mit einer Kraft F belastet (Abb. 4.1 links, an der x-Achse gespiegelt) Bestimmen Sie die statische Auslenkung und die maximale Auslenkung an der Stelle $x = a$.

Lösung. Die Auslenkung muss in zwei Teilauslenkungen zerlegt werden. Aus $u'' = 0$ folgt $u_1(x) = C_1 x + C_2$ für $0 \le x \le a$ und $u_2(x) = D_1 x + D_2$ für $a \le x \le l - a$. Die RBen sind I. $u_1(0) = 0$ und II. $u_2(l) = 0$, woraus $C_2 = 0$ und $D_2 = -D_1 l$ folgt. Eine weitere Bedingung erhält man am Übergang: III. $u_1(a) = u_2(a)$. Dies liefert $C_1 a = D_1(a - l)$. Für die letzte Bedingung beachten wir, dass sich die aufzubringende Kraft F aus F_1 und F_2 zusammensetzt: $F = F_1 + F_2$. Dabei entnimmt man Abb. 4.1 links $F_1 = N_1 \sin \alpha$ und $F_2 = N_2 \sin \beta$ (F ist aus Platzgründen viel zu klein eingezeichnet). Jetzt kommen abermals die Idealisierungen ins Spiel. Für kleine Auslenkungen kann man $\sin \alpha \approx \frac{du_1}{dx}(a)$ und $\sin \beta \approx -\frac{du_2}{dx}(a)$ setzen. Zudem darf man $N_1 \approx N_2 \approx N_0 = N$ identifizieren, wenn die Dehnung vernachlässigt wird. Insgesamt ergibt das $F = N[u_1'(a) - u_2'(a)]$ oder IV. $F = N[C_1 - D_1]$. Die Verrechnung von II.–IV. führt zu $C_1 = \frac{F(l-a)}{Nl}$, $D_1 = -\frac{Fa}{Nl}$ und $D_2 = \frac{Fa}{N}$. Insgesamt entsteht

$$u_1(x) = \frac{F}{N} \cdot \frac{l-a}{l} x \quad \text{und} \quad u_2(x) = -\frac{Fa}{Nl} x + \frac{Fa}{N} = \frac{F}{N} \cdot \frac{l-x}{l} a. \tag{4.4}$$

Speziell für $x = a$ folgt $h = u_{\max} = \frac{F}{N} \cdot \frac{l-a}{l} a$ und der Zusammenhang

$$F \ge \frac{hl}{a(l-a)} N. \tag{4.5}$$

Insbesondere für $a = \frac{l}{2}$ hat man $F \ge \frac{4h}{l} N$.

Es soll noch geklärt werden, wie das Ergebnis (4.4) mit Einbezug der Dehnung zu korrigieren ist und weshalb das Ungleichheitszeichen stehen muss. Wieder betrachten wir Abb. 3.2 links. Durch die Auslenkung wächst die Spannung im linken Teil der Saite um die durch die Dehnung hervorgerufene rücktreibende Kraft N_1^*, also von N_0 auf $N_1 = N_0 + N_1^*$ und entsprechend rechts von N_0 auf $N_2 = N_0 + N_2^*$. Dabei ist

$$N_1^* = \sigma_1^* A = EA\varepsilon_1 = EA\frac{\Delta l_1}{l_1} = EA\frac{\sqrt{a^2 + h^2} - a}{a}$$

und analog

$$N_2^* = EA\frac{\sqrt{(l-a)^2 + h^2} - a}{l-a}.$$

Für die zur Auslenkung benötigte Kraft gilt $F = F_1 + F_2$ mit

$$F_1 = N_1 \sin \alpha = N_1 \frac{h}{\sqrt{a^2 + h^2}} \quad \text{und} \quad F_2 = N_2 \sin \beta = N_2 \frac{h}{\sqrt{(l-a)^2 + h^2}}.$$

Insgesamt erhält man

$$F = N_1 \frac{h}{\sqrt{a^2 + h^2}} + N_2 \frac{h}{\sqrt{(l-a)^2 + h^2}} \quad \text{und}$$

$$F = N_0 h\left(\frac{1}{\sqrt{a^2 + h^2}} + \frac{1}{\sqrt{(l-a)^2 + h^2}} \right)$$

$$+ EAh\left(\frac{1}{a} + \frac{1}{l-a} - \frac{1}{\sqrt{a^2 + h^2}} - \frac{1}{\sqrt{(l-a)^2 + h^2}} \right). \tag{4.6}$$

Im Fall von $h \ll 1$ ist $h^2 \approx 0$, was der Annahme kleiner Auslenkungen entspricht und (4.6) geht über in $F \geq \frac{hl}{a(l-a)}N$, dem Ergebnis (4.5). Da der Wert der 2. Klammer in (4.6) ausser für $h = 0$ immer positiv ist, rechtfertigt dies das Ungleichheitszeichen in (4.5).

Betrachtet man die Funktionen $u_1(x)$ und $u_2(x)$ aus (4.4), so erkennt man, dass diese proportional mit der angelegten Kraft F zunehmen. Deshalb legen wir Folgendes fest:

Definition.

$$G(x, a) := \begin{cases} \frac{1}{N} \cdot \frac{l-a}{l}x & \text{für } x \leq a, \\ \frac{1}{N} \cdot \frac{l-x}{l}a & \text{für } x \geq a \end{cases} \quad \text{heißt Greensche Funktion.} \tag{4.7}$$

Es gibt Greensche Funktionen für verschiedene Randwertaufgaben. In unserem Fall bezeichnet (4.7) die Greensche Funktion für die eingespannte Saite und sie gibt die Auslenkung an der Stelle x aufgrund einer Last ($F = 1$) an der festen Stelle a an. Hat man nun mehrere Lasten F_k an den Stellen a_k, so erhält man die Gesamtauslenkung u durch Superposition der Einzelauslenkungen $u_k(x, a_k)$ zu $u = \sum_{k=1}^{m} G(x, a_k) \cdot F_k$. Bei einer Streckenlast $q(x)$ kann man diese schlicht als Integral von Einzellasten $q(a)da$ entlang eines infinitesimal kleinen Streckenstücks da betrachten. Eine Punktlast entspricht dann einer Streckenlast für ein unendlich kleines Streckenstück. Zur Erläuterung der letzten Aussage betrachten wir eine Last $q(x)$ der Breite $2s$. Für ein hinreichend kleines Intervall s darf die Last als konstant betrachtet werden: $q(x) = q_0$. Die zugehörige Kraft ist dann $F_k = 2sq_0$ und sie wirke an der Stelle a_k. Der zugehörige Beitrag zur Auslenkung lautet somit

$$u_k = \int_{a_k-s}^{a_k+s} G(x, a)q(a)da = q_0 \int_{a_k-s}^{a_k+s} G(x, a)da = \frac{F_k}{2s} \int_{a_k-s}^{a_k+s} G(x, a)da$$

$$= \frac{F_k}{2s} \cdot [G_*(x, a)]_{a_k-s}^{a_k+s} = F_k \cdot \frac{G_*(x, a_k + s) - G_*(x, a_k - s)}{2s}.$$

Im Grenzfall für $s \to 0$ wird daraus eine Punktkraft und man erhält $u_k = F_k \cdot G_*'(x, a_k) = G(x, a_k) \cdot F_k$. Insgesamt schreibt man für die Auslenkung einer Saite

$$u(x) = \int_0^l G(x,a)q(a)da + \sum_{k=1}^m G(x,a_k) \cdot F_k. \tag{4.8}$$

Beispiel 3. Gegeben ist dieselbe Saite aus den Beispielen 1 und 2. Benutzen Sie für die folgenden Teilaufgaben die Gleichungen (4.7) und (4.8).

a) Bestätigen Sie das Ergebnis aus Beispiel 1.

b) Auf die Seite wirkt an den Stellen $\frac{l}{4}$ und $\frac{3l}{4}$ jeweils die Kraft F. Bestimmen Sie die statische Auslenkung.

Lösung.

a) Da a die Integrationsvariable ist, muss man die Bedingungen in (4.7) von rechts nach links lesen, also $a \leq x$ und $a \geq x$. Deshalb ergibt sich für die Auslenkung

$$\begin{aligned}
u(x) &= \int_0^x \frac{1}{N} \cdot \left(a - \frac{ax}{l}\right) \cdot q_0 da + \int_x^l \frac{1}{N} \cdot \left(x - \frac{ax}{l}\right) \cdot q_0 da \\
&= \frac{q_0}{N}\left[\frac{a^2}{2} - \frac{a^2 x}{2l}\right]_0^x + \frac{q_0}{N}\left[ax - \frac{a^2 x}{2l}\right]_x^l \\
&= \frac{q_0}{N}\left(\frac{x^2}{2} - \frac{x^3}{2l} + lx - \frac{l^2 x}{2l} - x^2 + \frac{x^3}{2l}\right) \\
&= \frac{q_0}{N}\left(-\frac{x^2}{2} + \frac{lx}{2}\right) = -\frac{q_0 l^2}{2N}\left[\left(\frac{x}{l}\right)^2 - \left(\frac{x}{l}\right)\right].
\end{aligned}$$

b) Der Beitrag der linken Kraft liefert jeweils die beiden Teilauslenkungen

$$\begin{aligned}
u_1(x) &= \frac{F}{N} \cdot \frac{l - \frac{l}{4}}{l} x = \frac{3F}{4N} \cdot x \quad \text{für } 0 \leq x \leq \frac{l}{4} \quad \text{und} \\
u_2(x) &= \frac{F}{N} \cdot \frac{l - x}{l} \cdot \frac{l}{4} = \frac{F}{4N}(l - x) \quad \text{für } \frac{l}{4} \leq x \leq l, \\
v_1(x) &= \frac{F}{N} \cdot \frac{l - \frac{3l}{4}}{l} x = \frac{F}{4N} \cdot x \quad \text{für } 0 \leq x \leq \frac{3l}{4} \quad \text{und} \\
v_2(x) &= \frac{F}{N} \cdot \frac{l - x}{l} \cdot \frac{3l}{4} = \frac{3F}{4N}(l - x) \quad \text{für } \frac{3l}{4} \leq x \leq l
\end{aligned}$$

Damit entstehen drei Teilabschnittsfunktionen:

$$\begin{aligned}
w_1(x) &= u_1(x) + v_1(x) = \frac{F}{N} \cdot x \quad \text{für } 0 \leq x \leq \frac{l}{4}, \\
w_2(x) &= u_2(x) + v_1(x) = \frac{Fl}{4N} \quad \text{für } \frac{l}{4} \leq x \leq \frac{3l}{4} \quad \text{und} \\
w_2(x) &= u_2(x) + v_2(x) = \frac{F}{N}(l - x) \quad \text{für } \frac{3l}{4} \leq x \leq l.
\end{aligned}$$

5 Kettenlinien

Eine Kette oder ein Seil sei in den Punkten $A(x_1, u(x_1))$ und $B(x_2, u(x_2))$ befestig. Das meiste des vorigen Kapitels lässt sich übernehmen.

Herleitung von (5.1)–(5.7)
Gesucht ist die Auslenkung $u(x)$ als Funktion der Spannungskraft N und der Eigenlast $q(x)$.

Idealisierungen:
- Dichte und Querschnitt sind konstant (konstante Massenverteilung).
- Die Saite besitzt keine Biegesteifigkeit.

Für die Bilanzierung kann man wiederum Abb. 4.1 rechts unten betrachten. Die Kette oder das Seil wird nun mit keinerlei Masse belastet, hingegen identifizieren wir $q(x)$ mit der konstanten Massenverteilung q_0 in $\frac{N}{m}$ der Kette selber.

Vertikale Bilanz und lineare Approximation: Man erhält wiederum Gleichung (4.1) in der Form

$$N_2 \cdot \sin \beta - N_1 \cdot \sin \alpha + q_0 \cdot ds = 0. \tag{5.1}$$

Zusätzliche Idealisierung:
Die Auslenkungen $u(x)$ sind klein gegenüber der Saitenlänge l, was abermals $N_1 \approx N_2 \approx N$ nach sich zieht und $\sin \alpha \approx \tan \alpha = u'(x)$, $\sin \beta \approx \tan \beta = u'(x + dx)$ nach sich zieht.

Damit ergibt sich aus (5.1) $N \cdot \sin \beta - N \cdot \sin \alpha + q_0 \cdot ds = 0$ und mit denselben Begründungen wie beim Beweis von (4.2) $N \frac{du'}{dx} dx + q_0 \cdot ds = 0$ und daraus

$$\frac{d^2 u}{dx^2} = -\frac{q_0}{N} \cdot \frac{ds}{dx}.$$

Sinnvollerweise ist die Kettenlinie nach oben geöffnet, sodass wir

$$\frac{d^2 u}{dx^2} = \frac{q_0}{N} \cdot \frac{ds}{dx}$$

schreiben. Weiter benutzen wir die Formel für die Bogenlänge

$$s(x) = \int_0^x \sqrt{1 + \left(\frac{du}{dz}\right)^2} \, dz$$

und erhalten die DG der Kettenlinie zu

https://doi.org/10.1515/9783111345819-005

$$\frac{d^2u}{dx^2} = \frac{q_0}{N} \cdot \sqrt{1 + \left(\frac{du}{dx}\right)^2}. \tag{5.2}$$

Um die allgemeine Lösung von (5.2) zu finden, setzen wir $k := \frac{q_0}{N}$ und substituieren $z := u' = \frac{du}{dx}$. Damit schreibt sich (5.2) als $\frac{dz}{dx} = k\sqrt{1 + z^2}$ und nach Variablen getrennt $\frac{dz}{\sqrt{1+z^2}} = k dx$, bzw. unbestimmt integriert,

$$\int \frac{dz}{\sqrt{1 + z^2}} = \int k dx. \tag{5.3}$$

Eine erneute Substitution $z := \sinh(y)$ erzeugt $dz = \cosh(y) \cdot dy$ und Gleichung (5.3) erhält zusammen mit der Identität $1 + \sinh^2(x) = \cosh^2(x)$ die Gestalt

$$\int \frac{\cosh(y) \cdot dy}{\sqrt{\cosh^2(y)}} = \int k dx \quad \text{oder} \quad \int dy = \int k dx.$$

Die Integration ergibt nacheinander $y = kx + C_1$, $\sinh^{-1}(z) = kx + C_1$, $\sinh^{-1}(u') = kx + C_1$, $u'(x) = \sinh(kx + C_1)$ und schliesslich

$$u(x) = \frac{1}{k} \cosh(kx + C_1) + C_2. \tag{5.4}$$

Die Konstanten C_1 und C_2 werden durch die Länge der Kette und die Lage ihrer Aufhängepunkte bestimmt. Da Gleichung (5.4) eine Funktion in Scheitelpunktsform darstellt, schreibt man (5.4) auch als

$$u(x) = a \cdot \cosh\left(\frac{x - x_0}{a}\right) + C \quad \text{mit} \quad a = \frac{1}{k}, \quad x_0 = -\frac{C_1}{k} \quad \text{und} \quad C = C_2. \tag{5.5}$$

Damit bezeichnen x_0 und C die Verschiebungen in x- und y-Richtung respektive. Des Weiteren wollen wir noch den Zusammenhang zwischen der Länge der Kette L und den Konstanten a und x_0 ermitteln. Nehmen wir dazu zwei beliebige Aufhängepunkte $A(x_1, u(x_1))$ und $B(x_2, u(x_2))$, dann ist

$$L = \int_{x_1}^{x_2} \sqrt{1 + \left(\frac{du}{dx}\right)^2} dx = \int_{x_1}^{x_2} \sqrt{1 + \left[\sinh\left(\frac{x - x_0}{a}\right)\right]^2} dx = \int_{x_1}^{x_2} \cosh\left(\frac{x - x_0}{a}\right) dx$$

$$= a \cdot \left[\sinh\left(\frac{x - x_0}{a}\right)\right]_{x_1}^{x_2} = a \cdot \left[\sinh\left(\frac{x_2 - x_0}{a}\right) - \sinh\left(\frac{x_1 - x_0}{a}\right)\right]. \tag{5.6}$$

Beispiel 1. Wir betrachten eine in den Punkten $A(-4, 8)$ und $B(4, 8)$ aufgehängte Kette der Länge $L = 10$ m, die mit einer Kraft N gespannt wird. Bestimmen Sie die Gleichung der Kettenlinie für diesen Fall.

Lösung. Gleichung (5.6) lautet $10 = a \cdot [\sinh(\frac{4-0}{a}) - \sinh(\frac{-4-0}{a})]$ oder $10 = 2a \cdot \sinh(\frac{4}{a})$ und ergibt $a = \frac{N}{q_0} = 3.38$. Damit hat man mithilfe von (5.5) $u(x) = 3.38 \cdot \cosh(\frac{x}{3.38}) + C$. Setzt man noch die Koordinaten von A oder B ein, so erhält man $C = 1.96$ und insgesamt

$$u(x) = 3.38 \cdot \cosh\left(\frac{x}{3.38}\right) + 1.96. \tag{5.7}$$

Nun fassen wir folgende Variante ins Auge: Die Kette trage nun auf ihrer gesamten Länge eine homogene Brücke mit konstantem Gewicht q_0 pro Längeneinheit.

Herleitung von (5.8)–(5.12)

Gesucht ist die Auslenkung $u(x)$ als Funktion der Spannungskraft N und der Zusatzlast q_0.

Idealisierung: Die Kette wird als masselos aufgefasst.

Wir gehen also von derselben Voraussetzung wie bei der Saite aus. Dies ist zulässig, wenn die Zusatzlast die Eigenlast um ein Vielfaches übertrifft. In diesem Fall erhalten wir schlicht wiederum die Parabelgleichung (4.2). Wenn wir abermals beachten, dass die Kette nach oben geöffnet sein soll, ergibt sich

$$\frac{d^2u}{dx^2} = \frac{q_0}{N}. \tag{5.8}$$

Mit $k := \frac{q_0}{N}$ folgt aus (5.8) in Scheitelpunktsform

$$u(x) = \frac{k}{2}(x - x_0)^2 + C, \tag{5.9}$$

$$L = \int_{x_1}^{x_2} \sqrt{1 + \left(\frac{du}{dx}\right)^2}\, dx = \int_{x_1}^{x_2} \sqrt{1 + [k(x - x_0)]^2}\, dx, \quad w = k(x - x_0), \quad dw = k \cdot dx,$$

$$L = \frac{1}{k}\int_{w_1}^{w_2} \sqrt{1 + w^2}\, dw, \quad \text{wobei} \quad w_1 = k(x_1 - x_0) \quad \text{und} \quad w_2 = k(x_2 - x_0). \tag{5.10}$$

Für die Berechnung des unbestimmten Integrals $\int \sqrt{1 + w^2}\, dw$ müssen wir etwas ausholen. Wir lösen die Definition $\sinh(x) = y = \frac{e^x - e^{-x}}{2}$ nach x auf, $2y = e^x - e^{-x}$ und setzen $e^x = z$, woraus nacheinander $2y = z - \frac{1}{z}$, $z^2 - 2yz - 1 = 0$ und

$$z_{1,2} = \frac{2y \pm \sqrt{4y^2 + 4}}{2} = y \pm \sqrt{y^2 + 1}$$

folgt. Die Rücksubstitution liefert $x = \ln(y + \sqrt{y^2 + 1})$. Die Umkehrfunktion von $y = \sinh(x)$ ist somit $y = \ln(x + \sqrt{x^2 + 1}) := \operatorname{arsinh}(x)$.

Für die Ableitung berechnen wir

$$\frac{d}{dx}\operatorname{arsinh}(x) = \frac{d}{dx}\ln(x + \sqrt{x^2 + 1}) = \frac{1 + \frac{2x}{2\sqrt{x^2 + 1}}}{x + \sqrt{x^2 + 1}}$$

$$= \frac{\frac{\sqrt{x^2+1}+x}{\sqrt{x^2+1}}}{x + \sqrt{x^2 + 1}} = \frac{1}{\sqrt{x^2 + 1}}.$$

Folglich ist

$$\int \frac{1}{\sqrt{x^2 + 1}}\,dx = \operatorname{arsinh}(x) + C = \ln(x + \sqrt{x^2 + 1}) + C.$$

Das unbestimmte Integral $\int \sqrt{1 + w^2}\,dw$ soll nun ermittelt werden. Dazu integrieren dazu partiell:

$$\int \sqrt{1 + w^2} \cdot 1\,dw = w \cdot \sqrt{1 + w^2} - \int \frac{w^2}{\sqrt{1 + w^2}}\,dw = w \cdot \sqrt{1 + w^2} - \int \frac{w^2 + 1 - 1}{\sqrt{1 + w^2}}\,dw$$

$$= w\sqrt{1 + w^2} - \int \frac{w^2 + 1}{\sqrt{1 + w^2}}\,dw + \int \frac{1}{\sqrt{1 + w^2}}\,dw$$

$$= w\sqrt{1 + w^2} - \int \sqrt{1 + w^2}\,dw + \int \frac{1}{\sqrt{1 + w^2}}\,dw.$$

Demnach ist

$$2\int \sqrt{1 + w^2}\,dw = w \cdot \sqrt{1 + w^2} + \int \frac{1}{\sqrt{1 + w^2}}\,dw = w \cdot \sqrt{1 + w^2} + \ln(w + \sqrt{1 + w^2}) + C$$

und somit

$$\int \sqrt{1 + w^2} = \frac{1}{2}\left[w \cdot \sqrt{1 + w^2} + \ln(w + \sqrt{1 + w^2})\right] + C.$$

Für die Länge L müssen wir noch gemäß (5.10) mit $\frac{1}{k}$ multiplizieren, bevor wir rücksubstituieren: $L = \frac{1}{k}\int_{W_1}^{W_2} \sqrt{1 + w^2}\,dw$. Schließlich ergibt sich nun L als bestimmtes Integral zu

$$L = \frac{1}{2k}\left\{k(x_2 - x_0) \cdot \sqrt{1 + [k(x_2 - x_0)]^2} + \ln[k(x_2 - x_0) + \sqrt{1 + [k(x_2 - x_0)]^2}]\right\}$$

$$- \frac{1}{2k}\left\{k(x_1 - x_0) \cdot \sqrt{1 + [k(x_1 - x_0)]^2} + \ln[k(x_1 - x_0) + \sqrt{1 + [k(x_1 - x_0)]^2}]\right\}. \quad (5.11)$$

Beispiel 2. Wir nehmen noch einmal die in den Punkten $A(-4, 8)$ und $B(4, 8)$ aufgehängte Kette der Länge $L = 10\,\text{m}$ aus Beispiel 1. Die Spannkraft ist weiterhin N, das Eigengewicht wird vernachlässigt und dafür wird der Kette eine Gleichlast q_0 aufgesetzt. Bestimmen Sie die Gleichung der Kettenlinie für diesen Fall.

Lösung. Aus der Symmetrie folgt $x_0 = 0$. Setzt man $L = 10$, $x_1 = -4$, $x_2 = 4$ in (5.10) ein, so entsteht daraus $k = \frac{q_0}{N} = 0.34$. Damit hat man mit (5.9) $u(x) = 0.17x^2 + C_2$. Setzt man wieder die Koordinaten von A oder B ein, so ergibt sich $C = 5.30$ und schließlich

$$u(x) = 0.17x^2 + 5.30. \tag{5.12}$$

Die Verläufe von (5.7) und (5.12) sind praktisch identisch.

6 Die Verformungen eines Festkörpers

Die bisher betrachteten Kräfte waren allesamt beschleunigende Kräfte, wie z. B. Gewichtskraft, Reibungskraft, Auftriebskraft usw. Sie sind proportional zur Masse des Körpers, greifen im Schwerpunkt desselben an und verschieben aber verformen ihn nicht. Diese Formkonstanz ist aber nur ein idealisierter Fall, wie z. B. die Behandlung der Stoßgesetze zeigt: beim elastischen Stoß handelt es sich um einen idealisierten Grenzfall, denn wahrscheinlicher ist ein inelastischer Stoß, bei dem die äußeren Kräfte nicht nur Bewegungsänderungen des Körpers hervorrufen, sondern ein Teil der Energie verloren geht, weil sich die Körper letztlich dennoch ein wenig verformen.

Neben den Massenkräften gibt es Kräfte, die an der Oberfläche des Festkörpers angreifen und auf diese Weise eine Verformung bewirken. Körper bestehen aus vielen Atomen, die nicht starr miteinander verbunden sind, sondern sich wie untereinander wechselwirkende Massepunkte verhalten. Die Ursache für den Zusammenhalt sind Wechselwirkungskräfte. Diese sind hauptsächlich elektrischer Natur. Es zeigt sich aber, dass diese Kräfte mit einer höheren als der zweiten Potenz (Newton) zur Entfernung abnehmen.

Um die Wirkung dieser Kräfte auf zwei benachbarte Atome zu beschreiben, betrachtet man ihr Potential (= Kraftfeld) als Funktion des Abstands (wie bei Gravitation der $F(\vec{r}) = \frac{C\vec{r}}{|\vec{r}|^3}$).

Dieses wird durch das Lennard-Jones-Potential beschrieben, das sich aus Überlagerung zweier Potentiale ergibt. Dabei sieht man, dass sich die Wechselwirkungskräfte zwischen Atomen aus zwei Anteilen zusammensetzen: einer Abstoßungskraft, die mit der Entfernung stark abnimmt und einer Anziehungskraft, die weniger stark abnimmt.

Nähern sich zwei Atome einander zu stark, dann kommt es zu einer Abstoßung der positiv geladenen Kerne. Zudem überlappen dann die Gebiete mit hoher Elektronenaufenthaltswahrscheinlichkeit; es können sich nicht mehr alle Elektronen in den niedrigsten Energiezuständen befinden, sondern müssen teilweise auf höhere Energieniveaus ausweichen. Die Gesamtenergie steigt stark an. Das ist das Pauli-Prinzip der voll besetzten Orbitale. Es ergibt sich $F(r) = \frac{A}{r^{12}}$.

Der anziehende Term entsteht durch die Van-der-Waals-Kräfte zwischen den Atomen: Durch Verschiebungen der Elektronenverteilung in den Atomhüllen werden positive und negative Ladungsschwerpunkte getrennt, es entstehen zwei Dipole, die sich anziehen. In anderen Fällen verschiebt ein Dipol durch seine Wirkung die Ladungen der Hüllen eines anderen Atoms, was wieder zu einer Anziehung führt (Abb. 6.1 links). Man erhält $F(r) = -\frac{B}{r^6}$.

Überlagern sich diese Potentiale, dann findet man ein Potentialminimum im Abstand $r = r_0$, wobei r_0 der mittlere Radius zweier Atome ist, da dieser Zustand offenbar der energetisch günstigste ist. Durch die Anbindung der Atome an diese Gleichgewichtslage hat ein Festkörper eine feste Gestalt und damit ein definiertes Volumen. Zusammen erhält man $F(r) = \frac{A}{r^{12}} - \frac{B}{r^6}$ (Abb. 6.1 rechts).

https://doi.org/10.1515/9783111345819-006

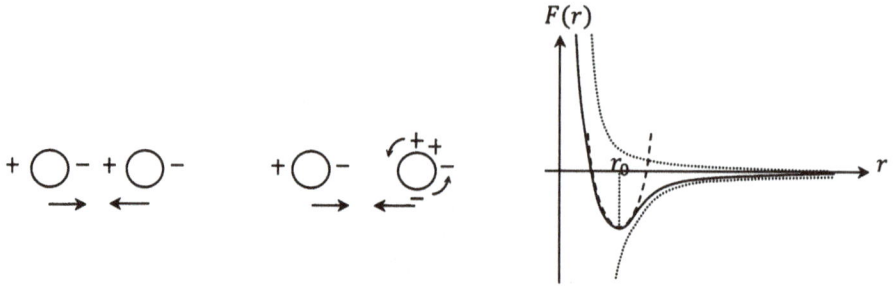

Abb. 6.1: Skizzen zum Lennard-Jones-Potential.

Im Festkörper sind die Atome aber eben nicht fest an diese Gleichgewichtslage gebunden, sondern sie können um diese Lage oder um diese „Mulde" schwingen. Das zugehörige Potential kann in Form einer Parabel angenähert werden. Die potentielle Energie, die die Schwingung um die Gleichgewichtslage vollführt ist dann $E_{pot} = \frac{1}{2}ks^2$, wobei $s = x - x_0$ die Auslenkung um die Gleichgewichtsposition bezeichnet. Mit dieser Näherung erhält man eine elastische Rückstellkraft $F = -\frac{dE_{pot}}{ds} = -ks$. Diese ist proportional zur Auslenkung aus der Ruhelage. Der Ausdruck entspricht dem eines Masse-Feder-Pendels. In einem Festkörper kann die Wechselwirkung eines Atoms mit seinem Nachbarn in Form eines Feder-Masse-Modells veranschaulicht werden, in dem die Atome durch Federn verbunden sind, die sie in ihrer Gleichgewichtslage halten.

Innerhalb der Elastizitätsgrenze kann man einen Festkörper durch eine Spannung derart verformen, dass er nach Wegfall dieser Spannung wieder in seinen Ausgangszustand zurückkehrt. Nur solche Verformungen sollen im Weiteren betrachtet werden. Der Werkstoff soll somit nicht gebrochen oder zerstört werden (Abb. 6.3 links).

Man kann fünf grundlegende Verformungen unterscheiden (Abb. 6.2).

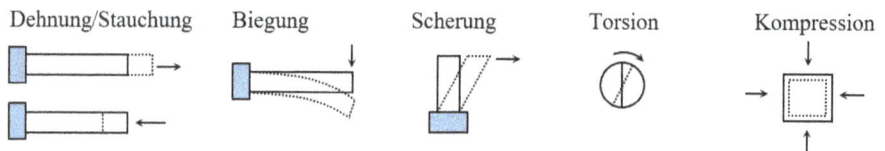

Abb. 6.2: Verformungsarten.

Innerhalb der Elastizitätsgrenze kann man einen Festkörper durch eine Spannung derart verformen, dass er nach Wegfall dieser Spannung wieder in seinen Ausgangszustand zurückkehrt (Abb. 6.3 links). Vorerst betrachten wir nur linear-elastische Verformungen, wie sie beispielsweise bei Kupfer innerhalb dieser Grenze auftreten. In diesem Bereich gilt das gleich folgende Hookesche Gesetz. Im Gegensatz dazu zeigt z. B. Gummi ein anderes Dehnungs-Spannungs-Verhalten, es verformt sich plastisch. Die Modellierung eines solchen Werkstoffs erfolgt in Kap. 13. Biegung und Torsion werden in den Kapiteln 7 und 10.5 behandelt.

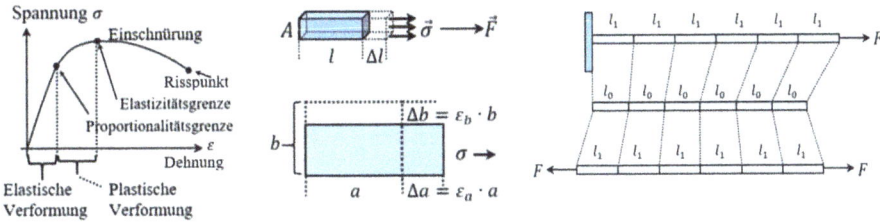

Abb. 6.3: Skizzen zur Elastizität und Dehnung.

6.1 Dehnung und Stauchung am Stab

Herleitung von (6.1.1)

Ein Stab der Länge l habe einen konstanten Querschnitt A und sei an seinem linken Ende fest eingespannt (Abb. 6.3 mitte oben). Als Normalspannung σ definiert man $\sigma = \frac{F}{A}$, wobei die Kraft in Richtung der Flächennormalen wirkt und auf der gesamten Fläche gleich groß ist. Dazu teilen wir einen Stab in beispielsweise sechs gleich große Stücke der Länge l_0 (Abb. 6.3 mitte) und belasten diesen mit einer Kraft F am freien Ende mit einem fest eingespannten linken Ende oder an beiden freien Enden. Der Stab befindet sich in beiden Fällen im selben Dehnungszustand, denn die Wand reagiert im 1. Fall mit einer gleich großen Zugkraft in Gegenrichtung. In jedem Fall dehnen sich die einzelnen Stücke um $\Delta l_i = l_1 - l_0$, falls der Stab homogen ist und denselben Querschnitt besitzt. Dann nennt man Δl_i die lokale absolute Längenänderung und $\varepsilon_{l_i} = \frac{\Delta l_i}{l_1}$ die relative lokale Längenänderung oder Dehnung. Für die Gesamtdehnung Δl muss man $\Delta l = \sum_i \Delta l_i$ bilden. Dann gilt $\varepsilon = \frac{\Delta l}{l}$. Eine Dehnung mit $\varepsilon < 0$ nennen wir Stauchung. Bei linear elastischen Verformungen ist σ proportional zu ε. Es gilt das Hookesche Gesetz

$$\sigma = E \cdot \varepsilon. \tag{6.1.1}$$

Man kann dies auch als $F = \sigma A = EA\varepsilon = EA\frac{\Delta l}{l} = D \cdot \Delta l$ mit $D = \frac{EA}{l}$ als Ersatzfederkonstante des Systems schreiben. Der Elastizitätsmodul ist ein Maß für die Dehnsteifigkeit eines Werkstoffs mit der Einheit eines Drucks in $\frac{N}{m^2}$. Die Elastizitäts- oder Streckgrenze ist meistens nicht klar bestimmbar. Deshalb verwendet man die sogenannte 0.2 %-Dehngrenze als Maß für die Gültigkeit von (6.1.1). Sie kennzeichnet diejenige Spannung, die bei Entlastung eine bleibende plastische Dehnung des Werkstoffs von 0.2 % hinterlässt. Der Ausdruck $\varepsilon = \frac{\Delta l}{l}$ beschreibt eine über den ganzen Stab hinweg konstante Dehnung. Ursachen für eine örtlich veränderliche Dehnung können sein:
– Das Material ist inhomogen. Damit ist das Elastizitätsmodul ortsabhängig.
– Der Querschnitt ändert sich.

– Die Normalkraft ändert sich. Das ist beispielsweise bei einem vertikalen Stab unter Eigengewicht der Fall.
– Der Stab ist örtlichen Temperaturschwankungen unterworfen.

(Beim Biegebalken wird zusätzlich das ortsabhängige Drehmoment eine lokale Dehnung nach sich ziehen, Kap. 7).

In diesen Fällen ist $\sigma = \sigma(x)$ und folglich $\varepsilon(x) = \frac{\sigma(x)}{E} = \frac{F(x)}{E \cdot A(x)}$ (E setzen wir in den folgenden Beispielen als konstant voraus).

Herleitung von (6.1.2)–(6.1.8)

In diesem Zusammenhang definieren wir die absolute Längenänderungsfunktion $u(x)$.

Definition. Mit $u(x)$ bezeichnen wir die Längenänderung an jeder Stelle x des Stabs.

Betrachten wir nun ein Stück dx des Stabs. An den Stellen x und $x + dx$ dehnt sich der Stab absolut um die Längen $u(x)$ und $u(x + dx)$ respektive.

Lineare Approximation: In 1. Näherung gilt $u(x+dx) \approx u(x) + \frac{du}{dx}dx$ und für die lokale Dehnung folgt

$$\varepsilon(x) = \frac{u(x + dx) - u(x)}{dx} = \frac{du}{dx} = u'(x). \tag{6.1.2}$$

Umgekehrt ist

$$u(x) = \int_0^x du(\xi) = \int_0^x \frac{du(\xi)}{d\xi}d\xi = \int_0^x \varepsilon(\xi)d\xi. \tag{6.1.3}$$

Das bedeutet, dass die einzelnen lokalen absoluten Längenänderungen an den Stellen $0 < \xi < x$ zur Gesamtlängenänderung $u(x)$ an der Stelle x aufsummiert werden. Damit folgt die mechanische Längenänderung zu

$$\Delta l_M = u(l) = \int_0^l \varepsilon_M(x)dx = \int_0^l \frac{\sigma(x)}{E}dx. \tag{6.1.4}$$

Ist $\varepsilon(x) =$ konst., dann erhält man aus (6.1.3)

$$u(x) = \varepsilon \cdot x = \frac{F}{EA}x. \tag{6.1.5}$$

Man nennt dies auch die statische Lösung im Gegensatz zur dynamischen Lösung der Wellengleichung des Stabs, bei welcher der Stab mithilfe einer periodischen Kraft zu Schwingungen angeregt wird (vgl. Band 3).

Unterliegt der Stab zudem einer lokal abhängigen Temperaturänderung $T(x)$, dann dehnt sich der Stab zusätzlich um $\Delta l_T(x) = \alpha \cdot l \cdot \Delta T(x)$ (vgl. Bsp. 1). Es folgt

$$\varepsilon_T(x) = \frac{\Delta_T(x)}{l} = \alpha \cdot \Delta T(x) \quad \text{und daraus} \quad \Delta l_T = \int_0^l \varepsilon_T(x)dx = \alpha \cdot \int_0^l \Delta T(x)dx.$$

Insgesamt ergibt sich mit (6.1.4)

$$\Delta l_{\text{Total}} = \Delta l_M + \Delta l_T = \int_0^l \left[\frac{\sigma(x)}{E} + \alpha \cdot \Delta T(x) \right]dx. \tag{6.1.6}$$

Die Energien des gedehnten Stabs

Wie bei der Feder kann auch ein Stab unter Zug oder Druck potentielle Energie oder Spannenergie speichern. Verwendet man die Ersatzfederkonstante $D = \frac{EA}{l}$, so beträgt die Energie eines um Δl verlängerten Stabstücks der Länge l

$$E_{\text{pot}} = \frac{1}{2}D \cdot (\Delta l)^2 = \frac{1}{2} \cdot \frac{EA}{l} \cdot (\Delta l)^2 = \frac{1}{2}EA \left(\frac{\Delta l}{l} \right)^2 l = \frac{1}{2}EA\varepsilon^2 l = \frac{1}{2}EV\varepsilon^2. \tag{6.1.7}$$

Dabei bezeichnet V das Volumen. Bei veränderlicher Dehnung führen wir folgenden Vergleich:

Bilanz: Änderung der Spannenergie des Volumens dV. Übertragen wir das Ergebnis (6.1.7) auf ein infinitesimales Volumen, so erhalten wir

$$dE_{\text{pot}} = \frac{1}{2}E\varepsilon(x)^2 dV = \frac{1}{2}E\varepsilon^2(x)A(x)dx \quad \text{und daraus}$$

$$E_{\text{pot}} = \frac{1}{2}E \int_0^l A(x)\varepsilon^2(x)dx. \tag{6.1.8}$$

Gleichung (6.1.8) lässt sich auch anders herleiten, wenn man die lokale Federkonstante mit $D(x) = \frac{EA(x)}{dx}$ und die absolute lokale Längenänderung mit $\delta(dx)$ bezeichnet. Man erhält

$$dE_{\text{pot}} = \frac{1}{2} \cdot \frac{EA(x)}{dx} \cdot [\delta(dx)]^2 = \frac{1}{2} \cdot EA(x) \cdot \left[\frac{\delta(dx)}{dx} \right]^2 dx = \frac{1}{2} \cdot EA(x)\varepsilon^2(x)dx.$$

Beispiel 1. Ein Stahlstab der Länge $l = 1\,\text{m}$ mit konstanter Querschnittsfläche $A = 1\,\text{cm}^2$ ragt horizontal aus einer Wand. Sein linkes Ende ist fest in der Wand verankert (Kragbalken). Er erfährt auf seiner gesamten Länge eine Temperaturerhöhung um $\Delta T = 5\,\text{K}$. Die Längenänderung soll durch einen Druck p am rechten Stabende aufgehoben werden. Die Werte für Stahl sind $E = 2.1 \cdot 10^{11}\,\frac{\text{N}}{\text{m}^2}$ und $\alpha = 1.1 \cdot 10^{-7}\,\frac{1}{\text{K}}$.
a) Wie gross muss p sein?
b) Welche Energie ist dazu erforderlich?

Lösung.

a) *Bilanz:* Längenänderung des Stabs.

Idealisierung: Der Druck soll normal auf die Querschnittfläche wirken.

Gleichung (6.1.6) ergibt $\Delta l_{\text{Total}} = \Delta l_M + \Delta l_T = \frac{\sigma}{E} \cdot l + \alpha \cdot l \cdot \Delta T$ oder $\varepsilon_{\text{Total}} = \varepsilon_M + \varepsilon_T = \frac{\sigma}{E} + \alpha \cdot \Delta T$. Da $\varepsilon_{\text{Total}} = 0$ sein soll, folgt $0 = \frac{\sigma}{E} + \alpha \cdot \Delta T$ und daraus $p = -\sigma = \alpha E \cdot \Delta T = 1.1 \cdot 10^{-7} \cdot 2.1 \cdot 10^{11} \cdot 5 = 1.16 \cdot 10^5 \frac{\text{N}}{\text{m}^2}$.

b) Nach (6.1.7) ist

$$E_{\text{pot}} = \frac{1}{2} EA \left(\frac{\Delta l_M}{l} \right)^2 l = \frac{1}{2} EA \left(\frac{\Delta l_T}{l} \right)^2 l = \frac{1}{2} EA (\alpha \cdot \Delta T)^2 l$$

$$= \frac{1}{2} \cdot 2.1 \cdot 10^{11} \cdot 10^{-4} \cdot (1.1 \cdot 10^{-7} \cdot 5)^2 \cdot 1 = 3.2 \cdot 10^{-6} \,\text{J}.$$

Beispiel 2. Ein Stahlstab mit der Dichte ρ, der Länge l und konstanter Querschnittsfläche A ragt vertikal aus einer Wand (Abb. 6.4 links). Sein oberes Ende ist fest in der Wand verankert. Wie groß ist die Dehnung des Stabs aufgrund seines Eigengewichts?

Lösung. Die Gewichtskraft des farbig markierten Teils beträgt

$$G(x) = mg \frac{l-x}{l} = \rho A l g \frac{l-x}{l} = \rho A g (l-x),$$

woraus für die Spannung $\sigma(x) = \frac{G(x)}{A} = \rho g (l-x)$ entsteht. Demnach ist $\varepsilon(x) = \frac{\rho g}{E}(l-x)$ und somit

$$\Delta l = \frac{\rho g}{E} \int_0^l (l-x) dx = \frac{\rho g}{E} \left[lx - \frac{x^2}{2} \right]_0^l = \frac{\rho g l^2}{2E}.$$

Beispiel 3. Der in Abb. 6.4 mitte oben dargestellte Körper besitzt die Form eines quadratischen Pyramidenstumpfs. Er erfährt beidseitig eine Zugkraft der Grösse F.

a) Bestimmen Sie die Querschnittsfunktion $A(x)$ mit a als Parameter.

b) Ermitteln Sie die Längenänderung bis zur Stabmitte und die gesamte Längenänderung.

c) Welche Spannenergie ist im Stab enthalten?

Lösung.

a) Für die Querschnittsfunktion macht man den Ansatz $A(x) = mx + q$ mit $q = 2a^2$. Aus $A(4a) = 4am + 2a^2 = a^2$ folgt $m = -\frac{a}{4}$ und somit $A(x) = -\frac{a}{4}x + 2a^2$.

b) Mit a) ergibt sich die Spannung im Stab zu

$$\sigma(x) = \frac{F}{A(x)} = \frac{F}{a(2a - 0.25x)}.$$

Weiter folgt unter Verwendung von (6.1.3)

$$u(2a) = \frac{F}{aE} \int_0^{2a} \frac{1}{2a - 0.25x} dx = -\frac{F}{aE} \left[\ln(8a - x)\right]_0^{2a} = \frac{4\ln(\frac{4}{3})}{aE} F \quad \text{und}$$

$$\Delta l = u(4a) = \frac{F}{aE} \int_0^{4a} \frac{1}{2a - 0.25x} dx = \frac{4\ln 2}{aE} F.$$

c) Gleichung (6.1.8) ergibt

$$E_{\text{pot}} = \frac{1}{2} E \int_0^{4a} A(x) \left[\frac{F}{EA(x)}\right]^2 dx = \frac{F^2}{2E} \int_0^{4a} \frac{1}{A(x)} dx$$

$$= \frac{F^2}{2aE} \int_0^{4a} \frac{1}{2a - 0.25x} dx = \frac{F}{2} \cdot \frac{4\ln 2}{aE} F = \frac{2\ln 2}{aE} F^2.$$

Dies entspricht auch der geleisteten Arbeit

$$W = \frac{1}{2} F \cdot \Delta l.$$

Beispiel 4. Ein zylindrischer Stab der Länge l rotiert um seinen Endpunkt (Abb. 6.4 mitte unten).

In diesem Fall ist die Normalkraft aufgrund der Fliehkraft veränderlich und deswegen bewegt sich jedes Masseteilchen im Stab mit unterschiedlicher Geschwindigkeit. Den Querschnitt wählen wir in diesem Fall konstant. Gesucht ist die totale Längenänderung des Stabs.

Lösung. Beachtet man, dass der Schwerpunkt der Masse bis zu einer Stelle x, bei $\frac{x}{2}$ liegt, so beträgt die Zentripetalkraft an der Stelle x damit

$$F(x) = \frac{mv^2}{r} = \rho A x \frac{(\frac{x}{2}\omega)^2}{\frac{x}{2}} = \rho A \omega^2 \frac{x^2}{2}.$$

Für die Spannung erhält man $\sigma(x) = \frac{F(x)}{A} = \rho \omega^2 \frac{x^2}{2}$. Die relative Längenänderung ist $\varepsilon(x) = \frac{\rho}{2E} \omega^2 x^2$ und die gesamte Längenänderung ergibt sich zu

$$\Delta l = \frac{\rho}{2E} \omega^2 \int_0^l x^2 dx = \frac{\rho l^3}{6E} \omega^2.$$

Beispiel 5. Ein Turm mit homogenem Material der Dichte ρ besitzt auf der Höhe h die Querschnittsfläche A_0 (Abb. 6.4 rechts). Auf dieser liegt eine Masse m_0. Die Querschnittsfläche (beispielsweise eine Kreisscheibe oder ein Kreisring) soll bis hin zum Boden so anwachsen, dass die Spannung σ_0 innerhalb des Turms konstant bleibt.
a) Drücken Sie σ_0 durch die gegebenen Größen aus.

b) Bestimmen Sie die Querschnittsfläche $A(x)$ mithilfe einer Kraftbilanz am dunkel markierten Volumen der Höhe dx (Abb. 6.4 rechts).

Lösung.

a) Die Masse erzeugt auf der Höhe h die Spannung $\sigma_0 = \frac{m_0 g}{A_0}$.

b) *Kraftbilanz und lineare Approximation:* Die Änderung der Normalkraft entspricht der Änderung der Gewichtskraft, d. h. $-dN + dG = 0$. Ausgeschrieben gilt

$$-N(x + dx) + N(x) + dm \cdot g = 0 \quad \text{oder} \quad \sigma_0\left[-A(x + dx) + A(x)\right] + \rho dV \cdot g = 0.$$

In der 1. Näherung folgt $A(x + dx) \approx A(x) + \frac{dA}{dx} dx$, woraus $-\sigma_0 dA + \rho dV \cdot g = 0$ entsteht oder mit dem Ergebnis von a) $-m_0 dA + \rho A_0 dV = 0$. Das Volumen des stumpfen Körpers ist gleich

$$dV = \frac{dx}{3}\left[A + \sqrt{A\left(A + \frac{dA}{dx} dx\right)} + A + \frac{dA}{dx} dx\right].$$

Vernachlässigt man Änderungen höherer Potenzen, so erhält man

$$dV \approx \frac{dx}{3}\left(A + \sqrt{A^2} + A\right) = \frac{dx}{3} \cdot 3A = A \cdot dx.$$

Oben eingesetzt, folgt $-m_0 dA + \rho A_0 A dx = 0$ und nach Variablen getrennt $\frac{dA}{A} = \frac{\rho g}{m_0} dx$. Weiter ergibt sich

$$\int_{A_0}^{A(x)} \frac{dA}{A} = \int_0^x \frac{\rho A_0}{m_0} dx, \quad \ln\left[\frac{A(x)}{A_0}\right] = \frac{\rho A_0}{m_0} x \quad \text{und schließlich} \quad A(x) = A_0 \cdot e^{\frac{\rho A_0}{m_0} x}.$$

Man kann noch die Höhe h hinzufügen und $A(x) = A_0 \cdot e^{\frac{\rho A_0 h}{m_0} \cdot \frac{x}{h}}$ schreiben.

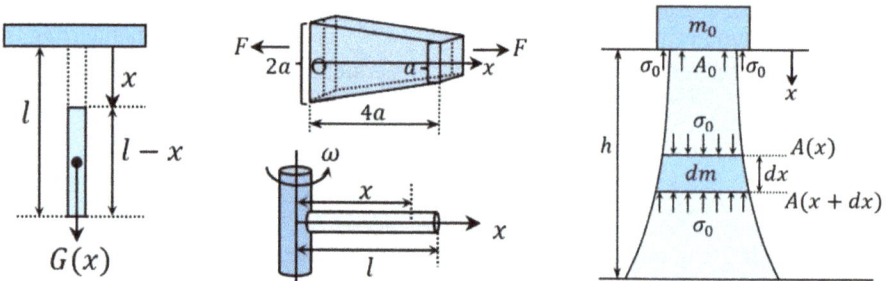

Abb. 6.4: Skizzen zu den Beispielen 2 bis 5.

6.2 Die elastischen Konstanten eines isotropen Körpers

Wir betrachten ein Stück Holz, das man quer zur Faserrichtung zersägen will. Auf den ausgeübten Druck reagiert das Holz sperrig. Hingegen lässt es sich mit viel weniger Druck längs der Faserrichtung leicht spalten. Holz verhält sich bezüglich des Druckverhaltens richtungsabhängig. Man nennt ein solches Material anisotrop. Tatsache ist, dass fast alle Materialien wie Gesteine, Keramiken und fast alle Metalle anisotrop sind und die Isotropie, die richtungsunabhängige Eigenschaft eines Werkstoffs, wie beispielsweise bei Glas oder Stahl, die Ausnahme darstellt. Die anisotropen Eigenschaften eines Materials erfassen dabei sowohl Elastizität, thermische Ausdehnung und Leitfähigkeit, optische Eigenschaften wie die Lichtbrechung usw.

Herleitung von (6.2.1)–(6.2.2)

Im Weitern gehen wir von einem isotropen Stoff aus. Unter der Einwirkung einer äußeren Kraft verformt sich der Körper. Je nachdem, wie diese Kraft bezüglich der Angriffsfläche gerichtet ist, unterscheidet man Normalspannung σ, Schub- oder Torsionsspannung τ und Druckspannung p. Die mit diesen Spannungen gekoppelten relativen Verformungen sind: relative Längenänderung ε, Schub- oder Torsionswinkel γ und relative Volumenänderung $\frac{\Delta V}{V}$ respektive (Abb. 6.5 links und mitte). Schubmodul G und Kompressionsmodul K sind Masse für die Scherungs- bzw. Druckänderungseigenschaften eines Materials. Das Minuszeichen bei der Kompression rührt daher, dass ein Zusammenstauchen zu einer Volumenabnahme führt, d. h. mit $p > 0$ ist $\frac{\Delta V}{V} < 0$.

Analog zum Hookeschen Gesetz bei Dehnung (6.1.1) gilt innerhalb der Elastizitätsgrenze das Hookesche Gesetz bezüglich Torsion oder Schub:

$$\tau = G \cdot \gamma. \tag{6.2.1}$$

Betrachten wir nun eine quaderförmige Masse mit den Kantenlängen a, b und c (Abb. 6.8 mitte unten). Bei der Dehnung in Richtung a gibt es zusätzlich eine zur Längenänderung ε_a proportionale Verringerung der Höhe b und Dicke c, die Querkontraktion. Die Poissonzahl oder Poissonzahl ν ist das negative Verhältnis von Querstauchung zu Längsdehnung:

$$\nu = -\frac{\varepsilon_b}{\varepsilon_a} = -\frac{\varepsilon_c}{\varepsilon_a}. \tag{6.2.2}$$

Das Minuszeichen berücksichtigt, dass eine Längsdehnung eine Querverkürzung zur Folge hat, d. h. mit $\varepsilon_a = \frac{\Delta a}{a} > 0$ sind $\varepsilon_b = \frac{\Delta b}{b} < 0$ und $\varepsilon_c = \frac{\Delta c}{c} < 0$. Da wir von einem isotropen Material ausgehen, ist insbesondere $\varepsilon_b = \varepsilon_c$. Somit besitzt ein isotroper Werkstoff die vier elastischen Konstanten E, G, K und ν.

Ziel ist es, die vier Konstanten miteinander zu verknüpfen. Dazu betrachten wir nochmals das quaderförmige Stück aus Abb. 6.5 mitte unten.

$$\sigma = E\varepsilon = E\frac{\Delta l_n}{l}$$

$$\tau = G\gamma = G\frac{\Delta l_t}{l}$$

$$p = -K\frac{\Delta V}{V}$$

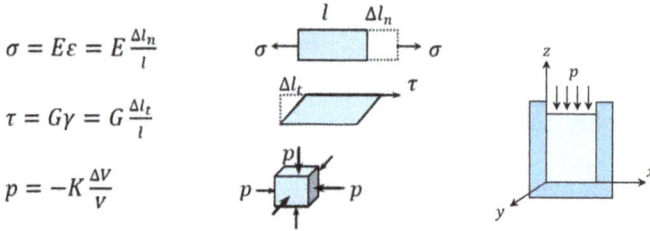

Abb. 6.5: Skizzen zu den elastischen Konstanten und zu Beispiel 2.

Einschränkung: Wirksam sei vorerst einzig die Zugbelastung $\sigma = \sigma_x$. Dabei identifizieren wir die Dehnungsrichtung mit der x-Richtung und die Querrichtungen mit der y- bzw. z-Richtung.

Bilanz: Es soll die Volumenänderung betrachtet werden.

Lineare Approximation: Abermals beschränken wir uns auf die 1. Näherung, unser wiederkehrendes Prinzip, was bedeutet, dass Änderungen höherer Potenzen vernachlässigt werden. Dies gilt, weil die Gültigkeitsgrenze für (6.1.1), wie an Ort und Stelle vermerkt, für $\varepsilon = \frac{\Delta l}{l} < 0.2\,\%$ festgelegt wurde.

Herleitung von (6.2.3)

Es gilt

$$\Delta V = (a + \Delta a)(b + \Delta b)(c + \Delta c) - abc \quad \text{mit} \quad \Delta a > 0 \quad \text{und} \quad \Delta b, \Delta c < 0.$$

Weiter folgt

$$\Delta V = ab\Delta c + ac\Delta b + a\Delta b\Delta c + bc\Delta a + b\Delta a\Delta c + c\Delta a\Delta b + \Delta a\Delta b\Delta c.$$

Dann ergibt sich $\Delta V \approx ab\Delta c + ac\Delta b + bc\Delta a$. Dies ist nichts anderes als ein vollständiges Differential, wenn man es als $dV = ab \cdot dc + ac \cdot db + bc \cdot da$ schreibt (lineare Zunahme in Richtung jeder Flächennormalen). Die relative Volumenänderung folgt zu

$$\frac{\Delta V}{V} = \frac{\Delta a}{a} + \frac{\Delta b}{b} + \frac{\Delta c}{c} = \varepsilon_x + \varepsilon_y + \varepsilon_z$$

und mit (6.2.2) wird daraus

$$\frac{\Delta V}{V} = \varepsilon_x - \nu\varepsilon_x - \nu\varepsilon_x = \varepsilon_x(1 - 2\nu) \quad \text{oder} \quad \frac{\Delta V}{V} = \frac{\sigma_x}{E}(1 - 2\nu). \tag{6.2.3}$$

Gleichung (6.2.3) entnimmt man die Tatsache, dass Materialen mit dem Wert $\nu = 0.5$ ihr Volumen bei Dehnung nicht verändern. Kautschuk und Flüssigkeiten besitzen diese Eigenschaft. Man nennt sie auch inkompressible Newtonsche Fluide. Für Metalle liegt die Zahl etwa zwischen 0.25 und 0.4, bei Kunststoffen zwischen 0.4 und 0.5. Holzarten ergeben Werte um 0.55.

Ein Werkstoff kann, räumlich betrachtet, insgesamt neun Spannungen ausgesetzt sein. Die Skizzen in Abb. 6.3 mitte entsprechen einem einachsigen Spannungszustand. Ein zwei- bzw. dreiachsiger Spannungszustand ist in Abb. 6.6 links und mitte dargestellt. Zu den drei Normalspannungen senkrecht zu den Flächen gesellen sich noch sechs mögliche Scherspannungen in alle drei Raumrichtungen. Diese Spannungen erhalten zwei Indizes: der Erste bezeichnet die Richtung der Flächennormalen und der Zweite die Spannungsrichtung. Bei den Normalspannungen genügt ein Index, weil keine Verwechslungsgefahr besteht.

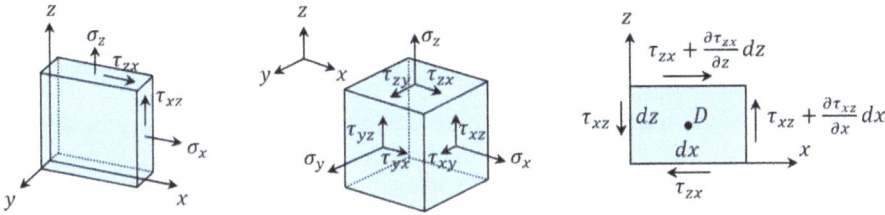

Abb. 6.6: Skizzen zum zwei- und dreiachsigen Spannungszustand.

Einige Scherspannungen können betragsmäßig miteinander identifiziert werden. Dazu schneiden wir senkrecht zu den Achsen ein quaderförmiges Massestück mit den Kantenlängen dx, dz und beliebiger Breite Δy heraus (Abb. 6.6 rechts). Die Orthogonalität ist dabei wichtig, damit die Wirkungslinien der einzelnen Spannungen auch im Innern des Körpers erhalten bleiben.

Bilanz: Am infinitesimal kleinen quaderförmigen Stück wird eine Drehimpulsbilanz mit dem Schwerpunkt als Drehpunkt durchgeführt.

Lineare Approximation: Die Scherspannungsänderung in entsprechender Richtung wird nur bis zur 1. Näherung beachtet.

Herleitung von (6.2.4) und (6.2.5)

Die partiellen Ableitungen weisen auf eine mögliche Abhängigkeit der Scherspannung in beide Koordinatenrichtungen hin. Der genaue Spannungsverlauf im Inneren des Körpers kann analytisch nicht angegeben werden. Da die Kraftlinien der Normalspannungen aufgrund des durchgeführten Schnitts durch den Drehpunkt verlaufen, leisten sie keinen Beitrag zur Bilanz. Das Teilchen bewegt sich nicht, weshalb Gleichung (3.3) einem Momentengleichgewicht $\sum M_i$ entspricht. Die zugehörigen Hebelarme sind $\frac{dx}{2}$ bzw. $\frac{dz}{2}$. Man erhält

$$\tau_{xz}dz\Delta y\frac{dx}{2} - \tau_{zx}dx\Delta y\frac{dz}{2} + \left(\tau_{xz} + \frac{\partial\tau_{xz}}{\partial x}dx\right)dz\Delta y\frac{dx}{2} - \left(\tau_{zx} + \frac{\partial\tau_{zx}}{\partial z}dz\right)dx\Delta y\frac{dz}{2} = 0 \quad \text{oder}$$

$$\tau_{xz} - \tau_{zx} + \left(\tau_{xz} + \frac{\partial\tau_{xz}}{\partial x}dx\right) - \left(\tau_{zx} + \frac{\partial\tau_{zx}}{\partial z}dz\right) = 0.$$

Für kleine dx, dz folgt $\tau_{xz}(x,y,z) = \tau_{zx}(x,y,z)$. Analog ergeben sich $\tau_{xy}(x,y,z) = \tau_{yx}(x,y,z)$ und $\tau_{yz}(x,y,z) = \tau_{zy}(x,y,z)$. Da der gewählte Bezugspunkt beliebig war, gilt dies für alle Punkte des Körpers. Die Schubspannungspaare nennt man zugeordnete Spannungen. Ein-, zwei- und dreiachsige Spannungszustände werden folglich mithilfe von respektive 1, 3 und 6 Spannungen und den gewählten orthogonalen Schnittrichtungen gekennzeichnet. Man fasst den Spannungszustand in einem Punkt $P(x,y,z)$ in einem Spannungstensor zusammen:

$$\boldsymbol{\sigma}_{ij}(x,y) = \begin{pmatrix} \sigma_{xx}(x,y) & \tau_{xy}(x,y) & \tau_{xz}(x,y) \\ \tau_{xy}(x,y) & \sigma_{yy}(x,y) & \tau_{yz}(x,y) \\ \tau_{xz}(x,y) & \tau_{yz}(x,y) & \sigma_{zz}(x,y) \end{pmatrix}.$$

Die drei Spalteneinträge zusammen kennzeichnen den resultierenden Spannungsvektor $\boldsymbol{v}_i$ in der jeweiligen Koordinatenrichtung. Im Detail gilt

$$\boldsymbol{v} = \begin{pmatrix} v_x \\ v_y \\ v_z \end{pmatrix} = \begin{pmatrix} \sigma_{xx} & \tau_{xy} & \tau_{xz} \\ \tau_{xy} & \sigma_{yy} & \tau_{yz} \\ \tau_{xz} & \tau_{yz} & \sigma_{zz} \end{pmatrix} \begin{pmatrix} e_x \\ e_y \\ e_z \end{pmatrix} = \begin{pmatrix} [\sigma_{xx} + \tau_{xy} + \tau_{xz}]e_x \\ [\tau_{xy} + \sigma_{yy} + \tau_{yz}]e_y \\ [\tau_{xz} + \tau_{yz} + \sigma_{zz}]e_z \end{pmatrix}.$$

Auf beiden Seiten steht ein Vektor. Der Tensor ist ein Operator, der in diesem Fall einen Vektor auf einen anderen abbildet.

Es ist möglich, die zwei bzw. drei Schnittebenen so anzusetzen, dass jeder Spannungszustand auf zwei resp. drei Hauptspannungen ohne Schubspannungen reduziert werden kann. Dies verfolgen wir aber nicht weiter.

Als Nächstes sollen die relativen Längenänderungen des dreiachsigen Spannungszustands eines isotropen Körpers mit den Hauptspannungen ausgedrückt werden. Die Spannung σ_x alleine bewirkt nach (6.2.2) und (6.2.3) eine Dehnung ε_x in x-Richtung und zwei Stauchungen $-\nu\varepsilon_x$ in die beiden anderen Koordinatenrichtungen. Analoges gilt für σ_y und σ_z, was zu folgender Übersicht führt:

	x-Richtung	y-Richtung	z-Richtung
σ_x bewirkt	ε_x	$-\nu\varepsilon_x$	$-\nu\varepsilon_x$
σ_y bewirkt	$-\nu\varepsilon_y$	ε_y	$-\nu\varepsilon_y$
σ_z bewirkt	$-\nu\varepsilon_z$	$-\nu\varepsilon_z$	ε_z

Die totalen relativen Längenänderungen lauten damit

$$\varepsilon_{x,\text{total}} = \varepsilon_x - \nu(\varepsilon_y + \varepsilon_z), \quad \varepsilon_{y,\text{total}} = \varepsilon_y - \nu(\varepsilon_x + \varepsilon_z) \quad \text{und} \quad \varepsilon_{z,\text{total}} = \varepsilon_z - \nu(\varepsilon_x + \varepsilon_y).$$

Berücksichtigt man noch eine mögliche, in alle Richtungen gleich verlaufende thermische Längenänderung, fügt man noch die entsprechenden Normalspannungen ein und lässt den Zusatz „total" weg, so führt dies zusammen mit den Schubspannungen zu sechs Gleichungen, die den räumlichen Spannungszustand eines isotropen Körpers in jedem Punkt beschreiben.

$$\varepsilon_x = \frac{1}{E}\left[\sigma_x - v(\sigma_y + \sigma_z)\right] + a\Delta T, \quad \gamma_{xy} = \frac{1}{G}\tau_{xy},$$

$$\varepsilon_y = \frac{1}{E}\left[\sigma_y - v(\sigma_x + \sigma_z)\right] + a\Delta T, \quad \gamma_{xz} = \frac{1}{G}\tau_{xz},$$

$$\varepsilon_z = \frac{1}{E}\left[\sigma_z - v(\sigma_x + \sigma_y)\right] + a\Delta T, \quad \gamma_{yz} = \frac{1}{G}\tau_{yz}. \tag{6.2.4}$$

Man nennt das System (6.2.4) auch das verallgemeinerte Hookesche Gesetz.

Als Spezialfall betrachten wir ein Massestück, das jetzt aber von allen drei Richtungen her unter einem konstanten Druck $p = -\sigma_x = -\sigma_y = -\sigma_z$ (beispielsweise hydrostatisch) steht. Die Addition der Gleichungen (6.2.4) ergibt

$$\frac{\Delta V}{V} = \varepsilon_x + \varepsilon_y + \varepsilon_z = \frac{3\sigma_x}{E}(1 - 2v) = -\frac{3p}{E}(1 - 2v).$$

Verwendet man die Definition einer Kompression gemäß Abb. 6.5 links, so folgt $-\frac{p}{K} = -\frac{3p}{E}(1 - 2v)$ und daraus der Zusammenhang

$$E = 3K(1 - 2v). \tag{6.2.5}$$

Herleitung von (6.2.6) und (6.2.7)

Nun gehen wir von einer Scherdeformation unseres Würfels aus mit einer Spannung tangential zur Fläche: $\tau = \frac{F_t}{a^2}$ (Abb. 6.7 links und mitte). Die Scherung kann zerlegt werden in eine Dehnung mit der Spannung $\sigma = \tau$ entlang der einen Flächendiagonalen und einer Dehnung mit derselben Spannung entlang der anderen Flächendiagonalen. Die Spannung bleibt konstant, nur die entsprechenden Kräfte und Flächen sind verschieden:

$$\sigma = \frac{F}{A} = \frac{F_t\sqrt{2}}{ad} = \frac{F_t\sqrt{2}}{a \cdot a\sqrt{2}} = \frac{F_t}{a^2} = \tau$$

(Abb. 6.7 rechts). Dreht man die Diagonale d in Richtung der verlängerten Diagonale d', so ist etwa $\Delta d \approx \frac{\Delta a}{\sqrt{2}}$. Dies kann man auch ohne eine Skizze einsehen, denn es gilt

$$\Delta d = d - d' = \sqrt{(a + \Delta a)^2 + a^2} - \sqrt{2a^2}.$$

Weiter folgt mit de L'Hospital

$$\lim_{\Delta a \to 0} \frac{\Delta d}{\Delta a} = \lim_{\Delta a \to 0} \frac{\sqrt{(a + \Delta a)^2 + a^2} - \sqrt{2a^2}}{\Delta a} = \lim_{\Delta a \to 0} \frac{\frac{2(a+\Delta a)\cdot 1}{2\sqrt{(a+\Delta a)^2 + a^2}}}{1} - 0$$

$$= \lim_{\Delta a \to 0} \frac{2(a + \Delta a) \cdot 1}{2\sqrt{(a + \Delta a)^2 + a^2}} = \frac{2a}{2\sqrt{2a^2}} = \frac{2a}{2a\sqrt{2}} = \frac{1}{\sqrt{2}}.$$

Für kleine Δa ist $\frac{\Delta d}{\Delta a} \approx \frac{1}{\sqrt{2}}$, also $\Delta d \approx \frac{\Delta a}{\sqrt{2}}$.

Damit folgt für die relative Längenänderung längs der Flächendiagonale d:

$$\frac{\Delta d}{d} = \frac{\Delta a}{\sqrt{2} \cdot a\sqrt{2}} = \frac{1}{2} \cdot \frac{\Delta a}{a}.$$

Die Scherung in Richtung der Flächendiagonale ist halb so groß wie die Scherung tangential zur Fläche und sie beträgt $\frac{\Delta d}{d} = \frac{1}{2}\gamma = \frac{1}{2} \cdot \frac{\tau}{G}$.

Die Diagonalenänderung setzt sich, wie vorhin gesagt, durch zwei Dehnungen längs der beiden Diagonalen zusammen: Damit gilt

$$\frac{1}{2} \cdot \frac{\tau}{G} \approx \frac{\Delta d}{d} = \varepsilon = \varepsilon_{d1} + \varepsilon_{d2} = \varepsilon_{d1} + \nu\varepsilon_{d1} = \varepsilon(1 + \nu) = \frac{\sigma}{E}(1 + \nu).$$

Dabei trägt der 2. Summand $+\varepsilon_{d2}$ als Querkontraktion hier zur relativen Längenänderung bei. Mit $\tau = \sigma$ folgt

$$E = 2G(1 + \nu). \tag{6.2.6}$$

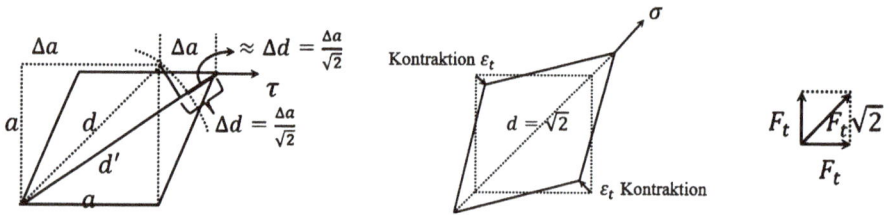

Abb. 6.7: Skizze zu den Zusammenhängen zwischen den elastischen Konstanten.

Schließlich kann man noch die Dekompression mit einer Scherung vergleichen:
Aus $\frac{\Delta V}{V} = 3\varepsilon(1 - 2\nu)$ und $\frac{\Delta d}{d} = \varepsilon(1 + \nu)$ folgt

$$\frac{\Delta V}{V} = \frac{3}{2}\frac{(1 - 2\nu)}{(1 + \nu)} \cdot \frac{\Delta a}{a} \quad \text{oder auch} \quad \frac{\Delta V}{V} = 3\left(1 - \frac{1 + 4\nu}{2(1 + \nu)}\right)\frac{\Delta a}{a}.$$

Dadurch erhält man ohne Beachtung der Querkontraktion $G = \frac{3}{2}K$ und mit Beachtung der Querkontraktion

$$G = \frac{3K(1 - 2\nu)}{2(1 + \nu)}. \tag{6.2.7}$$

Die drei Moduli lassen sich in einer Gleichung miteinander verknüpfen. Am einfachsten ist es, wenn man (6.2.7) aussen vorlässt und nur (6.2.5) und (6.2.6) verwendet. Man erhält jeweils $v = \frac{E}{2G} - 1$ und $v = \frac{1}{2}(1 - \frac{E}{3K})$. Dann folgt nacheinander

$$\frac{E}{2G} - 1 = \frac{1}{2}\left(1 - \frac{E}{3K}\right), \quad \frac{E}{G} = 3 - \frac{E}{3K}, \quad 3EG = 9GK - EG,$$

$$E(3K + G) = 9GK \quad \text{und schließlich} \quad E = \frac{9GK}{3K + G}. \tag{6.2.8}$$

Da weiter $E = 3K(1 - 2v) > 0$ sein muss, folgt $(1 - 2v) > 0$ und daraus $0 < v < \frac{1}{2}$. Die Poissonzahl ist damit nach oben beschränkt. Folglich ergeben sich $0 < \frac{E}{2G} - 1 < \frac{1}{2}$ als auch $0 < \frac{1}{2}(1 - \frac{E}{3K}) < \frac{1}{2}$. Dies wiederum führt zu $\frac{E}{3} < G < \frac{E}{2}$ und $\frac{E}{3} < K < \infty$. Für eine Darstellung (Abb. 6.8) betrachten wir die Funktionen

$$\frac{G}{E} = \frac{1}{2(1 + v)}, \quad \frac{K}{E} = \frac{1}{3(1 - 2v)} \quad \text{und} \quad \frac{G}{K} = \frac{3(1 - 2v)}{2(1 + v)}. \tag{6.2.9}$$

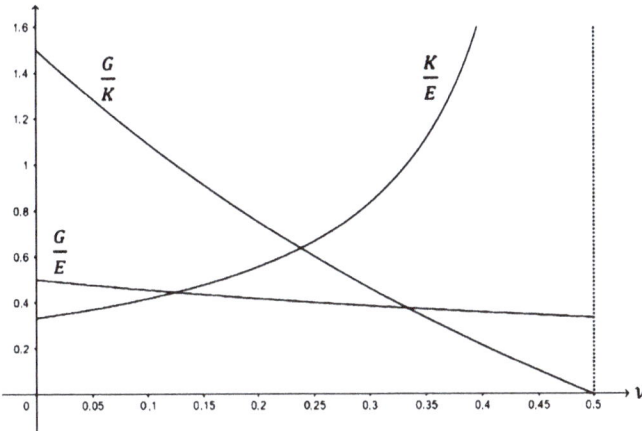

Abb. 6.8: Graphen von (6.2.9).

Beispiel 1. Ein Eisenstab mit quadratischem Querschnitt $1\,\text{cm}^2$ ist an einem Ende eingespannt und wird am anderen Ende mit einer Kraft von $F = 1000\,\text{N}$ zusammengedrückt. Der Elastizitätsmodul beträgt $E = 1.8 \cdot 10^{11}\,\frac{\text{N}}{\text{m}^2}$. Die Poissonzahl ist $v = 0.2$.

a) Wie groß sind relative Verkürzung $\frac{\Delta l}{l}$ und relative Verbreiterung $\frac{\Delta b}{b}$?
b) Wie groß ist die relative Volumenänderung $\frac{\Delta V}{V}$?
c) Bestimmen Sie die Kompressibilität des Eisenstabes.

Lösung.

a) Es gilt

$$\frac{\Delta l}{l} = \varepsilon = \frac{\sigma}{E} = \frac{1}{E} \cdot \frac{F}{A} = \frac{1}{1.8 \cdot 10^{11}} \cdot \frac{10^3}{10^{-4}} = 5.56 \cdot 10^{-5} \quad \text{und}$$

$$\frac{\Delta b}{b} = v \cdot \varepsilon = 0.2 \cdot 5.56 \cdot 10^{-5} = 1.11 \cdot 10^{-5}.$$

b) Man erhält gemäß (6.2.3) $\frac{\Delta V}{V} = \varepsilon(1 - 2v) = 5.56 \cdot 10^{-5} \cdot (1 - 2 \cdot 0.2) = 3.33 \cdot 10^{-5}$, nur einfach, weil der Druck nur in eine Koordinatenrichtung wirkt.

c) Bei der Kompressibilität wirkt der Druck in alle drei Raumrichtungen. Damit ist nach (6.2.5) $E = 3K(1 - 2v)$ und

$$K = \frac{E}{3(1 - 2v)} = \frac{1.8 \cdot 10^{11}}{3(1 - 2 \cdot 0.2)} = 10^{11} \frac{N}{m^2}.$$

Beispiel 2. Ein zylindrischer Metallstab mit dem Radius $r = 1\,\text{cm}$ und einer Länge von $l = 40\,\text{cm}$ wird mit einer Zugkraft $F = 6 \cdot 10^4\,\text{N}$ belastet. Dabei dehnt sich der Stab um $\Delta l = 0.36\,\text{mm}$, während sein Radius um $\Delta r = 0.0025\,\text{mm}$ sinkt.

a) Zeigen Sie, dass analog zum quaderförmigen Stab die relative Radiusänderung doppelt in die Volumenänderungsbilanz einfließt.

b) Bestimmen Sie die Materialkonstanten v, E, G und K.

Lösung.

Bilanz und lineare Approximation: Volumenänderung des Zylinders.

Idealisierung: Der Stahlstab wird als isotrop angenommen.

a) Es gilt

$$\Delta V = \pi(r + \Delta r)^2(l + \Delta l) - \pi r^2 l \quad \text{mit} \quad \Delta l > 0 \quad \text{und} \quad \Delta r < 0.$$

Weiter folgt

$$\Delta V = \pi(r + \Delta r)^2(l + \Delta l) = \pi(r^2\Delta l + 2rl\Delta r + 2r\Delta r\Delta l + l[\Delta r]^2 + [\Delta r]^2\Delta l)$$

$$\approx \pi(r^2\Delta l + 2rl\Delta r) \quad \text{und daraus}$$

$$\frac{\Delta V}{V} = \frac{\pi(r^2\Delta l + 2rl\Delta r)}{\pi r^2 l} = \frac{\Delta l}{l} + 2\frac{\Delta r}{r} = \varepsilon_l + 2\varepsilon_r = \varepsilon_l - 2v\varepsilon_l$$

$$= \varepsilon_l(1 - 2v).$$

b) Man erhält $\varepsilon_l = \frac{\Delta l}{l} = 9 \cdot 10^{-4}$, $\varepsilon_r = -\frac{\Delta r}{r} = -2.5 \cdot 10^{-4}$ und zusammen $v = -\frac{\varepsilon_r}{\varepsilon_l} = 0.28$. Aus $\varepsilon_l = \frac{\sigma_l}{E} = \frac{F}{A \cdot E}$ folgt

$$E = \frac{F}{\varepsilon_l \cdot A} = \frac{6 \cdot 10^4}{9 \cdot 10^{-4} \cdot \pi \cdot 0.01^2} = 2.12 \cdot 10^{11} \frac{N}{m^2}.$$

Mit (6.2.5) und (6.2.6) ergeben sich die beiden anderen Konstanten zu

$$G = \frac{E}{2(1+\nu)} = 8.30 \cdot 10^{10} \frac{\text{N}}{\text{m}^2} \quad \text{und} \quad K = \frac{E}{3(1-2\nu)} = 1.59 \cdot 10^{11} \frac{\text{N}}{\text{m}^2}.$$

Beispiel 3. Ein Stahlquader wird passgenau in einen quaderförmigen Hohlraum einge-fügt und seine Deckfläche mit dem Druck p belastet. Entlang der Seitenflächen soll der Quader frei gleiten können (Abb. 6.5 rechts). Bestimmen Sie die relative Höhenänderung ε_z und die Normalspannungen σ_x und σ_y.

Lösung.

Idealisierungen:

–   Der Stahlquader wird als isotrop angenommen.
–   Die Reibungslosigkeit garantiert die drei Hauptspannungen als einzige auf den Qua-der wirksame Spannungen.

Gemäß Idealisierung und Voraussetzung ist $\tau_{xy} = \tau_{xz} = \tau_{yz} = 0$, $\varepsilon_x = \varepsilon_y = 0$ und $\sigma_z = -p$.

Somit muss $\sigma_y = \sigma_x$ sein und die 1. Gleichung von (6.2.4) lautet $0 = \frac{1}{E}[\sigma_x - \nu(\sigma_x - p)]$, woraus $\sigma_x = \nu(\sigma_x - p)$ und $\sigma_x = \sigma_y = -\frac{\nu p}{1-\nu}$ folgt. Die 3. Gleichung von (6.2.4) liefert weiter

$$\varepsilon_z = \frac{1}{E}\left(-p + 2\nu\frac{\nu p}{1-\nu}\right) = \frac{p}{E}\left(\frac{2\nu^2 + \nu - 1}{1-\nu}\right) = -\frac{(1-2\nu)(1+\nu)p}{(1-\nu)E}.$$

Beispiel 4. Gleiche Situation wie in Beispiel 3, aber mit dem Unterschied, dass der Qua-der in eine Spaltöffnung abgelassen wird, die in y-Richtung offen ist. Welche Größen sind in diesem Fall gegeben und welche müssen bestimmt werden?

Lösung. Nebst denselben Idealisierungen, $\tau_{xy} = \tau_{xz} = \tau_{yz} = 0$, ist nun $\varepsilon_x = 0$, $\sigma_y = 0$ und $\sigma_z = -p$.

Gesucht sind ε_y, ε_z und σ_x. Die 1. Gleichung von (6.2.4) liefert $0 = \frac{1}{E}[\sigma_x - \nu(0 - p)]$ und daraus $\sigma_x = -\nu p$. Dies in die 2. und 3. Gleichung eingefügt, ergibt

$$\varepsilon_y = \frac{1}{E}[0 - \nu(-\nu p - p)] = \frac{\nu(1+\nu)p}{E} \quad \text{und}$$

$$\varepsilon_z = \frac{1}{E}[-p - \nu(-\nu p + 0)] = -\frac{(1-\nu^2)p}{E}.$$

Beispiel 5. Gleiche Situation wie in Beispiel 3, aber anstelle des ausgeübten Drucks wird der Quader überall gleichmäßig mit einem Längenausdehnungskoeffizient α um die Temperatur ΔT erhöht.

Lösung. Gegeben sind $\tau_{xy} = \tau_{xz} = \tau_{yz} = 0$, $\varepsilon_x = \varepsilon_y = 0$ und $\sigma_z = 0$. Gesucht sind ε_z und $\sigma_y = \sigma_x$. Die 1. Gleichung von (6.2.4) lautet $0 = \frac{1}{E}[\sigma_x - \nu(\sigma_x + 0)] + \alpha\Delta T$, woraus $\sigma_x = \sigma_y = -\frac{\alpha E\Delta T}{1-\nu}$ entsteht. Dies in die 3. Gleichung eingesetzt, führt zu

$$\varepsilon_z = \frac{1}{E}\left(0 + 2\nu\frac{\alpha E\Delta T}{1-\nu}\right) + \alpha\Delta T = \frac{1+\nu}{1-\nu} \cdot \alpha\Delta T.$$

7 Balkenbiegungen

Eine weitere Verformungsart nebst den bisher besprochenen, ist die Biegung eines Balkens. Die klassische Theorie geht von einem sogenannten Bernoulli-Balken aus, der folgenden Annahmen genügt:

Idealisierungen:

1. Der betrachtete Balken ist schlank in dem Sinne, dass die Länge wesentlich größer als die Abmessungen seines Querschnitts ist.
2. Der Balken erfährt keine Schubverformung. Daraus ergeben sich Folgerungen:
   a. Die Balkenquerschnitte bleiben auch nach der Verformung eben und werden nicht tordiert.
   b. Die Abmessungen des Balkens bleiben bestehen.
   c. Die Balkenquerschnitte stehen vor und nach der Verformung normal auf der jeweiligen Balkenachse.
3. Die Biegeverformungen sind klein im Vergleich zur Länge des Balkens.
4. Das Material des Balkens wird als isotrop betrachtet. Diese Bedingung garantiert, dass bei einer Biegung sowohl in y- wie auch in z-Richtung (Abb. 7.1 links) derselbe Elastizitätsmodul zugrunde liegt.

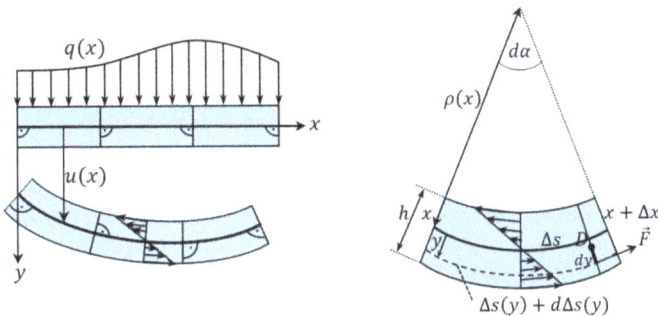

Abb. 7.1: Skizzen zum Bernoulli-Balken.

Herleitung von (7.1)–(7.5)

Gegeben ist ein Balken mit einer senkrecht zur Längsachse wirkenden Streckenbelastung (kurz Last) in $\frac{N}{m}$. Diese kann, nebst dem Eigengewicht des Balkens, aus einer einzelnen Kraft, mehreren Einzelkräften oder eine über den gesamten Balken verteilten Last bestehen (Abb. 7.1 links). Der Balken wird in übereinander liegende, parallel zur Längsachse verlaufende Fasern zerlegt. Im oberen Teil sind die Fasern gestaucht, im unteren gestreckt. In der Mitte können wir eine Schicht annehmen, die weder gestaucht noch gestreckt ist: die neutrale Faser. Aus dem Balken wird im verbogenen Zustand ein Stück Δs herausgeschnitten (Abb. 7.1 rechts). Mit Krümmungskreis bezeichnet man denjenigen Kreis, der den Verlauf von Δs am besten annähert (eigentlich im Punkt $P(x, y)$ selber

https://doi.org/10.1515/9783111345819-007

für $\Delta s \to 0$). Den zugehörigen Krümmungsradius nennen wir $\rho(x)$ und der Kehrwert κ heisst Krümmung: $\kappa(x) = \frac{1}{\rho(x)}$.

Bilanz: Bogenlängenänderung $d\Delta s$. Einerseits gilt $\Delta s = \rho \cdot da$ und andererseits $\Delta s + d\Delta s = (\rho + y) \cdot da$, falls y der Abstand zur neutralen Faser meint. Für die Änderung erhält man dann $d\Delta s = (\rho + y) \cdot da - \rho \cdot da = y \cdot da = y \cdot \frac{\Delta s}{\rho}$ oder $\frac{y}{\rho} = \frac{d\Delta s}{\Delta s}$. Die rechte Seite entspricht gerade der Dehnung ε, woraus

$$\frac{y}{\rho} = \varepsilon \tag{7.1}$$

folgt. Mithilfe des Hookeschen Gesetzes (6.1.1) ergibt sich $\sigma_x(y) = \frac{E}{\rho} \cdot y$. Dabei gewährleisten die ersten drei Annahmen einen einachsigen Spannungszustand frei von Schubverformungen und seitlichen Effekten, allein charakterisiert durch das Hookesche Gesetz. Die Balkenbiegung erzeugt dabei eine sogenannte Biegespannung σ_x, die im Gegensatz zu einer Zugspannung über die Balkenhöhe linear veränderlich ist (Abb. 7.1 links und rechts). Nun ermitteln wir die Wirkung dieser Spannung. Aus $\sigma_x(y) = \frac{dF}{dA}$ folgt $dF = \sigma_x(y) \cdot dA$ und damit $dF = \frac{E}{\rho} \cdot y \cdot dA$ (Abb. 7.1 rechts und Abb. 7.2 links). Dabei ist $dA = dy \cdot b$ mit der Breite b. Die Kraft dF bewirkt ein Drehmoment dM um den Punkt D mit dem Hebelarm y. Für einen Balken heißt dieses Moment Biegemoment und es gilt $dM = dF \cdot y = \frac{E}{\rho} \cdot y^2 \cdot dA$. Integriert über die gesamte Querschnittsfläche erhält man das gesamte Biegemoment zu

$$M = \frac{E}{\rho} \cdot I \quad \text{mit} \quad I = I_z = \int_A y^2 \cdot dA. \tag{7.2}$$

Offenbar wird die Größe I_z nur durch die Form des Balkenquerschnitts bestimmt. I_z nennt man Flächenträgheitsmoment (FTM) gegenüber der z-Achse. Gleichung (7.2) entnimmt man, dass das Biegemoment kleiner ist, je größer der Krümmungsradius wird und umgekehrt. M ist nur bei konstantem ρ ebenfalls konstant. Dies trifft nur für eine Gerade (ungebogener Balken) oder einen Kreis zu. Schließlich soll der Krümmungsradius $\rho(x)$ durch die Auslenkung $u(x)$ ausgedrückt werden. Gemäß Abb. 7.2 mitte gilt $ds = \rho(x) \cdot da$ und $\tan \alpha = u'(x)$ oder

$$\frac{1}{\rho} = \frac{da}{ds} = \frac{da}{dx} \cdot \frac{dx}{ds} \quad \text{und} \quad \alpha = \arctan(u'), \quad \text{woraus} \quad \frac{da}{dx} = \frac{u''}{1 + (u')^2} \quad \text{folgt.}$$

Lineare Approximation: Die Differenz $\Delta u = u(x + dx) - u(x)$ wird approximiert durch das Differential du. Je kleiner du wird, umso genauer wird die Gleichung $ds^2 = dx^2 + du^2$. Man erhält

$$\left(\frac{ds}{dx}\right)^2 = 1 + \left(\frac{du}{dx}\right)^2, \quad \frac{ds}{dx} = \sqrt{1 + (u')^2}$$

und insgesamt folgt

$$\frac{1}{\rho} = \frac{u''}{[1 + (u')^2]^{\frac{3}{2}}}.$$

Unter Beachtung der Annahme 3, wodurch u und demnach u' klein sind, hat man $(u')^2 \ll 1$. Dies ergibt $\frac{1}{\rho(x)} \approx u''(x)$ und den Zusammenhang

$$\varepsilon = y \cdot u''(x). \tag{7.3}$$

Gleichung (7.3) liefert dann das Ergebnis

$$u''(x) = -\frac{M(x)}{E \cdot I}. \tag{7.4}$$

Das Produkt $E \cdot I$ heißt Biegesteifigkeit und ist ein Maß für die Verformbarkeit. Das Vorzeichen wird folgendermaßen bestimmt: Für eine nach unten zeigende y-Achse wie in den Abbildungen 7.1 links, rechts sowie 7.2 rechts sind die Biegemomente sämtlich positiv definiert. Die Krümmung wird als positiv definiert, wenn der Normalenvektor des Krümmungsradius in Richtung der y-Achse zeigt. Da dies in den drei genannten Abbildungen nicht der Fall ist, erzeugt ein positives Biegemoment eine negative Krümmung und umgekehrt.

Biegt man den Balken um $\varepsilon = \frac{d\Delta s}{ds}$, dann erhöht dies die Spannungsenergie. Analog zum Stab ist $dE_{\text{pot}} = \frac{1}{2}EdV\varepsilon^2 = \frac{1}{2}Ey^2(u'')^2 dxdA$. Daraus wird

$$E_{\text{pot}} = \frac{1}{2}E \int_A y^2 dA \int_0^l (u'')^2 dx \quad \text{und} \quad E_{\text{pot}} = \frac{1}{2}EI \int_0^l (u'')^2 dx = \frac{1}{2EI} \int_0^l M^2(x)dx. \tag{7.5}$$

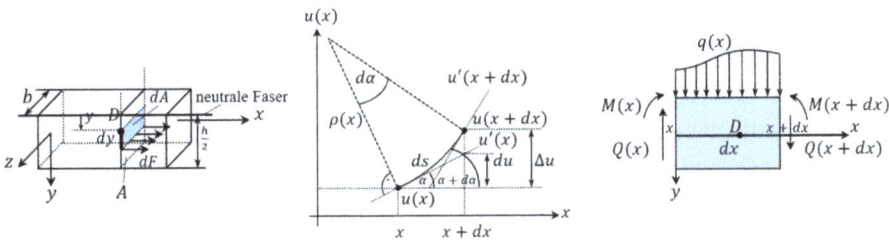

Abb. 7.2: Skizzen zur Balkenbiegung.

7.1 Biegelinien

Es sollen zwei mögliche Belastungen auf einen Balken untersucht werden, die eine Biegung hervorrufen:
1. Eine Streckenlast $q_0(x)$. Damit kann das Eigengewicht des Balkens alleine, eine zusätzlich auf den Balken aufgetragene Last oder die Summe beider Lasten gemeint

sein. In den meisten praktischen Fällen wird die Durchbiegung aufgrund von Eigengewicht vernachlässigt.

2. Die Belastung durch eine Einzelkraft F. Dies kann beispielsweise durch eine auf den Balken aufgesetzte Masse m erzeugt werden und es gilt $F = F_G = mg$.

Herleitung von (7.1.1)–(7.1.5)

Als Erstes berechnen wir das FTM für einen Balken mit konstanter Länge l, der Breite b und der Höhe h (Abb. 7.2 links). Bei der Integration über die Höhe muss man beachten, dass die neutrale Faser in der Balkenmitte liegt und die gesamte Höhe von 0 bis $\frac{h}{2}$ nach oben und von 0 bis $-\frac{h}{2}$ nach unten abgemessen wird. In Abb. 7.2 links ist auch nur der halbe Balken dargestellt. Nach Gleichung (7.2) gilt

$$I_z = \int_A y^2 \cdot dA = b \int_{-\frac{h}{2}}^{\frac{h}{2}} y^2 dy = b \cdot \left[\frac{y^3}{3} \right]_{-\frac{h}{2}}^{\frac{h}{2}} = \frac{b}{3} \cdot \left[\frac{h^3}{8} + \frac{h^3}{8} \right] = \frac{b}{3} \cdot \frac{2h^3}{8} = \frac{bh^3}{12}. \qquad (7.1.1)$$

Die Gleichung schreibt sich auch als $I_z = \frac{Ah^2}{12}$. Dies besagt, dass die Biegesteifigkeit eines Balkens mit demselben Querschnitt A quadratisch mit der Höhe h zunimmt. Deshalb legt man ein Sprungbrett flach, einen Balken hingegen hochkant hin.

Des Weiteren kann man die Verbiegung in Abhängigkeit des Querschnitts eines kreisrunden Stabs ermitteln. Dazu zerlegen wir die Kreisfläche in parallel zur z-Achse liegende Streifen der Dicke dy und es gilt

$$I_z = \int_A y^2 dA = 2 \int_{-R}^{R} y^2 \sqrt{R^2 - y^2} dy = \frac{\pi R^4}{4} = I_y. \qquad (7.1.2)$$

Kreisförmige Balken eignen sich nicht, um sie mit Lasten zu versehen, sodass wir uns auf Balken mit rechteckigem Querschnitt konzentrieren.

Als Nächstes soll mittels Gleichung (7.2) aus dem Biegemoment Rückschluss auf die Belastungsfunktion $q(x)$ in $\frac{N}{m}$ gezogen werden. Dazu führen wir zwei Bilanzen am infinitesimal kleinen Balkenelement mit der Länge dx durch (Abb. 7.10 rechts. Das Balkenstück könnte auch gekrümmt sein mit $ds \approx dx$). Die Vorzeichen in den Bilanzgleichungen folgen dabei der Konvention eines positiven- bzw. negativen Schnittufers. Setzt man in Gedanken die beiden Ufer zusammen, so heben sich sowohl die Querkräfte als auch die Momente auf, wie es für einen ruhenden Balken sein muss.

1. Bilanz und lineare Approximation: Die Änderung der Querkraft.

Man kann die Bilanz auch als Impulsänderung ohne Beschleunigung gemäß (3.2) auffassen. Dann entspricht (3.2) der Nullsumme aller angreifenden Kräfte. Es gilt

$$Q(x) - q(x) \cdot dx - Q(x + dx) = 0.$$

In 1. Näherung ist

$$Q(x + dx) \approx Q(x) + \frac{dQ}{dx} dx = Q(x) + dQ,$$

woraus sich die Bilanz reduziert zu

$$Q(x) - q(x) \cdot dx - Q(x) - dQ = 0 \quad \text{oder} \quad \frac{dQ(x)}{dx} = -q(x). \tag{7.1.3}$$

2. Bilanz und lineare Approximation: Die Änderung des Biegemoments bezüglich dem Drehpunkt D, der mit dem Schwerpunkt des Massenstücks zusammenfällt.

Die Bilanz entspricht einer Drehimpulsbilanz ohne Rotationsbeschleunigung. Aus Gleichung (3.3) entsteht eine Nullsumme aller Biegemomente. Den Abstand zwischen D und den Schnittstellen setzt man mit $\frac{dx}{2}$ oder einem Vielfachen davon an. Dann erhält man (im Uhrzeigersinn gedreht, womit die Querkräfte beide dasselbe Vorzeichen besitzen, weil die Drehung in dieselbe Richtung erfolgt)

$$-M(x) - Q(x) \cdot \frac{dx}{2} + q(x) \cdot dx \cdot 0 + M(x + dx) - Q(x + dx) \cdot \frac{dx}{2} = 0.$$

In der 1. Näherung ist

$$Q(x + dx) \approx Q(x) + dQ \quad \text{und} \quad M(x + dx) \approx M(x) + dM$$

woraus sich die Bilanz zu

$$-Q(x) \cdot dx + dM - dQ \frac{dx}{2} = 0$$

reduziert. Vernachlässigt man noch den letzten Term mit Änderungen höherer Potenz, so ergibt sich

$$\frac{dM(x)}{dx} = Q(x). \tag{7.1.4}$$

Verrechnet man (7.1.3) und (7.1.4) mit (7.4) und integriert (7.4) zweimal, so ergeben sich die folgenden fünf DGen:

Belastung	$EI \cdot u''''(x) = q(x),$	
Querkraft	$EI \cdot u'''(x) = \int q(x) + C_1 = -Q(x),$	
Biegemoment	$EI \cdot u''(x) = -\int Q(x)dx + C_2 = -M(x),$	
Neigung	$EI \cdot u'(x) = -\int M(x)dx + C_3 = R(x),$	
Durchbiegung	$EI \cdot u(x) = \int R(x)dx + C_4.$	(7.1.5)

Die vier Konstanten sind durch die RBen bestimmt. Für die Neigungsfunktion wird nicht der Buchstabe N verwendet, um sie nicht mit einer am Balken angreifenden Normalkraft zu verwechseln. In der folgenden Übersicht sind die Bedingungen für die drei möglichen Ränder zusammengetragen.

Übersicht über die Randbedingungen bei Biegelinien

Eingespannter Rand	I. $u(x_R) = 0$ (WRB)
	II. $u'(x_R) = 0$ (WRB)
Gelenkig gestützter Rand	I. $u(x_R) = 0$ (WRB)
	II. $M(x_R) = 0 \Rightarrow u''(x_R) = 0$ (NRB)
Freier Rand	I. $M(x_R) = 0 \Rightarrow u''(x_R) = 0$ (NRB)
	II. $Q(x_R) = 0 \Rightarrow u'''(x_R) = 0$ (NRB)

Wesentliche (geometrische) RBen (WRB) beschreiben die Lagerung, natürliche (dynamische) RBen (NRB) die entstehenden Momente oder Querkräfte.

Für die Biegeform unter Eigengewicht gibt es vier Fälle:

1. Fall: links eingespannt, rechts frei.
2. Fall: beidseitig eingespannt.
3. Fall: links eingespannt, rechts gelenkig gestützt.
4. Fall: beidseitig gelenkig gestützt.

Bemerkung. In allen folgenden Beispielen wird die Biegelinie $u(x)$ nach oben auslenkend berechnet, um zusätzliche Vorzeichen zu vermeiden. In den Skizzen hingegen wird der Pfeil für $u(x)$ (nicht ganz korrekt) nach unten wirkend angezeigt, um anzudeuten, dass der Balken letztlich nach unten ausgelenkt wird.

Beispiel 1. Biegefall 1 unter gleichmäßig verteilter Last. Die Last pro Meter sei konstant q_0 (Abb. 7.9, oberste Zeile).

a) Gesucht ist die Biegelinie und die größte Durchbiegung.
b) Um wie viel erhöht sich durch das Aufbringen der Last die potentielle Energie des Balkens?

Lösung.

a) Es gilt $EI \cdot u'''' = q_0$ und daraus erhält man nacheinander

$$\frac{EI}{q_0} u'''' = 1,$$

$$\frac{EI}{q_0} u''' = x + C_1,$$

$$\frac{EI}{q_0} u'' = \frac{x^2}{2} + C_1 x + C_2,$$

$$\frac{EI}{q_0} u' = \frac{x^3}{6} + C_1 \frac{x^2}{2} + C_2 x + C_3,$$

$$\frac{EI}{q_0} u = \frac{x^4}{24} + C_1 \frac{x^3}{6} + C_2 \frac{x^2}{2} + C_3 x + C_4.$$

Die RBen lauten I. $u(0) = 0$, II. $u'(0) = 0$, III. $M(l) = 0$ und IV. $Q(l) = 0$.
Aus I. und II. folgen $C_4 = 0$ und $C_3 = 0$ respektive.
Aus III. $\frac{l^2}{2} + C_1 l + C_2 = 0$ und nacheinander $\frac{l^2}{2} - l^2 + C_2 = 0$, $C_2 = \frac{l^2}{2}$.
Aus IV. $l + C_1 = 0$, also $C_1 = -l$.
Für die Biegelinie folgt

$$u(x) = \frac{q_0}{EI} \left(\frac{x^4}{24} - l \frac{x^3}{6} + \frac{l^2}{2} \cdot \frac{x^2}{2} \right) = \frac{q_0 l^4}{24 EI} \left[\left(\frac{x}{l} \right)^4 - 4 \left(\frac{x}{l} \right)^3 + 6 \left(\frac{x}{l} \right)^2 \right].$$

In allen Abbildungen ist die Biegelinie punktiert und der Momentverlauf gestrichelt markiert. Man erhält für das Biegemoment

$$M(x) = -\frac{q_0}{2} (x^2 - 2lx + l^2) = -\frac{q_0}{2} (x - l)^2.$$

Die größte Durchbiegung ergibt sich für $x = l$ zu

$$u_{\text{Max}} = \frac{q_0 l^4}{24 EI} (1 - 4 + 6) = \frac{q_0 l^4}{8 EI}.$$

b) Gleichung (7.5) liefert

$$E_{\text{pot}} = \frac{q_0^2}{8 EI} \int_0^l (x - l)^4 dx = \frac{q_0^2 l^5}{40 EI}.$$

Beispiel 2. Biegefall 3 unter gleichmäßig verteilter Last. Die Last pro Meter des Balkens sei konstant q_0 (Abb. 7.3 links).
a) Gesucht ist die Biegelinie und die größte Durchbiegung.
b) Ermitteln Sie die Biegelinie infolge des Eigengewichts mit $E = 2.1 \cdot 10^{11} \frac{\text{N}}{\text{m}^2}$, $\rho = 7.8 \cdot 10^3 \frac{\text{kg}}{\text{m}^3}$, $I = \frac{1}{12} A h^2$ und $h = 0.05 \,\text{m}$.

Lösung.
a) Es gilt $EI \cdot u'''' = q_0$ und daraus erhält man nacheinander

$$\frac{EI}{q_0} u'''' = 1,$$

$$\frac{EI}{q_0} u''' = x + C_1,$$

$$\frac{EI}{q_0}u'' = \frac{x^2}{2} + C_1 x + C_2,$$

$$\frac{EI}{q_0}u' = \frac{x^3}{6} + C_1\frac{x^2}{2} + C_2 x + C_3,$$

$$\frac{EI}{q_0}u = \frac{x^4}{24} + C_1\frac{x^3}{6} + C_2\frac{x^2}{2} + C_3 x + C_4.$$

Die RBen lauten I. $u(0) = 0$, II. $u'(0) = 0$, III. $u(l) = 0$, IV. $M(l) = 0$.

Aus I. und II. folgen $C_4 = 0$ und $C_3 = 0$ respektive.

Aus III. $\frac{l^4}{24} + C_1\frac{l^3}{6} + C_2\frac{l^2}{2} = 0$, also $l^2 + 4C_1 l + 12C_2 = 0$.

Aus IV. $\frac{l^2}{2} + C_1 l + C_2 = 0$ und damit $l^2 + 2C_1 l + 2C_2 = 0$.

Daraus wird nacheinander $-5l^2 - 8C_1 = 0$, $C_1 = -\frac{5l}{8}$ und $C_2 = \frac{l^2}{8}$.

Für die Biegelinie folgt

$$u(x) = \frac{q_0}{EI}\left(\frac{x^4}{24} - \frac{5l}{8}\cdot\frac{x^3}{6} + \frac{l^2}{8}\cdot\frac{x^2}{2}\right) = \frac{q_0 l^4}{48EI}\left[2\left(\frac{x}{l}\right)^4 - 5\left(\frac{x}{l}\right)^3 + 3\left(\frac{x}{l}\right)^2\right].$$

Das Biegemoment lautet

$$M(x) = -\frac{q_0}{8}\left(4x^2 - 5lx + l^2\right).$$

Für die größte Durchbiegung muss man zuerst die zugehörige Stelle berechnen:

Aus $u'(x) = 0$ folgt $\frac{x^3}{6} - \frac{5lx^2}{16} + \frac{l^2}{8}x = 0$ und daraus erhält $x_{1,2} = \frac{15\pm\sqrt{33}}{16}l$, also $x = \frac{15-\sqrt{33}}{16}\cdot l$.

Eingesetzt erhält man

$$u_{\text{Max}} = \frac{q_0 l^4}{8EI}\cdot\frac{15\sqrt{33} + 39}{8192}.$$

b) Es ergibt sich $q_0 = \frac{mg}{l} = \rho A g$, daraus

$$\frac{q_0 l^4}{48EI} = \frac{\rho A g l^4}{48\cdot E\cdot\frac{1}{12}Ah^2} = \frac{\rho g l^4}{4\cdot E\cdot h^2}$$

und für die Biegelinie

$$u(x) = \frac{\rho g l^4}{4\cdot E\cdot h^2}\left[2\left(\frac{x}{l}\right)^4 - 5\left(\frac{x}{l}\right)^3 + 3\left(\frac{x}{l}\right)^2\right]$$

$$= \frac{7.8\cdot 10^3\cdot 9.81\cdot l^4}{4\cdot 2.1\cdot 10^{11}\cdot 0.05^2}\left[2\left(\frac{x}{l}\right)^4 - 5\left(\frac{x}{l}\right)^3 + 3\left(\frac{x}{l}\right)^2\right]$$

$$= 3.64\cdot 10^{-5}l^4\left[2\left(\frac{x}{l}\right)^4 - 5\left(\frac{x}{l}\right)^3 + 3\left(\frac{x}{l}\right)^2\right].$$

Beispiel 3. Biegefall 4 unter veränderlicher Last. Die Last sei homogen und parabelförmig (Abb. 7.3 mitte).
a)   Ermitteln Sie die Lastfunktion $q(x)$.
b)   Gesucht ist die Biegelinie und die größte Durchbiegung.

Lösung.
a)   Die zugehörige Gleichung lautet $f(x) = ax(l - x)$. Dann ist $\frac{f(x)}{l^2} = a\frac{x}{l}(\frac{l-x}{l})$, woraus
     $q(x) = q_0\frac{x}{l}(1 - \frac{x}{l})$ mit dem Scheitelwert q_0 entsteht.
b)   Nacheinander gilt

$$\frac{l^2EI}{q_0}u'''' = -x^2 + l \cdot x,$$

$$\frac{l^2EI}{q_0}u''' = -\frac{x^3}{3} + l\frac{x^2}{2} + C_1,$$

$$\frac{l^2EI}{q_0}u'' = -\frac{x^4}{12} + l\frac{x^3}{6} + C_1x + C_2,$$

$$\frac{l^2EI}{q_0}u' = -\frac{x^5}{60} + l\frac{x^4}{24} + C_1\frac{x^2}{2} + C_2x + C_3,$$

$$\frac{l^2EI}{q_0}u = -\frac{x^6}{360} + l\frac{x^5}{120} + C_1\frac{x^3}{6} + C_2\frac{x^2}{2} + C_3x + C_4.$$

Die RBen lauten I. $u(0) = 0$, II. $M(0) = 0$, III. $u(l) = 0$, IV. $M(l) = 0$.
Aus I. $C_4 = 0$ und aus II. $C_2 = 0$.
Aus III. nacheinander

$$-\frac{l^3}{360} + \frac{l^6}{120} + C_1\frac{l^3}{6} + C_3l = 0, \quad \frac{l^6}{180} + C_1\frac{l^3}{6} + C_3l = 0 \quad \text{und} \quad \frac{l^5}{180} + C_1\frac{l^3}{6} + C_3 = 0.$$

Aus IV.

$$-\frac{l^4}{12} + \frac{l^4}{6} + C_1l = 0, \quad \frac{l^4}{12} + C_1l = 0, \quad C_1 = -\frac{l^3}{12} \quad \text{und} \quad C_3 = \frac{l^5}{120}.$$

Für die Biegelinie folgt

$$u(x) = \frac{q_0}{l^2EI}\left(-\frac{x^6}{360} + \frac{lx^5}{120} - \frac{l^3x^3}{72} + \frac{l^5x}{120}\right)$$

oder

$$u(x) = -\frac{q_0l^4}{360EI}\left[\left(\frac{x}{l}\right)^6 - 3\left(\frac{x}{l}\right)^5 + 5\left(\frac{x}{l}\right)^3 - 3\left(\frac{x}{l}\right)\right].$$

Die größte Auslenkung beträgt

$$u\left(\frac{l}{2}\right) = u_{\text{Max}} = \frac{61 \cdot l^4}{23040 \cdot EI}.$$

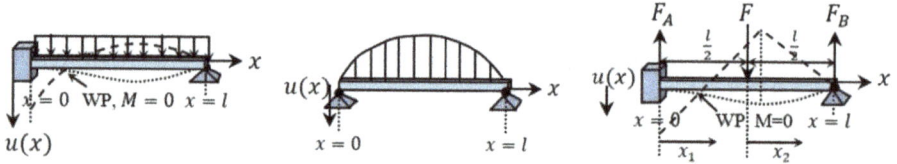

Abb. 7.3: Skizzen zu den Beispielen 2, 3 bis 5.

Beispiel 4. Biegefall 2 unter mittiger Einzelkraft (Abb. 7.10, 2. Zeile). Gesucht ist die Biegelinie für den linken Rand bis ins Zentrum und die größte Durchbiegung.

Lösung. Nacheinander gilt

$$EIu'''' = 0,$$
$$EIu''' = C_1,$$
$$EIu'' = C_1 x + C_2,$$
$$EIu' = C_1 \frac{x^2}{2} + C_2 x + C_3,$$
$$EIu = C_1 \frac{x^3}{6} + C_2 \frac{x^2}{2} + C_3 x + C_4.$$

Die RBen lauten I. $u(0) = 0$ und II. $u'(0) = 0$.

Die Biegelinie muss in zwei getrennte Funktionen $u_1(x)$ und $u_2(x)$ zerlegt werden:

$$u_1(x) \quad \text{für } 0 \le x \le \frac{l}{2} \quad \text{und} \quad u_2(x) \quad \text{für } \frac{l}{2} \le x \le l.$$

Kräftebilanz: Es gilt $F_A + F_B = F$. Aufgrund der Symmetrie erhält man für die beiden Reaktionskräfte $F_A = F_B = \frac{F}{2}$.

Momentbilanz: Aufgrund der festen Einspannung an den Rändern erfährt der Balken durch die Belastung ein Moment $M_A \ne 0$. Bezüglich dem Nullpunkt gilt $M(x) - M_A - \frac{F}{2} x = 0$. Aus $EIu'' = C_1 x + C_2 = -M(x)$ sieht man, dass die Momentfunktion von $x = 0$ bis zu $x = \frac{l}{2}$ linear ansteigt. Da $F_A = F(\frac{l}{2}) = \frac{F}{2}$, muss $M(\frac{l}{4}) = 0$ sein. Daraus folgt

$$-M_A - \frac{F}{2} \cdot \frac{l}{4} = 0, \quad M_A = -\frac{Fl}{8} \quad \text{und}$$

$$M(x) = M_A + \frac{F}{2} x = -\frac{Fl}{8} + \frac{F}{2} x = \frac{F}{2}\left(x - \frac{l}{4}\right) = -EIu''(x).$$

Eine zweifache Integration ergibt

$$EIu'(x) = -\frac{F}{4}x^2 + \frac{Fl}{8}x + C_3 \quad \text{und} \quad EIu(x) = -\frac{F}{12}x^3 + \frac{Fl}{16}x^2 + C_3x + C_4.$$

Die RBen führen zu $C_3 = C_4 = 0$. Für die Biegelinie folgt

$$u_1(x) = \frac{F}{EI}\left(-\frac{x^3}{12} + l\frac{x^2}{16}\right) = -\frac{Fl^3}{48EI}\left[4\left(\frac{x}{l}\right)^3 - 3\left(\frac{x}{l}\right)^2\right] \quad \text{für } 0 \leq x \leq \frac{l}{2}.$$

Die größte Auslenkung beträgt $u(\frac{l}{2}) = u_{\text{Max}} = \frac{Fl^3}{192EI}$.

Falls die gleichmäßig verteilte Last q_0 einen wesentlichen Einfluss auf die Verbiegung hat, kann die zugehörige Biegelinie zur vorhandenen addiert werden.

Beispiel 5. Biegefall 3 unter mittiger Einzelkraft (Abb. 7.3 rechts). Gesucht sind die beiden Biegelinien und die größte Durchbiegung.

Lösung. Nacheinander gilt

$$\begin{array}{ll}
EIu_1'''' = 0, & EIu_2'''' = 0, \\
EIu_1''' = C_1, & EIu_2''' = D_1, \\
EIu_1'' = C_1x_1 + C_2, & EIu_2'' = D_1x_2 + D_2, \\
EIu_1' = C_1\frac{x_1^2}{2} + C_2x_1 + C_3, & EIu_2' = D_1\frac{x_2^2}{2} + D_2x_2 + D_3, \\
EIu_1 = C_1\frac{x_1^3}{6} + C_2\frac{x_1^2}{2} + C_3x_1 + C_4, & EIu_2 = D_1\frac{x_2^3}{6} + D_2\frac{x_2^2}{2} + D_3x_2 + D_4.
\end{array}$$

Die RBen sind I. $u_1(0) = 0$, II. $u_1'(0) = 0$, III. $u_2(\frac{l}{2}) = 0$.

Die Biegelinie muss in zwei getrennte Funktionen $u_1(x_1)$ und $u_2(x_2)$ zerlegt werden:

$$u_1(x_1) \quad \text{für } 0 \leq x_1 \leq \frac{l}{2} \quad \text{und} \quad u_2(x_2) \quad \text{für } 0 \leq x_2 \leq \frac{l}{2}.$$

Die Ermittlung derselben gestaltet sich schwieriger als bisher, weil die Reaktionskräfte F_A und F_B unbekannt sind. Die Drehmomentbilanz wird über die gesamte Länge erhoben.

Kräftebilanz: Es gilt $F_A + F_B = F$.

Momentbilanz: Bezüglich dem Nullpunkt erhält man $M_A + F\frac{l}{2} - F_B l = 0$ und daraus

$$M_A = l\left(F_B - \frac{F}{2}\right) = l\left(\frac{F}{2} - F_A\right).$$

(Abb. 9.2 rechts).

Momentbilanzen: Bezüglich dem Nullpunkt gilt $M_1(x_1) - M_A - F_A x_1 = 0$, was $M_1(x_1) = F_A x_1 + M_A$ liefert (Abb. 9.3 links oben). Bezüglich dem Endpunkt folgt (Abb. 9.3 links unten) $-M_2(x_2) + F_B(\frac{l}{2} - x_2) = 0$ und damit $M_2(x_2) = F_B(\frac{l}{2} - x_2)$.

Insbesondere ist $M_2(\frac{l}{2}) = 0$. Insgesamt folgt

$$EIu_1'' = -F_A x_1 - M_A, \qquad\qquad EIu_2'' = F_B x_2 - \frac{F_B l}{2},$$

$$EIu_1' = -F_A \frac{x_1^2}{2} - M_A x_1 + C_1, \qquad\qquad EIu_2' = F_B \frac{x_2^2}{2} - \frac{F_B l}{2} x_2 + D_1,$$

$$EIu_1 = -F_A \frac{x_1^3}{6} - M_A \frac{x_1^2}{2} + C_1 x_1 + C_2, \qquad EIu_2 = F_B \frac{x_2^3}{6} - \frac{F_B l}{2} \cdot \frac{x_2^2}{2} + D_1 x_2 + D_2.$$

Die RBen I. und II. ergeben $C_1 = C_2 = 0$. Nun wird die Übergangsbedingung verwendet: $u_1(\frac{l}{2}) = u_2(0)$, woraus $-F_A \frac{l^3}{48} - M_A \frac{l^2}{8} = D_2$ entsteht (IV.).

Weiter muss gelten: $u_1'(\frac{l}{2}) = u_2'(0)$, was $-F_A \frac{l^2}{8} - M_A \frac{l}{2} = D_1$ liefert (V.).

Die RB $u_2(\frac{l}{2}) = 0$ führt zu $-F_B \frac{l^3}{24} + D_1 \frac{l}{2} + D_2 = 0$ und somit $D_2 = \frac{5}{16} F \frac{l^3}{24} - \frac{Fl^2}{128} \cdot \frac{l}{2}$.

Eingesetzt in IV. folgt

$$-F_A \frac{l^3}{48} - M_A \frac{l^2}{8} = F_B \frac{l^3}{24} - D_1 \frac{l}{2} \quad \text{und} \quad -F_A \frac{l^3}{24} - M_A \frac{l^2}{4} = F_B \frac{l^3}{12} - D_1 l.$$

Gleichung V. wird mit l multipliziert und man erhält $-F_A \frac{l^3}{8} - M_A \frac{l^2}{2} = D_1 l$.

Die Addition beider Gleichungen ergibt $-F_A \frac{l^3}{6} - M_A \frac{3l^2}{4} = F_B \frac{l^3}{12}$.

Nun werden M_A und F_B ersetzt: $-F_A \frac{l^3}{6} - (\frac{F}{2} - F_A) \frac{3l^3}{4} = (F - F_A) \frac{l^3}{12}$.

Man erhält nacheinander

$$-2F_A - 9 \cdot \left(\frac{F}{2} - F_A\right) = F - F_A, \quad -2F_A - \frac{9F}{2} + 9F_A = F - F_A \quad \text{und} \quad 8F_A = \frac{11F}{2}.$$

Schließlich folgt $F_A = \frac{11}{16}F$, $F_B = \frac{5}{16}F$, $M_A = -\frac{3Fl}{16}$, $D_1 = \frac{Fl^2}{128}$, $D_2 = \frac{7Fl^3}{768}$. Für die Biegelinien ist

$$u_1(x) = \frac{F}{EI}\left(-\frac{11}{16} \cdot \frac{x^3}{6} + \frac{3l}{16} \cdot \frac{x^2}{2}\right) = -\frac{Fl^3}{96EI}\left[11\left(\frac{x}{l}\right)^3 - 9\left(\frac{x}{l}\right)^2\right] \quad \text{für } 0 \le x \le \frac{l}{2} \quad \text{und}$$

$$u_2(x) = \frac{F}{EI}\left(\frac{5}{16} \cdot \frac{x^3}{6} - \frac{5l}{32} \cdot \frac{x^2}{2} + \frac{l^2}{128}x + \frac{7l^3}{768}\right) \quad \text{für } 0 \le x \le \frac{l}{2}.$$

Mit der Verschiebung $x \to x - \frac{l}{2}$ folgt

$$u_2(x) = -\frac{Fl^3}{96EI}\left[-5\left(\frac{x}{l}\right)^3 + 15\left(\frac{x}{l}\right)^2 - 12\left(\frac{x}{l}\right) + 2\right] \quad \text{für } \frac{l}{2} \le x \le l.$$

Für die größte Auslenkung muss die Stelle des Minimums zuerst bestimmt werden. Diese befindet sich auf $u_2(x)$. Die Lösung der Gleichung

$$u_2'(x) = \frac{Fl^3}{96EI}\left(15\frac{x^2}{l^3} - 30\frac{x}{l^2} + \frac{12}{l}\right) = 0$$

oder $15x^2 - 30lx + 12l^2 = 0$ liefert $x_{1,2} = \frac{10l \pm \sqrt{20l^2}}{10}$, also $x = \frac{5-\sqrt{5}}{5} \cdot l$. Eingesetzt erhält man

$$u_{\text{Max}} = \frac{Fl^3}{96EI} \cdot \frac{2\sqrt{5}}{5} = \frac{Fl^3}{48\sqrt{5}EI}.$$

Falls die gleichmäßig verteilte Last q_0 einen wesentlichen Einfluss auf die Verbiegung hat, kann die zugehörige Biegelinie zur vorhandenen addiert werden.

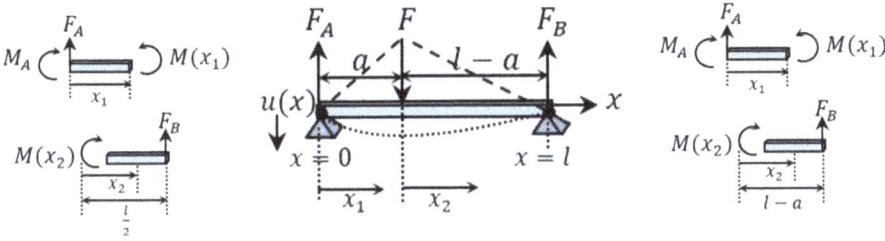

Abb. 7.4: Skizzen zu den Beispielen 5 und 6.

Beispiel 6. Biegefall 4 unter Einzelkraft im Abstand a (Abb. 7.4 mitte). Gesucht sind die beiden Biegelinien.

Lösung.
Kräftebilanz: Es gilt $F_A + F_B = F$.
Momentbilanz: Bezüglich dem Nullpunkt erhält man einerseits $l F_B - aF = 0, F_B = \frac{a}{l}F$ und andererseits $-l F_A + (l-a)F = 0$, also $F_A = \frac{l-a}{l}F = (1 - \frac{a}{l})F$ (Abb. 9.3 mitte). Wiederum besteht die Biegelinie aus zwei Ästen $u_1(x_1)$ für $0 \le x_1 \le a$ und $u_2(x_2)$ für $a \le x_2 \le l - a$.
Daraus ergeben sich die Momente

$$M_A(x_1) = F_A x_1 = \left(1 - \frac{a}{l}\right)Fx_1 \quad \text{und} \quad M_B(x_2) = F_B(l - x_2) = aF - \frac{aF}{l}x_2$$

(Abb. 9.3 rechts oben und unten) und nacheinander

$$EIu_1'' = \left(\frac{a}{l} - 1\right)Fx_1, \qquad\qquad EIu_2'' = \frac{aF}{l}x_2 - aF,$$

$$EIu_1' = \left(\frac{a}{l} - 1\right)F\frac{x_1^2}{2} + C_1, \qquad EIu_2' = \frac{aF}{l} \cdot \frac{x_2^2}{2} - aFx_2 + D_1,$$

$$EIu_1 = \left(\frac{a}{l} - 1\right)F\frac{x_1^3}{6} + C_1 x_1 + C_2, \quad EIu_2 = \frac{aF}{l} \cdot \frac{x_2^3}{6} - aF\frac{x_2^2}{2} + D_1 x_2 + D_2.$$

Die RBen sind I. $u_1(0) = 0$, II. $u_2(l) = 0$. Aus I. folgt $C_2 = 0$ und mit II. erhält man $aF \cdot l^2 = 3D_1 l + 3D_2$. Zusätzlich müsssen die beiden Übergangsbedingungen erfüllt werden: III. $u_1'(a) = u_2'(a)$ und IV. $u_1(a) = u_2(a)$. Die Verrechnung von III. ergibt

$$\left(\frac{a}{l}-1\right)F\frac{a^2}{2}+C_1=\frac{F}{l}\cdot\frac{a^3}{2}-a^2F+D_1$$

und daraus III. $Fa^2+2C_1=2D_1$. Bedingung IV. liefert

$$\left(\frac{a}{l}-1\right)F\frac{a^3}{6}+C_1a=\frac{F}{l}\cdot\frac{a^4}{6}-F\cdot\frac{a^3}{2}+D_1a+D_2$$

und somit IV. $Fa^3+3C_1a=3D_1a+3D_2$. Das System II., III. und IV. führt zu

$$C_1=\frac{aF}{6}\left(\frac{a^2}{l}+2l-3a\right),\quad D_1=\frac{Fa}{6}\left(\frac{a^2}{l}+2l\right)\quad\text{und}\quad D_2=-\frac{a^3}{6}F.$$

Schliesslich ergibt sich

$$u_1(x)=-\frac{F}{6EI}\left[\left(1-\frac{a}{l}\right)x^3-a\left(\frac{a^2}{l}+2l-3a\right)x\right],\quad 0\le x\le a,$$

$$u_2(x)=-\frac{F}{6EI}\left[-\frac{a}{l}x^3+3ax^2-a\left(\frac{a^2}{l}+2l\right)x+a^3\right],\quad a\le x\le l.\qquad(7.1.6)$$

Beispiel 7. Ermitteln Sie mithilfe von (7.1.6) die Biegelinie für zwei Einzelkräfte derselben Größe F an den Stellen $x_1=\frac{l}{4}$ und $x_2=\frac{3l}{4}$ des beidseitig gelenkig gelagerten Balkens (Abb. 7.5 links).

Man erhält

$$u_1(x)=-\frac{Fl^3}{384EI}\left[48\left(\frac{x}{l}\right)^3-21\left(\frac{x}{l}\right)\right]\quad\text{für }0\le x\le\frac{l}{4},$$

$$u_2(x)=-\frac{Fl^3}{384EI}\left[-16\left(\frac{x}{l}\right)^3+48\left(\frac{x}{l}\right)^2-33\left(\frac{x}{l}\right)+1\right]\quad\text{für }\frac{l}{4}\le x\le l,$$

$$v_1(x)=-\frac{Fl^3}{384EI}\left[16\left(\frac{x}{l}\right)^3-15\left(\frac{x}{l}\right)\right]\quad\text{für }0\le x\le\frac{3l}{4}\quad\text{und}$$

$$v_2(x)=-\frac{Fl^3}{384EI}\left[-48\left(\frac{x}{l}\right)^3+144\left(\frac{x}{l}\right)^2-123\left(\frac{x}{l}\right)+27\right]\quad\text{für }\frac{3l}{4}\le x\le l.$$

Die Zusammensetzung ergibt die drei Äste

$$w_1(x)=u_1+v_1=-\frac{Fl^3}{384EI}\left[64\left(\frac{x}{l}\right)^3-36\left(\frac{x}{l}\right)\right]\quad\text{für }0\le x\le\frac{l}{4},$$

$$w_2(x)=u_2+v_1=-\frac{Fl^3}{384EI}\left[48\left(\frac{x}{l}\right)^2-48\left(\frac{x}{l}\right)+1\right]\quad\text{für }\frac{l}{4}\le x\le\frac{3l}{4}\quad\text{und}$$

$$w_3(x)=u_2+v_2=-\frac{Fl^3}{384EI}\left[-64\left(\frac{x}{l}\right)^3+192\left(\frac{x}{l}\right)^2-156\left(\frac{x}{l}\right)+28\right]\quad\text{für }\frac{3l}{4}\le x\le l.$$

$$(7.1.7)$$

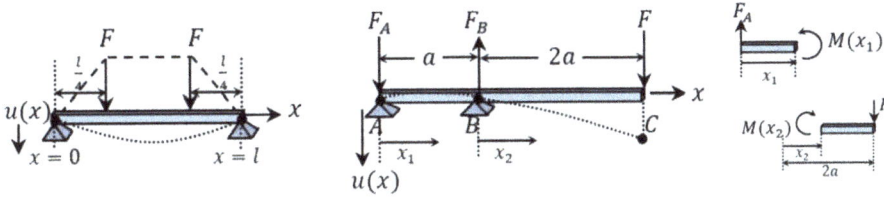

Abb. 7.5: Skizzen zu den Beispielen 7 und 8.

Beispiel 8. Ein Brett ist in zwei Punkten A und B gelenkig gestützt (Abb. 7.5 mitte). Am offenen Ende wird es mit einer Kraft F belastet. Das Brett wölbt sich von A bis B und senkt sich von B bis C. Gesucht sind die beiden Biegelinien und die größte Durchbiegung.

Lösung. Die Biegelinie muss in zwei getrennte Funktionen $u_1(x_1)$ und $u_2(x_2)$ zerlegt werden.

1. $u_1(x_1)$ für $0 \leq x_1 \leq a$. Nacheinander gilt

$$EIu_1'''' = 0,$$
$$EIu_1''' = C_1,$$
$$EIu_1'' = C_1 x_1 + C_2,$$
$$EIu_1' = C_1 \frac{x_1^2}{2} + C_2 x_1 + C_3,$$
$$EIu_1 = C_1 \frac{x_1^3}{2} + C_2 \frac{x_1^2}{2} + C_3 x_1 + C_4.$$

Die RBen lauten I. $u_1(0) = 0$, II. $M_1(0) = 0$ und III. $u_1(a) = 0$.
Aus I. und II. folgen $C_4 = 0$ und $C_2 = 0$.
Kräftebilanz: Es gilt $F_A + F_B = F$.
Momentbilanz: Bezüglich dem Punkt B erhält man $F_A a + 2aF = 0$, woraus $F_A = -2F$ und $F_B = 3F$ folgen (Abb. 10.1 mitte). Dasselbe ergibt sich, wenn man bezüglich dem Punkt A die Bilanz $-F_B a + 3aF = 0$ aufstellt.
Momentbilanz: Bezüglich dem Punkt A gilt (Abb. 10.1 rechts oben) $M_1(x_1) - F_A x_1 = 0$, also $M_1(x_1) = -2Fx_1$. Damit folgt $EIu_1'' = 2Fx_1$, $EIu_1' = 2F\frac{x_1^2}{2} + C_3$ und $EIu_1 = 2F\frac{x_1^3}{6} + C_3 x_1$.
Mit III. ist $2F\frac{a^3}{6} + aC_3 = 0$, also $C_3 = -\frac{a^2 F}{3}$.
Für die Biegelinie folgt

$$u_1(x) = \frac{1}{EI}\left(2F\frac{x^3}{6} - \frac{a^2 F}{3} \cdot x\right) = \frac{F}{3EI}(x^3 - a^2 x) \quad \text{für } 0 \leq x \leq a.$$

2. $u_2(x_2)$ für $0 \leq x_2 \leq 2a$. Nacheinander gilt

$$EIu_2'''' = 0,$$
$$EIu_2''' = D_1,$$

$$EIu_2'' = D_1 x_2 + D_2,$$

$$EIu_2' = D_1 \frac{x_2^2}{2} + D_2 x_2 + D_3,$$

$$EIu_2 = D_1 \frac{x_2^3}{2} + D_2 \frac{x_2^2}{2} + D_3 x_2 + D_4.$$

Die RBen lauten I. $u_2(0) = 0$ und II. $M_2(2a) = 0$.

Momentbilanz: Bezüglich dem Punkt C erhält man mit II. $-M_2(x_2) - F(2a - x_2) = 0$, also $M_2(x_2) = F(x_2 - 2a)$ (Abb. 10.1 rechts unten).

Daraus folgt $EIu_2'' = -Fx_2 + 2aF$, $EIu_2' = -F\frac{x_2^2}{2} + 2aFx + D_3$ und $EIu_2 = -F\frac{x_2^3}{6} + 2aF\frac{x_2^2}{2} + D_3 x_2 + D_4$. Aus I. erhält man $D_4 = 0$.

Die Übergangsbedingung $u_1'(a) = u_2'(0)$ liefert noch $2F\frac{a^2}{2} + \frac{a^2 F}{3} = D_3$, also $D_3 = \frac{2a^2 F}{3}$.

Für die Biegelinie folgt

$$u_2(x) = \frac{F}{6EI}(-x^3 + 6ax^2 + 4a^2 x) \quad \text{mit} \quad 0 \le x \le 2a.$$

Mit der Verschiebung $x \to x - a$ ist

$$u_2(x) = -\frac{F}{6EI}(x^3 - 9ax^2 + 11a^2 x - 3a^3) \quad \text{für } a \le x \le 3a.$$

Die größte Auslenkung beträgt

$$u_2(3a) = u_{\text{Max}} = -\frac{F}{6EI}(27a^3 - 81a^2 + 33a^3 - 3a^3) = \frac{4Fa^3}{EI}.$$

Zu den Biegelinien kann noch diejenige für die gleichmäßig verteilte Last q_0 hinzugefügt werden.

Beispiel 9. Biegelinie unter mittiger Teillast. Der Balken wird im Zentrum mit dem Gewicht $2sq_0$ belastet (Abb. 7.6 links).

a)   Gesucht sind die beiden Biegelinien.

b)   Welches Ergebnis erhält man für die beiden Spezialfälle $s = 0$, aber $2sq_0 = $ konst. $= F$ und $s = \frac{l}{2}$?

Lösung.

a)   *Kräftebilanz:* Man erhält $2sq_0 = F_A + F_B$ und aufgrund der Symmetrie lauten die Reaktionskräfte $F_A = F_B = sq_0$. Die Biegelinie muss in zwei getrennte Funktionen $u_1(x_1)$ für $0 \le x_1 \le \frac{l}{2} - s$ und $u_2(x_2)$ für $\frac{l}{2} - s \le x_2 \le \frac{l}{2}$ zerlegt werden.

Momentbilanz: Bezüglich dem Nullpunkt gilt (Abb. 10.2 mitte) $M_1(x_1) - F_A x_1 = 0$, also $M_1(x_1) = sq_0 x_1$. Damit folgt

$$EIu_1'' = -sq_0 x_1,$$

$$EIu_1' = -sq_0\frac{x_1^2}{2} + C_1,$$

$$EIu_1 = -sq_0\frac{x_1^3}{6} + C_1x_1 + C_2.$$

Die RB lautet I. $u_1(0) = 0$.

Momentbilanz: Bezüglich dem Nullpunkt erhält man (Abb. 10.2 rechts)

$$M_2(x_2) + q_0x_2 \cdot \frac{x_2}{2} - \left(\frac{l}{2} - s + x_2\right)sq_0 = 0$$

oder

$$M_2(x_2) = -q_0x_2 \cdot \frac{x_2}{2} + sq_0x_2 - \frac{sq_0}{2}(2s - l).$$

Also folgt

$$EIu_2'' = q_0\left[\frac{x_2^2}{2} - sx_2 + \frac{s}{2}(2s - l)\right],$$

$$EIu_2' = q_0\left[\frac{x_2^3}{6} - s\frac{x_2^2}{2} + \frac{s}{2}(2s - l)x + D_1\right],$$

$$EIu_2 = q_0\left[\frac{x_2^4}{24} - s\frac{x_2^3}{6} + \frac{s}{2}(2s - l)\frac{x_2^2}{2} + D_1x + D_2\right].$$

Die RB lautet II. $u_2'(s) = 0$.

Aus I. folgt $C_2 = 0$ und aus II. wird $\frac{s^3}{6} - \frac{s^3}{2} + \frac{s^2}{2}(2s - l) + D_1 = 0$.

Dazu kommen noch die beiden Übergangsbedingungen:

$$u_1(a) = u_2(0): \quad -sq_0\frac{a^3}{6} + C_1a = q_0D_2 \quad \text{mit} \quad a := \frac{l}{2} - s,$$

$$u_1'(a) = u_1'(0): \quad -sq_0\frac{a^2}{2} + C_1 = q_0D_1.$$

Man erhält $C_1 = \frac{sq_0}{24}(3l^2 - 4s^2)$, $D_1 = \frac{s^2}{6}(3l - 4s)$ und $D_2 = \frac{s}{24}(2s - l)(4s^2 - 2ls - l^2)$. Für die Biegelinien folgt

$$u_1(x) = -\frac{sq_0}{24EI}(4x^3 - 3l^2x + 4s^2x) \quad \text{für } 0 \le x \le \frac{l}{2} - s \quad \text{und}$$

$$u_2(x) = \frac{sq_0}{24EI}[x^4 - 4sx^3 + 6s(2s - l)x^2 + 4s^2(3l - 4s)x + s(2s - l)(12s^2 - 10ls + l^2)]$$

$$\text{für } 0 \le x \le s.$$

b) Im 1. Spezialfall für $s = 0$, aber $2sq_0 = \text{konst.} = F$ geht die Biegelinie über in diejenige mit mittiger Einzelkraft (Abb. 7.10, letzte Zeile) und im 2. Spezialfall für $s = \frac{l}{2}$ erhält man die Biegelinie für Gleichlast (Abb. 7.9, letzte Zeile).

Ergebnis. Wirkt auf einen Balken zusätzlich zur gleichmäßig verteilten Last q_0 noch eine Einzelkraft F, dann werden die Biegelinien addiert.

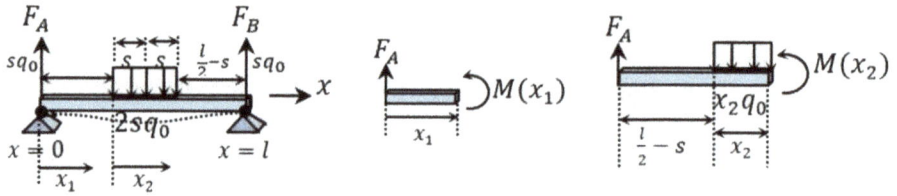

Beispiel 10. Auf einem im Nullpunkt fest verankerten und am anderen Ende frei hängenden Stab liegt eine parabelförmige Last (Abb. 7.7 links) mit konstanter Breite l.

a) Stellen Sie die Gleichung für die Streckenlastverteilung $q(x)$ auf, wenn q_0 der Scheitelwert ist.

b) Das Gewicht der Konstruktion ist 1.5 kN, $l = 5$ m. Wie gross ist q_0?

c) Gesucht ist die Biegelinie und die größte Durchbiegung.

Lösung.

a) Die Form der Last wird bestimmt durch $f(x) = a(l + x)(l - x) = a(l^2 - x^2)$.

Daraus folgt $\frac{f(x)}{l \cdot b} = \frac{a}{l \cdot b}(l^2 - x^2)$. Da insbesondere $b = l$ ist, erhält man $\frac{f(x)}{l^2} = a(1 - \frac{x^2}{l^2})$.

Damit ist $q(x) = q_0(1 - \frac{x^2}{l^2})$.

b) Aus $1.5\,\text{kN} = \int_0^b (\int_0^l q(x)dx)db$ folgt mit $b = l$ die Gleichung

$$1.5\,\text{kN} = q_0 \cdot l\left[x - \frac{x^3}{3l^2}\right]_0^l = q_0 \cdot \frac{2}{3} \cdot l^2$$

und mit $l = 5$ m das Ergebnis $q_0 = 0.09\,\frac{\text{kN}}{\text{m}^2} = 90\,\frac{\text{N}}{\text{m}^2}$.

c) Nacheinander gilt

$$\frac{EI}{q_0}u'''' = 1 - \frac{x^2}{l^2},$$

$$\frac{EI}{q_0}u''' = x - \frac{x^3}{3l^2} + C_1,$$

$$\frac{EI}{q_0}u'' = \frac{x^2}{2} - \frac{x^4}{12l^2} + C_1 x + C_2,$$

$$\frac{EI}{q_0}u' = \frac{x^3}{6} - \frac{x^5}{60l^2} + C_1\frac{x^2}{2} + C_2 x + C_3 \quad \text{und}$$

$$\frac{EI}{q_0}u = \frac{x^4}{24} - \frac{x^6}{360l^2} + C_1\frac{x^3}{6} + C_2\frac{x^2}{2} + C_3 x + C_4.$$

Die Randbedingungen lauten I. $u(0) = 0$, II. $u'(0) = 0$, III. $M(l) = 0$ und IV. $Q(l) = 0$.
Aus I. folgt $C_4 = 0$, aus II. $C_3 = 0$, aus III. $C_2 = \frac{l^2}{4}$ und aus IV. $C_1 = -\frac{2}{3}l$.
Für die Biegelinie folgt

$$u(x) = -\frac{q_0}{EI}\left(-\frac{x^6}{360l^2} + \frac{x^4}{24} - \frac{lx^3}{9} + \frac{l^2x^2}{8}\right)$$

$$= \frac{q_0 l^4}{360EI}\left[\left(\frac{x}{l}\right)^6 - 15\left(\frac{x}{l}\right)^4 + 40\left(\frac{x}{l}\right)^3 - 45\left(\frac{x}{l}\right)^2\right].$$

Die größte Durchbiegung erhält man für $x = l$ und sie beträgt

$$u_{\text{Max}} = \frac{q_0 l^4}{360EI}|1 - 15 + 40 - 45| = \frac{19q_0 l^4}{360EI}.$$

Beispiel 11. Gegeben ist ein Keil mit konstanter Breite b (Abb. 7.7 rechts). Der zur x-Achse symmetrische Querschnitt A fällt von gegebener Höhe h_0 bis auf Null ab.
a) Es soll erreicht werden, dass für die Steifigkeit $I(x) = I_0(1 - \frac{x}{l})^2$ gilt. Dafür muss die Höhe $h(x)$ eine bestimmte Funktion sein. Welche?
b) Bestimmen die Biegelinie und die größte Durchbiegung.

Lösung.
a) Aus dem Vergleich

$$\frac{b \cdot h(x)^3}{12} = I(x) = I_0\left(1 - \frac{x}{l}\right)^2 = \frac{b \cdot h_0}{12}\left(1 - \frac{x}{l}\right)^2$$

folgt $h(x) = h_0^{\frac{2}{3}}(1 - \frac{x}{l})^{\frac{2}{3}}$.
b) Nacheinander gilt vorerst einmal

$$\frac{[EI(x)u'']''}{q_0} = 1,$$

$$\frac{[EI(x)u'']'}{q_0} = x + C_1,$$

$$\frac{EI(x)u''}{q_0} = \frac{x^2}{2} + C_1 x + C_2.$$

Die zwei Randbedingungen I. $Q(l) = 0$ und II. $M(l) = 0$ führen in dieser Reihenfolge zu $C_1 = -l$ und $C_2 = \frac{l^2}{2}$. Damit gilt

$$\frac{EI(x)u''}{q_0} = \frac{x^2}{2} - lx + \frac{l^2}{2} \quad \text{und} \quad \frac{EI_0(1 - \frac{x}{l})^2 u''}{q_0} = \frac{1}{2}(x - l)^2.$$

Diese Gleichung reduziert sich zu $-\frac{EI_0 u''}{q_0} = \frac{l^2}{2}$ und man erhält weiter

$$-\frac{EI_0 u'}{q_0} = \frac{l^2}{2}x + C_3,$$

$$-\frac{EI_0 u}{q_0} = \frac{l^2 x^2}{4} + C_3 x + C_4.$$

Die restlichen Randbedingungen III. $u(0) = 0$ und IV. $u'(0) = 0$ ergeben in dieser Reihenfolge $C_4 = 0$ und $C_3 = 0$. Für die Biegelinie folgt $u(x) = -\frac{q_0 l^2}{4EI_0} \cdot x^2$.
Die größte Durchbiegung erhält man für $x = l$ und sie beträgt

$$u_{\text{Max}} = \left| -\frac{q_0 l^2}{4EI_0} \cdot l^2 \right| = \frac{q_0 l^4}{4EI_0} \quad \text{mit} \quad I_0 = \frac{b \cdot h_0}{12}.$$

Skizzen zu den Beispielen 10 und 11.

Beispiel 12. Gegeben ist ein einseitig fest eingespannter Keil mit konstanter Breite b (Abb. 7.8 links). Die Höhe des Querschnitts fällt von der gegebenen Höhe h_0 linear bis auf Null ab. Die zugehörige Gleichung lautet $h(x) = h_0(1 - \frac{x}{l})$. Gesucht ist die Biegelinie und die größte Durchbiegung.

Lösung. Mit (7.1.1) hat man

$$I(x) = \frac{1}{12}bh_0^3\left(1 - \frac{x}{l}\right)^3 = I_0\left(1 - \frac{x}{l}\right)^3.$$

Nacheinander gilt

$$\frac{EI_0}{q_0}\left[\left(1 - \frac{x}{l}\right)^3 u''\right]'' = 1,$$

$$\frac{EI_0}{q_0}\left[\left(1 - \frac{x}{l}\right)^3 u''\right]' = x + C_1,$$

$$\frac{EI_0}{q_0}\left(1 - \frac{x}{l}\right)^3 u'' = \frac{x^2}{2} + C_1 x + C_2. \tag{7.1.8}$$

Die Randbedingungen lauten I. $u(0) = 0$, II. $u'(0) = 0$, III. $M(l) = 0$ und IV. $Q(l) = 0$.
Aus IV folgt $C_1 = -l$. Aus III. erhält man nacheinander $\frac{l^2}{2} + C_1 l + C_2 = 0$, $\frac{l^2}{2} - l^2 + C_2 = 0$ und daraus $C_2 = \frac{l^2}{2}$. Dies führt in (7.1.8) eingesetzt zu

$$\frac{EI_0}{q_0}u'' = \left(\frac{x^2}{2} - lx + \frac{l^2}{2}\right)\frac{l^3}{(l-x)^3} = \frac{1}{2}(x-l)^2\frac{l^3}{(l-x)^3} = \frac{l^3}{2(l-x)}.$$

Weiter ist

$$\frac{EI_0}{q_0}u' = -\frac{l^3}{2}\ln(l-x) + C_3 \quad \text{und} \quad \frac{EI_0}{q_0}u = -\frac{l^3}{2}\int\ln(l-x)dx + C_3 x + C_4. \tag{7.1.9}$$

Nun wenden wir partielle Integration an und finden

$$\int\ln(l-x)dx = \int\ln(l-x)\cdot 1 dx = x\cdot\ln(l-x) + \int\frac{x}{l-x}dx$$

$$= x\cdot\ln(l-x) + \int\left(-1+\frac{l}{l-x}\right)dx = x\cdot\ln(l-x) - x - l\cdot\ln(l-x)$$

$$= (x-l)\cdot\ln(l-x) - x.$$

Damit wird aus (7.1.9)

$$\frac{EI_0}{q_0}u = -\frac{l^3}{2}\left[(x-l)\cdot\ln(l-x) - x\right] + C_3 x + C_4.$$

Aus II. folgt $C_3 = \frac{l^3}{2}\ln l$, und I. führt zu $C_4 = -\frac{l^4}{2}\ln l$. Somit ergibt sich

$$u(x) = \frac{q_0 l^3}{2EI}\left[(x-l)\cdot\ln(l-x) - x - \ln l\cdot(x-l)\right] = \frac{q_0 l^3}{2EI}\left[(x-l)\cdot\ln\left(1-\frac{x}{l}\right) - x\right].$$

Die größte Durchbiegung erhält man für $x = l$. Dazu ermitteln wir zuerst folgenden Grenzwert mithilfe von de L'Hospital:

$$\lim_{x\to l}\left[(x-l)\cdot\ln\left(1-\frac{x}{l}\right)\right] = \lim_{x\to l}\frac{\ln(1-\frac{x}{l})}{\frac{1}{x-l}} = \lim_{x\to l}\frac{\frac{d}{dx}[\ln(1-\frac{x}{l})]}{\frac{d}{dx}(\frac{1}{x-l})}$$

$$= \lim_{x\to l}\frac{\frac{1}{x-l}}{\frac{1}{(x-l)^2}} = \lim_{x\to l}(x-l) = 0.$$

Somit ist $u_{\text{Max}} = \frac{q_0 l^4}{2EI}$.

Beispiel 13. Gegeben ist ein einseitig fest eingespannter Balken der Länge l und konstanter Biegesteifigkeit EI_1, an dessen Ende ein gleich breiter, paralleler Balken derselben Länge l, konstanter Biegesteifigkeit EI_2, aber mit halber Höhe fixiert ist (Abb. 7.8 mitte). Ermitteln Sie die die Biegelinie für den jeweiligen Balken.

Lösung. Einerseits ist also $h_1 = 2h_2$. Dadurch folgt auch für die Streckenlasten, dass $q_1 = 2q_2$. Durch die Halbierung der Höhe ist $I_1 = \frac{1}{12}b(2h_2)^3 = 8\cdot\frac{1}{12}bh_2^3 = 8I_2$.

Es gilt

$$\frac{EI_1}{q_1}u_1'''' = 1, \qquad\qquad \frac{EI_2}{q_1}u_2'''' = 1,$$

$$\frac{EI_1}{q_1}u_1''' = x + C_1, \qquad\qquad \frac{EI_2}{q_1}u_2''' = x + D_1,$$

$$\frac{EI_1}{q_1}u_1'' = \frac{x^2}{2} + C_1 x + C_2, \qquad\qquad \frac{EI_2}{q_1}u_2'' = \frac{x^2}{2} + D_1 x + D_2,$$

$$\frac{EI_1}{q_1}u_1' = \frac{x^3}{6} + C_1\frac{x^2}{2} + C_2 x + C_3, \qquad\qquad \frac{EI_2}{q_1}u_2' = \frac{x^3}{6} + D_1\frac{x^2}{2} + D_2 x + D_3,$$

$$\frac{EI_1}{q_1}u_1 = \frac{x^4}{24} + C_1\frac{x^3}{6} + C_2\frac{x^2}{2} + C_3 x + C_4, \qquad \frac{EI_2}{q_1}u_2 = \frac{x^4}{24} + D_1\frac{x^3}{6} + D_2\frac{x^2}{2} + D_3 x + D_4.$$

Die Randbedingungen lauten I. $u_1(0) = 0$, II. $u_1'(0) = 0$, III. $M_2(2l) = 0$ und IV. $Q_2(2l) = 0$.

Die Übergangsbedingungen lauten V. $u_1(0) = u_2(0)$, VI. $u_1'(0) = u_2'(0)$, VII. $M_1(l) = M_2(l)$ und VIII. $Q_1(l) = Q_2(l)$.

Aus I. $C_4 = 0$, aus II. $C_3 = 0$, aus IV. $D_1 = -2l$, aus III. $D_2 = 2l^2$, aus VIII. $2q_2(l + C_1) = q_2(l + D_1)$ und damit $C_1 = -\frac{3l}{2}$.

Aus VII.

$$2q_2\left(\frac{l^2}{2} + C_1 l + C_2\right) = q_2\left(\frac{l^2}{2} + D_1 l + D_2\right) \quad \text{und} \quad C_2 = \frac{5l^2}{4}.$$

Aus VI.

$$\frac{2q_2}{8EI_2}\left(\frac{l^3}{6} + C_1\frac{l^2}{2} + C_2 l\right) = \frac{q_2}{EI_2}\left(\frac{l^3}{6} + D_1\frac{l^2}{2} + D_2 l + D_3\right) \quad \text{und} \quad C_3 = -l^3.$$

Aus V.

$$\frac{2q_2}{8EI_2}\left(\frac{l^4}{24} + C_1\frac{l^3}{6} + C_2\frac{l^2}{2}\right) = \frac{q_2}{EI_2}\left(\frac{l^4}{24} + D_1\frac{l^3}{6} + D_2\frac{l^2}{2} + D_3 l + D_4\right) \quad \text{und} \quad C_4 = \frac{38l^4}{96}.$$

Für die Biegelinien gilt dann

$$u_1(x) = -\frac{2q_2}{8EI_2}\left(\frac{x^4}{24} - \frac{3l}{2}\cdot\frac{x^3}{6} + \frac{5l^2}{4}\cdot\frac{x^2}{2}\right),$$

$$u_2(x) = -\frac{q_2}{EI_2}\left(\frac{x^4}{24} - 2l\frac{x^3}{6} + 2l^2\frac{x^2}{2} - l^3 x + \frac{38l^4}{96}\right) \quad \text{oder}$$

$$u_1(x) = -\frac{q_2 l^4}{96EI_2}\left[\left(\frac{x}{l}\right)^4 - 6\left(\frac{x}{l}\right)^3 + 15\left(\frac{x}{l}\right)^2\right] \quad \text{für } 0 \le x \le l \quad \text{und}$$

$$u_2(x) = -\frac{q_2 l^4}{96EI_2}\left[4\left(\frac{x}{l}\right)^4 - 32\left(\frac{x}{l}\right)^3 + 96\left(\frac{x}{l}\right)^2 + 96\left(\frac{x}{l}\right) + 38\right] \quad \text{für } l \le x \le 2l.$$

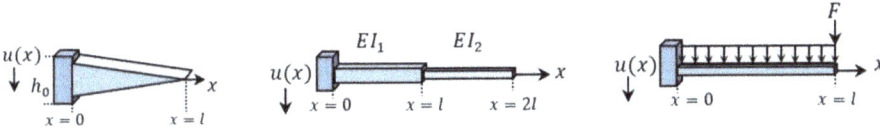

Wirken auf einen Balken gleichzeitig verteilte Last und Einzelkräfte, dann werden sämtliche Biegelinien addiert.

Beispiel 14. Auf einen einseitig fest eingespannten Balken wirkt eine gleichmäßig verteilte Last q_0 und zusätzlich eine Kraft F am freien Ende (Abb. 7.8 rechts). Bestimmen Sie die Biegelinie und die maximale Durchbiegung.

Lösung. Für die Biegelinie mit gleichmäßig verteilter Last gilt

$$u_G(x) = \frac{q_0 l^4}{24 EI}\left[\left(\frac{x}{l}\right)^4 - 4\left(\frac{x}{l}\right)^3 + 6\left(\frac{x}{l}\right)^2\right]$$

und der maximalen Durchbiegung $u_{G,\max} = \frac{q_0 l^4}{8EI}$.

Für die Biegelinie unter Krafteinfluss allein ergibt sich

$$u_F(x) = -\frac{Fl^3}{6EI}\left[\left(\frac{x}{l}\right)^3 - 3\left(\frac{x}{l}\right)^2\right]$$

mit der maximalen Durchbiegung $u_{F,\max} = \frac{Fl^3}{3EI}$.

Zusammen hat man

$$u_T(x) = u_G(x) + u_F(x)$$
$$= \frac{q_0 l^4}{24 EI}\left[\left(\frac{x}{l}\right)^4 - 4\left(\frac{x}{l}\right)^3 + 6\left(\frac{x}{l}\right)^2\right] - \frac{Fl^3}{6EI}\left[\left(\frac{x}{l}\right)^3 - 3\left(\frac{x}{l}\right)^2\right]$$

und die maximale Durchbiegung beträgt

$$u_{T,\max} = u_{G,\max} + u_{F,\max} = \frac{q_0 l^4}{8EI} + \frac{Fl^3}{3EI}.$$

Die Abbildungen 7.9 und 7.10 enthalten die wichtigsten Biegelinien.

	Biegelinie		Maximale Auslenkung	
	$u(x) = \frac{q_0 l^4}{24EI}\left[\left(\frac{x}{l}\right)^4 - 4\left(\frac{x}{l}\right)^3 + 6\left(\frac{x}{l}\right)^2\right]$		$u_{Max} = \frac{q_0 l^4}{8EI}$	
	$u(x) = \frac{q_0 l^4}{24EI}\left[\left(\frac{x}{l}\right)^4 - 2\left(\frac{x}{l}\right)^3 + \left(\frac{x}{l}\right)^2\right]$		$u_{Max} = \frac{q_0 l^4}{384EI}$	
	$u(x) = \frac{q_0 l^4}{48EI}\left[2\left(\frac{x}{l}\right)^4 - 5\left(\frac{x}{l}\right)^3 + 3\left(\frac{x}{l}\right)^2\right]$		$u_{Max} = \frac{q_0 l^4}{8EI}\cdot\frac{15\sqrt{33}+39}{8192}$	$x = \frac{15-\sqrt{33}}{16}\cdot l$
	$u(x) = \frac{q_0 l^4}{24EI}\left[\left(\frac{x}{l}\right)^4 - 2\left(\frac{x}{l}\right)^3 + \left(\frac{x}{l}\right)\right]$		$u_{Max} = \frac{5q_0 l^4}{384EI}$	

Abb. 7.9: Übersicht der Biegelinien mit gleichmäßig verteilter Last.

	Biegelinie		Max. Auslenkung
 F↓	$u(x) = -\frac{Fl^3}{6EI}\left[\left(\frac{x}{l}\right)^3 - 3\left(\frac{x}{l}\right)^2\right]$		$u_{Max} = \frac{Fl^3}{3EI}$
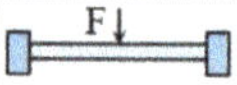 F↓	$u_1(x) = -\frac{Fl^3}{48EI}\left[4\left(\frac{x}{l}\right)^3 - 3\left(\frac{x}{l}\right)^2\right]$	$u_2(x) = -\frac{Fl^3}{48EI}\left[4\left(\frac{l-x}{l}\right)^3 - 3\left(\frac{l-x}{l}\right)^2\right]$	$u_{Max} = \frac{Fl^3}{192EI}$
 F↓	$u_1(x) = -\frac{Fl^3}{96EI}\left[11\left(\frac{x}{l}\right)^3 - 9\left(\frac{x}{l}\right)^2\right]$	$u_2(x) = -\frac{Fl^3}{96EI}\left[-5\left(\frac{x}{l}\right)^3 + 15\left(\frac{x}{l}\right)^2 - 12\left(\frac{x}{l}\right) + 2\right]$	$u_{Max} = \frac{Fl^3}{48\sqrt{5}EI}$ $x = \frac{5-\sqrt{5}}{5}\cdot l$
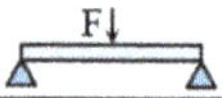 F↓	$u_1(x) = -\frac{Fl^3}{48EI}\left[4\left(\frac{x}{l}\right)^3 - 3\left(\frac{x}{l}\right)\right]$	$u_2(x) = -\frac{Fl^3}{48EI}\left[4\left(\frac{l-x}{l}\right)^3 - 3\left(\frac{l-x}{l}\right)\right]$	$u_{Max} = \frac{Fl^3}{48EI}$

Abb. 7.10: Übersicht der Biegelinien mit Einzelkraft.

8 Die lineare homogene DG 2. Ordnung mit konstanten Koeffizienten

Die folgende DG ist untrennbar mit einer ungedämpften Schwingung eines Systems verknüpft.

Zugrunde liegt die DGL

$$\ddot{x} + a\dot{x} + bx = 0 \quad \text{mit} \quad a, b \in \mathbb{R}. \tag{8.1}$$

Herleitung von (8.2)–(8.8)
Wir setzen den Lösungsansatz $x(t) = C \cdot e^{k \cdot t}$ in (8.1) ein, erhalten $k^2 C \cdot e^{k \cdot t} + akC \cdot e^{k \cdot t} + bC \cdot e^{k \cdot t} = 0$ und daraus die charakteristische Gleichung

$$k^2 + ak + b = 0 \quad \text{mit den Lösungen} \quad k_{1,2} = \frac{-a \pm \sqrt{a^2 - 4b}}{2}. \tag{8.2}$$

Die Diskriminante zwingt zur Unterscheidung in drei Fällen. Zuerst wollen wir noch ein Kriterium angeben, wann die beiden Basislösungen x_1 und x_2 von (8.1) linear unabhängig sind, also ein sogenanntes Fundamentalsystem bilden. Dies ist notwendig, um danach die allgemeine Lösung von (8.1) erfassen.

Definition. Die Größe

$$W(t) = \begin{vmatrix} x_1 & x_2 \\ \dot{x}_1 & \dot{x}_2 \end{vmatrix} = x_1 \dot{x}_2 - \dot{x}_1 x_2 \tag{8.3}$$

heißt Wronski-Determinante.

Folgender Satz soll kurz bewiesen werden:

Satz. Zwei Lösungen x_1 und x_2 sind genau dann linear unabhängig, wenn ihre Wronski-Determinante nicht verschwindet. (8.4)

Beweis.
  "$\Rightarrow$". Im Umkehrschluss wäre $x_1 \dot{x}_2 - \dot{x}_1 x_2 = 0$ vorausgesetzt, was als $\frac{d}{dt}\left(\frac{x_2}{x_1}\right) = 0$ geschrieben wird (solange $x_1 \neq 0$) und $\frac{x_2}{x_1} = c$ oder $x_2 = cx_1$ mit $c \in \mathbb{R} \setminus \{0\}$ ergibt. Damit sind aber x_1 und x_2 linear abhängig.
  "$\Leftarrow$". Ebenfalls indirekt geht man von linear abhängigen Lösungen x_1 und x_2 aus, was $\dot{x}_2 = c\dot{x}_1$ und $x_1 \dot{x}_2 - \dot{x}_1 x_2 = x_1 c\dot{x}_1 - \dot{x}_1 c x_1 = 0$ nach sich zieht.
  Man kann diesen Satz auch über die besondere Eigenschaft der Wronski-Determinante beweisen. Bildet man nämlich die zeitliche Ableitung $\dot{W}(t)$, so ergibt sich unter Beihilfe von (8.1)

$$\dot{W}(t) = \dot{x}_1 \dot{x}_2 + x_1 \ddot{x}_2 - \ddot{x}_1 x_2 - \dot{x}_1 \dot{x}_2 = x_1 \ddot{x}_2 - \ddot{x}_1 x_2$$

https://doi.org/10.1515/9783111345819-008

$$= x_1(-a\dot{x}_2 - bx_2) - x_2(-a\dot{x}_1 - bx_1) = -ax_1\dot{x}_2 - bx_1x_2 - a\dot{x}_1x_2 + bx_1x_2$$
$$= -ax_1\dot{x}_2 - a\dot{x}_1x_2 = -a \cdot W(t).$$

Damit ist $W(t) = C \cdot e^{-at}$ und folglich stets null oder nie null.   q. e. d.

Nun gehen wir die drei Fälle im Einzelnen an.

I. $a^2 - 4b > 0$. Die beiden Basislösungen sind dann $x_1(t) = e^{k_1 t}$, $x_2(t) = e^{k_2 t}$ und die allgemeine Lösung lautet

$$x(t) = C_1 e^{k_1 t} + C_2 e^{k_2 t}. \tag{8.5}$$

Damit diese ein Fundamentalsystem bilden, betrachten wir die zugehörige Wronski-Determinante und finden

$$W(t) = \begin{vmatrix} x_1 & x_2 \\ \dot{x}_1 & \dot{x}_2 \end{vmatrix} = k_2 e^{k_1 t} e^{k_2 t} - k_1 e^{k_1 t} e^{k_2 t}$$

$$= (k_2 - k_1)e^{(k_1 + k_2)t} = \sqrt{a^2 - 4b} \cdot e^{-at} \neq 0.$$

II. $a^2 - 4b = 0$. Es entsteht vorerst nur eine Basislösung $x_1(t) = e^{\gamma t}$. Gesucht ist eine zweite Basislösung. Diese lautet $x_2(t) = t \cdot e^{\gamma t}$. Wir zeigen, dass diese ebenfalls Lösung von (8.1) ist:

Es gilt $\dot{x}_2 = e^{\gamma t} + \gamma t e^{\gamma t}$, $\ddot{x}_2 = \gamma e^{\gamma t} + \gamma(e^{\gamma t} + \gamma t e^{\gamma t})$. Eingesetzt in (8.1) folgt

$$\gamma e^{\gamma t} + \gamma e^{\gamma t} + \gamma^2 t e^{\gamma t} + a e^{\gamma t} + a\gamma t e^{\gamma t} + b t e^{\gamma t} = 0$$

und

$$(a + 2\gamma)e^{\gamma t} + (\gamma^2 + a\gamma + b)t e^{\gamma t} = (a - a)e^{\gamma t} + \left(\frac{a^2}{4} - \frac{a^2}{2} + \frac{a^2}{4}\right)t e^{\gamma t} = 0.$$

Weiter folgt

$$W(t) = \begin{vmatrix} x_1 & x_2 \\ \dot{x}_1 & \dot{x}_2 \end{vmatrix} = e^{\gamma t}(e^{\gamma t} + \gamma t e^{\gamma t}) - \gamma e^{\gamma t}(t e^{\gamma t}) = e^{2\gamma t} = e^{-at} \neq 0.$$

Damit lautet das Fundamentalsystem ist $x_1(t) = e^{-\frac{a}{2} \cdot t}$, $x_2(t) = t \cdot e^{-\frac{a}{2} \cdot t}$ und die allgemeine Lösung

$$x(t) = e^{-\frac{a}{2} \cdot t}(C_1 + C_2 t). \tag{8.6}$$

III. $a^2 - 4b < 0$. Die Basislösungen sind vorerst komplex:

$$x_1(t) = e^{ik_1 t} = e^{(\gamma + i\delta)t}, x_2(t) = e^{-ik_2 t} = e^{(\gamma - i\delta)t} \quad \text{mit} \quad k_{1,2} = -\frac{a}{2} \pm i \cdot \frac{\sqrt{4b - a^2}}{2} := \gamma \pm i\delta.$$

Die Lösung schreibt sich als

$$x(t) = D_1 \cdot e^{(\gamma + i\delta) \cdot t} + D_2 \cdot e^{(\gamma - i\delta) \cdot t}$$

$$= D_1 \cdot e^{\gamma t} e^{i\delta t} + D_2 \cdot e^{\gamma t} e^{-i\delta t} = e^{\gamma t} \cdot (D_1 \cdot e^{i\delta t} + D_2 \cdot e^{-i\delta t}). \tag{8.7}$$

Da D_1 und D_2 über die Randbedingungen gegeben sind, können wir auch neue Konstanten bilden, beispielsweise $C_1 = D_1 + D_2$ und $C_2 = (D_1 - D_2)i$. Daraus wird $D_1 = \frac{1}{2}(C_1 - iC_2)$ und $D_2 = \frac{1}{2}(C_1 + iC_2)$. Diese in (8.7) eingefügt, ergibt

$$x(t) = e^{\gamma t} \cdot \left[\frac{1}{2}(C_1 - iC_2) \cdot e^{i\delta t} + \frac{1}{2}(C_1 + iC_2) \cdot e^{-i\delta t} \right]$$

$$= e^{\gamma t} \cdot \left[\frac{1}{2}(C_1 - iC_2) \cdot e^{i\delta t} + \frac{1}{2}(C_1 + iC_2) \cdot e^{-i\delta t} \right]$$

$$= e^{\gamma t} \cdot \left[C_1 \left(\frac{e^{i\delta t} + e^{-i\delta t}}{2} \right) + C_2 \left(\frac{e^{i\delta t} - e^{-i\delta t}}{2i} \right) \right].$$

Mithilfe der Eulerschen Identitäten folgt $x(t) = e^{\gamma t} \cdot [C_1 \cdot \cos(\delta t) + C_2 \cdot \sin(\delta t)]$ und schließlich

$$x(t) = e^{-\frac{a}{2} \cdot t} \cdot \left[C_1 \cdot \cos\left(\frac{\sqrt{4b - a^2}}{2} t \right) + C_2 \cdot \sin\left(\frac{\sqrt{4b - a^2}}{2} t \right) \right]. \tag{8.8}$$

Wiederum zeigen wir noch, dass $x_1(t) = e^{\gamma t} \cdot \cos(\delta t)$, $x_2(t) = e^{\gamma t} \cdot \sin(\delta t)$ ein Fundamentalsystem bilden.

$$W(t) = \begin{vmatrix} x_1 & x_2 \\ \dot{x}_1 & \dot{x}_2 \end{vmatrix}$$

$$= e^{\gamma t} \cdot \cos(\delta t)[\gamma e^{\gamma t} \cdot \sin(\delta t) + e^{\gamma t} \cdot \delta \cos(\delta t)]$$

$$- e^{\gamma t} \cdot \sin(\delta t)[\gamma e^{\gamma t} \cdot \cos(\delta t) - e^{\gamma t} \cdot \delta \sin(\delta t)]$$

$$= e^{\gamma t} \cdot [e^{\gamma t} \cdot \delta \cos^2(\delta t) + e^{\gamma t} \cdot \delta \sin^2(\delta t)] = \delta \cdot e^{2\gamma t} = \frac{\sqrt{4b - a^2}}{2} e^{-a \cdot t} \neq 0.$$

Beispiel. Bestimmen Sie die Lösung der DG $\ddot{x} + 2\dot{x} + 2x = 0$ mit den Anfangsbedingungen $x(0) = 3$ und $\dot{x}(0) = 1$.

Lösung. Gleichung (8.2) liefert die charakteristische Gleichung $k^2 + 2k + 2 = 0$ mit den komplexen Werten $k_{1,2} = -1 \pm i$ und die allgemeine Lösung $x(t) = e^{-t}(C_1 \cos t + C_2 \sin t)$. Die Anfangsbedingungen liefern $C_1 = 3$, $C_2 = 4$ und somit $(t) = e^{-t}(3\cos t + 4\sin t)$.

9 Schwingungen

Allgemein bezeichnet man mit Schwingung die zeitlich periodische Änderung einer Zustandsgröße. Bei Feder- und Pendelschwingungen, Drehschwingungen, Schwingungen von Flüssigkeiten usw. handelt es sich um sogenannte mechanische Schwingungen. Eine Masse bewegt sich dann um eine Gleichgewichtslage. Dabei findet ein kontinuierlicher Austausch zwischen kinetischer und potentieller Energie des Systems statt.

Nichtmechanische Schwingungen sind in Band 1 bei periodischen Schwankungen um einen Gleichgewichtspunkt zweier oder mehrerer Populationen untersucht worden. In der Ökonomie gibt es Schwankungen von Marktpreis und Gleichgewichtsmenge im Zusammenspiel von Preis und Nachfrage. Wir beschränken uns im Weiteren auf mechanische Schwingungen. In Musikinstrumenten, Zahnbürsten, Pendeluhren, Tumblern usw. macht man sich Schwingungen zunutze. Hingegen sind sie dann unerwünscht, wenn sie zur Belastung oder sogar Zerstörung (Resonanz) von Baumaterialien führen (Glasscheiben, Motoren, Hochhäuser, Brücken usw.). Wichtig ist noch der Unterschied zwischen einer freien und einer erzwungenen Schwingung:

Ergebnis. Bei einer freien Schwingung wirkt eine Anregung oder Störung einmalig und das System schwingt dann mit einer seiner Eigenfrequenzen ohne weitere Einwirkung äußerer zeitlich abhängiger Kräfte.

Jeder Körper besitzt somit von Masse, Form und weiteren Faktoren abhängige, ihm innewohnende Eigenfrequenzen, die man für einfache Geometrien durch Rechnung oder durch Messung ermitteln kann. Auch unser Schädel besitzt Eigenfrequenzen, die Grundmode liegt etwa bei 1400 Hz, die zwei folgenden sind etwa 1700 Hz und 1950 Hz. Erzwungene Schwingungen behandeln wir in Kap. 11.

9.1 Das ungedämpfte Federpendel

Eine vorerst masselose Feder mit der Federkonstanten D ist am oberen Ende fest eingespannt (Abb. 9.1 links). Am unteren Ende hängt eine Masse m. Die Feder wird von der Nulllage aus um die Länge x_0 ausgelenkt und losgelassen. Ein solches System nennt man einen Einmassenschwinger (EMS) und die zugehörige Schwingung ist frei.

Idealisierungen:

– In der Regel besitzt jedes System eine Eigendämpfung. Diese wird vorerst vernachlässigt.
– Die Mitbewegung der Federmasse wird vorerst nicht beachtet.

Herleitung von (9.1.1)–(9.1.9)
Es soll die Ortsfunktion $x(t)$ ermittelt werden.

https://doi.org/10.1515/9783111345819-009

Kräftebilanz: Nach (3.1) gilt $\frac{dp}{dt} = \frac{d(mv)}{dt} = m \cdot \frac{dv}{dt} = m \cdot \ddot{x}$. Diese Impulsänderung entspricht der an der Masse angreifenden Rückstellkraft der Feder $F_F = -D \cdot x$ mit der Federkonstanten D in $\frac{N}{m}$. Es folgt

$$m \cdot \ddot{x} = -D \cdot x \quad \text{oder} \quad \ddot{x} + \frac{D}{m} \cdot x = 0. \tag{9.1.1}$$

Der Ansatz für die Lösung lautet

$$x(t) = C_1 \cdot \sin\left(\sqrt{\frac{D}{m}}t\right) + C_2 \cdot \cos\left(\sqrt{\frac{D}{m}}t\right). \tag{9.1.2}$$

Die Anfangsbedingungen seien I. $x(0) = x_0$ und II. $\dot{x}(0) = v_0$. Für die Geschwindigkeit zur Zeit t erhält man

$$\dot{x}(t) = \sqrt{\frac{D}{m}} \cdot C_1 \cdot \cos\left(\sqrt{\frac{D}{m}}t\right) - \sqrt{\frac{D}{m}} \cdot C_2 \cdot \sin\left(\sqrt{\frac{D}{m}}t\right).$$

Mit I. folgt $C_2 = x_0$ und aus II. ergibt sich $C_1 = v_0\sqrt{\frac{m}{D}}$. Insgesamt hat man

$$x(t) = v_0\sqrt{\frac{m}{D}} \cdot \sin\left(\sqrt{\frac{D}{m}}t\right) + x_0 \cdot \cos\left(\sqrt{\frac{D}{m}}t\right) = \frac{1}{\omega}[v_0\sin(\omega t) + \omega x_0\cos(\omega t)], \tag{9.1.3}$$

$\omega := \sqrt{\frac{D}{m}}$ heißt Eigenfrequenz, $f = \frac{\omega}{2\pi}$ Eigenkreisfrequenz und $T = \frac{2\pi}{\omega}$ ist die Periode.

Im Spezialfall $\dot{x}(0) = 0$ reduziert sich (9.1.2) zu $x(t) = x_0 \cdot \cos(\sqrt{\frac{D}{m}}t)$.

Eine andere Schreibweise für $x(t)$, die sich zur Energieberechnung eignet, leiten wir kurz her.

Bezeichnen c und d die Gegen- bzw. Ankathete in einem rechtwinkligen Dreieck bezüglich des Winkels α, so gilt

$$\sin\alpha = \frac{c}{\sqrt{c^2 + d^2}}, \quad \cos\alpha = \frac{d}{\sqrt{c^2 + d^2}} \quad \text{und} \quad \tan\alpha = \frac{c}{d}, \quad \arctan\left(\frac{c}{d}\right) = \alpha.$$

Zudem ist $\sin[\arctan(\frac{c}{d})] = \sin\alpha$ und $\cos[\arctan(\frac{c}{d})] = \cos\alpha$.

Mithilfe der Identität $\cos(\alpha - \beta) = \cos\alpha \cdot \cos\beta + \sin\alpha \cdot \sin\beta$ rechnen wir mit x als beliebigem Argument

$$\cos\left[x - \arctan\left(\frac{c}{d}\right)\right] = \cos x \cdot \cos\left[\arctan\left(\frac{c}{d}\right)\right] + \sin x \cdot \sin\left[\arctan\left(\frac{c}{d}\right)\right]$$

$$= \cos x \cdot \cos\alpha + \sin x \cdot \sin\alpha = \cos x \cdot \frac{d}{\sqrt{c^2 + d^2}} + \sin x \cdot \frac{c}{\sqrt{c^2 + d^2}}.$$

Dies schreibt sich auch als

$$\frac{\sqrt{c^2 + d^2}}{\omega}\cos\left[x - \arctan\left(\frac{c}{d}\right)\right] = \cos x \cdot \frac{d}{\omega} + \sin x \cdot \frac{c}{\omega}.$$

Wählen wir speziell $c = v_0, d = \omega x_0$ und $x = \omega t$, so erhalten wir die gesuchte Darstellung von (9.1.3) in der Form

$$x(t) = \frac{\sqrt{\omega^2 x_0^2 + v_0^2}}{\omega} \cos\left[\omega t - \arctan\left(\frac{v_0}{\omega x_0}\right)\right]. \qquad (9.1.4)$$

Allgemein gilt also

$$r \cdot \cos u + s \cdot \sin u = \sqrt{r^2 + s^2} \cdot \cos\left[u - \arctan\left(\frac{s}{r}\right)\right]. \qquad (9.1.5)$$

Die Energieerhaltung des ungedämpften Federpendels

Mithilfe von (9.1.4) ergibt sich

$$\begin{aligned} E_{\text{pot}} &= \frac{1}{2}Dx(t)^2 = \frac{D(\omega^2 x_0^2 + v_0^2)}{\omega^2} \cos^2\left[\omega t - \arctan\left(\frac{v_0}{\omega x_0}\right)\right] \\ &= \frac{1}{2}m(\omega^2 x_0^2 + v_0^2) \cos^2\left[\omega t - \arctan\left(\frac{v_0}{\omega x_0}\right)\right] \end{aligned} \qquad (9.1.6)$$

und

$$E_{\text{kin}} = \frac{1}{2}m\dot{x}(t)^2 = \frac{1}{2}m\omega^2 \frac{(\omega^2 x_0^2 + v_0^2)}{\omega^2} \sin^2\left[\omega t - \arctan\left(\frac{v_0}{\omega x_0}\right)\right] \qquad (9.1.7)$$

$$= \frac{1}{2}m(\omega^2 x_0^2 + v_0^2) \sin^2\left[\omega t - \arctan\left(\frac{v_0}{\omega x_0}\right)\right]. \qquad (9.1.8)$$

Die gesamte Energie beträgt

$$E = \frac{1}{2}m(\omega^2 x_0^2 + v_0^2) = \frac{1}{2}Dx_0^2 + \frac{1}{2}mv_0^2 = \text{konst.} \qquad (9.1.9)$$

Diese pendelt zwischen den maximalen Werten kinetischer Energie allein und potentieller Energie allein hin und her.

Beispiel 1. Die Schwingung eines ungedämpften Federpendels ist gegeben durch die Konstanten $m = 0.5\,\text{kg}$, $D = 18\,\frac{\text{N}}{\text{m}}$ und die Anfangswerte $x_0 = -0.5\,\text{m}$, $v_0 = 0\,\frac{\text{m}}{\text{s}}$.
a) Bestimmen Sie die Ortsfunktion $x(t)$ und die Geschwindigkeitsfunktion $v(t)$.
b) Wie groß ist die Periode T und die Geschwindigkeit der angehängten Masse beim Durchgang durch die Nulllage?
c) Ermitteln Sie die einzelnen Energieanteile beim Durchgang durch die Nulllage.

Lösung.
a) Es gilt $\omega = \sqrt{\frac{18}{0.5}} = 6\frac{1}{s}$ und man erhält $x(t) = -0.5 \cdot \cos(6t)$, $v(t) = 3 \cdot \sin(6t)$.

b) Für die Periode T setzt man $6t = 2\pi$, waswas $T = \frac{\pi}{3}$ liefert. Die Geschwindigkeit durch die Nulllage ergibt sich dann aus $v(\frac{T}{4}) = v(\frac{\pi}{12}) = 3 \cdot \sin(\frac{\pi}{2}) = 3\frac{m}{s}$.

c) Die Gleichungen (9.1.6) und (9.1.8) liefern

$$E_{pot} = \frac{1}{2} \cdot 0.5 \cdot [6^2 \cdot (-0.5)^2 + 0] \cdot \cos^2\left(6 \cdot \frac{\pi}{12} - 0\right) = \frac{1}{4} \cdot 9 \cdot 0 = 0 \quad \text{und}$$

$$E_{kin} = \frac{1}{2} \cdot 0.5 \cdot [6^2 \cdot (-0.5)^2 + 0] \cdot \sin^2\left(6 \cdot \frac{\pi}{12} - 0\right) = \frac{1}{4} \cdot 9 \cdot 1 = 2.25\,J.$$

Die gesamte Energie ist in Form von kinetischer Form im System gespeichert. Dies erhält man auch mit (9.1.8): $E = \frac{1}{2} \cdot 18 \cdot (-0.5)^2 + \frac{1}{2} \cdot 0.5 \cdot 0 = 2.25\,J$.

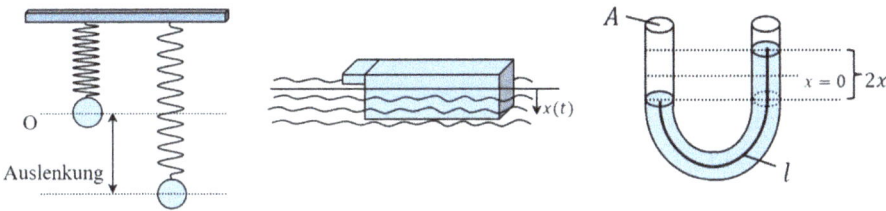

Abb. 9.1: Skizzen zur ungedämpften Schwingung und den Beispielen 2 und 3.

Beispiel 2. Wir betrachten einen schwimmenden Bootssteg in Form eines Quaders mit der Grundfläche A und der Masse m (Abb. 9.1 mitte). Dieser wird in Schwingung versetzt, indem er ruckartig 10 cm nach unten gedrückt wird. Von der Dämpfung sehen wir in diesem Fall ab. Die Rückstellkraft F_{Rs} entspricht dem Auftrieb, der gleich dem verdrängten Wasservolumen ist.

a) Wie groß ist F_{Rs}? Führen Sie dazu eine Kräfte- oder zeitliche Impulsänderungsbilanz durch.

b) Stellen Sie die DG für die Auslenkung $x(t)$ auf und bestimmen Sie die Lösung mit den Anfangsbedingungen $x(0) = x_0$, $\dot{x}(0) = 0$.

c) Ermitteln Sie die Lösung für $A = 5\,m^2$, $\rho_{Fl} = 10^3\,\frac{kg}{m^3}$, $m = 200\,kg$, und den Anfangsbedingungen $x(0) = -0.1\,m$, $\dot{x}(0) = 0$ und berechnen Sie zusätzlich die Periodendauer T.

Lösung.

Kräftebilanz: Impulsänderung des Bootsstegs.

Idealisierung: Die Reibung mit dem umgebenden Wasser wird vernachlässigt.

a) Die Rückstellkraft entspricht dem Auftrieb und es gilt

$$F_{Rs} = -m_{Fl} \cdot g = -\rho_{Fl} \cdot V \cdot g = -\rho_{Fl} \cdot Ax \cdot g.$$

b) Man erhält $\frac{dp}{dt} = m \cdot \frac{dv}{dt} = m \cdot \ddot{x} = -\rho_{Fl} \cdot Ag \cdot x$ und $\ddot{x} + \frac{\rho_{Fl} \cdot Ag}{m} \cdot x = 0$.

Die allgemeine Lösung lautet

$$x(t) = C_1 \cdot \sin\left(\sqrt{\frac{\rho_{Fl} \cdot Ag}{m}} \cdot t\right) + C_2 \cdot \cos\left(\sqrt{\frac{\rho_{Fl} \cdot Ag}{m}} \cdot t\right),$$

mit $x(0) = x_0$, $\dot{x}(0) = 0$ folgt $C_1 = 0$, $C_2 = x_0$ und damit

$$x(t) = x_0 \cdot \cos\left(\sqrt{\frac{\rho_{Fl} \cdot Ag}{m}} \cdot t\right).$$

c) Die Lösung ist $x(t) = -0.1 \cdot \cos(15.66 \cdot t)$ und die Periodendauer beträgt $T = 0.40\,\text{s}$.

Beispiel 3. In einem U-Rohr mit dem Querschnitt A befindet sich eine Flüssigkeit der Länge l (Abb. 9.1 rechts). Durch kurzes hineinblasen wird sie in Schwingung versetzt. Es entsteht ein Höhenunterschied von $2x$ gegenüber der Ruhelage. Die überstehende Flüssigkeitssäule wirkt als Rückstellkraft F_{RS}.
a) Wie groß ist F_{RS}? Führen Sie dazu eine Kräfte- oder zeitliche Impulsänderungsbilanz durch.
b) Stellen Sie die DG für die Auslenkung $x(t)$ auf und bestimmen Sie die Lösung mit den Anfangsbedingungen $x(0) = x_0$, $\dot{x}(0) = 0$.
c) Ermitteln Sie die Lösung mit $l = 0.5\,\text{m}$, $x(0) = 0.1\,\text{m}$, $\dot{x}(0) = 0$ und geben Sie die Periodendauer T an.

Lösung.
   Kräftebilanz: Impulsänderung der Wassersäule.
   Idealisierung: Die Reibung mit der Rohrwand wird vernachlässigt.
a) Die Schwingung der Flüssigkeitssäule kann als EMS aufgefasst werden.
   Es gilt $F_{Rs} = F_{G,\,\text{überstehend}} = -m_{Fl,\text{ü}} \cdot g = -\rho_{Fl} \cdot V_{\text{ü}} \cdot g = -\rho_{Fl} \cdot 2Ax \cdot g$.
b) Man erhält $\frac{dp}{dt} = m \cdot \frac{dv}{dt} = m \cdot \ddot{x}$. Dabei entspricht m der gesamten Masse. Da die Rückstellkraft die Beschleunigung hemmt, folgt $m \cdot \ddot{x} = -2\rho_{Fl} \cdot Ag \cdot x$. Daraus entsteht

$$\ddot{x} = -\frac{2\rho_{Fl} \cdot Ag}{m} \cdot x = -\frac{2\rho_{Fl} \cdot Ag}{\rho_{Fl} \cdot Al} \cdot x = -\frac{2 \cdot g}{l} \cdot x \quad \text{oder} \quad \ddot{x} + \frac{2 \cdot g}{l} \cdot x = 0.$$

Die allgemeine Lösung lautet

$$x(t) = C_1 \cdot \sin\left(\sqrt{\frac{2 \cdot g}{l}} \cdot t\right) + C_2 \cdot \cos\left(\sqrt{\frac{2 \cdot g}{l}} \cdot t\right).$$

Die Anfangsbedingungen liefern

$$C_1 = 0, \quad C_2 = x_0 \quad \text{und damit} \quad x(t) = x_0 \cdot \cos\left(\sqrt{\frac{2 \cdot g}{l}} \cdot t\right).$$

c)   Es gilt $x(t) = 0.1 \cdot \cos(6.264 \cdot t)$ und mit $\sqrt{\frac{2 \cdot g}{l}} \cdot t = 2\pi$ folgt

$$T = \pi\sqrt{\frac{2l}{g}} = \pi\sqrt{\frac{2 \cdot 0.5}{9.81}} = 1.00 \text{ s.}$$

Die effektive Federmasse

In der Kräftebilanz (9.1.1) ist die Bewegung der Federmasse selbst unbeachtet geblieben. Im Aufhängepunkt der Feder ist deren Auslenkung und Beschleunigung null und am Ort der angehängten Masse m_{Gewicht} stimmt die Auslenkung und Beschleunigung der Feder mit derjenigen von m_{Gewicht} überein. In einem weiteren Schritt soll nun die mitschwingende Federmasse m_{Feder} berücksichtigt werden (Abb. 9.2 links).

Herleitung von (9.1.10)–(9.1.12)
Idealisierung: Die Feder sei homogen gebaut. Sie besitzt also eine konstante Massenverteilung und die Windungen sind gleichmässig.

Dies zieht zwei Folgerungen nach sich. Greifen wir ein infinitesimales Federstück der Größe dm_F und der Länge dx heraus, das sich im Abstand x zum Aufhängepunkt befindet, vergleichen diese mit der gesamten Federmasse m_F und der gesamten Federlänge l, so gilt

$$\frac{dm_F}{m_F} = \frac{dx}{l}. \tag{9.1.10}$$

Wird nun m_G um dy ausgelenkt, so wächst die Länge der Feder von l auf $l+dy$ an, die Feder ihrerseits dehnt sich an der Stelle x um dx aus und der Abstand der Masse dm_F vom Aufhängepunkt erhöht sich von x auf $x + dx$. Aufgrund derselben Idealisierung kann man die beiden Auslenkungen dx und dy ins Verhältnis zu den Ortslängen setzen und erhält

$$\frac{dx}{x + dx} = \frac{dy}{l + dy} \quad \text{oder} \quad \frac{dx}{x} = \frac{dy}{l}. \tag{9.1.11}$$

Bewegt sich also m_G mit der Geschwindigkeit $v = \frac{dy}{dt}$, so bewegt sich das Massenelement dm_F mit der Geschwindigkeit $\hat{v} = \frac{dx}{dt}$. Die infinitesimale Masse dm_F besitzt dann mithilfe von (9.1.10) und (9.1.11) die kinetische Energie

$$dE_{\text{kinFederelement}} = \frac{1}{2}dm_F\hat{v}^2 = \frac{1}{2}\left(m_F \cdot \frac{dx}{l}\right) \cdot \left(\frac{dy}{dt} \cdot \frac{x}{l}\right)^2 = \frac{1}{2}m_F v^2 \cdot \frac{x^2}{l^3} \cdot dx.$$

Die gesamte kinetische Energie der Feder findet man durch Integration über die Energien der differentiell kleinen Feder-Massenelemente. Man erhält

$$E_{\text{kinFeder}} = \frac{1}{2}m_F v^2 \cdot \frac{1}{l^3} \cdot \int_0^l x^2 dx = \frac{1}{2}m_F v^2 \cdot \frac{1}{l^3} \cdot \frac{l^3}{3} = \frac{1}{6}m_F v^2 = \frac{1}{2}\left(\frac{1}{3}m_F\right)v^2.$$

Man kann die Federbewegung als eine Punktmassenbewegung von einem Drittel der gesamten Federmasse mit der Geschwindigkeit von m_G interpretieren. Damit wird die Gesamtenergie des Federpendels

$$E_{\text{kin}} = E_{\text{kinGewicht}} + E_{\text{kinFeder}} = \frac{1}{2}m_{\text{Gewicht}}v^2 + \frac{1}{6}m_{\text{Feder}}v^2 = \frac{1}{2}\left(m_G + \frac{m_F}{3}\right)v^2. \qquad (9.1.12)$$

Den Ausdruck $m_{\text{Eff}} = \frac{m_F}{3}$ bezeichnet man auch als effektive Federmasse.

Ergebnis. Nebst der Gewichtsmasse wird ein Drittel der Federmasse in Schwingung gebracht. Dies hat Einfluss auf die Schwingungsfrequenz.

Beispiel 4. Leiten Sie aus dem Energiesatz (3.4) die zu (9.1.1) erweiterte Bewegungsgleichung für das Federpendel her.

Lösung.

Energiebilanz: Mithilfe von (9.1.12) gilt

$$E_{\text{Total}} = E_{\text{pot}} + E_{\text{kin}}$$

$$= \frac{1}{2}Dx^2(t) + \frac{1}{2}\left(m_G + \frac{m_F}{3}\right)[\dot{x}(t)]^2 = \text{konst.}$$

Die zeitliche Ableitung ergibt

$$Dx\dot{x} + \left(m_G + \frac{m_F}{3}\right)\dot{x}\ddot{x} = 0 \quad \text{und damit} \quad \ddot{x} + \frac{D}{m_G + \frac{m_F}{3}} \cdot x = 0.$$

Beispiel 5. Es soll das Verhältnis der Perioden ermittelt werden, wenn im ersten Fall die Mitbewegung der Federmasse mitberücksichtigt und im anderen Fall dies vernachlässigt wird.

Lösung. Mit $m_{\text{Eff}} = \frac{m_F}{3}$ folgt

$$T_{\text{mit}} = 2\pi\sqrt{\frac{m + \frac{1}{3}m_F}{D}} \quad \text{und} \quad T_{\text{ohne}} = 2\pi\sqrt{\frac{m}{D}},$$

woraus

$$\frac{T_{\text{mit}}}{T_{\text{ohne}}} = \sqrt{1 + \frac{m_F}{3m}}$$

entsteht.

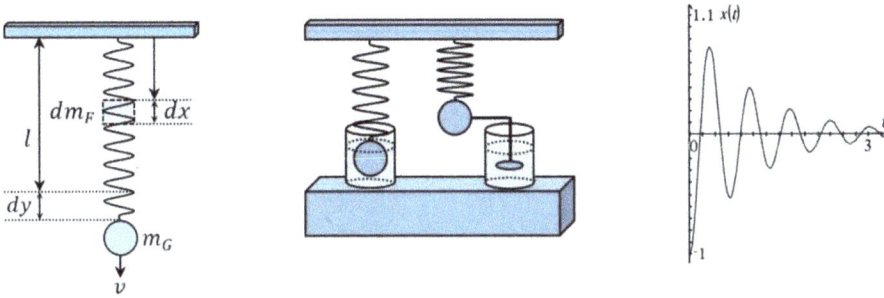

Abb. 9.2: Skizzen zur effektiven Federmasse, der gedämpften Schwingung und Graph von (9.2.4).

9.2 Das gedämpfte Federpendel

Die Gesamtdämpfung eines Systems setzt sich im Normalfall aus mehreren Anteilen zusammen:

1. Materialdämpfung. Man nennt sie auch innere Dämpfung des Materials oder Werkstoffdämpfung.
2. Systemdämpfung. Sie ist abhängig von der konstruktiven Gestalt. Beispielsweise besitzt eine Nietverbindung i. allg. eine höhere Dämpfung als eine Konstruktion mit einer Schweissnaht.
3. Lagerdämpfung. Diese ist abhängig von der Beschaffenheit der verwendeten Lager. Ein solches Rolllager besitzt z. B. ein Fahrrad aber auch die Enden einer Brücke.
4. Umgebungsdämpfung. Sie entspricht der viskosen Dämpfung des umgebenden Mediums.

Die Vernachlässigung der Dämpfung stellt somit immer eine Idealisierung dar. Demnach geht die Umwandlung von kinetischer und potentieller Energie immer mit einem Schwingungsenergieverlust in Form von Wärme einher. Die Geschwindigkeit um die Gleichgewichtslage sinkt beständig, sofern die Schwingung nicht erzwungen, also von aussen aufrechterhalten wird.

Idealisierung: Eine tiefergehende Untersuchung über den Einfluss der viskosen Reibung F_R auf einen sich mit der Geschwindigkeit v in einem viskosen Fluid bewegenden Körpers wird erst im Zusammenhang mit der Grenzschichttheorie angegangen. Dabei ist es gleichbeutend, ob ein Fluid einen Körper umströmt oder dieser durch das Fluid gezogen wird. Tatsache ist, dass die Reynolds-Zahl bestimmt, ob eine laminare oder turbulente Strömung vorliegt. Im laminaren Fall ist $F_R \sim v$ und im turbulenten Fall etwa $F_R \sim v^2$. Wir gehen also davon aus, dass die Pendelgeschwindigkeiten den kritischen Reynoldswert nicht überschreiten und setzen $F_R \sim \dot{x}$ oder $F_R = \mu\dot{x}$ an. Die Dämpfung μ besitzt die Einheit $\frac{kg}{s}$. Zum Beispiel könnte man die Masse selber oder über einen Seitenarm diesen in das Fluid tauchen, um eine nennenswerte Dämpfung zu erzeugen (Abb. 9.2 mitte).

Herleitung von (9.2.1)–(9.2.3)

Wir wollen die Ortsfunktion $x(t)$ bestimmen.

Kräftebilanz: Nach (3.1) gilt $\frac{dp}{dt} = \frac{d(mv)}{dt} = m \cdot \frac{dv}{dt} = m \cdot \ddot{x}$. Diese Impulsänderung wird sowohl durch die Rückstellkraft der Feder $F_F = -D \cdot x$ als auch durch die Dämpfung $F_R = -\mu \cdot \dot{x}$ gebremst. Es folgt $m \cdot \ddot{x} = -D \cdot x - \mu \cdot \dot{x}$ und daraus

$$\ddot{x} + \frac{\mu}{m} \cdot \dot{x} + \frac{D}{m} \cdot x = 0. \tag{9.2.1}$$

Mit den Abkürzungen $a := \frac{\mu}{m}, b := \frac{D}{m}$ ergibt sich $\ddot{x} + a \cdot \dot{x} + b \cdot x = 0$. Die Lösungen hierzu haben wir in Kap. 8 schon vollständig herausgearbeitet. Wir wiederholen sie an dieser Stelle noch einmal:

I. $a^2 - 4b > 0$. Nach (8.5) ist $x(t) = C_1 e^{k_1 t} + C_2 e^{k_2 t}$. Da $k_1 < 0$ als auch $k_2 < 0$ ist, schwingt das das System nicht, sondern nähert sich streng monoton fallend der Gleichgewichtslage. Dies nennt man den Kriechfall.

II. $a^2 - 4b = 0$. Gemäß (8.6) ist $x(t) = e^{-\frac{a}{2} \cdot t}(C_1 + C_2 t)$. In diesem Fall ist gerade keine Schwingung mehr möglich. Die Ortsfunktion fällt ebenfalls exponentiell in Richtung Gleichgewichtslage. Man nennt dies den aperiodischen Grenzfall.

III. $a^2 - 4b < 0$. Mit (8.8) lautet die Lösung

$$x(t) = e^{-\frac{\mu}{2m} \cdot t} \cdot \left[C_1 \cdot \cos\left(\frac{\sqrt{4Dm - \mu^2}}{2m} t \right) + C_2 \cdot \sin\left(\frac{\sqrt{4Dm - \mu^2}}{2m} t \right) \right]. \tag{9.2.2}$$

Gleichung (9.2.2) lässt sich auch in einer trigonometrischen Form wie bei (9.1.4) mit einer Phasenverschiebung schreiben (siehe Beispiel 3). Die Konstanten C_1 und C_2 ergeben sich aus den Anfangsbedingungen. Speziell für $\mu = 0$ erhält man das Ergebnis (9.1.1). Damit stellt der Fall III. den eigentlichen Schwingungsfall dar. Wir vergleichen die Frequenz der gedämpften Schwingung ω_d mit derjenigen der ungedämpften Schwingung ω_0. Es gilt

$$\omega_d = \frac{\sqrt{4Dm - \mu^2}}{2m} \quad \text{und} \quad \omega_0 = \sqrt{\frac{D}{m}} \quad \text{für } 4Dm > \mu^2.$$

Bilden wir das Verhältnis, so ergibt zu

$$\frac{\omega_d}{\omega_0} = \sqrt{\frac{4Dm - \mu^2}{4m^2} \cdot \frac{D}{m}} = \sqrt{1 - \frac{\mu^2}{4mD}} < 1. \quad \text{Damit ist} \quad \omega_d < \omega_0. \tag{9.2.3}$$

Im Zusammenhang mit gedämpften Schwingungen benutzt man auch das folgende Maß:

Definition. $\xi = \frac{\mu}{2m\omega_0}$ heisst Lehr'sches Dämpfungsmaß.

Man unterscheidet deshalb starke und schwache Dämpfung auch über die Ungleichungen $\frac{\mu}{2m\omega_0} < 1$ und $\frac{\mu}{2m\omega_0} > 1$, was $4Dm - \mu^2 < 1$ und $4Dm - \mu^2 > 1$ entspricht.

$\xi < 1$. (Fall III.) Schwache Dämpfung.

$\xi = 1$. (Fall II.) Kritische Dämpfung. Kritisch deswegen, weil man hier gerade keine Schwingung mehr erhält, sondern eine fallende Exponentialfunktion (Aperiodischer Grenzfall).

$\xi > 1$. (Fall I.) Starke Dämpfung. Das entspricht wieder einer (stärker) fallenden Exponentialfunktion.

Beispiel 1. Der Schwingungsverlauf für das gedämpfte Federpendel soll für die konkreten Werte $m = 0.5$ kg, $\mu = 1\frac{\text{kg}}{\text{s}}$, $D = 50.5\frac{\text{N}}{\text{m}}$ untersucht werden. Die Anfangsbedingungen sind I. $x(0) = -1$ m und II. $\dot{x}(0) = 0$. Bestimmen Sie die Ortsfunktion $x(t)$ und stellen Sie den Verlauf für die ersten 3 s dar.

Lösung. Man erhält $\frac{\mu}{2m} = \frac{1}{2 \cdot 0.5} = 1$,

$$\frac{\sqrt{4Dm - \mu^2}}{2m} = \frac{\sqrt{4 \cdot 50.5 \cdot 0.5 - 1^2}}{2 \cdot 0.5} = 10.$$

Damit schreibt sich (9.2.2) als $x(t) = e^{-t} \cdot [C_1 \cdot \cos(10t) + C_2 \cdot \sin(10t)]$. I. und II. führen zu $C_1 = -1$ und $C_2 = -\frac{1}{10}$. Schliesslich folgt

$$x(t) = -e^{-t} \cdot \left[\cos(10t) + \frac{1}{10} \cdot \sin(10t) \right]. \tag{9.2.4}$$

Der Verlauf ist in Abb. 9.2 rechts dargestellt.

Beispiel 2. Gegeben ist dasselbe U-Rohr wie in Bsp. 3 von Kap. 9.1. Durch die Reibung an den Wänden erhält man eine gedämpfte Schwingung. Nach dem Gesetz von Hagen-Poiseuille ist die verursachte Reibung F_R proportional zur Geschwindigkeit v. Es gilt $F_R = 8\pi\eta l v$. Dabei ist η ist die Viskosität der Flüssigkeit und l die Länge der Flüssigkeitssäule.
a) Stellen Sie die DG für die Auslenkung $x(t)$ mithilfe einer Impulsbilanz auf.
b) Bestimmen Sie die Lösung für $x(t)$.
c) Wählen Sie nun folgende konkreten Werte: $l = 0.5$ m, $A = 10^{-4}$ m^2, $\rho_{Fl} = 10^3 \frac{\text{kg}}{\text{m}^3}$, $\eta = 10^{-3}\frac{\text{kg} \cdot \text{m}}{\text{s}}$. Bestimmen Sie $x(t)$ mit den Anfangsbedingungen $x(0) = 0.1$ m und $\dot{x}(0) = 0$.

Lösung.
a) *Kräftebilanz:* Die Impulsänderung $\frac{dp}{dt} = m \cdot \frac{dv}{dt} = m \cdot \ddot{x}$ entspricht der Summe aus $F_{G,\,\text{überstehend}}$ und F_R. Man erhält $m \cdot \ddot{x} = -2\rho_{Fl} \cdot Ag \cdot x - 8\pi\eta l \cdot \dot{x}$, folglich

$$\ddot{x} + \frac{8\pi\eta l}{m} \cdot \dot{x} + \frac{2\rho_{Fl} \cdot Ag}{m} \cdot x = 0, \quad \ddot{x} + \frac{8\pi\eta l}{\rho_{Fl} \cdot Al} \cdot \dot{x} + \frac{2\rho_{Fl} \cdot Ag}{\rho_{Fl} \cdot Al} \cdot x = 0$$

und schließlich $\ddot{x} + \frac{8\pi\eta}{\rho_{Fl} \cdot A} \cdot \dot{x} + \frac{2 \cdot g}{l} \cdot x = 0$.

b) Die DG besitzt die Form $\ddot{x} + a \cdot \dot{x} + b \cdot x = 0$ und nach (9.2.2) die Lösung

$$x(t) = e^{-\frac{4\pi\eta}{\rho_{Fl} \cdot A} \cdot t} \cdot \left(C_1 \cdot \cos\left[\sqrt{\frac{2 \cdot g}{l} - \left(\frac{4\pi\eta}{\rho_{Fl} \cdot A}\right)^2} t \right] + C_2 \cdot \sin\left[\sqrt{\frac{2 \cdot g}{l} - \left(\frac{4\pi\eta}{\rho_{Fl} \cdot A}\right)^2} t \right] \right).$$

c) Man erhält $x(t) = e^{-0.126 \cdot t} \cdot [C_1 \cdot \cos(6.263t) + C_2 \cdot \sin(6.263t)]$ und aus $x(0) = 0.1\,\text{m}$, $\dot{x}(0) = 0$ folgt $C_1 = 0.1$, $C_2 = 2.006 \cdot 10^{-3}$. Insgesamt ergibt sich $x(t) = e^{-0.126 \cdot t} \cdot [0.1 \cdot \cos(6.263t) + 2.006 \cdot 10^{-3} \cdot \sin(6.263t)]$. Der Sinusteil ist vernachlässigbar klein.

Die Energien des gedämpften Federpendels

Herleitung von (9.2.5)–(9.2.17)

Für eine Energiebilanz multiplizieren wir die Bewegungsgleichung (9.2.1) mit $\dot{x}$ und erhalten $m \cdot \ddot{x}\dot{x} + D \cdot x\dot{x} = -\mu \cdot \dot{x}\dot{x}$. Anders geschrieben ist

$$\frac{d}{dt}\left(\frac{1}{2}mv^2 + \frac{1}{2}Dx^2\right) = -\mu \cdot (\dot{x})^2 \quad \text{oder} \quad \frac{dE_{\text{Total}}(t)}{dt} = -W_d. \tag{9.2.5}$$

Die im System gespeicherte Energie vermindert sich aufgrund der verrichteten Dämpfungsarbeit. Gleichung (9.2.5) schreiben wir in integraler Form und erhalten die *Energiebilanz:*

$$E_{\text{Total}}(t) = -\mu \int_0^t [\dot{x}(\tau)]^2 d\tau. \tag{9.2.6}$$

Nun gilt es, die Gesamtenergie zu bestimmen. Dazu entnehmen wir Gleichung (9.2.2) die Ortsfunktion

$$x(t) = e^{-\frac{a}{2}t} \cdot [C_1 \cos(\omega_d t) + C_2 \sin(\omega_d t)]$$

$$= A \cdot e^{-\frac{a}{2}t} \cdot \cos(\omega_d t - \delta) \quad \text{mit} \quad A = \sqrt{C_1^2 + C_2^2} \quad \text{und} \quad \delta = \arctan\left(\frac{C_2}{C_1}\right). \tag{9.2.7}$$

Die Konstanten ergeben sich mit $x(0) = x_0$, $\dot{x}(0) = v_0$ zu $C_1 = x_0$ und $C_2 = \frac{1}{\omega_d}(v_0 + \frac{ax_0}{2})$.

Für die Geschwindigkeit gilt dann

$$v(t) = -\frac{A}{2} \cdot e^{-\frac{a}{2}t}[a\cos(\omega_d t - \delta) + 2\omega_d \sin(\omega_d t - \delta)]. \tag{9.2.8}$$

Für eine andere Darstellung der Geschwindigkeit verwenden wir (9.1.5) und erhalten

$$v(t) = -\frac{A \cdot B}{2} \cdot e^{-\frac{a}{2}t} \cdot \cos(\omega_d t - \delta - \delta_1)$$

$$\text{mit} \quad B = \sqrt{a^2 + 4\omega_d^2} \quad \text{und} \quad \delta_1 = \arctan\left(\frac{2\omega_d}{a}\right) \quad \text{oder}$$

$$v(t) = -\frac{A \cdot B}{2} \cdot e^{-\frac{a}{2}t} \cdot \cos(\omega_d t - \varphi) \quad \text{mit} \quad \varphi = \delta + \delta_1. \tag{9.2.9}$$

Somit ergibt sich unter Verwendung von (9.2.7) und (9.2.9)

$$E_{\text{pot}}(t) = \frac{1}{2}Dx^2(t) = \frac{1}{2}DA^2 e^{-at} \cdot \cos^2(\omega_d t - \delta) \quad \text{und}$$

$$E_{\text{kin}}(t) = \frac{1}{2}mv^2(t) = \frac{1}{8}mA^2 B^2 e^{-at} \cos^2(\omega_d t - \varphi). \tag{9.2.10}$$

Insgesamt folgt die Gesamtenergie zu

$$E_{\text{Total}}(t) = E_{\text{pot}}(t) + E_{\text{kin}}(t)$$

$$= \frac{1}{8}mA^2 e^{-at}[4\omega_0^2 \cos^2(\omega_d t - \delta) + B^2 \cos^2(\omega_d t - \varphi)]. \tag{9.2.11}$$

Weiter wollen wir die dissipierte Energie zwischen zwei beliebigen Schwingungsdauern ermitteln. Wir erhalten mit (9.2.11)

$$E_{\text{diss},nT_d} = E_{\text{Total}}((n+1)T_d) - E_{\text{Total}}(nT_d)$$

$$= \frac{1}{8}mA^2 e^{-a(n+1)T_d}\{4\omega_0^2 \cos^2[\omega_d(n+1)T_d - \delta] + B^2 \cos^2[\omega_d(n+1)T_d - \varphi]\}$$

$$- \frac{1}{8}mA^2 e^{-anT_d}[4\omega_0^2 \cos^2(\omega_d nT_d - \delta) + B^2 \cos^2(\omega_d nT_d - \varphi)]$$

$$= \frac{1}{8}mA^2 e^{-a(n+1)T_d}[4\omega_0^2 \cos^2(\delta) + B^2 \cos^2(\varphi)]$$

$$- \frac{1}{8}mA^2 e^{-anT_d}[4\omega_0^2 \cos^2(\delta) + B^2 \cos^2(\varphi)]$$

$$= \frac{1}{8}mA^2[4\omega_0^2 \cos^2(\delta) + B^2 \cos^2(\varphi)](e^{-aT_d} - 1)e^{-anT_d}$$

$$= \frac{1}{8}mA^2\left[4\omega_0^2 \frac{x_0^2}{A^2} + B^2 \frac{4v_0^2}{A^2 B^2}\right](e^{-aT_d} - 1)e^{-anT_d}$$

$$= \frac{1}{2}m(\omega_0^2 x_0^2 + v_0^2)(e^{-aT_d} - 1)e^{-anT_d} = E_{\text{Total}}(0)(e^{-aT_d} - 1)e^{-anT_d}. \tag{9.2.12}$$

Die umgewandelte Bewegungsenergie sinkt exponentiell mit wachsendem n.
Für das Verhältnis hat man

$$\overline{E}_{T_d} = \frac{E_{\text{Total},(n+1)T_d}}{E_{\text{Total},nT_d}} = e^{-aT_d}.$$

Das Ergebnis (9.2.12) müsste sich auch mithilfe der rechten Seite von (9.2.6) ergeben. Dies wollen wir mit dem folgenden Beweis bestätigen.

Beweis. Es ist

$$E_{\text{diss},nT_d} = E_{\text{Total}}((n+1)T) - E_{\text{Total}}(nT)$$

$$= -\mu \int_0^{(n+1)T_d} [\dot{x}(\tau)]^2 d\tau + \mu \int_0^{nT_d} [\dot{x}(\tau)]^2 d\tau = -\mu \int_{nT_d}^{(n+1)T_d} [\dot{x}(\tau)]^2 d\tau.$$

Für die Geschwindigkeit verwenden wir den Ausdruck (9.2.8) und erhalten

$$E_{\text{diss},nT_d} = -\frac{amA^2}{4} \int_{nT_d}^{(n+1)T_d} e^{-a\tau} [a\cos(\omega_d t - \delta) + 2\omega_d \sin(\omega_d t - \delta)]^2 d\tau = -\frac{amA^2}{4} \cdot I.$$

Weiter ist

$$I = \frac{-4a\omega_d^2 e^{-a(n+1)T_d}\cos(2\delta)}{a^2 + 4\omega_d^2} + \frac{ae^{-a(n+1)T_d}\cos(2\delta)(4\omega_d^2 - a^2)}{2(a^2 + 4\omega_d^2)} + \omega_d e^{-a(n+1)T_d}\sin(2\delta)$$

$$+ \frac{e^{-a(n+1)T_d}[a^2 e^{aT_d}\cos(2\delta) - 2a\omega_d e^{aT_d}\sin(2\delta) + (e^{aT_d} - 1)(a^2 + 4\omega_d^2)]}{2a}$$

$$= \frac{e^{-a(n+1)T_d}}{2a}(e^{aT_d} - 1)[a^2\cos(2\delta) - 2a\omega_d\sin(2\delta) + a^2 + 4\omega_d^2]$$

$$= \frac{e^{-a(n+1)T_d}}{2a}(e^{aT_d} - 1)[a\sqrt{a^2 + 4\omega_d^2} \cdot \cos(2\delta + \delta_1) + a^2 + 4\omega_d^2]. \tag{9.2.13}$$

Im letzten Schritt wurde die Identität (9.1.5) verwendet. Wir berechnen separat

$$2\delta + \delta_1 = \arctan\left(\frac{C_2}{C_1}\right) + \arctan\left(\frac{C_2}{C_1}\right) + \arctan\left(\frac{2\omega_d}{a}\right)$$

$$= \arctan\left(\frac{2C_1 C_2}{C_1^2 - C_2^2}\right) + \arctan\left(\frac{2\omega_d}{a}\right)$$

$$= \arctan\left(\frac{\frac{2C_1 C_2}{C_1^2 - C_2^2} + \frac{2\omega_d}{a}}{1 - \frac{2C_1 C_2}{C_1^2 - C_2^2} \cdot \frac{2\omega_d}{a}}\right) = \arctan\left[\frac{2aC_1 C_2 + 2\omega_d(C_1^2 - C_2^2)}{a(C_1^2 - C_2^2) - 4\omega_d C_1 C_2}\right]. \tag{9.2.14}$$

Demnach wird mit (9.2.14)

$$\cos(2\delta + 2\delta_1) = \frac{1}{\sqrt{1 + [\frac{2aC_1 C_2 + 2\omega_d(C_1^2 - C_2^2)}{a(C_1^2 - C_2^2) - 4\omega_d C_1 C_2}]^2}}$$

$$= \frac{a(C_1^2 - C_2^2) - 4\omega_d C_1 C_2}{\sqrt{[a(C_1^2 - C_2^2) - 4\omega_d C_1 C_2]^2 + [2aC_1 C_2 + 2\omega_d(C_1^2 - C_2^2)]^2}}$$

$$= \frac{a(C_1^2 - C_2^2) - 4\omega_d C_1 C_2}{\sqrt{(a^2 + 4\omega_d^2)[(C_1^2 - C_2^2)^2 + 4C_1^2 C_2^2]}} = \frac{a(C_1^2 - C_2^2) - 4\omega_d C_1 C_2}{(C_1^2 + C_2^2)\sqrt{a^2 + 4\omega_d^2}}. \tag{9.2.15}$$

Der Ausdruck in der eckigen Klammer von (9.2.13) schreibt sich dann mithilfe von (9.2.15) als

$$\frac{1}{A^2}\left[a\sqrt{a^2+4\omega_d^2}\cdot\cos(2\delta+\delta_1)+a^2+4\omega_d^2\right]$$

$$=\frac{1}{A^2}\left[a^2(C_1^2-C_2^2)-4a\omega_dC_1C_2+(C_1^2+C_2^2)(a^2+4\omega_d^2)\right]$$

$$=\frac{1}{A^2}\left\{a^2\left[x_0^2-\frac{1}{\omega_d^2}\left(v_0+\frac{ax_0}{2}\right)^2\right]-4ax_0v_0-2a^2x_0^2+4\left[x_0^2+\frac{1}{\omega_d^2}\left(v_0+\frac{ax_0}{2}\right)^2\right]\omega_0^2\right\}$$

$$=\frac{1}{A^2}\left[a^2x_0^2-\frac{a^2}{\omega_d^2}\left(v_0+\frac{ax_0}{2}\right)^2-4ax_0v_0-2a^2x_0^2+4x_0^2\omega_0^2+\frac{4\omega_0^2}{\omega_d^2}\left(v_0+\frac{ax_0}{2}\right)^2\right]$$

$$=\frac{1}{A^2}\left[-a^2x_0^2+\left(\frac{4\omega_0^2-a^2}{\omega_d^2}\right)\left(v_0+\frac{ax_0}{2}\right)^2-4ax_0v_0+4x_0^2\omega_0^2\right]$$

$$=\frac{1}{A^2}\left[-a^2x_0^2+4\left(v_0+\frac{ax_0}{2}\right)^2-4ax_0v_0+4x_0^2\omega_0^2\right]$$

$$=\frac{1}{A^2}\left[-a^2x_0^2+4v_0^2+4ax_0v_0+a^2x_0^2-4ax_0v_0+4x_0^2\omega_0^2\right]$$

$$=\frac{4}{A^2}(x_0^2\omega_0^2+v_0^2). \tag{9.2.16}$$

Insgesamt erhält man demnach

$$E_{\text{diss},nT_d}=-\frac{amA^2}{4}\cdot\frac{e^{-a(n+1)T_d}}{2a}(e^{aT_d}-1)\cdot\frac{4}{A^2}(x_0^2\omega_0^2+v_0^2)$$

$$=\frac{1}{2}m(\omega_0^2x_0^2+v_0^2)(e^{-aT_d}-1)e^{-anT_d},$$

was identisch mit (9.1.12) ist.   q. e. d.

Beispiel 3. Gegeben ist die freie Schwingung des gedämpften Federpendels.

a) Wie lauten Orts- und Geschwindigkeitsfunktion für $m=1$, $D=1.005$, $\mu=0.4$, $x_0=1$ und $v_0=0$?

b) Betrachten Sie die dissipierte Energie nach der ersten Schwingungsdauer $E_{\text{diss}}=-\mu\int_0^{T_d}[\dot{x}(\tau)]^2d\tau$. Schreiben Sie das Integral so um, dass E_{diss} als Arbeit erkennbar wird mit $F_R(t)$ als Reibungskraft entlang des Weges $x(t)$.

c) Welche Kurve stellt $(x(t),-F_R(t))$ dar?

d) Wie lautet die Parameterform von $(x(t),-F_R(t))$ mit den gegebenen Zahlen? Stellen Sie danach die dissipierte Energie für die erste Schwingungsdauer in einem Arbeitsdiagramm (Phasendiagramm) dar.

Lösung.

a) Man erhält

$$C_1 = x_0 = 1, \quad C_2 = \frac{ax_0}{2\omega_d} = 0.2, \quad a = \frac{\mu}{m} = 0.4,$$

$$A = \sqrt{C_1^2 + C_2^2} = \sqrt{1.04} \quad \text{und} \quad B = \sqrt{a^2 + 4\omega_d^2} = \sqrt{4.16}.$$

Gleichung (9.2.7) ergibt dann $x(t) = e^{-0.2t} \cdot [\cos(t) + 0.2\sin(t)]$. Weiter hat man

$$\varphi = \delta + \delta_1 = \arctan\left(\frac{C_2}{C_1}\right) + \arctan\left(\frac{2\omega_d}{a}\right) = \arctan(0.2) + \arctan(5) = \frac{\pi}{2},$$

sodass (9.2.9) das Ergebnis

$$v(t) = -\frac{\sqrt{1.04} \cdot \sqrt{4.16}}{2} \cdot e^{-0.2t} \cdot \cos\left(t - \frac{\pi}{2}\right)$$

und schließlich $v(t) = -1.04 e^{-0.2t} \cdot \sin(t)$ liefert.

b) Es gilt

$$E_{\text{diss}} = -\mu \int_0^{T_d} [\dot{x}(\tau)]^2 d\tau = -\mu \int_0^{T_d} \dot{x}(\tau)\dot{x}(\tau) d\tau = -\mu \int_0^{T_d} \dot{x}(\tau)\frac{dx(\tau)}{d\tau} d\tau$$

$$= -\mu \int_0^{T_d} \dot{x}(\tau) dx(\tau) = -\int_0^{T_d} F_R(\tau) dx(\tau).$$

Der Integrand entspricht der infinitesimalen Arbeit entlang des Weges $dx(\tau)$ und die gesamte Arbeit Integranden wird geometrisch durch die Fläche unter der parametrisierten Kurve $(x(t), -F_R(t))$ repräsentiert.

c) Allgemein gesehen, ist $x(t)$ durch (9.2.7) und $-F_R(t) = -\mu v(t)$ durch (9.2.9) gegeben. Ohne den Exponentialterm beschreibt die Parameterdarstellung einer schiefen Ellipse. Der Exponentialterm bewirkt, dass die Kurve eine nach innen verlaufende Spirale beschreibt.

d) In unserem Fall ist

$$x(t) = e^{-0.2t}[\cos(t) + 0.2 \cdot \sin(t)] \quad \text{und}$$

$$-F_R(t) = -\mu\dot{x}(t) = e^{-0.2t} \cdot 0.416 \cdot \sin(t). \tag{9.2.17}$$

Abb. 9.3 links entnimmt man die Kurve (9.2.17). Der schraffierte Flächeninhalt Abb. 9.3 rechts entspricht der dissipierten Energie für den ersten Zyklus.

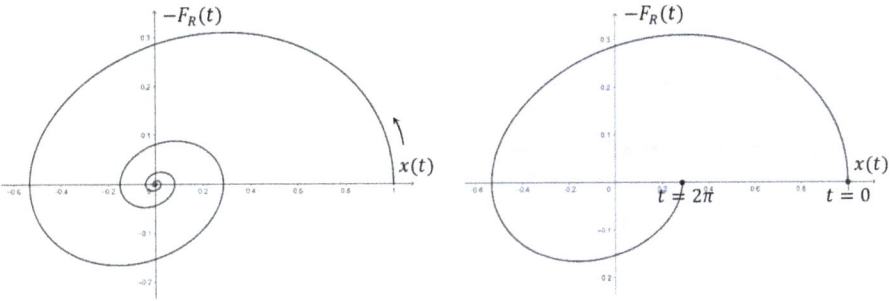

Abb. 9.3: Graph von (9.2.17) und zugehörige dissipierte Energie.

10 Numerisches Lösen von Differentialgleichungen 2. Ordnung

In unseren Anwendungen haben wir teils Modelle betrachtet, bei denen Einflüsse vernachlässigt wurden. Damit waren die entstandenen DGen bisher geschlossen lösbar. Nimmt man in das Modell zur genaueren Beschreibung eines Sachverhalts noch weitere Effekte hinzu, dann wird die zugehörige DG unter Umständen sehr schwierig oder nicht mehr geschlossen lösbar sein. Die dazu vorgenommene Diskretisierung für DGen 1. Ordnung übertragen wir auf DGen 2. Ordnung.

Beispiel 1. Gegeben ist die DG

$$y'' = \left(\frac{x+2}{x}\right) \cdot y. \tag{10.1}$$

Gesucht ist die Lösung $y = y(x)$. Mit den Anfangsbedingungen $y(0) = 0$ und $y'(0) = 1$ lautet die genaue Lösung $y(x) = x \cdot e^x$. Für DGen zweiter Ordnung wenden wir einen einfachen Trick an und setzen $y_1'=y_2$. Dann ist $y_1'' = y_2' = (\frac{x+2}{x}) \cdot y_1$. Somit gilt es, das DG-System $y_1'=y_2, y_2' = (\frac{x+2}{x}) \cdot y_1$ zu lösen. Aus physikalischer Sicht ist $y_1(x)$ die Ortsfunktion und $y_2(x)$ die Geschwindigkeitsfunktion. Um die DGen zu diskretisieren, schreiben wir: $dy_1 = y_2 dx$ und $dy_2 = (\frac{x+2}{x})y_1 dx$. Als Schrittlänge wählen wir $dx = 0.1$. Die Diskretisierung entspricht dem Euler-Verfahren. Für den TI-Nspire CX CAS lauten diese Vorschriften übersetzt folgendermaßen: y1i := y1i + 0.1·y2i und y2i := y2i + 0.1($\frac{x1i+2}{x1i}$)y1i. Das zugehörige Programm für die numerische Lösung erhält die Gestalt:

```
Define DG(n)=
Prgm
xa:= {x1i}
ya:= {y1i}
xb:= {x2i}
yb:= {y2i}
x1i:= 0
x2i:= 0
y1i:= 0    (Anfangsbedingung für y(0))
y2i:= 1    (Anfangsbedingung für y'(0))
For i,1,n
x1i:= x1i + 0.1
x2i:= x2i + 0.1
y1i:= y1i + 0.1· y2i
y2i:=y2i + 0.1 (x1i+2/x1i)y1i
xa:= augment(xa,{x1i})
ya:= augment(ya,{y1i})
xb:= augment(xb,{x2i})
yb:= augment(yb,{y2i})
End For
Disp xa, ya, xb, yb
End Prgm
```

https://doi.org/10.1515/9783111345819-010

Lässt man das Programm für $n = 200$ laufen, so ergibt sich der in Abb. 10.1 links dargestellte Verlauf. Die Übereinstimmung mit der exakten Lösung ist gut. Die Genauigkeit kann beliebig verbessert werden, indem man kleinere Schrittweiten wählt. Dafür muss dann natürlich die Schrittzahl erhöht werden, um denselben Zeitbereich zu erfassen.

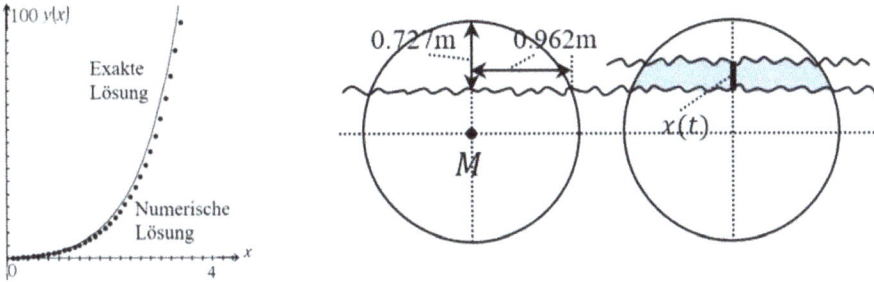

Simulation von (10.1) und Skizzen zu Beispiel 2.

Beispiel 2. Eine Holzkugel mit Radius $r = 1\,\mathrm{m}$ schwimmt im Wasser (Abb. 10.1 rechts) $\rho_{\mathrm{Holz}} = 0.7 \cdot 10^3 \frac{\mathrm{kg}}{\mathrm{m}^3}$, $\rho_{\mathrm{Wasser}} = 10^3 \frac{\mathrm{kg}}{\mathrm{m}^3}$. Eine Berechnung mithilfe der Stereometrie ergibt die in der Skizze für eine Holzkugel dargestellten spezifischen Abmessungen für die Ruhelage. Nun wird die Kugel um 0.5 m nach unten gedrückt und losgelassen.

a) Berechnen Sie aus den Abmessungen das Volumen der grau markierten Kugelschicht in Abhängigkeit von $x(t)$ ohne Berücksichtigung eines Widerstands.

b) Stellen Sie die DGL für $x(t)$ auf.

c) Bestimmen Sie die Lösung von $x(t)$ numerisch, Schrittlänge $\Delta t = 0.01$ und $n = 200$.

d) Stellen Sie den Verlauf von $x(t)$ dar und bestimmen Sie die Periodendauer.

Lösung.

a) Für das Volumen einer Kugelschicht gilt

$$V_{\mathrm{KS}} = \frac{\pi}{6}h(3r_1^2 + 3r_2^2 + h^2).$$

Dabei ist $h = x$, $r_1 = 0.962$ und $r_2^2 = 1 - (0.273 + x)^2$. Damit erhält man

$$V_{\mathrm{KS}}(x) = \frac{\pi}{3}(2.776 \cdot x - 0.819 \cdot x^2 - x^3).$$

b) *Kräftebilanz:* Die Rückstellkraft entspricht dem Auftrieb des zusätzlich verdrängten Wasservolumens: $F_{\mathrm{RS}} = -m_{Fl} \cdot g = -\rho_{Fl} \cdot V_{\mathrm{KS}} \cdot g$. Daraus folgt $m_{\mathrm{Holz}} \cdot \ddot{x} = -\rho_{Fl} \cdot V_{\mathrm{KS}} \cdot g$ und

$$\ddot{x} = -\frac{\rho_{Fl} \cdot V_{\mathrm{KS}} \cdot g}{\rho_{\mathrm{Holz}} \cdot V_{\mathrm{Kugel}}} = -\frac{10^3 \cdot V_{\mathrm{KS}} \cdot g}{0.7 \cdot 10^3 \cdot \frac{4}{3}\pi \cdot 1^3} = 3.504 \cdot (x^3 + 0.819 \cdot x^2 - 2.776 \cdot x). \quad (10.2)$$

c) Das gesamte Programm besitzt die nachstehende Gestalt. Gleichung (10.2) wurde dabei implementiert. Die Startwerte sind $x(0) = 0.5$, $\dot{x}(0) = 0$ bzw. y1i(0) = 0.5, y2i(0) = 0 im Programm.

```
xa:= {x1i}
ya:= {y1i}
x1i:= 0
x2i:= 0
y1i:= 0.5
y2i:= 0
For i,1,n
x1i:= x1i + 0.01
x2i:= x2i + 0.01
y1i:= y1i + 0.01 · y2i
y2i:= y2i + 3.504 · (y1i³ + 0.819 · y1i² – 2.776 · y1i) · 0.01
xa:= augment(xa,{x1i})
ya:= augment(ya,{y1i})
End For
Disp xa, ya
End Prgm
```

d) Den Verlauf entnimmt man aus Abb. 10.2 links. Die Periodendauer beträgt etwa $T = 2.1\,\text{s}$.

Beispiel 3. Ein Radfahrer fährt auf ebener Straße mit der Geschwindigkeit $v_0 = 10\,\frac{\text{m}}{\text{s}}$. Zum Zeitpunkt $t = 0$ hört er auf, in die Pedale zu treten und rollt aus. Der Rollreibungskoeffizient beträgt $\mu = 0.05$.

a) i)   Stellen Sie eine DG für die Ortsfunktion $x(t)$ auf (vorerst ohne Luftwiderstand) und lösen Sie diese.

   ii)   Nach welcher Zeit kommt der Radfahrer zum Stillstand?

b)   Jetzt wird der Luftwiderstand miteinbezogen. Der Radfahrer hat eine Masse von 70 kg und eine Widerstandsfläche von $A = 0.5\,\text{m}^2$. Die Dichte der Luft beträgt $\rho = 1.204\,\frac{\text{kg}}{\text{m}^3}$ und der Widerstandsbeiwert ist $c_W = 0.5$.

   i)   Bestimmen Sie die Lösung für $x(t)$ numerisch.

   ii)   Stellen Sie den Verlauf dar. Wie weit kommt er? Bestimmen Sie etwa die Zeit bis zum Stillstand.

c)   Jetzt nehmen wir zusätzlich einen Gegenwind mit einer konstanten Geschwindigkeit von $v_W = 10\,\frac{\text{m}}{\text{s}}$. Beantworten Sie alle Fragen von b) für diesen Fall.

Lösung.

a) i)   *Kräftebilanz:* Es gilt $\frac{dp}{dt} = m \cdot \ddot{x}$. Dies entspricht der rückwirkenden Rollreibung. Aus $m \cdot \ddot{x} = -F_{\text{Rollreibung}}$ folgt $m \cdot \ddot{x} = -\mu \cdot mg$ und $\ddot{x} = -\mu \cdot g$. Mit $\dot{x}(0) = v_0$ erhält man $\dot{x}(t) = -\mu g \cdot t + v_0$ und aus $x(0) = 0$ entsteht schließlich $x_i(t) =$

$-\frac{1}{2}\mu g \cdot t^2 + v_0 \cdot t = -0.245 \cdot t^2 + 10 \cdot t$. Den Verlauf entnimmt man aus Abb. 10.2 rechts.

ii) Im Stillstand ist $\dot{x}(t) = 0$. Somit beträgt die Zeit $t = \frac{v_0}{\mu g} = \frac{10}{0.05 \cdot 9.81} = 20.4\,\text{s}$ und der zurückgelegte Weg etwa 102 m.

b) i) *Kräftebilanz:* In diesem Fall ist

$$\frac{dp}{dt} = m \cdot \ddot{x} = -F_{\text{Rollreibung}} - F_{\text{Luftreibung}},$$

$$m \cdot \ddot{x} = -\mu \cdot mg - \frac{1}{2}c_W \rho_L A \cdot \dot{x}^2.$$

Daraus folgt

$$\ddot{x} = -\mu g - \frac{c_W \rho_L A}{2m} \cdot \dot{x}^2 \quad \text{oder} \quad \ddot{x} = -0.491 - 2.150 \cdot 10^{-3} \cdot \dot{x}^2.$$

ii) Im Programm von Beispiel 1 muss lediglich y1i:= 0, y2i:= 10 und der Befehl y2i:= y2i + $(-0.491 - 2.150 \cdot 10^{-3} \cdot \text{y2i}^2) \cdot 0.1$ angepasst werden. Dabei wird die Schrittweite $dt = 0.1$ gewählt. (Eine DG dieser Form wurde in Kap. 3.2, Bsp. 5 exakt gelöst). Die zugehörige Ortsfunktion ist in Abb. 10.2 rechts mit x_{ii} festgehalten. Der Radfahrer kommt etwa 84.8 m weit und steht nach etwa 18 s still.

c) i) *Kräftebilanz:* Ohne Wind bewegt sich die Luft mit der Geschwindigkeit v relativ zum ruhenden Radfahrer. Bei zusätzlichem Wind wächst diese Geschwindigkeit auf $v + v_W$.
Die Bilanz lautet

$$\frac{dp}{dt} = m \cdot \ddot{x} \quad m \cdot \ddot{x} = -\mu \cdot mg - \frac{1}{2}c_W \rho_L A \cdot (\dot{x} + v_W)^2.$$

Einzig der Befehl y2i:= y2i + $(-0.491 - 2.150 \cdot 10^{-3} \cdot (\text{y2i} + 10)^2) \cdot 0.1$ muss angepasst werden.

ii) Der Verlauf ist in Abb. 10.2 rechts mit x_{iii} markiert. Der Radfahrer kommt etwa 46.9 m weit und steht nach etwa 10.4 s still.

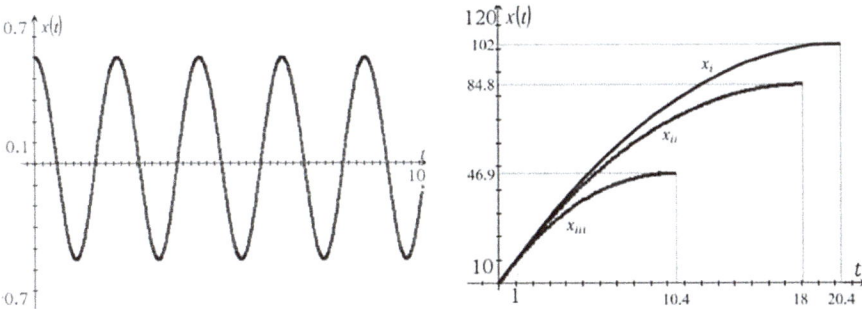

Abb. 10.2: Simulationen von (10.2) und zum Beispiel 3.

10.1 Das durch Gleitreibung gedämpfte Federpendel

Ein Körper gleitet auf einer festen Unterlage hin und her (Abb. 10.3 links).

Herleitung von (10.1.1)–(10.1.5)

Kräftebilanz: Nach (3.1) gilt $\frac{dp}{dt} = \frac{d(mv)}{dt} = m \cdot \frac{dv}{dt} = m \cdot \ddot{x}$. Diese Impulsänderung wird sowohl durch die Rückstellkraft der Feder $F_F = -D \cdot x$ als auch durch die Reibung an der Unterlage, $F_R = -\mu \cdot mg$ abgebremst. Aufgrund des Richtungswechsels ändert die Geschwindigkeit ihr Vorzeichen. Deswegen muss der Betrag der Reibung in der Rechtsbewegung negativ und in der Linksbewegung positiv in die Kräftebilanz aufgenommen werden. Daraus ergeben sich zwei DGen für jede Teilbewegung:

Nach rechts

$$m \cdot \ddot{x} = -D \cdot x - \mu \cdot mg,$$

$$\ddot{x} + \frac{D}{m} \cdot x = -\mu g. \tag{10.1.1}$$

Nach links

$$m \cdot \ddot{x} = -D \cdot x + \mu \cdot mg,$$

$$\ddot{x} + \frac{D}{m} \cdot x = \mu g. \tag{10.1.2}$$

Das Pendel wird beim Start um $-l$ ausgelenkt. Als Lösung ergibt sich mithilfe von (10.1.1) und (10.1.2) im Vergleich mit (9.1.2) jeweils:

$$x_1(t) = C_1 \cdot \sin\left(\sqrt{\frac{D}{m}}t\right) + C_2 \cdot \cos\left(\sqrt{\frac{D}{m}}t\right) - \frac{\mu mg}{D} \quad \text{und}$$

$$x_2(t) = C_3 \cdot \sin\left(\sqrt{\frac{D}{m}}t\right) + C_4 \cdot \cos\left(\sqrt{\frac{D}{m}}t\right) + \frac{\mu mg}{D}.$$

Aus den Anfangsbedingungen $x_1(0) = -l$ und $\dot{x}_1(0) = 0$ der ersten Rechtsbewegung folgt $-l = C_2 - \frac{\mu mg}{D}$ und damit $C_2 = -l + \frac{\mu mg}{D}$.

Aus

$$\dot{x}_1(t) = C_1 \cdot \sqrt{\frac{D}{m}} \cos\left(\sqrt{\frac{D}{m}}t\right) - C_2 \cdot \sqrt{\frac{D}{m}} \sin\left(\sqrt{\frac{D}{m}}t\right)$$

mit $\dot{x}_1(0) = 0$ ergibt sich $C_1 = 0$. Gesamthaft für die erste Rechtsbewegung ist

$$x_1(t) = \left(-l + \frac{\mu mg}{D}\right) \cdot \cos\left(\sqrt{\frac{D}{m}}t\right) - \frac{\mu mg}{D}. \tag{10.1.3}$$

Die Distanz nach der ersten Rechtsbewegung ist gleich der Startdistanz der ersten Linksbewegung nach halber Periode:

$$x_2(0) = x_1\left(\sqrt{\frac{m}{D}}\cdot\pi\right) = \left(-l + \frac{\mu mg}{D}\right)\cdot\cos\pi - \frac{\mu mg}{D} = l - \frac{2\mu mg}{D}.$$

Das Pendel verliert nach halber Periode $\frac{2\mu mg}{D}$ an maximal möglicher Auslenkung. Aus den Anfangsbedingungen $x_2(0) = l - \frac{2\mu mg}{D}$ und $\dot{x}_2(0) = 0$ der ersten Linksbewegung folgt $l - \frac{2\mu mg}{D} = C_4 + \frac{\mu mg}{D}$ und somit $C_4 = l - \frac{3\mu mg}{D}$.

Aus

$$\dot{x}_2(t) = C_3\cdot\sqrt{\frac{D}{m}}\cos\left(\sqrt{\frac{D}{m}}t\right) - C_4\cdot\sqrt{\frac{D}{m}}\sin\left(\sqrt{\frac{D}{m}}t\right)$$

mit $\dot{x}_2(0) = 0$ ergibt sich $C_3 = 0$.

Gesamthaft für die erste Linksbewegung gilt

$$x_2(t) = \left(l - \frac{3\mu mg}{D}\right)\cdot\cos\left(\sqrt{\frac{D}{m}}t\right) + \frac{\mu mg}{D}. \tag{10.1.4}$$

Die erreichte Auslenkung beträgt

$$x_2\left(\sqrt{\frac{m}{D}}\cdot\pi\right) = \left(l - \frac{3\mu mg}{D}\right)\cdot\cos\pi + \frac{\mu mg}{D} = -l + \frac{4\mu mg}{D}$$

usw.

Nach jeder halben Periode verliert das Pendel $\frac{2\mu mg}{D}$ an Auslenkung. Die Distanzänderung erfolgt also im Sinne einer arithmetischen Folge. Verallgemeinert man (10.1.3) und (10.1.4), so gilt

$$x_n(t) = (-1)^n\left\{\left[l - \frac{(2n-1)\mu mg}{D}\right]\cdot\cos\left(\sqrt{\frac{D}{m}}t\right) + \frac{\mu mg}{D}\right\}. \tag{10.1.5}$$

Beispiel. Die Gleichungen (10.1.1) und (10.1.2) für das gedämpfte Federpendel mit Gleitreibung sollen für die konkreten Werte $m = 1\,\mathrm{kg}$, $\mu = 0.1\frac{\mathrm{kg}}{\mathrm{s}}$, $D = 25\frac{\mathrm{N}}{\mathrm{m}}$ und $l = 1\,\mathrm{m}$ berechnet werden. Die Anfangsbedingungen sind $x(0) = -1\,\mathrm{m}$, $\dot{x}(0) = 0$.

a) Bestimmen Sie die ersten vier Ortsfunktionen $x_n(t)$ und stellen Sie diese dar.

b) Wann bleibt das Pendel stehen?

Lösung. a)   Mithilfe von (10.1.5) erhält man

$$x_1(t) = \left(-1 + \frac{0.1\cdot 1\cdot 9.81}{25}\right)\cdot\cos\left(\sqrt{\frac{25}{1}}t\right) - \frac{0.1\cdot 1\cdot 9.81}{25}$$

$$= -0.961\cdot\cos(5t) - 0.039 \quad\text{für } 0 \le x \le \frac{\pi}{5},$$

denn die Periode beträgt $T = \frac{2\pi}{5}$.

Es folgt

$$x_2(t) = 0.882 \cdot \cos\left[5\left(t + \frac{\pi}{5}\right)\right] + 0.039 \quad \text{für } \frac{\pi}{5} \leq x \leq \frac{2\pi}{5}.$$

Weiter erhält man

$$x_3(t) = -0.804 \cdot \cos\left[5\left(t + \frac{2\pi}{5}\right)\right] - 0.039 \quad \text{für } \frac{2\pi}{5} \leq x \leq \frac{3\pi}{5} \quad \text{und}$$

$$x_4(t) = 0.725 \cdot \cos\left[5\left(t + \frac{3\pi}{5}\right)\right] + 0.039 \quad \text{für } \frac{3\pi}{5} \leq x \leq \frac{4\pi}{5}.$$

Alle Graphen entnimmt man aus Abb. 10.3 rechts.

b) Das Pendel verliert in jeder halben Periode $\frac{2\mu mg}{D} = 0.078$ m. Aus $1 - n \cdot 0.078 \geq 0$ folgt $n \leq 12.74$. Das Pendel bleibt zwischen der 12. und 13. Halbschwingung stehen.

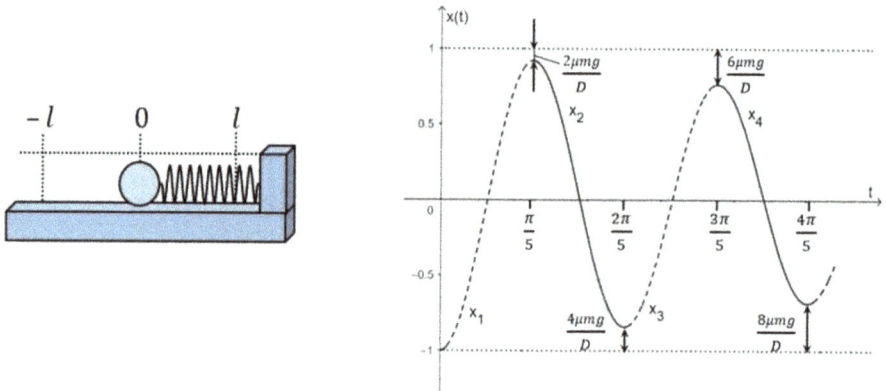

Abb. 10.3: Skizze zum Federpendel mit Gleitreibung und Graphen zum Beispiel.

10.2 Das Fadenpendel

Eine Masse m hängt an einem dünnen Faden der Länge l (Abb. 10.4 links). Der Auslenkwinkel beträgt φ und wird im Bogenmaß gemessen. Zum Zeitpunkt t hat die Masse das Bogenstück $b(t) = \varphi(t) \cdot l$ durchlaufen.

Idealisierung: Der Faden wird als masselos angenommen.

Dieser ist zwar masselos, aber nicht gegenstands- oder wirkungslos, denn er erzeugt die notwendige Zentripetalkraft, damit die Masse auf ihrer Kreisbahn bleibt.

Herleitung von (10.2.1)–(10.2.4)

Gesucht ist die Winkelfunktion $\varphi(t)$.

Kräftebilanz: Nach (3.1) gilt

$$\frac{dp}{dt} = \frac{d(mv)}{dt} = m \cdot \frac{dv}{dt} = m \cdot \frac{d}{dt}\left(\frac{db}{dt}\right) = m \cdot \ddot{b}(t).$$

Die rücktreibende Kraft ist die Tangentialkomponente der Gewichtskraft und zeigt in Gegenrichtung zur Bewegung. Man erhält $m \cdot \ddot{b} = -mg \cdot \sin\varphi$ oder $\ddot{\varphi} \cdot l = -g \cdot \sin\varphi$.

Die DG des Fadenpendels ergibt sich zu

$$\ddot{\varphi}(t) + \frac{g}{l} \cdot \sin\varphi(t) = 0. \qquad (10.2.1)$$

Diese Gleichung ist nicht geschlossen lösbar.

Idealisierung: Die Auslenkungen werden als klein vorausgesetzt.

In diesem Fall kann man $\sin\varphi \approx \varphi$ setzen und somit geht die Gleichung (10.2.1) in

$$\ddot{\varphi}(t) + \frac{g}{l} \cdot \varphi(t) = 0 \quad \text{über.} \qquad (10.2.2)$$

Mit den Anfangsbedingungen $\varphi(0) = \varphi_0$ und $\dot{\varphi}(0) = 0$ ergibt sich die Lösung

$$\varphi(t) = \varphi_0 \cdot \cos\left(\sqrt{\frac{g}{l}} \cdot t\right). \qquad (10.2.3)$$

Für die Kreisfrequenz gilt $\omega = \frac{2\pi}{T}$ und die Schwingungsdauer erhält man mittels

$$\sqrt{\frac{g}{l}} \cdot t = 2\pi \quad \text{zu } T = 2\pi\sqrt{\frac{l}{g}}. \qquad (10.2.4)$$

Sie hängt einzig von der Länge des Fadens ab.

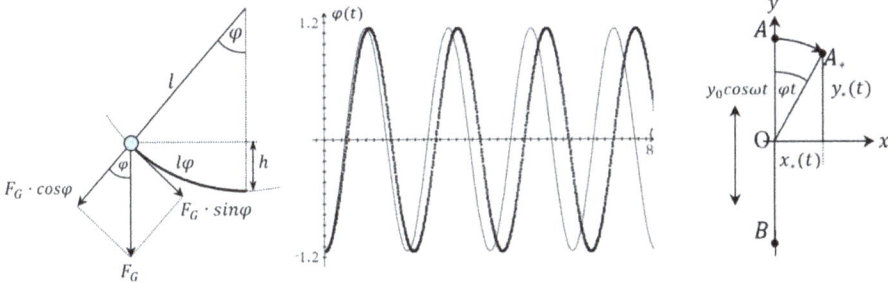

Abb. 10.4: Skizzen zum Faden- und Foucaultschen Pendel und Simulation zum Beispiel 1.

Man kann eine genauere analytische Lösung als (10.2.3) für (10.2.2) herleiten. Der Nutzen ist allerdings minimal, da numerische Verfahren weitaus effektiver sind. Wir zeigen die Herleitung trotzdem ausführlich, um die vielen Idealisierungen und Linearisierungen zu erkennen und zu formulieren.

Herleitung von (10.2.5)–(10.2.8)

Idealisierung 1: Für eine genauere Lösung nehmen wir in der Taylor-Entwicklung für $\sin\varphi$ einen Term hinzu, nämlich $\sin\varphi \approx \varphi - \frac{\varphi^3}{6}$, was zu folgender DG führt:

$$\ddot{\varphi} + \frac{g}{l}\cdot\left(\varphi - \frac{\varphi^3}{6}\right) = 0, \quad \text{oder} \quad \ddot{\varphi} + \omega_0^2\varphi - \frac{\omega_0^2}{6}\varphi^3 = 0, \tag{10.2.5}$$

wobei $\omega_0 = \sqrt{\frac{g}{l}}$. Weiter muss $\varphi(t)$ eine ungerade Funktion sein. „Ungerade" meint, dass im Argument jeweils nur ungerade Vielfache von ωt stehen.

Idealisierung 2: In erster Näherung machen wir deshalb den Ansatz

$$\varphi(t) = \varphi_0\cos(\omega t) + \varepsilon\cdot\varphi_0\cos(3\omega t) \tag{10.2.6}$$

mit unbekanntem ω und $\varphi(t = 0) = \varphi_0$ als größte Auslenkung.

Idealisierung 3: Dabei fordern wir, dass $\varepsilon \ll 1$ und somit $\varepsilon\cdot\varphi_0$ eine kleine Amplitudenänderung gegenüber φ_0 sein soll.

Den Ansatz (10.2.6) entnimmt man aus der Fourierentwicklung jeder beliebigen periodischen Funktion $f(t) = a_0 + \sum_{n=1}^{\infty}[a_n\sin(\omega t) + b_n\cos(\omega t)]$. Natürlich kann man auch die neue DG nicht geschlossen lösen, aber mit einigen Vereinfachungen ist ein Vergleich mit der harmonischen Lösung möglich. Den Ansatz (10.2.6) setzen wir nun in die DG ein. Zur besseren Übersicht schreiben wir die entstehenden drei Terme getrennt auf:

I. $\quad \ddot{\varphi} = -\varphi_0\omega^2\cos(\omega t) - 9\varepsilon\cdot\omega^2\varphi_0\cos(3\omega t)$,

II. $\quad \omega_0^2\varphi = \varphi_0\omega_0^2\cos(\omega t) + \varepsilon\cdot\varphi_0\omega_0^2\cos(3\omega t)$ und

III. $\quad -\frac{\omega_0^2}{6}\varphi^3 = [\varphi_0^3\cos^3(\omega t) + 3\varepsilon\varphi_0^3\cos^2(\omega t)\cos(3\omega t)$

$$+\, 3\varepsilon^2\varphi_0^3\cos(\omega t)\cos^2(3\omega t) + \varepsilon^3\varphi_0^3\cos^3(3\omega t)].$$

Die letzten drei Terme in der eckigen Klammer können gegenüber dem 1. Term vernachlässigt werden, da $\varepsilon\cdot\varphi_0 \ll \varphi_0$. Weiter verwendet man noch $\cos(3x) = 4\cos^3 x - 3\cos x$, was $\cos^3 x = \frac{\cos(3x)}{4} + \frac{\cos x}{4}$ ergibt. Damit lautet die 3. Gleichung:

III. $\quad -\frac{\omega_0^2}{6}\varphi^3 = -\frac{\omega_0^2}{8}\varphi_0^3\cos(\omega t) - \frac{\omega_0^2}{24}\varphi_0^3\cos(3\omega t)$.

Addiert man alle drei Gleichungen, so ergibt die linke Seite null, die Summe stellt ja gerade die zu lösende DG (10.2.5) dar. Die rechte Seite wird (für alle t) Null, wenn die Koeffizienten von $\cos(\omega t)$ und $\cos(3\omega t)$ gleichzeitig null werden. Das führt auf die zwei neuen Gleichungen:

IV. $\quad -\omega^2\varphi_0 + \omega_0^2\varphi_0 - \frac{\omega_0^2}{8}\varphi_0^3 = 0$ und

V. $\quad -9\varepsilon\cdot\omega^2\varphi_0 + \varepsilon\cdot\omega_0^2\varphi_0 - \frac{\omega_0^2}{24}\varphi_0^3 = 0$.

Aus IV. folgt

$$-\omega^2 + \omega_0^2 - \frac{\omega_0^2}{8}\varphi_0^2 = 0, \quad \omega^2 = \omega_0^2\left(1 - \frac{\varphi_0^2}{8}\right) \quad \text{und} \quad \omega = \omega_0\sqrt{1 - \frac{\varphi_0^2}{8}} \approx \omega_0\left(1 - \frac{\varphi_0^2}{16}\right),$$

wenn man noch *Idealisierung 4 (Linearisierung)*: $\sqrt{1-x} \approx 1 - \frac{x}{2}$ für $|x| < 1$ verwendet.

Insgesamt erhält man für die Frequenz

$$\omega(\varphi_0) \approx \sqrt{\frac{g}{l}} \cdot \left(1 - \frac{\varphi_0^2}{16}\right) \quad \text{oder} \quad \omega(\varphi_0) \approx \sqrt{\frac{g}{l}} \cdot \sqrt{1 - \frac{\varphi_0^2}{8}}.$$

Aus V. folgt $-9\varepsilon \cdot \omega^2 + \varepsilon \cdot \omega_0^2 - \frac{\omega_0^2}{24}\varphi_0^2 = 0$.

Um ε zu bestimmen, stände uns jetzt das Ergebnis für ω zur Verfügung. Trotzdem wählen wir die etwas gröbere Näherung, die *Idealisierung 5*: $\omega \approx \omega_0$.

Dies führt dann zu $-8\varepsilon \cdot \omega_0^2 + \frac{\omega_0^2}{24}\varphi_0^2 = 0$ und schließlich $\varepsilon = \frac{\varphi_0^2}{192}$. Unsere Lösung lautet somit

$$\varphi(t) = \varphi_0\left\{\cos\left[\sqrt{\frac{g}{l}} \cdot \left(1 - \frac{\varphi_0^2}{16}\right)t\right] + \frac{\varphi_0^2}{192} \cdot \cos\left[3\sqrt{\frac{g}{l}} \cdot \left(1 - \frac{\varphi_0^2}{16}\right)t\right]\right\}. \tag{10.2.7}$$

Idealisierung 6: Schließlich kann man in (10.2.7) den zweiten Term aufgrund von $\frac{\varphi_0^2}{192} \ll 1$ gegenüber dem ersten vernachlässigen.

Damit erhält man

$$\varphi(t) = \varphi_0 \cdot \cos\left[\sqrt{\frac{g}{l}} \cdot \left(1 - \frac{\varphi_0^2}{16}\right)t\right]. \tag{10.2.8}$$

Eine Unabhängigkeit der Frequenz von der Amplitude hat man nur für $\varphi_0 = 0$. Somit gilt: Je größer die Startauslenkung, umso kleiner ist die Frequenz und umso größer ist die Schwingungsdauer T.

Man sieht an diesem Beispiel, dass man bei den vielen Vereinfachungen und Linearisierungen bald den Überblick verliert. Untersucht man Schwingungen qualitativ, so genügt als Beschreibung die harmonische Lösung. Sind exakte Lösungen für Anwendungszwecke gefragt, die eine genaue Kenntnis der Frequenz erfordern, dann verwenden wir numerische Verfahren.

Die Energien des Fadenpendels

Herleitung von (10.2.9)–(10.2.12)

Es gilt

$$E_{\text{pot}} = mgh = mg(l - l\cos\varphi) = mgl(1 - \cos\varphi). \tag{10.2.9}$$

Damit hätte man die potentielle Energie exakt vorliegend. Für die kinetische Energie hingegen benötigt man den Ausdruck $\dot{\varphi}$, also letztlich die Lösung $\varphi(t)$ von (10.2.2). Deswegen kann man auch an dieser Stelle wiederum dieselbe Vereinfachung wie oben treffen:

Idealisierung: Die Auslenkungen werden als klein vorausgesetzt.

Dies zieht wiederum $\sin \varphi \approx \varphi$ nach sich. Zusätzlich bricht man folglich die Taylorentwicklung von $\cos \varphi$ nach dem 2. Term ab: $\cos \varphi \approx 1 - \frac{\varphi^2}{2}$. Damit wird aus (10.2.9) mithilfe der Lösung (10.2.3)

$$E_{pot} \approx mgl\left[1 - \left(1 - \frac{\varphi^2}{2}\right)\right] = \frac{1}{2}mgl\varphi^2 = \frac{1}{2}mgl\varphi_0^2 \cos^2\left(\sqrt{\frac{g}{l}}t\right). \qquad (10.2.10)$$

Weiter ist

$$E_{kin} \approx \frac{1}{2}mv^2 = \frac{1}{2}m(l \cdot \dot{\varphi})^2 = \frac{1}{2}mgl\varphi_0^2 \sin^2\left(\sqrt{\frac{g}{l}}t\right). \qquad (10.2.11)$$

Schließlich beträgt die gesamte Energie

$$E = \frac{1}{2}mgl\varphi_0^2. \qquad (10.2.12)$$

Damit besitzen (10.2.10), (10.2.11) und (10.2.12) die bisher bei Energieberechnungen übliche Form. Sie stellen aber, wie bereits gezeigt, eine Näherung dar.

Beispiel 1.

a) Lösen Sie die exakte DG des Fadenpendels (10.2.1) für $l = 1\,m$ mit $\varphi_0 = -\frac{\pi}{3}$ und $\dot{\varphi}(0) = 0$ bei einer Schrittweite von $\Delta t = 0.01$ numerisch und stellen Sie den Verlauf für $\varphi(t)$ zusammen mit der Näherungslösung für $\sin \varphi \approx \varphi$ dar. Vergleichen Sie die beiden Perioden miteinander.

b) Geben Sie die Koordinaten $(x(t), y(t))$ Masse allgemein an.

Lösung.

a) Für $l = 1\,m$ folgt $\ddot{\varphi} = -9.81 \cdot \sin \varphi$ und die Vorschrift für das Programm ist y2i := y2i − 9.81 · sin(y1i) · 0.01 mit den Anfangsbedingungen y1i := $-\frac{\pi}{3}$ und y2i := 0. Die Näherungslösung lautet gemäß (10.2.3) $\varphi(t) = -\frac{\pi}{3}\cos(\sqrt{g} \cdot t)$. Den Verlauf beider Lösungen entnimmt man aus Abb. 10.4 mitte (die exakte Lösung ist fett, die Näherungslösung fein gezeichnet). Die beiden Perioden sind (10.2.4)

$$T_{Näherung} = 2\pi\sqrt{\frac{1}{9.81}} = 2.01\,s \quad \text{und} \quad T_{Exakt} = 2.16\,s$$

(abgelesen). Gleichung (10.2.8) liefert

$$T \approx 2\pi\sqrt{\frac{1}{9.81}} \cdot \frac{1}{(1 - \frac{\varphi_0^2}{16})} = 2.15\,s.$$

b)   Die Koordinaten der Masse sind

$$x(t) = l \cdot \sin\varphi(t) \quad \text{und} \quad y(t) = l \cdot [1 - \cos\varphi(t)].$$

Beispiel 2. Lässt man ein Fadenpendel über dem Boden hin und her schwingen, so scheint sich die Schwingungsebene des Pendels mit der Zeit zu ändern (Foucault'sches Pendel). Tatsächlich behält das Pendel seine Schwingungsebene bei, wohl aber dreht sich der Boden aufgrund der Erdrotation von der Schwingungsebene weg. Am Nordpol aufgestellt, wird die Drehung der Erde über die Pendelschwingung am deutlichsten, am Äquator verschwindet der Effekt. Wir denken uns deshalb das Pendel direkt über dem Nordpol O angebracht und in Richtung der y-Achse von $A(t = 0)$ nach B mit der Winkelgeschwindigkeit ω und der Amplitude x_0 hin und her schwingend (Abb. 10.5 rechts). Wir sehen vom leichten Anstieg des Pendelkörpers ab und betrachten nur die Projektion der Bahn auf die xy-Ebene. Weiter bezeichnet φ die Winkelgeschwindigkeit der Erdrotation. Dadurch befindet sich der Pendelkörper zum Zeitpunkt t anstatt im Punkt A im Punkt A_*. Bestimmen Sie die Koordinaten $x_*(t)$ und $y_*(t)$ des Pendelkörpers über dem Boden für $y_0 = 1\,\text{m}$ und $l = 9.81\,\text{m}$.

Lösung. Innerhalb von 24 h dreht sich der Körper um 360° oder 2π (in der Schweiz und Deutschland sind es etwa 31 h). Ohne Erddrehung hätte man $\theta(t) = \theta_0 \cdot \cos(\omega t)$ und $y(t) = \theta(t) \cdot l = \theta_0 l \cdot \cos(\omega t) = y_0 \cdot \cos(\omega t)$. Damit wurde übrigens das Pendel beim Start um den Winkel $\theta_0 = \frac{y_0}{l} = 0.1 (= 5.73°)$ ausgelenkt. Weiter folgt mit (10.2.4) die Pendelkreisfrequenz zu $\omega = \sqrt{\frac{g}{l}} = 1\,\text{s}$. Für die Erdrotation gilt $T = 3600 \cdot 24\,\text{s} = 86400\,\text{s}$ und demnach $\varphi = \frac{2\pi}{86400}$ für die Kreisfrequenz der Erde. Aus Abb. 10.5 links entnimmt man:

$$x_*(t) = y_0 \cdot \cos(\omega t)\sin(\varphi t) \quad \text{und} \quad y^*(t) = y_0 \cdot \cos(\omega t)\cos(\varphi t) \quad \text{oder}$$

$$x_*(t) = \cos(t)\sin\left(\frac{2\pi}{86400}t\right), \quad y_*(t) = \cos(t)\cos\left(\frac{2\pi}{86400}t\right).$$

Als Graph erhält man eine Rosette.

10.3 Das physikalische Pendel

Beim Fadenpendel wird die Masse des Fadens vernachlässigt und es schwingt lediglich die angehängte Masse. Beim physikalischen Pendel wird die gesamte Masse in Schwingung versetzt und der Drehpunkt befindet sich auf dem Körper selbst (Abb. 10.5, 1. Skizze).

Herleitung von (10.3.1)–(10.3.4)

Die kinetische Energie E_{kin} eines Körpers der Masse m, der sich mit der Geschwindigkeit v fortbewegt, beträgt $E_{kin} = \frac{1}{2}mv^2$. Dreht sich ein Körper um eine feste Achse und um einen Punkt D, so haben seine Masseteilchen unterschiedliche Geschwindigkeiten aber eine konstante Winkelgeschwindigkeit ω. Ist r der Abstand des Masseteilchens dm zur Drehachse, so hat dieses Teilchen die Geschwindigkeit $v = r \cdot \omega$ und seine kinetische Energie beträgt $dE_{kin} = \frac{1}{2}r^2\omega^2 dm$. Die gesamte kinetische Energie des Körpers ist dann $E_{kin} = \frac{1}{2}\omega^2 \int_m r^2 dm$, wobei über die ganze Masse zu integrieren ist. Vergleicht man die beiden kinetischen Energien, so sieht man, dass die Masse m im letzteren Fall durch das sogenannte Massenträgheitsmoment $J_D = \int_m r^2 dm$ bezüglich des Drehpunkts ersetzt wird. Die Einheit von J_D beträgt kg $\cdot$ m^2. Das Trägheitsmoment J_D muss für jeden Körper einzeln berechnet werden. Wir lenken den Körper in Abb. 10.5, 2. Skizze um einen Winkel φ_0 aus.

Momentbilanz: Änderung des Drehimpulses $J_D \cdot \dot{\varphi}$. Nach Gleichung (3.3) entspricht dies dem rücktreibenden Drehmoment $M = -mg \cdot s \cdot \sin\varphi$. Zusammen ist $J_D \cdot \ddot{\varphi} = -mg \cdot s \cdot \sin\varphi$ und die DG des physikalischen Pendels folgt zu

$$\ddot{\varphi} + \frac{mg \cdot s}{J_D} \cdot \sin\varphi = 0. \tag{10.3.1}$$

Bei konstanter Dichte ρ erhält man

$$J_D = \rho \cdot \int_V r^2 dV \quad \text{(Abb. 10.5, 3. Skizze)}. \tag{10.3.2}$$

Insbesondere ist dann

$$E_{Kin} = \frac{1}{2}J_D\omega^2. \tag{10.3.3}$$

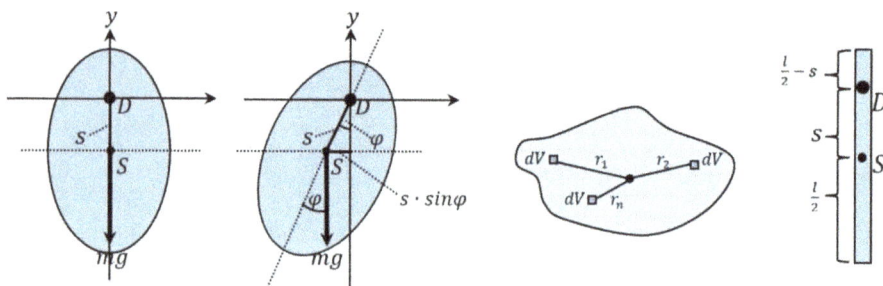

Abb. 10.5: Skizzen zum physikalischen Pendel.

Beispiel 1. Es soll das Massenträgheitsmoment J_D eines dünnen Stabs der Länge l mit konstanter Dichte ermittelt werden (Abb. 10.5, 4. Skizze).

Lösung. Nach (10.3.2) gilt

$$J_D = \rho \cdot \int_V r^2 dV = \frac{m}{l} \cdot \int_0^{\frac{l}{2}-s} r^2 dr + \frac{m}{l} \cdot \int_0^{\frac{l}{2}+s} r^2 dr$$

$$= \frac{m}{3l} \cdot ([r^3]_0^{\frac{l}{2}-s} + [r^3]_0^{\frac{l}{2}+s}) = \frac{m}{3l} \cdot \left(\left[\frac{l}{2} - s \right]^3 + \left[\frac{l}{2} + s \right]^3 \right)$$

$$= \frac{m}{3l} \cdot \left(\frac{l^3}{8} - 3\frac{l^2}{4}s + 3\frac{l}{2}s^2 - s^3 + \frac{l^3}{8} + 3\frac{l^2}{4}s + 3\frac{l}{2}s^2 + s^3 \right)$$

$$= \frac{m}{3l} \cdot \left(\frac{l^3}{4} + 3ls^2 \right) = \frac{m}{3} \cdot \left(\frac{l^2 + 12s^2}{4} \right) = \frac{m}{12}(l^2 + 12s^2). \tag{10.3.4}$$

Die Energien des physikalischen Pendels

Dazu können wir in Analogie zum Fadenpendel mit (10.3.3)

$$E_{\text{pot}} = mgh = mg(s - s\cos\varphi) = mgs(1 - \cos\varphi) \quad \text{und} \quad E_{\text{kin}} = \frac{1}{2}J(\dot{\varphi})^2$$

schreiben.

Idealisierung: Die Auslenkungen werden als klein vorausgesetzt.
Damit wird aus (10.3.1) $\ddot{\varphi} + \frac{mg \cdot s}{J_D} \cdot \varphi = 0$ mit der Lösung

$$\varphi(t) = \varphi_0 \cdot \cos\left(\sqrt{\frac{mg \cdot s}{J_D}} \cdot t \right).$$

Weiter folgt

$$E_{\text{pot}} \approx \frac{1}{2}mgs\varphi_0^2 \cos^2\left(\sqrt{\frac{mg \cdot s}{J_D}}t \right), \quad E_{\text{kin}} \approx \frac{1}{2}mgs\varphi_0^2 \sin^2\left(\sqrt{\frac{mg \cdot s}{J_D}}t \right) \quad \text{und}$$

$$E = \frac{1}{2}mgs\varphi_0^2. \tag{10.3.5}$$

Der Satz von Steiner

Bevor wir zu weiteren Pendeln schreiten, beweisen wir einen Satz, der uns erlaubt, Massenträgheitsmomente eines Körpers zu bestimmen, dessen Drehachse parallel zum Schwerpunkt des Körpers verläuft.

Herleitung von (10.3.6)

Wir setzen den Ursprung unseres Koordinatensystems in den Schwerpunkt des Körpers und denken uns den Körper in dünne Scheiben senkrecht zur Drehachse zerlegt. Dargestellt ist eine davon (Abb. 10.6 links). Durch den Punkt D verläuft die parallele Drehachse. Der Abstand eines beliebigen Massenstückchens dm im Punkt $P(x_i, y_i)$ zur Achse durch D ist gleich dem Abstand $\overline{PD} = \sqrt{(x_i - x_D)^2 + (y_i - y)^2}$. Dann gilt für das Massenträgheitsmoment bezüglich D für die Scheibe $J_D = \int_m (x_i - x_D)^2 + (y_i - y)^2 dm$.

Man erhält nun denselben Ausdruck, wenn man über alle Massestückchen integriert, denn entsprechende Abstände werden mit entsprechenden Vielfachheiten derjenigen Massestückchen gezählt, die denselben Abstand zur Drehachse durch A haben.

Dann folgt für das gesamte Trägheitsmoment

$$
\begin{aligned}
D &= \int_m (x_i^2 - 2x_i x_D + x_D^2 + y_i^2 - 2y_i y_D + y_D^2)\, dm \\
&= \int_m (x_i^2 + y_i^2)\, dm - 2x_D \int_m x_i\, dm - 2y_D \int_m y_i\, dm + (x_D^2 + y_D^2) \int_m dm \\
&= J_S - 0 - 0 + m \cdot s^2.
\end{aligned}
$$

Der erste Term ist das Trägheitsmoment bezüglich des Schwerpunkts. Die beiden mittleren Terme sind null, weil diese der Definition des Massenmittelpunkts der x- und y-Koordinate entsprechen. Dies ergibt gerade die Schwerpunktskoordinaten, die null sind. $x_D^2 + y_D^2$ ist der quadratische Abstand von D zu S.

Schließlich folgt

$$ J_D = J_S + ms^2, \quad \text{wobei} \quad s = \overline{DS} \quad \text{ist.} \tag{10.3.6} $$

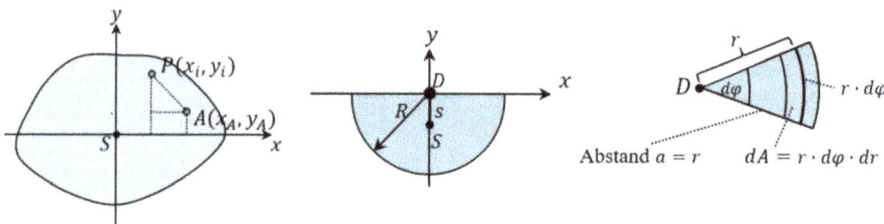

Abb. 10.6: Skizzen zum Satz von Steiner und zum Beispiel 3.

Beispiel 2. Bestimmen Sie nochmals J_D für den Stab aus Beispiel 1 mit dem Satz von Steiner.

Lösung. Die Gleichungen (10.3.2) und (10.3.6) liefern

$$J_D = J_S + ms^2 = \frac{m}{l} \cdot \int_{-\frac{l}{2}}^{\frac{l}{2}} r^2 dr + ms^2 = \frac{m}{3l} \cdot [r^3]_{-\frac{l}{2}}^{\frac{l}{2}} + ms^2$$

$$= \frac{m}{3l} \cdot \left(\frac{l^3}{8} + \frac{l^3}{8} \right) + ms^2 = m \cdot \frac{l^2}{12} + ms^2 = \frac{m}{12}(l^2 + 12s^2).$$

Beispiel 3. Ein dünner Halbkreis mit dem Radius R schwingt um den Punkt D (Abb. 10.6 mitte).

a) Berechnen Sie die Lage des Schwerpunkts $S(x_S, y_S)$. Benutzen Sie dazu: Für eine Fläche A unter einer Kurve $y = f(x)$ gilt $x_s = \frac{1}{A} \iint_A x \, dx \, dy$ und $y_s = \frac{1}{A} \iint_A y \, dy \, dx$ summiert über alle möglichen Rechtecke.

b) Bestimmen Sie das Trägheitsmoment bezüglich D mithilfe von Abb. 10.6 rechts.

c) Formulieren Sie die exakte Schwingungsgleichung, bestimmen Sie die Lösung aber nur für die Näherung $\sin \varphi \approx \varphi$ mit $R = 0.5$ m und $\varphi_0 = \frac{\pi}{6}$.

d) Beschreiben Sie die kreisförmige Bewegung des Schwerpunkts S.

Lösung.

a) Man erhält

$$x_s = \frac{1}{A} \cdot \int_a^b xy \, dx = \frac{1}{A} \cdot \int_a^b x f(x) \, dx \quad \text{und} \quad y_s = \frac{1}{A} \cdot \int_a^b y \frac{y}{2} \, dx = \frac{1}{2A} \cdot \int_a^b f^2(x) \, dx.$$

Für den Halbkreis gilt $f(x) = \sqrt{R^2 - x^2}$ und $x_S = 0$. Folglich hat man

$$y_s = \frac{1}{2A} \int_a^b f^2(x) \, dx = \frac{2}{\pi R^2} \int_0^R (R^2 - x^2) \, dx = \frac{2}{\pi R^2} \left[R^2 x - \frac{x^3}{3} \right]_0^R$$

$$= \frac{2}{\pi R^2} \left(R^3 - \frac{R^3}{3} \right) = \frac{2}{\pi R^2} \cdot \frac{2R^3}{3} = \frac{4R}{3\pi}. \tag{10.3.7}$$

b) Nach (10.3.2) gilt

$$J_D = \int_m a^2 \, dm = \rho \cdot \int_A a^2 \, dA = \frac{m}{\frac{\pi R^2}{2}} \cdot \int_0^\pi \int_0^R r^2 \cdot r \, d\varphi \, dr$$

$$= \frac{2m}{\pi R^2} \cdot \pi \int_0^R r^3 \cdot dr = \frac{2m}{R^2} \cdot \left[\frac{r^4}{4} \right]_0^R = \frac{2m}{R^2} \cdot \frac{R^4}{4} = \frac{1}{2} mR^2. \tag{10.3.8}$$

c) Gleichung (10.3.1) erhält die Gestalt

$$\ddot{\varphi} + \frac{mg \cdot \frac{4R}{3\pi}}{\frac{1}{2}mR^2} \cdot \sin\varphi = 0 \quad \text{oder} \quad \ddot{\varphi} + \frac{8g}{3\pi R} \cdot \sin\varphi.$$

Die Näherung ist $\ddot{\varphi} + \frac{16g}{3\pi} \cdot \sin\varphi$ und die zugehörige Lösung lautet

$$\varphi(t) = \frac{\pi}{6}\cos\left(\sqrt{\frac{16g}{3\pi}}t\right) \quad \text{mit} \quad T = \frac{\pi}{2}\sqrt{\frac{3\pi}{g}} \approx 1.54\,\text{s}.$$

d) Die Bewegung des Schwerpunkts S beschreiben wir mithilfe der Parameterform

$$x(t) = s \cdot \cos\varphi = \frac{4R}{3\pi} \cdot \cos\left[\frac{\pi}{6}\cos\left(\sqrt{\frac{16g}{3\pi}}t\right)\right],$$

$$y(t) = s \cdot \sin\varphi = \frac{4R}{3\pi} \cdot \sin\left[\frac{\pi}{6}\cos\left(\sqrt{\frac{16g}{3\pi}}t\right)\right].$$

Die Gleichung des Kreises für den Schwerpunkt ergibt sich aus $x^2 + y^2 = s^2$.
Man erhält $y(x) = -\sqrt{\frac{4}{9\pi^2} - x^2}$, wobei

$$-\frac{2}{3\pi} \cdot \sin\frac{\pi}{6} \leq x \leq \frac{2}{3\pi} \cdot \sin\frac{\pi}{6} \quad \text{oder} \quad -\frac{1}{3\pi} \leq x \leq \frac{1}{3\pi}.$$

Beispiel 4.
a) Stellen Sie die exakte DG (10.3.1) für die Schwingung eines dünnen Stabes der Länge $l = 1\,\text{m}$ um den Drehpunkt D mit $s = \overline{DS} = 0.25\,\text{m}$ auf.
b) Wie groß wäre die Schwingungsdauer für einen kleinen Winkel bei einer Auslenkung von $\varphi_0 = \frac{\pi}{3}$?
c) Bestimmen Sie den exakten Schwingungsverlauf numerisch einschließlich der zugehörigen Schwingungsdauer bei einer Schrittweite von $\Delta t = 0.01$.

Lösung.
a) Das Trägheitsmoment des Stabes berechnet sich nach (10.3.4) zu

$$J = \frac{m}{12}(l^2 + 12s^2) = \frac{m}{12}\left[1^2 + 12 \cdot \left(\frac{1}{2}\right)^2\right] = \frac{7}{48}m. \tag{10.3.9}$$

Die exakte DG des physikalischen Pendels lautet gemäß (10.3.1) $\ddot{\varphi} + \frac{12}{7}g \cdot \sin\varphi = 0$.
b) Für kleine Winkel ist $\ddot{\varphi} + \frac{12}{7}g \cdot \varphi = 0$ und man erhält

$$\varphi(t) = \frac{\pi}{3}\cos\left(\sqrt{\frac{12}{7}g} \cdot t\right)$$

mit der Schwingungsdauer $T_{\text{Näherung}} = 1.53\,\text{s}$.

c) Für $l = 1\,\text{m}$ folgt $\ddot{\varphi} = -\frac{12}{7} \cdot 9.81 \cdot \sin\varphi$ und die Vorschrift für das Programm ist
y2i := y2i $- \frac{12}{7} \cdot 9.81 \cdot \sin(\text{y}1i) \cdot 0.01$ mit den Anfangsbedingungen y1i := $\frac{\pi}{3}$ und y2i := 0.
Für die exakte Lösung ergibt sich $T_{\text{exakt}} = 1.66\,\text{s}$. Es ergeben sich ähnliche Graphen
wie in Abb. 10.4 mitte.

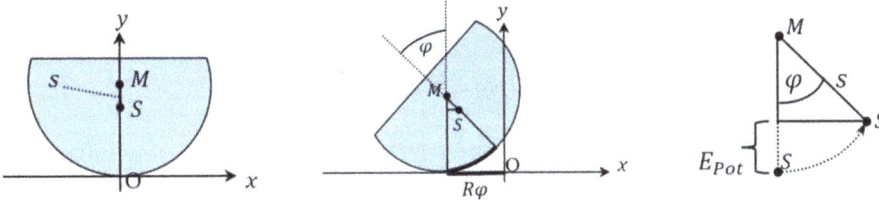

Abb. 10.7: Skizzen zum Rollpendel.

10.4 Das Rollpendel

Als solches bezeichnet man einen beliebigen Teil eines wippenden Zylinders.

Herleitung von (10.4.1)–(10.4.6)

Vorerst stellen wir uns den Teil einer dünnen Kreisscheibe mit Radius R vor, die um den
Winkel φ_0 ausgelenkt wird und hin und her wippt (Abb. 10.7 links). Wie bereits bekannt,
beschreiben die Koordinaten des Schwerpunkts eine Zykloide. Es gilt:

$$x_S(t) = R \cdot \varphi(t) - s \cdot \sin\varphi(t) \quad \text{und}$$
$$y_S(t) = R - s \cdot \cos\varphi(t).$$

Dabei ist s der Abstand vom Mittelpunkt M der Kreisscheibe zum Schwerpunkt S.
Für die Geschwindigkeitskoordinaten folgt:

$$\dot{x}_S(t) = R \cdot \dot{\varphi}(t) - s \cdot \dot{\varphi}(t) \cdot \cos\varphi(t) = \dot{\varphi}(t) \cdot \left[R - s \cdot \cos\varphi(t) \right] \quad \text{und}$$
$$\dot{y}_S(t) = -s \cdot \dot{\varphi}(t) \cdot \sin\varphi(t).$$

Die Energien des Rollpendels

Durch die Auslenkung nimmt die Energie zu, und zwar sowohl die kinetische Energie
als auch die Rotationsenergie und die potentielle Energie bezogen auf den Schwerpunkt
(Abb. 10.7 mitte, das rechtwinklige Dreieck mit der Hypotenuse MS ist in Abb. 10.7 rechts
etwas vergrößert gezeichnet). Man erhält:

$$E_{\text{kin}} = \frac{1}{2}mv^2 = \frac{1}{2}m \cdot \left[\dot{x}_s^2(t) + \dot{y}_s^2(t) \right]$$

$$= \frac{1}{2}m\dot{\varphi}^2 \cdot (R^2 - 2sR \cdot \cos\varphi + s^2 \cos^2\varphi + s^2 \sin^2\varphi)$$

$$= \frac{1}{2}m\dot{\varphi}^2 \cdot (R^2 + s^2 - 2sR \cdot \cos\varphi), \tag{10.4.1}$$

$$E_{\text{rot}} = \frac{1}{2}J\dot{\varphi}^2 \tag{10.4.2}$$

und

$$E_{\text{pot}} = mg \cdot (R - s \cdot \cos\varphi). \tag{10.4.3}$$

(Die potentielle Energie wird bezüglich der Unterlage angegeben). Insgesamt ergibt sich

$$E_{\text{Total}} = \frac{1}{2}\dot{\varphi}^2[J + m \cdot (R^2 + s^2 - 2sR \cdot \cos\varphi)] + mg(R - s \cdot \cos\varphi).$$

Die Energie bleibt erhalten, also E_{Total} = konst.
Deswegen muss $\frac{dE_{\text{Total}}}{dt} = 0$ sein. Es folgt:

$$\frac{1}{2} \cdot \{2\dot{\varphi}\ddot{\varphi} \cdot [J + m \cdot (R^2 + s^2 - 2sR \cdot \cos\varphi)] + \dot{\varphi}^2 \cdot 2msR \cdot \dot{\varphi}\sin\varphi\} + mgs \cdot \dot{\varphi}\sin\varphi = 0$$

und schließlich die DG des Rollpendels mit noch dem unbestimmten Trägheitsmoment J_D

$$[J_D + m \cdot (R^2 + s^2 - 2sR \cdot \cos\varphi)] \cdot \ddot{\varphi} + msR \cdot \sin\varphi \cdot \dot{\varphi}^2 + mgs \cdot \sin\varphi = 0. \tag{10.4.4}$$

Das nächste Problem ist die Berechnung des Massenträgheitsmomentes J (Abb. 10.8 links). Dazu muss man beachten, dass der Drehpunkt D beim Abrollen auf dem Umfang des Kreises wandert. Der Abstand $\overline{SD}$ ist dann nicht mehr konstant, sondern eine Funktion von φ, also $\overline{SD}(\varphi)$. Es gilt

$$\overline{SD}(\varphi) = \sqrt{(R\varphi - x_s)^2 + y_s^2} = \sqrt{(s \cdot \sin\varphi)^2 + (R - s \cdot \cos\varphi)^2} = \sqrt{R^2 + s^2 - 2sR \cdot \cos\varphi}.$$

Dies ist nichts anderes als der Kosinussatz im Dreieck MDS. Nach dem Satz von Steiner (10.3.5) gilt

$$J_D = J_S + m \cdot \overline{SD}(\varphi)^2 = J_S + m \cdot (R^2 + s^2 - 2sR \cdot \cos\varphi). \tag{10.4.5}$$

Setzt man dies in (10.4.4) ein, so folgt schließlich die DG des Rollpendels für den beliebigen Teil einer Kreisscheibe mit Schwerpunkt S zu

$$[J_S + 2m \cdot (R^2 + s^2 - 2sR \cdot \cos\varphi)] \cdot \ddot{\varphi} + msR \cdot \sin\varphi \cdot \dot{\varphi}^2 + mgs \cdot \sin\varphi = 0. \tag{10.4.6}$$

Beispiel 1. Der Körper eines Rollpendels besteht aus einem Halbkreis.

a) Bestimmen Sie die exakte Bewegungsgleichung (10.4.6) für diesen Fall.

b) Ermitteln Sie die obige Gleichung für kleine Auslenkungen des Winkels φ und deren Lösung mit $R = 0.5\,\text{m}$ und $\varphi_0 = \frac{\pi}{12}$.

Lösung.

a) Den Gleichungen (10.3.6) und (10.3.7) entnimmt man $s = \frac{4R}{3\pi}$ und $J_M = \frac{1}{2}mR^2$. Weiter gilt mit (10.3.5) $J_M = J_S + m \cdot s^2$. Daraus wird

$$J_S = J_M - m \cdot \left(\frac{4R}{3\pi}\right)^2 = m \cdot \left[\frac{R^2}{2} - \left(\frac{4R}{3\pi}\right)^2\right]$$

(das ist die bewegte Masse). Dieses Ergebnis in (10.4.6) eingefügt, ergibt:

$$m \cdot \left[\frac{R^2}{2} - \left(\frac{4R}{3\pi}\right)^2 + 2\left(R^2 + s^2 - 2sR \cdot \cos\varphi\right)\right] \cdot \ddot{\varphi} + msR \cdot \sin\varphi \cdot \dot{\varphi}^2 + mgs \cdot \sin\varphi = 0.$$

b) Beschränkt auf kleine Auslenkungen des Winkels φ, bedeutet i) $\sin\varphi \approx \varphi$, aber auch ii) $\cos\varphi \approx 1$ und iii) $\dot{\varphi} \approx 0$. Die DG in a) reduziert sich dann zu

$$m \cdot \left[\frac{R^2}{2} - \left(\frac{4R}{3\pi}\right)^2 + (R - s)^2\right] \cdot \ddot{\varphi} + mgs \cdot \varphi = 0$$

oder schließlich

$$\ddot{\varphi} = -\frac{gs}{\left[\frac{R^2}{2} - \left(\frac{4R}{3\pi}\right)^2 + 2(R - s)^2\right]} \cdot \varphi.$$

Insbesondere folgt dann

$$\left[\frac{1}{8} - \left(\frac{2}{3\pi}\right)^2 + 2\left(\frac{1}{2} - \frac{2}{3\pi}\right)^2\right]\ddot{\varphi} = -\frac{2}{3\pi}g \cdot \varphi$$

und daraus $\ddot{\varphi} = -0.86g \cdot \varphi$.

Man erhält $\varphi(t) = \frac{\pi}{12}\cos(\sqrt{0.86g} \cdot t)$ und $T = \frac{2\pi}{\sqrt{0.86g}} = 2.16\,\text{s}$.

Beispiel 2. Ein Holzstamm in Form eines halben Zylinders mit Radius R und Länge H treibt im Wasser und wird in Kippschwingungen versetzt (Abb. 10.8 mitte). Er vollführt Schwingungen in Form eines Rollpendels. Wieder betrachten wir nur kleine Auslenkungen, sodass wir annähernd die Achse durch D^* und D als gleich bleibende Drehachse verwenden können.

a) Wie groß ist das Massenträgheitsmoment des halben Zylinders verglichen mit dem Halbkreis aus Beispiel 1?

b) Stellen Sie die DG für kleine Auslenkungen des Winkels φ und einem Radius von $R = 0.5\,\text{m}$ und einer Länge von $H = 1\,\text{m}$ auf.

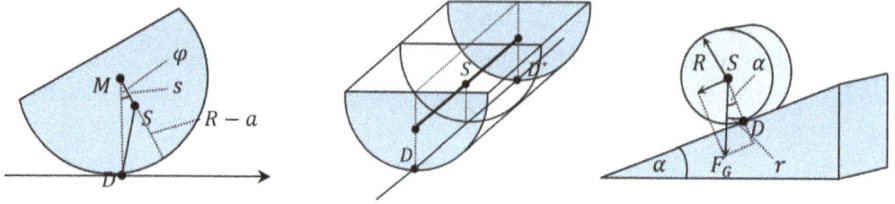

Abb. 10.8: Skizzen zum Rollpendel und zu den Beispielen 2 und 3.

Lösung.

a) Das Trägheitsmoment ist bezüglich M unabhängig von H und identisch für einen Halbkreis, einen Vollkreis, einen Kreissektor, einem halben Zylinder, einem vollen Zylinder, usw. Es beträgt immer $J_M = \frac{1}{2}mR^2$.

b) Man erhält dieselbe DG mit denselben Ergebnissen wie in Beispiel 1.

Beispiel 3. Ein Zylinder mit Radius R rollt aus der Ruhelage eine schiefe Ebene mit der Neigung α hinunter (Abb. 10.8 rechts). $x(t)$ bezeichnet dabei den Abrollweg. Sind die Oberfläche des Körpers und der Unterlage beide hart und glatt, so kann man von der Rollreibung eigentlich absehen. Wir wollen diese hier dennoch beachten.

a) Leiten Sie aus der Gleichheit der drei Drehmomente eine DG für $x(t)$ her.

b) Bestimmen Sie die Lösung für $x(0) = 0$, $\dot{x}(0) = 0$.

c) Wie groß ist die Geschwindigkeit auf der Nullhöhe, wenn der Zylinder auf der Höhe h startet und die Rollreibung vernachlässigt wird?

Lösung.

a) *Momentbilanz:* Die Änderung des Drehimpulses $J_D \cdot \ddot{\varphi} = M$ mit dem Abrollwinkel φ. Grund dafür ist die Gewichtskraft, die ein Drehmoment M_1 um den Auflagepunkt D und dem Hebelarm r erzeugt: $M_1 = F_G \cdot r = mg \cdot R \cdot \sin\alpha$. Die Bewegung wird durch die Reibungskraft $F_R = \mu \cdot F_N = \mu \cdot mg \cdot \cos\alpha$ gehemmt, die zusammen mit dem Hebelarm R ein weiteres, der Bewegung entgegengesetztes Drehmoment $M_2 = F_R \cdot R = \mu \cdot mg \cdot R \cdot \cos\alpha$ bewirkt. Nach Gleichung (3.3) ist $M_1 - M_2 = M$ oder $mg \cdot R \cdot \sin\alpha - \mu \cdot mg \cdot R \cdot \cos\alpha = J_D \cdot \ddot{\varphi}$. Mit (10.3.5) folgt $J_D = J_S + ma^2 = J_M + mR^2 = \frac{1}{2}mR^2 + mR^2 = \frac{3}{2}mR^2$ und mithilfe von $R\ddot{\varphi} = \ddot{x}$ erhält man $mg \cdot R \cdot \sin\alpha - \mu \cdot mg \cdot R \cdot \cos\alpha = \frac{3}{2}mR^2 \cdot \frac{\ddot{x}}{R}$ und daraus

$$\ddot{x}(t) = \frac{2}{3}g(\sin\alpha - \mu \cdot \cos\alpha). \tag{10.4.7}$$

b) Mit $x(0) = 0$ und $\dot{x}(0) = 0$ ergibt sich $x(t) = \frac{1}{2}[\frac{2}{3}g(\sin\alpha - \mu \cdot \cos\alpha)] \cdot t^2$.

c) Es gilt dann $x(t) = \frac{1}{3}g\sin\alpha \cdot t^2$. Bezeichnet nun l den zurückgelegten Weg vom Start bis zur Nullhöhe und t_* die zugehörige Zeit, dann hat man $\sin\alpha = \frac{h}{l}$ und $l = \frac{1}{3}g\frac{h}{l} \cdot t_*^2$, woraus $t_* = l\sqrt{\frac{3}{gh}}$ folgt. Aus $\dot{x}(t) = \frac{2}{3}g\sin\alpha \cdot t$ folgt

$$v_{max} = \dot{x}(t_*) = 2\sqrt{\frac{gh}{3}} \approx 1.15\sqrt{gh}. \tag{10.4.8}$$

Die maximal mögliche Geschwindigkeit ist unabhängig von der Steilheit der Rampe.

Beispiel 4. Nun rollt eine Kugel dieselbe schiefe Ebene aus Beispiel 3 hinunter.
a) Bestimmen Sie das Massenträgheitsmoment einer Kugel mithilfe von Abb. 10.9 links.
b) Bestimmen Sie die Lösung für $x(0) = 0$, $\dot{x}(0) = 0$, wobei die Rollreibung vernachlässigt werden kann, und vergleichen Sie die Beschleunigung der Kugel mit derjenigen des Zylinders von Beispiel 3.
c) Bestimmen Sie zusätzlich noch die Geschwindigkeit der Kugel auf der Höhe $h = 0$, wenn die Kugel auf der Höhe h startet.

Lösung.
a) Mit (10.3.2) erhält man

$$J = \int_m a^2 dm = \rho \cdot \int_V a^2 dV$$

$$= \frac{m}{\frac{4}{3}\pi R^3} \cdot 2 \cdot \int_0^{\frac{\pi}{2}} \int_0^R \int_0^{2\pi} r^2 \cdot \cos^2\theta \cdot r\cos\theta d\varphi \cdot rd\theta dr$$

$$= \frac{2m}{\frac{4}{3}\pi R^3} \cdot 2\pi \int_0^R \int_0^{\frac{\pi}{2}} r^4 \cdot \cos^3\theta \cdot rd\theta dr$$

$$= \frac{3m}{R^3} \cdot \frac{R^5}{5} \int_0^{\frac{\pi}{2}} \cos^3\theta d\theta = \frac{3mR^2}{5} \cdot \frac{2}{3} = \frac{2}{5}mR^2. \tag{10.4.9}$$

b) Gleichung (10.3.5) ergibt zusammen mit (10.4.9) $mg \cdot R \cdot \sin\alpha = (\frac{2}{5}mR^2 + mR^2) \cdot \frac{\ddot{x}}{R}$ oder $\ddot{x}(t) = \frac{5}{7}g \cdot \sin\alpha$.
Für $\dot{x}(0) = 0$ und $\dot{x}(0) = 0$ erhält man $x(t) = \frac{1}{2}(\frac{5}{7}g \cdot \sin\alpha) \cdot t^2$. Der Vergleich mit dem Zylinder liefert $\frac{5}{7} > \frac{2}{3}$, da $\frac{15}{21} > \frac{14}{21}$. Damit ist die Kugel etwas schneller als der Zylinder.
c) Ausgehend von $x(t) = \frac{5}{14}g\sin\alpha \cdot t^2$ bezeichnen wir abermals mit l den zurückgelegten Weg vom Start bis zur Nullhöhe und t_* die zugehörige Zeit. Mit $\sin\alpha = \frac{h}{l}$ hat man $l = \frac{5}{14}g\frac{h}{l} \cdot t_*^2$ und $t_* = l\sqrt{\frac{14}{5gh}}$. Weiter ist $\dot{x}(t) = \frac{5}{7}g\sin\alpha \cdot t$ und für die maximale Geschwindigkeit folgt

$$v_{max} = \dot{x}(t_*) = \sqrt{\frac{10gh}{7}} \approx 1.19\sqrt{gh}. \tag{10.4.10}$$

Beispiel 5. Ein beliebiger Rollkörper befindet sich in einer Höhe h über dem Boden ($h = 0$) in Ruhe und rollt die beschriebene schiefe Ebene aus Beispiel 3 hinunter. Die Rollreibung wird außer Acht gelassen.

a) Aus welchen Energieanteilen setzt sich die Gesamtenergie des Körpers bei einer Höhe $h > 0$ zusammen?

b) Führen Sie eine Energiebilanz des Rollkörpers für die beiden Höhen $h = H$ und $h = 0$ durch und leiten Sie eine Formel für die maximale Geschwindigkeit v_{max} am Boden her.

c) Wählen Sie für den Rollkörper nacheinander einen Zylinder, eine Kugel und einen beliebigen Körper, der reibungsfrei die Rampe hinuntergleitet und entscheiden Sie, welcher der drei Körper zuerst den Boden erreicht.

Lösung.

a) Da der Rollkörper schon in Bewegung ist, setzt sich die Gesamtenergie aus drei Teilen (10.4.1), (10.4.2) und (10.4.3) für $s = 0$ und $R \rightarrow R + h$ zusammen.

Idealisierungen:

– Die Rollreibung der Körper wird vernachlässigt.

– Wir nehmen $h \gg R$ an.

Ohne die 2. Idealisierung wäre $E_{pot} = mg(R + h)$. Damit erhalten wir

$$E_{pot} = mgh, \quad E_{kin} = \frac{1}{2}mv^2 \quad \text{und} \quad E_{rot} = \frac{1}{2}J_S\dot{\varphi}^2 = \frac{1}{2}J_S\omega^2 = \frac{1}{2}J_S\left(\frac{v}{R}\right)^2.$$

Insgesamt ist

$$E_{Total} = mgh + \frac{1}{2}mv^2\left(1 + \frac{J_S}{mR^2}\right).$$

b) Da der Körper anfangs ruht, ist $E_{kin1} = E_{rot1} = 0$. Anderseits liegt der Körper am Boden auf dem Nullniveau, weshalb $E_{pot2} = 0$ ist.

Energiebilanz: Der Vergleich liefert also $E_{pot1} = E_{kin2} + E_{rot2}$ oder

$$mgh = \frac{1}{2}mv_{max}^2\left(1 + \frac{J_S}{mR^2}\right).$$

Aufgelöst ergibt sich

$$v_{max} = \sqrt{\frac{2gh}{1 + \frac{J_S}{mR^2}}}.$$

c) *Idealisierung:* Die Gleitreibung wird vernachlässigt.

Für den Zylinder ist $J_S = \frac{1}{2}mR^2$ und man erhält $v_{max,Zyl} = 1.15\sqrt{gh}$. Die Kugel mit $J_S = \frac{2}{5}mR^2$ liefert $v_{max,Kug} = 1.20\sqrt{gh}$ und für den Gleitkörper ist $J_S = 0$ und $v_{max} =$

$1.41\sqrt{gh}$. Wie schon aus Beispiel 4 bekannt, gewinnt die Kugel gegenüber dem Zylinder. Der Gleitkörper indes ist noch schneller.

Ergebnis. Am schnellsten bewegt sich der Gleitkörper, danach folgt derjenige Körper mit kleinerem MTM, weil weniger potentielle Energie in Rotationsenergie umgewandelt werden muss.

Beispiel 6. Wir kehren wieder zum Zylinder aus Beispiel 3 zurück, aber jetzt gehen wir davon aus, dass der Zylinder etwas in die Unterlage einsinkt oder umgekehrt der Zylinder sich aufgrund seiner weichen Beschaffenheit verformt oder letztlich beide sich verformen (Abb. 10.9 mitte). Dadurch entsteht ein neuer Drehpunkt D und eine Einsinktiefe von $R - a$.

a) Führen Sie eine Momentbilanz an diesem Zylinder durch.
b) Führen Sie den Grenzübergang $e \to 0$ durch und vergleichen Sie mit (10.4.7).

Lösung.

a) *Momentbilanz:* Die Änderung des Drehimpulses $J_D \cdot \ddot{\varphi} = M$ mit dem Abrollwinkel φ. Das erste Moment, welches zur Änderung beiträgt, ist $M_1 = F_G \cdot r$ und das zweite

$$M_2 = F_R \cdot a = \mu \cdot F_N \cdot a = \mu \cdot mg \cdot \cos\alpha \cdot \sqrt{R^2 - e^2}.$$

Mit (10.3.5) ist

$$J_D = J_S + ma^2 = J_M + mR^2 = \frac{1}{2}mR^2 + mR^2 = \frac{3}{2}mR^2$$

und (3.3) liefert zusammen mit $R\ddot{\varphi} = \ddot{x}$ die Gleichheit $M_1 - M_2 = M$ oder

$$mg \cdot r - \mu \cdot mg \cdot \cos\alpha \cdot \sqrt{R^2 - e^2} = \frac{3}{2}mR \cdot \ddot{x}. \tag{10.4.11}$$

Es gilt noch, den Hebelarm r zu ermitteln. Aus $\sin\gamma = \frac{e}{R}$ folgt $\gamma = \arcsin(\frac{e}{R})$. Je nachdem, ob nun $\gamma > \alpha$ (wie in Abb. 10.9 mitte) oder $\gamma < \alpha$ ist $\beta = \pm(\gamma - \alpha)$ und $\beta = \pm[\alpha - \arcsin(\frac{e}{R})]$ und

$$|r| = R \cdot |\sin\beta| = R \cdot \left| \frac{e}{R} \cdot \cos\alpha - \cos\left[\arcsin\left(\frac{e}{R}\right)\right] \cdot \sin\alpha \right|$$

$$= R \cdot \left| \frac{e}{R} \cdot \cos\alpha - \sqrt{1 - \left(\frac{e}{R}\right)^2} \cdot \sin\alpha \right|.$$

Gleichung (10.4.11) erhält damit die Gestalt

$$mg \cdot R \cdot \left| \frac{e}{R} \cdot \cos\alpha - \sqrt{1 - \left(\frac{e}{R}\right)^2} \cdot \sin\alpha \right| - \mu \cdot mg \cdot \cos\alpha \cdot \sqrt{R^2 - e^2} = \frac{3}{2}mR \cdot \ddot{x}$$

oder

$$\ddot{x}(t) = \frac{2}{3}g\left\{\left|\frac{e}{R} \cdot \cos\alpha - \sqrt{1 - \left(\frac{e}{R}\right)^2} \cdot \sin\alpha\right| - \mu \cdot \cos\alpha \cdot \frac{\sqrt{R^2 - e^2}}{R}\right\}. \qquad (10.4.12)$$

b) Wird die Einsinktiefe immer kleiner, so geht auch e gegen Null und (10.4.12) wird dann zu $\ddot{x}(t) = \frac{2}{3}g(\sin\alpha - \mu \cdot \cos\alpha)$, was der Bewegungsgleichung (10.4.7) entspricht.

Beispiel 7. Eine Kugel mit Radius R rollt reibungsfrei entlang einer kreisförmigen Mulde mit Radius s hin und her (Abb. 10.9 rechts).
a) Führen Sie eine Momentbilanz an dieser Kugel durch und stellen Sie eine DG für die Größe $\varphi(t)$ auf.
b) Lösen Sie die obige DG für kleine $\varphi(t)$ mit $\varphi(0) = \varphi_0$, $\dot{\varphi}(0) = 0$ und bestimmen Sie die Periode für $s = 1\,\text{m}$, $R = 5\,\text{cm}$.

Lösung.
a) *Momentbilanz:* Die Änderung des Drehimpulses $J_D \cdot \ddot{\theta} = M$, wobei θ die Winkelgeschwindigkeit des Rades ist. Anderseits hat man $M_1 = F_G \cdot r = mg \cdot R \cdot \sin\varphi$. Gleichung (3.3) liefert $M = M_1$ oder

$$mg \cdot R \cdot \sin\varphi = J_D \cdot \ddot{\theta}. \qquad (10.4.13)$$

Weiter vergleichen wir den zurückgelegten Weg des Kugelschwerpunkts und finden $R \cdot \theta = x = (s - R) \cdot \varphi$ und daraus $\ddot{\theta} = \frac{s-R}{R} \cdot \ddot{\varphi}$. Für die Kugel haben wir mit (10.4.9) $J_S = \frac{2}{5}mR^2$ bezüglich des Schwerpunkts hergeleitet. Gleichung (10.3.5) liefert $J_D = J_S + m \cdot R^2 = \frac{2}{5}mR^2 + mR^2 = \frac{7}{5}mR^2$. Damit erhält (10.4.13) die Gestalt $mg \cdot R \cdot \sin\varphi = \frac{7}{5}mR^2 \cdot \frac{s-R}{R} \cdot \ddot{\varphi}$ oder

$$\ddot{\varphi}(t) = \frac{5g}{7(s - R)} \cdot \sin\varphi. \qquad (10.4.14)$$

c) Für kleine Auslenkungen wird aus (10.4.14) ist $\ddot{\varphi}(t) = \frac{5g}{7(s-R)} \cdot \varphi(t)$ und mit $x(0) = 0$, $\dot{x}(0) = 0$ folgt

$$\varphi(t) = \varphi_0 \cdot \cos\left(\sqrt{\frac{5g}{7(s - R)}} \cdot t\right)$$

und

$$T = 2\pi\sqrt{\frac{7(s - R)}{5g}} = 2\pi\sqrt{\frac{7(1 - 0.05)}{5 \cdot 9.81}} = 2.31\,\text{s}.$$

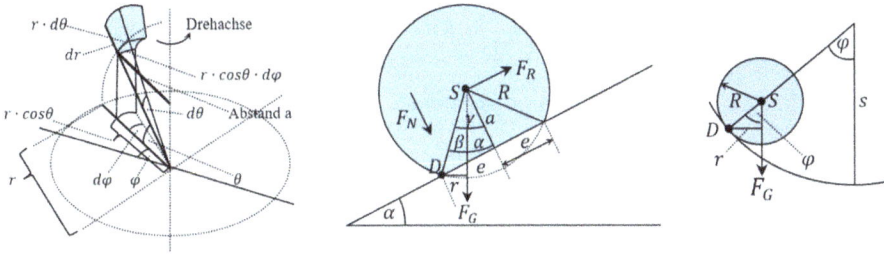

Abb. 10.9: Skizzen zu den Beispielen 4, 6 und 7.

Beispiel 8. Das Maxwell'sche Rad, auch „Jo-Jo" genannt (Abb. 10.10 links), soll idealisiert werden. Dazu stellen wir uns als Modell zwei Zylinder vor, die durch einen kurzen zylindrischen Stab miteinander verbunden sind. Der Stab und die beiden Zylinder bestehen allesamt aus demselben Material. Es seien $R_Z = 3\,\mathrm{cm}$, $R_S = 1\,\mathrm{cm}$, der Abstand der beiden Zylinder $2a = 0.5\,\mathrm{cm}$ und die Höhe der Zylinder $b = 1.5\,\mathrm{cm}$.

a) Führen Sie eine Momentbilanz am Rad durch und leiten Sie eine DG für die Absenkhöhe $h(t)$ des Rades mit noch unbekanntem Massenträgheitsmoment J her.

b) Berechnen Sie aus den Abmessungen und dem Satz von Steiner das Trägheitsmoment J für dieses Jo-Jo und setzen Sie das Ergebnis für J in den Ausdruck aus a) ein.

c) Gehen Sie nun von einem homogenen Material aus, vereinfachen Sie die DG aus b) mithilfe der gegebenen Werte und lesen Sie ab, mit welcher Beschleunigung g_* sich das Jo-Jo bewegt?

Lösung.

a) *Momentbilanz:* Die Änderung des Drehimpulses $J_D \cdot \ddot{\varphi} = M$ mit dem Abrollwinkel φ. Durch das Abrollen des Fadens und das Absenken bzw. Aufsteigen der Masse entsteht ein Drehmoment M_1 mit dem Hebelarm R_S. Es gilt $M_1 = F_G \cdot R_S = mg \cdot R_S$. Mit (3.3) gilt

$$mg \cdot R_S = J_D \cdot \ddot{\varphi}. \qquad (10.4.15)$$

Nun betrachten wir einen kleinen Kreisausschnitt des Stabkreises mit einem infinitesimal kleinen Winkelstück $d\varphi$ (Abb. 10.10 rechts). Es ist $ds = R_S \cdot d\varphi$ und da $d\varphi$ klein ist auch $dh = R_S \cdot d\varphi$. Demnach $\frac{dh}{dt} = R_S \cdot \frac{d\varphi}{dt}$ und ebenso $\ddot{h}(t) = R_S \cdot \ddot{\varphi}(t)$. Dies in (10.4.15) eingefügt, ergibt

$$\ddot{h}(t) = \frac{mg \cdot R_S^2}{J_D}. \qquad (10.4.16)$$

b) Das Jo-Jo besteht aus 2 großen, gleichen Zylindern und einem kleinen Zylinder (Stab). Mit (10.3.5) folgt

$$J_D = 2 \cdot \left(\frac{1}{2} m_Z R_Z^2 + m_Z R_S^2 \right) + \frac{1}{2} m_S R_S^2 + m_S R_S^2 = m_Z R_Z^2 + \left(2m_Z + \frac{3}{2} m_S \right) R^2.$$

Dies fügen wir in (10.4.16) ein und erhalten

$$\ddot{h}(t) = \frac{(2m_Z + m_S)g \cdot R_S^2}{m_Z R_Z^2 + (2m_Z + \frac{3}{2} m_S)R_S^2} = \frac{(2 + \frac{m_S}{m_Z}) \cdot (\frac{R_S}{R_Z})^2}{1 + (2 + \frac{3}{2} \cdot \frac{m_S}{m_Z}) \cdot (\frac{R_S}{R_Z})^2} \cdot g. \qquad (10.4.17)$$

c) *Idealisierung:* Das Material ist homogen.
Wir bestimmen

$$\frac{R_S}{R_Z} = \frac{1}{3} \quad \text{und} \quad \frac{m_S}{m_Z} = \frac{V_S}{V_Z} = \frac{\pi R_S^2 (2a + 2b)}{\pi R_Z^2 b} = \frac{7}{27}.$$

Damit schreibt sich (10.4.17) als $\ddot{h}(t) = \frac{122}{615} \cdot g$ und $g_* \sim \frac{1}{5}g$.

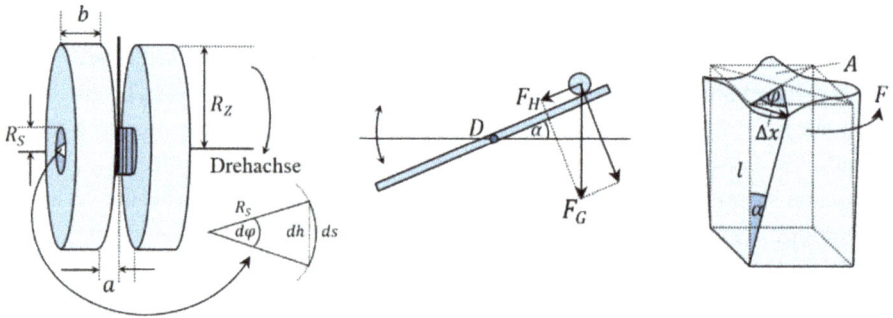

Beispiel 9. Eine Kugel der Masse m befindet sich auf einem um den Punkt D drehbaren Brett (Abb. 10.10 mitte). Die Kugel wird losgelassen und gleichzeitig dreht sich das Brett gleichmäßig in 2 Sekunden von der Startauslenkung $a_0 = \frac{\pi}{18}$ abwärts bis zur Auslenkung $a_1 = -\frac{\pi}{18}$, dann wieder zurück usw. Da die Rollreibung sehr klein ist, wollen wir sie hier vernachlässigen. Damit sich die Kugel nun nicht unkontrolliert und weit fortbewegt, ist der Winkel mit $\frac{\pi}{18}$, was $10°$ entspricht, klein gewählt. Will man außerdem eine Schwingung der Kugel um den Punkt D erreichen, dann muss man die Kugel in einer bestimmten Entfernung d zu D positionieren, und zwar so, dass sie sich bei horizontaler Lage des Bretts genau in D befindet.
a) Wie lautet die Winkelabhängigkeit $a(t)$?
b) Stellen Sie über eine Momentbilanz die DG für die Entfernung $x_+(t)$ der Kugel zum Drehpunkt D auf.
c) Bestimmen Sie die Lösung von $x_+(t)$ unter Berücksichtigung der Bedingungen $x_+(1) = 0$ und $\dot{x}_+(0) = 0$.

d) Wie weit muss man die Kugel somit von D aus halten, damit die Schwingung um D erfolgt?

e) Wie lautet die Funktion $x_-(t)$ für die rückwärtige Bewegung?

Lösung.

a) Es gilt $\alpha(t) = \frac{\pi}{18} - \frac{\pi}{18}t = \frac{\pi}{18}(1-t)$.

b) Momentbilanz: Die Änderung des Drehimpulses $J_D \cdot \ddot{\varphi} = M$ mit dem Abrollwinkel φ. Durch die Gewichtskraft entsteht das Drehmoment $M_1 = F_G \cdot R = mg \cdot \sin\alpha \cdot R$. Die Gleichungen (10.3.5) und (10.4.8) führen zu $J_D = J_S + ma^2 = \frac{2}{5}mR^2 + mR^2 = \frac{7}{5}mR^2$ und mit (3.3) und $R\ddot{\varphi} = \ddot{x}$ erhält man $mg \cdot \sin\alpha \cdot R = \frac{7}{5}mR^2 \cdot \frac{\ddot{x}}{R}$ oder $\ddot{x}(t) = \frac{5}{7}g \cdot \sin\alpha$ und mit dem Ergebnis von a)

$$\ddot{x}(t) = \frac{5}{7}g \cdot \sin\left[\frac{\pi}{18}(1-t)\right]. \tag{10.4.18}$$

c) Mit (10.4.18) berechnet man

$$\dot{x}_+(t) = -\frac{90}{7\pi}g \cdot \cos\left[\frac{\pi}{18}(1-t)\right] + C_1,$$

aus $\dot{x}_+(0) = 0$ folgt $C_1 = \frac{90}{7\pi}g \cdot \cos(\frac{\pi}{18})$ und somit

$$\dot{x}_+(t) = \frac{90}{7\pi}g \cdot \left\{\cos\left(\frac{\pi}{18}\right) - \cos\left[\frac{\pi}{18}(1-t)\right]\right\}.$$

Weiter bilden wir

$$x_+(t) = \frac{90}{7\pi}g \cdot \left\{\cos\left(\frac{\pi}{18}\right)t + \frac{18}{\pi}\sin\left[\frac{\pi}{18}(1-t)\right]\right\} + C_2.$$

Daraus folgt mit $x_+(1) = 0$ die Konstante $C_2 = -\frac{90}{7\pi}g \cdot \cos(\frac{\pi}{18})$ und die Lösung

$$x_+(t) = \frac{90}{7\pi}g \cdot \left\{\cos\left(\frac{\pi}{18}\right)(t-1) + \frac{18}{\pi}\sin\left[\frac{\pi}{18}(1-t)\right]\right\} \quad \text{für } 0 \le t \le 2.$$

d) Dazu muss $x_+(0)$ ausgewertet werden. Man erhält $x_+(0) = 0.41$.

e) Man spiegelt $x_+(t)$ an der t-Achse und ersetzt t durch $t-2$. Damit folgt

$$x_-(t) = -\frac{90}{7\pi}g \cdot \left\{\cos\left(\frac{\pi}{18}\right)(t-3) + \frac{18}{\pi}\sin\left[\frac{\pi}{18}(3-t)\right]\right\} \quad \text{für } 2 \le t \le 4.$$

10.5 Das Torsionspendel

Bei einer Torsion oder Verdrillung wird ein Körper durch ein Torsionsmoment M_T verdreht. Der zugehörige Hebel steht dabei senkrecht zu einer Körperachse. Die im Körper hervorgerufenen Spannungen nennt man Torsionsspannungen. Sie entsprechen den Schubspannungen einer Scherung (Kap. 6.2) mit dem Unterschied, dass sich bei der Torsion die Querschnitte senkrecht zur Drehrichtung verwölben können (Abb. 10.10 rechts). Lediglich kreisförmige Querschnitte (Kreis oder Kreisring) bleiben bei der Torsion eben. Die Materialkonstante in diesem Zusammenhang ist dieselbe wie bei der Scherung, nämlich der Schubmodul G. Gemäß Abb. 10.10 rechts kann man bei einer Torsion den Gleitwinkel α auf der Mantelfläche und den Torsionswinkel φ auf der Deckfläche des Körpers unterscheiden. In der Abbildung wird der Einfachheit halber die Grundfläche als fest verankert gedacht. Wir treffen zusätzlich einige Annahmen.

Idealisierungen:

1. Es sollen keine Verwölbungen der Querschnitte auftreten. Die Querschnitte tordieren wie starre Scheiben (Abb. 10.11 rechts).
2. Die Drehwinkel sind so klein, dass die Verdrehung des Materials innerhalb seiner Elastizitätsgrenze liegt.
3. Der Körper soll homogen sein.
4. Eine Dämpfung wird nicht beachtet.
5. Vorerst sehen wir in Analogie zum Federpendel von der Mitbewegung des Drahtes ab.

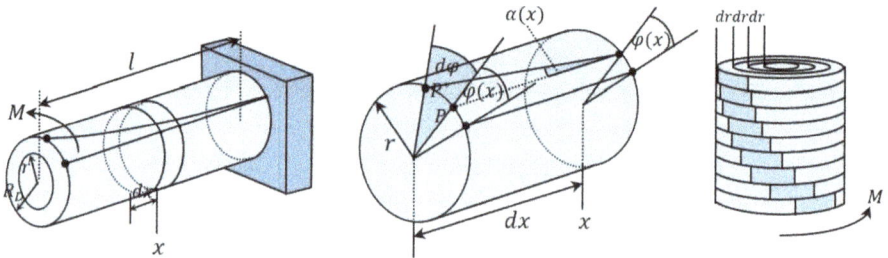

Abb. 10.11: Skizzen zum Torsionspendel.

Herleitung von (10.5.1)–(10.5.9)

Einschränkungen:

– Wir beschränken uns im Folgenden auf einen dünnen Draht in Form eines Zylinders (Abb. 10.11 links).
– Dieser sei an einem Ende fest eingespannt, habe die Länge l und den Radius R_D.
– Am anderen Ende sei eine Masse derart befestigt, dass ein Drehmoment M senkrecht zu seiner Längsachse wirkt.

Die letzte Einschränkung sichert, dass die Drahtachse durch den Schwerpunkt des Massekörpers verläuft.

Wir denken uns den Draht in unendlich feine Hohlzylinder der Dicke dr zerlegt (Abb. 10.11 rechts). Durch die Torsion werden die dünnen Querschnitte gegeneinander verdreht. Ist der Draht homogen gebaut (Idealisierung 3), so wird die Änderung von φ entlang der x-Richtung linear zunehmen, also $\varphi'(x) = $ konst. Ansonsten, wenn der Draht z. B. unten weicher als oben ist, wird $\varphi'(x) \neq$ konst. sein. Wir betrachten ein Drahtstück der Länge dx und einem Radius $r < R_D$ etwas genauer (Abb. 10.11 mitte). Die Verdrehung um $d\varphi$ verursacht eine Verschiebung des Punktes P nach P^*, bei schon bestehendem $\varphi(x)$. Dies entspricht einer Verdrehung der Mantellinie um den Winkel $\alpha(x)$. Einerseits ist $\overline{PP^*} = r \cdot d\varphi$, andererseits gilt $\tan[\alpha(x)] = \frac{\overline{PP^*}}{dx}$, woraus für kleine α etwa $\tan \alpha \approx \alpha$ (Idealisierung 2) gesetzt werden kann und man $\overline{PP^*} = \alpha(x) \cdot dx$, damit $r \cdot d\varphi = \alpha(x) \cdot dx$ und $\alpha(x) = r \cdot \frac{d\varphi}{dx} = r \cdot \varphi'(x)$ erhält. Für die Torsionsspannung oder Schubspannung an der Stelle x gilt für kleine Auslenkungen (Idealisierung 2) das Hookesche Gesetz

$$\tau(x) = G \cdot \alpha(x) = G \cdot r \cdot \varphi'(x). \tag{10.5.1}$$

Dabei bezeichnet G den Schubmodul. Sowohl die Torsionsspannung als auch das Torsionsmoment ist am Rand am größten. Beide Größen sind eigentlich eine Funktion von x und r. Für ein kleines Drehmomentstück an der Stelle x gilt $dM_T(x) = dF \cdot r = \tau(x) \cdot r \cdot dA = G \cdot r^2 \cdot \varphi'(x) \cdot dA$ (Abb. 10.12, 1. Skizze). Für das gesamte Torsionsmoment an der Stelle x erhält man

$$M_T(x) = G \cdot \varphi'(x) \cdot \int_A r^2 dA \quad \text{oder} \quad M_T(x) = G \cdot I_T{}'(x). \tag{10.5.2}$$

Definition 1.

$$I_T = \int_A r^2 dA \quad \text{heißt Torsionsträgheitsmoment.} \tag{10.5.3}$$

Das Produkt $G \cdot I_T$ ist ein Maß für die Verformung, in unserem Fall die Torsionssteifigkeit des Materials (nicht zu verwechseln mit dem Massenträgheitsmoment als Maß für die Trägheit eines rotierenden Körpers), ähnlich der Biegesteifigkeit bei einer Verbiegung. Zuerst berechnen wir I_T für einen Kreis mit Radius R_D (Abb. 10.12, 2. Skizze). Es gilt

$$I_T = \int_A r^2 dA = \int_0^{2\pi} \int_0^{R_D} r^2 \cdot r \cdot d\varphi dr = 2\pi \int_0^{R_D} r^3 \cdot dr$$

und somit

$$I_T = 2\pi \cdot \left[\frac{r^4}{4} \right]_0^R = 2\pi \cdot \frac{R_D^4}{4} = \frac{\pi}{2} R_D^4. \tag{10.5.4}$$

Für einen homogenen Draht (Idealisierung 3) ist $\varphi(x) = \frac{\varphi(l)}{l}x$ und $\varphi'(x) = \frac{\varphi(l)}{l}$. Es folgt

$$M_T = G \cdot \frac{\pi}{2}R^4 \cdot \frac{\varphi(l)}{l} = \frac{G}{l} \cdot \frac{\pi}{2}R_D^4 \cdot \varphi(l) = \frac{G \cdot I_T}{l} \cdot \varphi(l) = D_M \cdot \varphi(l). \tag{10.5.5}$$

Definition 2.

$$D_M := \frac{G \cdot I_T}{l} \quad \text{heißt Direktionsmoment.} \tag{10.5.6}$$

Das Direktionsmoment entspricht der Federkonstanten D bei longitudinalen Auslenkungen, die Einheit ist allerdings die eines Moments Nm oder Nm $\cdot$ rad.

Wir betrachten das Torsionspendel (Abb. 10.12, dritte Skizze). Der Draht sei am oberen Ende fest verankert. Am unteren Ende hängt eine zylindrische Masse m mit Radius R_M. Diese wird um den Winkel φ_0 ausgelenkt und vollführt Torsionsschwingungen.

Momentbilanz: Das Verdrehen der angehängten Masse bewirkt eine Änderung des Drehimpulses der Größe $M = J_{\text{Gewicht}} \cdot \ddot{\varphi}(l, t)$. Durch die Torsion des Drahtes wird der Drehimpuls des Systems zusätzlich verändert. Nach der Idealisierung 5 beachten wir vorerst die Bewegung der Feder nicht, und somit können wir von diesem zusätzlichen Moment absehen. Der Draht reagiert mit einem Rückstellmoment, das nach (10.5.5) $-D_M\varphi(l)$ beträgt. Die Bilanzgleichung (3.3) führt dann zur DG des Torsionspendels

$$\ddot{\varphi}(l) + \frac{D_M}{J}\varphi(l) = 0 \quad \text{oder} \quad \ddot{\varphi} + \frac{\pi G R_D^4}{2lJ}\varphi = 0. \tag{10.5.7}$$

Die zugehörige Lösung lautet $\varphi(t) = \varphi_0 \cdot \cos(\sqrt{\frac{D_M}{J}}t)$ mit der Periodendauer $T = \frac{1}{2\pi}\sqrt{\frac{J}{D_M}}$. Als Nächstes wollen wir einige Trägheitsmomente bestimmen. Zuerst für einen Zylinder mit Radius R und Höhe H (Abb. 10.12, 4. Skizze):

$$J = \rho \int_V a^2 dV = \frac{m}{\pi R^2} \int_0^H \int_0^{2\pi} \int_0^R r^2 \cdot r \cdot d\varphi dr dh$$

$$= \frac{m}{\pi R^2 h}2\pi h \int_0^R r^3 \cdot dr = \frac{2m}{R^2} \cdot \left[\frac{r^4}{4}\right]_0^R = \frac{2m}{R^2} \cdot \frac{R^4}{4} = \frac{1}{2}mR^2. \tag{10.5.8}$$

Das Ergebnis ist von der Zylinderhöhe unabhängig. Kombiniert man (10.5.7) mit (10.5.8), so folgt die DG eines Torsionspendels mit zylindrischem Draht der Länge l, Radius R_D, Torsionsmodul G, Masse m und Radius R_G zu

$$\frac{1}{2}mR_G^2 \cdot \ddot{\varphi} = \frac{G}{l} \cdot \frac{\pi}{2} \cdot R_D^4\varphi \quad \text{oder} \quad \ddot{\varphi} + \frac{\pi \cdot G \cdot R_D^4}{l \cdot m \cdot R_G^2} \cdot \varphi = 0. \tag{10.5.9}$$

Beispiel 1.

a) Stellen Sie die DG für das beschriebene Torsionspendel mit einer zylindrischen Masse für kleine Auslenkungen des Winkels φ und folgenden Werten auf: $l = 1\,\text{m}$, $R_D = 0.75\,\text{mm}$, $R_G = 5\,\text{cm}$, $m = 2.5\,\text{kg}$, $G_{\text{Stahl}} = 82 \cdot 10^9\,\frac{\text{N}}{\text{m}^2}$.

b) Bestimmen Sie die Lösung und die Periode für eine Auslenkung von $\varphi_0 = \frac{\pi}{12}$.

Lösung.

a) Nach (10.5.9) gilt

$$\frac{\pi \cdot G \cdot R_D^4}{l \cdot m \cdot R_G^2} = \frac{\pi \cdot 82 \cdot 10^9 \cdot (7.5 \cdot 10^{-4})^4}{1 \cdot 2.5 \cdot 0.05^2} = 13.04$$

und damit $\ddot{\varphi} = -13.04 \cdot \varphi$.

b) Es folgt $\varphi(t) = \frac{\pi}{12} \cdot \cos(\sqrt{13.04} \cdot t)$ und $T = \frac{2\pi}{\sqrt{13.04}} = 1.74\,\text{s}$.

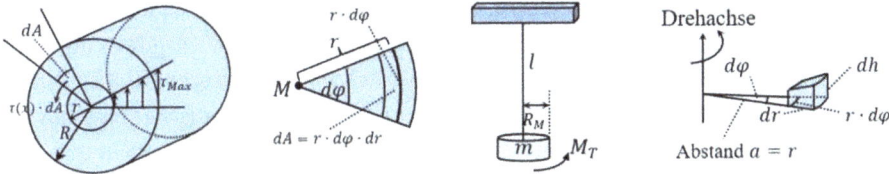

Abb. 10.12: Skizzen zur Herleitung der Schwingungsgleichung eines Torsionspendels.

Axiales und polares Flächenträgheitsmoment, Torsionsträgheitsmoment

An dieser Stelle scheint es sinnvoll, einige klärende Bemerkungen zur Unterscheidung der drei Begriffe einzuschieben. Flächenträgheitsmomente (FTMe) sind in erster Linie Kenngrößen eines Körpers, die mithilfe seiner Abmessungen, insbesondere dem Querschnitt A senkrecht zu einer gegebenen Achse, gebildet werden. Erst im Zusammenhang mit Verformungen wie Biegung, Scherung oder Torsion erhalten die einzelnen Kenngrößen eine zusätzliche Bedeutung.

Wir denken uns ein räumliches Koordinatensystem, dessen Ursprung sinnvollerweise mit dem Schwerpunkt des Körpers zusammenfällt. Am einfachsten nehmen wir dazu einen Balken mit dem Querschnitt $A = bh$ und der Länge l. Die x-Achse setzen wir in die Längsachse des Balkens. Verbiegen wir den Körper beispielsweise in y-Richtung, dann muss das axiale FTM $I_z = \int_A y^2 dA$ berechnet werden. y meint dann den senkrechten Abstand vom Flächenelement dA zur z-Achse. Dabei beschreibt I_z die Verbiegung in Abhängigkeit des Querschnitts. Mit (7.1.1) hatten wir $I_z = \frac{bh^3}{12}$ bestimmt. Wirkt nun die Biegung in z-Richtung, so erhält man ein anderes axiales FTM, das diese Biegung charakterisiert, nämlich $I_y = \int_A z^2 dA = \frac{b^3 h}{12}$ mit z als Abstand vom Flächenelement dA zur y-Achse.

Biegt man den Balken nun sowohl in y- als auch in z-Richtung, dann könnte man auf die Idee kommen, dass die Summe $I_y + I_z$ ein Maß für diese Doppelverbiegung darstellt. Die Summe ist für diese Art der Verformung aber bedeutungslos. Für kleine Auslenkungen kann man zwar annähernd die Biegelinie über Superposition mithilfe der einzelnen FTMe I_y und I_z gemäß (7.4) zu $u''_{\text{Total}}(y, z) \approx -\frac{M_y(x)}{E \cdot I_y} - \frac{M_z(x)}{E \cdot I_z}$ angeben, aber es entstehen nebst den Spannungen $\sigma_x(y)$ und $\sigma_x(z)$ unvermeidlich Querschnittstorsionen, welche die Superposition nicht erfassen können.

Betrachtet man nun die Verbiegung eines kreisrunden Stabs, beispielsweise in y-Richtung, so schreiben wir mit (7.1.2) $I_z = \int_A y^2 dA = \frac{\pi R^4}{4}$. Da $I_y = I_z$ ist, so führt die Summe $I_y + I_z$ zu $\frac{\pi R^4}{2}$, was mit dem Torsionsträgheitsmoment I_T von (10.5.4) übereinstimmt. Es wäre nun aber falsch zu folgern, dass damit die Doppelbiegung eines runden Stabs einer Torsion gleichgestellt werden kann. Physikalisch gesehen lässt sich aus der Gleichheit von $I_y + I_z = I_T$ nichts ableiten. Man kann einzig folgern, dass sich $\int_A y^2 dA + \int_A z^2 dA$ auch mithilfe von $\int_A r^2 dA$ aufgrund des rein geometrischen Zusammenhangs $y^2 + z^2 = r^2$ berechnen lässt. Letztlich kann man $I_p = I_y + I_z$ als Summe der axialen FTMe definieren und nennt dies das polare FTM. In diesem Fall gibt es nur noch eine Bezugsachse, in unserer Nomenklatur die x-Achse, die senkrecht auf A steht und somit einen „Pol" im Schwerpunkt bildet. Die simple, rein mathematische Folgerung ist, dass im Fall einer kreisrunden Querschnittsfläche I_p und I_T übereinstimmen und dass $I_p = I_T$ ein Maß für die Torsion eines runden Stabs oder Zylinders darstellt.

Mithilfe der Herleitung des Torsionsmomentes eines Drahts sind wir auch in der Lage eine Schraubenfeder genauer unter die Lupe zu nehmen (Abb. 10.13 links).

Herleitung von (10.5.10)–(10.5.12)

Bisher hatten wir eine solche Feder mit der Federkonstanten D charakterisiert (nicht mit dem Direktionsmoment D_M zu verwechseln). Diese ist aber keine Materialkonstante, sondern vereint in sich die Abhängigkeit folgender Größen: Radius R_D des Drahtes, Radius R_F der Federwindung und die Anzahl n der Windungen (oder die Länge der Feder, was gleichwertig wäre). Unser Ziel ist es, aus $F = D \cdot y$ (y ist die Auslenkung), die Federkonstante $D = \frac{F}{y}$ zu bestimmen. Wir betrachten ein kleines Federringstück dx (Abb. 10.13 rechts). Die Verdrehung um $d\varphi$ bewirkt ein Absenken des Federrings um die Strecke dy. Es gilt $dy = R_F \cdot d\varphi$ und damit

$$\frac{dy}{dx} = R_F \cdot \frac{d\varphi}{dx}. \tag{10.5.10}$$

Mit der Definition des Drehmomentes $M_T = F \cdot R_F$ und (10.5.2) in der Form $M_T(x) = G \cdot I_T \cdot \frac{d\varphi}{dx}$ schreibt sich (10.5.10) als

$$\frac{dy}{dx} = R_F \cdot \frac{d\varphi}{dx} = R_F \cdot \frac{M_T}{G \cdot I_T} = \frac{R_F^2 \cdot F}{G \cdot I_T}.$$

Eine Integration liefert

$$\int\limits_0^y dy = \int\limits_0^l \frac{R_F^2 \cdot F}{G \cdot I_T} dx$$

und damit

$$y = \frac{R_F^2 \cdot F}{G \cdot I_T} \cdot l = \frac{R_F^2 \cdot F}{G \cdot I_T} \cdot 2\pi R_F \cdot n = \frac{2\pi n \cdot R_F^3 \cdot F}{G \cdot I_T}. \tag{10.5.11}$$

Das polare FTM I_p ist für einen Zylinder identisch mit dem Torsionsträgheitsmoment (10.5.4) und führt mit (10.5.11) zur Federkonstanten

$$D = \frac{F}{y} = \frac{G \cdot I_T}{2\pi n \cdot R_F^3} = \frac{G \cdot \frac{\pi}{2} R_D^4}{2\pi n \cdot R_F^3} = \frac{G \cdot R_D^4}{4 \cdot n \cdot R_F^3}. \tag{10.5.12}$$

Die Federkonstante einer Schraubenfeder ist also abhängig vom Radius des Drahtes, dem Windungsradius der Feder und der Anzahl der Windungen. Somit hat man drei Parameter, um die Feder je nach Bedürfnis herzustellen. Randbedingungen könnten beschränkter Platz sein, dann würde man eine dicke Feder nehmen. Die Windungszahl würde man wohl grundsätzlich klein halten, weil die Feder dann schnell kippen und ausbrechen würde.

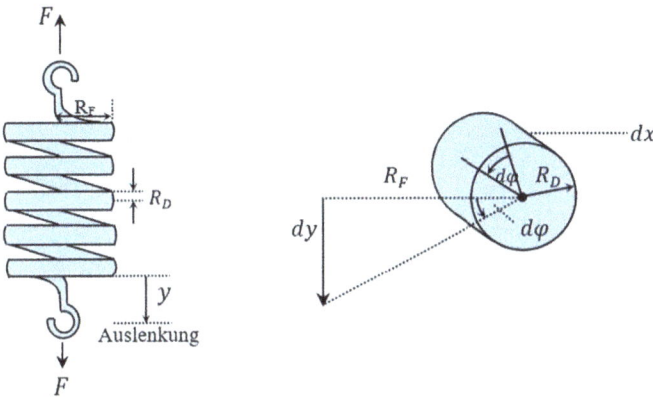

Skizzen zur Federkonstante.

Die Energien des Torsionspendels

Die potentielle Energie rührt von der Verdrehung des Drahtes. Der tordierte Draht speichert dann die potentielle Energie und gibt diese als reine Rotationsenergie wieder frei.

Herleitung von (10.5.13)–(10.5.18)

Mit (10.5.2) ist $M_T(x) = GI_T\varphi'(x) = GI_T\frac{d\varphi}{dx}$ bekannt. Am einfachsten schließt man in Analogie zu den Biegeenergien in (7.5). Man ersetzt E durch G, I durch I_T und $u' = \frac{du}{dx}$ durch $\frac{d\varphi}{dx} = \varphi'$ und erhält $E_{\text{pot}} = \frac{1}{2}GI_T\int_0^l(\varphi')^2dx$ (I_T des Drahtes).

Weiter ist $dE_{\text{rot}} = \frac{1}{2}dm \cdot r^2(\dot\varphi)^2$ und damit

$$E_{\text{rot}} = \frac{1}{2}\int_m r^2dm(\dot\varphi)^2 = \frac{1}{2}\int_m r^2dm(\dot\varphi)^2 = \frac{1}{2}J(\dot\varphi)^2$$

(J der angehängten Masse).

Idealisierung: Die Mitbewegung des Drahtes wird vernachlässigt.

Mit Annahme 3 können wir $\varphi(x) = \frac{\varphi}{l}x$ ansetzen und erhalten direkt mithilfe von (10.5.5) $E_{\text{pot}} = \frac{1}{2}D_M\varphi^2$. Ansonsten macht man den Umweg über die Verallgemeinerung:

$$E_{\text{pot}} = \frac{1}{2} \cdot GI_T\int_0^l(\varphi')^2dx = \frac{1}{2} \cdot GI_T\int_0^l\left(\frac{\varphi}{l}\right)^2dx = \frac{1}{2} \cdot \frac{GI_T}{l^2}\varphi^2\int_0^l dx = \frac{1}{2} \cdot \frac{GI_T}{l}\varphi^2 = \frac{1}{2}D_M\varphi^2.$$

Letztlich hat man

$$E_{\text{pot}} = \frac{1}{2}D_M\varphi_0^2\cos^2\left(\sqrt{\frac{D_M}{J}}t\right). \tag{10.5.13}$$

Weiter ist

$$E_{\text{rot}} = \frac{1}{2}J(\dot\varphi)^2 = \frac{1}{2}D_M\varphi_0^2\sin^2\left(\sqrt{\frac{D_M}{J}}t\right) \tag{10.5.14}$$

und die Gesamtenergie

$$E = \frac{1}{2}D_M\varphi_0^2 = \frac{1}{2} \cdot \frac{GI_T}{l}\varphi_0^2. \tag{10.5.15}$$

Die effektive Drahtmasse

In der Momentbilanz (10.5.7) wurde die Bewegung des Drahtes selbst vernachlässigt. Im Befestigungspunkt der Drahtes ist dessen Winkelauslenkung und Beschleunigung Null und am Ort der angehängten Masse m_{Gewicht} stimmt die Winkelauslenkung und die Beschleunigung des Drahtes mit derjenigen von m_{Gewicht} überein. Nun wollen wir die mitschwingende Drahtmasse m_{Draht} berücksichtigen.

Herleitung von (10.5.16)–(10.5.19)

Man kann die Ergebnisse (9.1.9) bis (9.1.11) des Federpendels analog übertragen. Als Erstes bedeutet die Idealisierung 3, dass die Drahtmasse konstant verteilt ist. Greift man ein infinitesimales Drahtstück der Größe dm_D und der Länge dx heraus, das sich im Abstand x zum Befestigungspunkt befindet, so gilt

$$\frac{dm_D}{m_D} = \frac{dx}{l}.$$ (10.5.16)

Dabei meinen m_D und l die Gesamtmasse des Drahts und die Länge des Drahts. Da $J_{\text{Draht}} = \frac{1}{2} \cdot m_{\text{Draht}} \cdot R_D^2 \sim m_{\text{Draht}}$, wird aus (10.5.16)

$$\frac{dJ_D}{J_D} = \frac{dx}{l}.$$ (10.5.17)

Wird nun m_G um $d\theta$ ausgelenkt, so verdreht sich der Draht seinerseits an der Stelle x um $d\varphi$. Aufgrund derselben Idealisierung kann man die beiden Auslenkungen $d\theta$ und $d\varphi$ ins Verhältnis zu den Ortslängen setzen und so erhält man

$$\frac{d\varphi}{x} = \frac{d\theta}{l}.$$ (10.5.18)

Bewegt sich also m_G mit der Winkelgeschwindigkeit $\omega = \frac{d\theta}{dt}$, so bewegt sich das Massenelement dm_D mit der Geschwindigkeit $\hat{\omega} = \frac{d\varphi}{dt}$. Die infinitesimale Masse dm_D besitzt dann mithilfe von (10.5.16) und (10.5.17) die Rotationsenergie

$$dE_{\text{rot,Drahtelement}} = \frac{1}{2} dJ_{\text{Draht}} \hat{\omega}^2 = \frac{1}{2} \left(J_{\text{Draht}} \cdot \frac{dx}{l} \right) \cdot \left(\frac{d\theta}{dt} \cdot \frac{x}{l} \right)^2 = \frac{1}{2} J_{\text{Draht}} \omega^2 \cdot \frac{x^2}{l^3} \cdot dx.$$

Für die gesamte Rotationsenergie des Drahtes erhält man

$$E_{\text{rot,Draht}} = \frac{1}{2} J_{\text{Draht}} \omega^2 \cdot \frac{1}{l^3} \cdot \int_0^l x^2 dx = \frac{1}{2} J_{\text{Draht}} \omega^2 \cdot \frac{1}{l^3} \cdot \frac{l^3}{3} = \frac{1}{6} J_{\text{Draht}} \omega^2 = \frac{1}{2} \left(\frac{1}{3} J_{\text{Draht}} \right) \omega^2.$$

Man kann die Drahtrotation als eine Punktmassenrotation von einem Drittel der gesamten Drahtmasse mit der Winkelgeschwindigkeit von m_G interpretieren. Damit wird die gesamte Rotationsenergie des Torsionspendels

$$E_{\text{rot}} = E_{\text{rot,Gewicht}} + E_{\text{rot,Draht}} = \frac{1}{2} J_G \omega^2 + \frac{1}{6} J_D \omega^2 = \frac{1}{2} \left(J_G + \frac{J_D}{3} \right) \omega^2.$$ (10.5.19)

Man kann natürlich (9.1.11) auch als

$$E_{\text{rot}} = \frac{1}{2} \left(\frac{1}{2} m_G R_{\text{Gewicht}}^2 + \frac{1}{3} \cdot \frac{1}{2} m_D R_{\text{Draht}}^2 \right) \omega^2$$

ausschreiben. Den Ausdruck $J_{\text{Eff}} = \frac{J_D}{3}$ bezeichnet man auch als effektives Drahttorsionsmoment und $m_{\text{Eff}} = \frac{m_D}{3}$ als effektive Drahtmasse. Das Ergebnis (10.5.19) ist die Analogie zur Bewegung der Federmasse beim Federpendel (9.1.11).

Ergebnis. Zusätzlich zur Gewichtsmasse wird ein Drittel der Drahtmasse in Schwingung versetzt. Dies hat Einfluss auf die Schwingungsfrequenz.

Beispiel 2. Leiten Sie aus dem Energiesatz (3.4) die zu (10.5.7) erweiterte Bewegungsgleichung für das Torsionspendel her.

Lösung.

Energiebilanz: Mithilfe von (10.5.19) gilt

$$E_{\text{Total}} = E_{\text{pot}} + E_{\text{rot}} = \frac{1}{2} D_M \varphi^2(l, t) + \frac{1}{2}\left(J_G + \frac{J_D}{3}\right)[\dot{\varphi}(l, t)]^2 = \text{konst.}$$

Die zeitliche Ableitung ergibt

$$D_M \varphi \dot{\varphi} + \left(J_G + \frac{J_D}{3}\right)\dot{\varphi}\ddot{\varphi} = 0$$

und damit

$$\ddot{\varphi}(l) + \frac{D_M}{J_G + \frac{J_D}{3}} \cdot \varphi(l) = 0 \quad \text{oder} \quad \ddot{\varphi} + \frac{\pi \cdot G \cdot R_D^4}{l \cdot m_G \cdot R_G^2 + \frac{1}{3} \cdot l \cdot m_D R_D^2} \cdot \varphi = 0.$$

Beispiel 3. Gegeben ist ein durch Torsion beanspruchtes Pendel. Der Pendelkörper besteht aus einem Hohlzylinder (Abb. 10.14, 1. Skizze). Es gilt $R_1 = \frac{R}{\sqrt{2}}, R_2 = R$. Die Querverstrebung durch einen Hohlzylinderdraht kann vernachlässigt werden.
a)   Berechnen Sie das Massenträgheitsmoment (MTM) dieses Hohlzylinders.
b)   Bestimmen Sie das Massenverhältnis und das Verhältnis des MTM dieses Hohlzylinders verglichen mit dem vollen Zylinder aus (10.5.9).
c)   Stellen Sie die DG auf und bestimmen Sie das Verhältnis der Perioden dieses Hohlzylinders verglichen mit dem vollen Zylinder aus (10.5.9).

Lösung.
a)   Nach (10.1.3) gilt

$$J = \int_m a^2 dm = \rho \cdot \int_V a^2 dV = \frac{m}{\pi(R_1^2 - R_2^2)h} \cdot \int_0^h \int_{R_2}^{R_1} \int_0^{2\pi} r^2 \cdot r \cdot d\varphi dr dh$$

$$= \frac{m}{\pi(R_1^2 - R_2^2)h} \cdot 2\pi h \cdot \left[\frac{r^4}{4}\right]_{R_2}^{R_1} = \frac{2m}{R_1^2 - R_2^2} \cdot \frac{R_1^4 - R_2^4}{4}$$

$$= \frac{m}{R_1^2 - R_2^2} \cdot \frac{(R_1^2 - R_2^2)(R_1^2 + R_2^2)}{2} = \frac{1}{2}m(R_1^2 + R_2^2).$$

Damit ist das MTM eines Hohlzylinders immer größer als dasjenige eines Vollzylinders.

Speziell für $R_1 = \frac{R}{\sqrt{2}}$, $R_2 = R$ folgt

$$J = \frac{1}{2}m\left(\frac{R^2}{2} + R^2\right) = \frac{3}{4}mR^2.$$

b) Ist M die Masse des Vollzylinders mit dem Volumen $V_{VZ} = \pi R^2 h$, dann erhält man für die Masse des Hohlzylinders

$$m_{HZ} = \frac{V_{HZ}}{V_{VZ}} \cdot M = \frac{\pi(R_1^2 - R_2^2)h}{\pi R^2 h} \cdot M = \frac{R^2 - \frac{R^2}{2}}{R^2} \cdot M = \frac{1}{2}M.$$

Weiter ist

$$J_{HZ} = \frac{3}{4} \cdot \frac{1}{2}M \cdot R^2 = \frac{3}{8}MR^2 \quad \text{und} \quad J_{VZ} = \frac{1}{2}MR^2, \quad \text{somit}$$

$$\frac{J_{HZ}}{J_{VZ}} = \frac{\frac{3}{8}MR^2}{\frac{1}{2}MR^2} = \frac{3}{4} \quad \text{und endlich} \quad J_{HZ} = \frac{3}{4}J_{VZ}.$$

Bei halber Masse wird das MTM also nicht halbiert, weil die Masse von der Drehachse her entfernt wurde.

c) Nach (10.5.7) gilt

$$\ddot{\varphi} + \frac{\pi \cdot G \cdot R_D^4}{2 \cdot \frac{3}{8}M \cdot R^2 \cdot l}\varphi = 0 \quad \text{oder} \quad \ddot{\varphi} + \frac{4\pi \cdot G \cdot R_D^4}{3l \cdot M \cdot R^2}\varphi = 0.$$

Schließlich ist

$$\frac{T_{HZ}}{T_{VZ}} = \frac{2\pi}{\omega_{HZ}} : \frac{2\pi}{\omega_{VZ}} = \sqrt{\frac{\pi \cdot G \cdot R_D^4}{l \cdot M \cdot R^2} \cdot \frac{3l \cdot M \cdot R^2}{4\pi \cdot G \cdot R_D^4}} = \sqrt{\frac{3}{4}} < 1.$$

Damit nimmt die Schwingungsdauer beim Hohlzylinder verglichen mit dem Vollzylinder ab.

Beispiel 4. Wir betrachten das Torsionspendel aus (10.5.9), aber der Zylinder wird nun quer am Draht befestigt (Abb. 10.14, 2. Skizze). Alle Angaben bleiben bestehen. Die Höhe des Zylinders sei R_M.
a) Ermitteln Sie mithilfe der Abb. 10.14, 2. Skizze das MTM.
b) Bestimmen Sie das MTM des Zylinders für $H = 2R$.
c) Stellen Sie die DG auf und bestimmen Sie das Verhältnis der Perioden des Hohlzylinders aus b) verglichen mit dem aufrecht angehängten Zylinder aus (10.5.9).

Lösung.

a) Es gilt

$$J = \int_m a^2 dm = \rho \cdot \int_V a^2 dV$$

$$= \frac{m}{\pi R^2 H} \cdot 2 \cdot \int_0^{\frac{H}{2}} \int_0^R \int_0^{2\pi} [(r \cdot \sin\varphi)^2 + h^2] \cdot r \cdot d\varphi dr dh$$

$$= \frac{2m}{\pi R^2 H} \cdot \int_0^{\frac{H}{2}} \int_0^R \int_0^{2\pi} (r^3 \cdot \sin^2\varphi + r \cdot h^2) d\varphi dr dh$$

$$= \frac{2m}{\pi R^2 H} \cdot \int_0^{2\pi} \int_0^R \left(r^3 \sin^2\varphi \cdot \frac{H}{2} + r \frac{H^3}{24} \right) d\varphi dr$$

$$= \frac{2m}{\pi R^2 H} \cdot \int_0^{2\pi} \left(\frac{R^4}{4} \sin^2\varphi \cdot \frac{H}{2} + \frac{R^2}{2} \frac{H^3}{24} \right) d\varphi = \frac{m}{\pi} \cdot \int_0^{2\pi} \left(\frac{R^2}{4} \sin^2\varphi + \frac{H^2}{24} \right) d\varphi$$

$$= \frac{m}{\pi} \cdot \left(\frac{R^2}{4} \int_0^{2\pi} \sin^2\varphi d\varphi + \int_0^{2\pi} \frac{H^2}{24} d\varphi \right) = \frac{m}{\pi} \cdot \left(\frac{R^2}{4} \pi + 2\pi \frac{H^2}{24} \right) = m \cdot \left(\frac{R^2}{4} + \frac{H^2}{12} \right).$$

b) Das Ergebnis aus a) führt zu

$$J = m \cdot \left[\frac{R^2}{4} + \frac{(2R)^2}{12} \right] = \frac{7}{12} m R^2.$$

c) Nach (10.5.7) und dem Ergebnis aus b) ist

$$\ddot{\varphi} + \frac{6\pi \cdot G \cdot R_D^4}{7l \cdot m \cdot R^2} \varphi = 0.$$

Weiter erhält man

$$\frac{T_{HZ}}{T_{VZ}} = \sqrt{\frac{\pi \cdot G \cdot R_D^4}{l \cdot m \cdot R^2} \cdot \frac{7l \cdot m \cdot R^2}{6\pi \cdot G \cdot R_D^4}} = \sqrt{\frac{7}{6}} > 1.$$

Damit nimmt die Schwingungsdauer beim quer befestigten Zylinder im Vergleich zum aufrechten Zylinder zu.

Beispiel 5. An einem Draht hängt eine Hantel bestehend aus zwei Kugeln mit Radius $R = 2.5$ cm und einer Masse $m_K = 0.5$ kg. Die beiden Kugeln sind durch einen dünnen Stab der Länge $2a = 10$ cm und der Masse $m_S = 0.05$ kg miteinander verbunden. Weiter gilt wie in Beispiel 1, dass $l = 1$ m, $R_D = 0.75$ mm und $G_{Stahl} = 82 \cdot 10^9 \frac{N}{m^2}$ ist.

a) Bestimmen Sie mit dem Satz von Steiner das MTM dieser Hantel.
b) Stellen Sie die Schwingungsgleichung bezüglich Torsion auf und bestimmen Sie die Schwingungsdauer.

Lösung.
a) Für beide Kugeln zusammen gilt mit (10.3.6)

$$J_{D,\text{Kugeln}} = J_S + 2m_k(R+a)^2 = 2 \cdot \frac{2}{5}m_k R^2 + 2m_K(R+a)^2 = 2m_K\left[\frac{2}{5}R^2 + (R+a)^2\right].$$

Der Stab liefert gemäß (10.3.4)

$$J_{D,\text{Stab}} = \frac{1}{12}m_S l^2 = \frac{1}{12}m_S(2a)^2 = \frac{1}{3}m_S a^2.$$

Zusammen also

$$J = 2m_K\left[\frac{2}{5}R^2 + (R+a)^2\right] + \frac{1}{3}m_S a^2$$

$$= 2 \cdot 0.5 \cdot \left[\frac{2}{5} \cdot 0.025^2 + (0.025 + 0.05)^2\right] + \frac{1}{3} \cdot 0.05 \cdot 0.05^2 = 5.92 \cdot 10^{-3}\ \text{kg} \cdot \text{m}^2.$$

b) Gleichung (10.5.7) führt zu

$$\ddot{\varphi} + \frac{\pi \cdot 82 \cdot 10^9 \cdot (7.5 \cdot 10^{-4})^4}{2 \cdot 1 \cdot 5.92 \cdot 10^{-3}}\varphi = 0 \quad \text{oder} \quad \ddot{\varphi} + 6.88\varphi = 0$$

und $T = \frac{2\pi}{\sqrt{6.88}} = 2.39$ s.

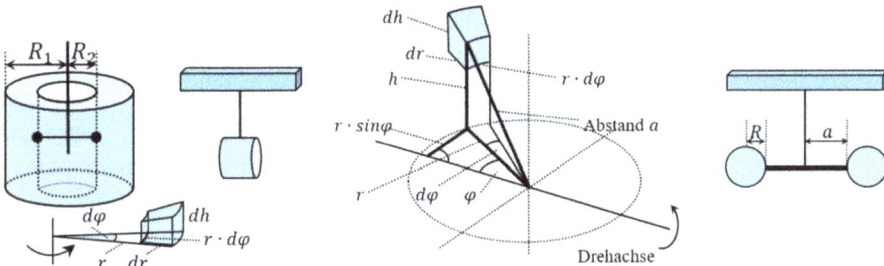

Abb. 10.14: Skizzen zu den Beispielen 3 bis 5.

11 Erzwungene Schwingungen

Jedes schwingungsfähige System mit der Eigenfrequenz ω_0 kann man folgenreich «stören», indem man es mit einer anderen Frequenz ω anregt, sofern die Erregung nicht einmalig oder kurz, sondern dauernd erfolgt. Betrachten wir dazu das freie ungedämpfte und das freie gedämpfte Federpendel. Die Masse m des angehängten Körpers, die Federkonstante D und die Reibung μ entscheiden über die Art der Schwingung. Mit (9.1.2) liegt die Lösung für das ungedämpfte Pendel vor. Dabei bezeichnet $\omega_0 = \sqrt{\frac{D}{m}}$ $(= \frac{2\pi}{T})$ die Eigenkreisfrequenz. Die Lösung für das gedämpfte Pendel mit $\omega_d = \frac{\sqrt{4Dm-\mu^2}}{2m}$ als Eigenkreisfrequenz stellt Gleichung (9.2.2) dar. In beiden Fällen kann das Pendel bei einer Auslenkung nur mit der Frequenz ω_0, bzw. ω_d schwingen. Was geschieht, wenn man das System periodisch mit einer anderen Frequenz ω anregt?

Beispiele.

- Das Anschlagen einer Klaviersaite versetzt diese in Eigenschwingungen.
- Eine Glocke wird durch Anschlagen in Eigenschwingungen versetzt.
- Unser Trommelfell schwingt aufgrund der Druckwellen der Luft.
- Durch ständiges Zupfen oder Streichen einer Saite wird der Klangkörper in Schwingung versetzt. Dabei spielt es eine Rolle, an welcher Stelle der Saite man streicht oder zupft.
- Der Schallkörper eines Blasinstruments wird durch hineinblasen von Luft in Schwingung versetzt. Hier spielt die Länge der Luftsäule eine Rolle, die verändert werden kann.
- In einer Quarzuhr befindet sich eine Ministimmgabel oder ein kleiner Stift, die oder der durch einen Elektromagneten Schwingungen oder Biegeschwingungen vollführt.
- In einem Radio/Fernsehempfänger wird der Schwingkreis bestehend aus Spule und Kondensator durch den eingehenden Impuls in Schwingungen versetzt.
- Das Sonnenlicht regt die Elektronen der Moleküle der Erdatmosphäre zu erzwungenen Schwingungen an, die dann ihrerseits Licht abstrahlen. Hierbei wird das kurzwellige blaue Lichtspektrum etwa 16-mal stärker gestreut als das rote Licht. Deshalb überwiegt die blaue Farbe im Licht unserer Atmosphäre.
- Eine mechanische Uhr wird durch eine Spiralfeder, eine Penduluhr durch ein Gewicht in Schwingungen versetzt. Steigrad und Anker sorgen dafür, dass dieselbe Energie zur Anregung zur Verfügung steht.
- Unwuchten rotierender Maschinen erzeugen neue Schwingungen.

Eine Apparatur, die eine solche erzwungene Schwingung simuliert, sieht etwa folgendermaßen aus (Abb. 10.12 links): Die schwingende Masse besteht aus einer Feder, dem Körper, einem Exzenter und einem Seitenarm. Der Exzenter, an dem eine kleine Masse hängt, schwingt, von einem Elektromotor angetrieben, mit der Frequenz ω. Die Dämp-

https://doi.org/10.1515/9783111345819-011

fung wird beispielsweise über einen Seitenarm erreicht, der in einem mit Wasser gefüllten Behälter eintaucht.

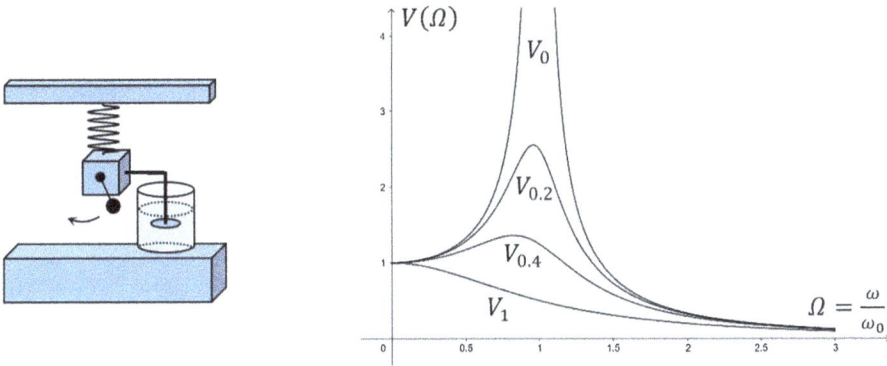

Abb. 11.1: Skizze zum gedämpften Federpendel und zum Graphen von (11.11).

Herleitung von (11.1)–(11.10)

Die Impulsänderungsbilanz für die freie gedämpfte Schwingung lautet gemäß (9.2.1)
$m \cdot \ddot{x} + \mu \cdot \dot{x} + D \cdot x = 0$.

Bilanz: Wir nehmen an, das Pendel wird nun mit der Kraft $F(t)$ angeregt. Dann lautet die neue Impulsbilanz

$$\frac{dp}{dt} = m \cdot \ddot{x} = -D \cdot x - \mu \cdot \dot{x} + F(t). \tag{11.1}$$

Die letzte Kraft treibt die Schwingung an, die beiden anderen hemmen sie. Zuerst überlegen wir uns, was passiert, wenn wir einen beliebigen Kräfteverlauf $F(t)$ annehmen, also nicht notwendigerweise periodisch. Beispielsweise könnte das sein:

i) $F(t) = F_0 \sin t$ (periodisch),
ii) $F(t) = F_0$, für $t = 1, 2, 3, \ldots$ (periodisch, sekündliches Anstupfen),
iii) $F(t) = F_0$, für $t = 1, 2, 4, 8, \ldots$ (nicht periodisch),
iv) $F(2t) = F_0 \cdot t$, für $t = 1, 2, 3, 4 \ldots$ (nicht periodisch) oder
v)   Kraftstöße wie in Abb. 3.1, deren Funktionsdarstellung $F(t)$ wir idealisiert darstellen und in Kap. 12 bearbeiten werden.

Je nach Anfangsbedingungen wird das System viele Teilschwingungen durchlaufen, bis es einheitlich mit einer Frequenz schwingt. Seien $x_1(t)$, $x_2(t)$ zwei solcher Bewegungen, also Lösungen der inhomogenen DGL $m \cdot \ddot{x} + \mu \cdot \dot{x} + D \cdot x = F(t)$, das heißt:

$$m \cdot \ddot{x}_1 + \mu \cdot \dot{x}_1 + D \cdot x_1 = F(t) \quad \text{und}$$
$$m \cdot \ddot{x}_2 + \mu \cdot \dot{x}_2 + D \cdot x_2 = F(t).$$

Dann folgt, dass $x^*(t) = x_1(t) - x_2(t)$ Lösung der homogenen DGL ist, weil $m \cdot (\ddot{x}_1 - \ddot{x}_2) + \mu \cdot (\dot{x}_1 - \dot{x}_2) + D \cdot (x_1 - x_2) = 0$ offensichtlich gilt. Die Amplitude von $x^*(t)$ geht aufgrund der Dämpfung in diesem Fall gegen Null, $\lim_{t \to \infty} x^*(t) = 0$. Daraus folgt aber, dass $x_1(t) \to x_2(t)$ oder $x_2(t) \to x_1(t)$ ist. Dies bedeutet, dass nach einer gewissen Zeit, dem Einschwingvorgang, die Lösung von $m \cdot \ddot{x} + \mu \cdot \dot{x} + D \cdot x = F(t)$ einer stationären Lösung $X(t)$ zustrebt.

Der Einschwingvorgang erfolgt im Allgemeinen asymptotisch. Als Einschwingzeit bezeichnet man die Zeitdauer, bis die Amplitude erstmals um weniger als beispielsweise 5–10 % von der zu erreichenden Amplitude abweicht. Je nach Anfangsbedingungen wird das System viele Teilschwingungen durchlaufen, bis es einheitlich mit einer Frequenz schwingt. In der Akustik und Musik ist es oft der Einschwingvorgang, z. B. der Bogenanstrich einer Saite, der den Klang eines Instruments für unser Ohr eindeutig identifiziert. Der Einschwingvorgang erfolgt im Allgemeinen asymptotisch.

Sämtliche Experimente zeigen folgenden Sachverhalt: Das System schwingt nach einer Einschwingzeit mit der konstanten Erregerfrequenz ω. Aufgrund der Massenträgheit bewegt sich die Schwingmasse nicht unmittelbar mit der Anregung, sondern mit einer Phasenverschiebung φ_0, der Zeit zwischen der wirkenden Anregungskraft und der Auslenkung. Dabei gilt $0 \leq \varphi_0 < 2\pi$.

Von allen möglichen Anregungskräften untersuchen wir speziell die Wirkung einer periodischen Kraft.

Einschränkung: Als Anregung setzen wir eine periodische Kraft der Form $F(t) = F_0 \cdot \cos(\omega t)$ an.

Dies fügen wir in (11.1) ein und erhalten die DG

$$m \cdot \ddot{x} + \mu \cdot \dot{x} + D \cdot x = F_0 \cdot \cos(\omega t). \tag{11.2}$$

Mit den Abkürzungen $a := \frac{\mu}{m}, b := \frac{D}{m} = \omega_0, c := \frac{F_0}{m}$ wird aus (11.2)

$$\ddot{x} + a \cdot \dot{x} + b \cdot x = c \cdot \cos(\omega t). \tag{11.3}$$

Da dem System immer wieder Energie zugefügt wird, können wir mit einer (von der Anregungsfrequenz ω abhängigen) konstanten Amplitude $A(\omega)$ rechnen. Die Lösung setzen wir als Kombination beider trigonometrischen Grundfunktionen an zu

$$x(t) = C_1 \cos(\omega t) + C_2 \sin(\omega t). \tag{11.4}$$

Grund dafür ist, dass die freien (gedämpften) Schwingungen beide Anteile besitzen (Vgl. (9.2.2)). Weiter könnte man (9.2.2) in die Form (9.1.4) bringen und als Ansatz direkt $x(t) = C \cos(\omega t - \varphi)$ mit der Phasenverschiebung ansetzen. Fügt man (11.4) in (11.3) ein, so entsteht:

$$-\omega^2 C_1 \cos(\omega t) - \omega^2 C_2 \sin(\omega t) + a\left[-\omega C_1 \sin(\omega t) + \omega C_2 \cos(\omega t)\right]$$
$$\times b\left[C_1 \cos(\omega t) + C_2 \sin(\omega t)\right] = c \cdot \cos(\omega t)$$

und nach Anteilen geordnet das System

I. $-\omega^2 C_1 + a\omega C_2 + bC_1 = c$

II. $-\omega^2 C_2 - a\omega C_1 + bC_2 = 0.$

Aus der 2. Gleichung entnimmt man $C_2 = \frac{a\omega}{b-\omega^2} \cdot C_1$ und dies in die 1. Gleichung eingesetzt, ergibt

$$C_1 = \frac{c \cdot (b - \omega^2)}{(b - \omega^2)^2 + (a\omega)^2} \quad \text{und} \quad C_2 = \frac{c \cdot a\omega}{(b - \omega^2)^2 + (a\omega)^2}.$$

Die Lösung besitzt demnach vorerst die Gestalt

$$x(t) = \frac{c}{(b - \omega^2)^2 + (a\omega)^2} \cdot \left[(b - \omega^2) \cdot \cos(\omega t) + a\omega \cdot \sin(\omega t)\right].$$

Verwendet man den mit (9.1.5) hergeleiteten Zusammenhang, so folgt:

$$x(t) = \frac{c\sqrt{(b - \omega^2)^2 + (a\omega)^2}}{(b - \omega^2)^2 + (a\omega)^2} \cdot \left[\cos(\omega t) - \arctan\left(\frac{a\omega}{b - \omega^2}\right)\right]$$

$$= \frac{c}{\sqrt{(b - \omega^2)^2 + (a\omega)^2}} \cdot \left[\cos(\omega t) - \arctan\left(\frac{a\omega}{b - \omega^2}\right)\right],$$

$\varphi(\omega) = \arctan(\frac{a\omega}{b-\omega^2})$ bezeichnet die Phasendifferenz.

Ausgeschrieben lautet das Ergebnis für eine erzwungene Schwingung:

$$\varphi(t) = \arctan\left(\frac{\frac{\mu}{m} \cdot \omega}{\frac{D}{m} - \omega^2}\right), \quad A(\omega) = \frac{F_0}{m} \cdot \frac{1}{\sqrt{(\frac{D}{m} - \omega^2)^2 + (\frac{\mu}{m})^2\omega^2}} \quad \text{und}$$

$$x_p(t) = \frac{F_0}{m} \cdot \frac{1}{\sqrt{(\frac{D}{m} - \omega^2)^2 + (\frac{\mu}{m})^2\omega^2}} \cdot \cos\left[\omega t - \arctan\left(\frac{\frac{\mu}{m} \cdot \omega}{\frac{D}{m} - \omega^2}\right)\right]. \tag{11.5}$$

Die Verschiebung $x_p(t)$ hinkt der Erregungsfrequenz aufgrund der Dämpfung um φ nach. $x_p(t)$ ist erst eine partikuläre Lösung der inhomogenen DG. Für die allgemeine Lösung der inhomogenen DG muss man die allgemeine Lösung der homogenen DG zur partikulären Lösung addieren. Die Lösung setzt sich also aus einer Schwingung mit konstanter Amplitude in der Erregerfrequenz ω und einer Schwingung mit exponentiell fallender Amplitude in der Eigenfrequenz ω_d nach Gleichung (9.2.2) zusammen. Man erhält:

$$x(t) = \frac{F_0}{m} \cdot \frac{1}{\sqrt{(\frac{D}{m} - \omega^2)^2 + (\frac{\mu}{m})^2\omega^2}} \cdot \cos\left[\omega t - \arctan\left(\frac{\frac{\mu}{m} \cdot \omega}{\frac{D}{m} - \omega^2}\right)\right] + e^{-\frac{\mu}{2m} \cdot t} \cdot f(t) \quad \text{mit}$$

$$f(t) = C_1 \cdot \cos\left(\frac{\sqrt{4Dm - \mu^2}}{2m}t\right) + C_2 \cdot \sin\left(\frac{\sqrt{4Dm - \mu^2}}{2m}t\right) \quad \text{und} \quad \omega_d = \frac{\sqrt{4Dm - \mu^2}}{2m}. \quad (11.6)$$

Die Konstanten ergeben sich aus den Anfangsbedingungen. In Gleichung (11.6) klingt der zweite Term aufgrund der immer vorhandenen Systemdämpfung mit der Zeit ab, sodass nur die partikuläre Lösung, die Schwingung mit der Erregerfrequenz, übrig bleibt. Man nennt dies auch den stationären Zustand. Im Folgenden interessiert nur die Lösung nach der Einschwingzeit, also der 1. Term. Nun führen wir einige dimensionslose Größen ein.

Definition 1. $\xi = \frac{\mu}{2m\omega_0}$ heißt Lehr'sches Dämpfungsmaß (schon in Kap. 9.2 definiert).

Daraus erhält man

$$\omega_d = \frac{\sqrt{4Dm - \mu^2}}{2m} = \sqrt{\omega_0^2 - \left(\frac{\mu}{2m}\right)^2} = \omega_0\sqrt{1 - \xi^2}. \quad (11.7)$$

Definition 2. $\Omega = \frac{\omega}{\omega_0}$ ist das Verhältnis aus Anregungsfrequenz und Eigenfrequenz des ungedämpften Pendels.

Damit schreibt sich die Amplitude aus (11.5) als

$$A(\Omega) = \frac{F_0}{m} \cdot \frac{1}{\sqrt{(\omega_0^2 - \omega^2)^2 + (2\xi\omega_0)^2\omega^2}} = \frac{F_0}{m\omega_0^2} \cdot \frac{1}{\sqrt{[1 - (\frac{\omega}{\omega_0})^2]^2 + 4\xi^2(\frac{\omega}{\omega_0})^2}}$$

$$= \frac{F_0}{m\omega_0^2} \cdot \frac{1}{\sqrt{(1 - \Omega^2)^2 + 4\xi^2\Omega^2}}. \quad (11.8)$$

Zudem ergibt sich für die Phasenverschiebung

$$\varphi = \arctan\left(\frac{\frac{\mu}{m} \cdot \omega}{\frac{D}{m} - \omega^2}\right) = \arctan\left(\frac{2\xi\omega_0\omega}{\omega_0^2 - \omega^2}\right)$$

$$= \arctan\left(\frac{2\xi\frac{\omega}{\omega_0}}{1 - \frac{\omega^2}{\omega_0^2}}\right) = \arctan\left(\frac{2\xi\Omega}{1 - \Omega^2}\right). \quad (11.9)$$

Gleichung (11.8) und (11.9) führen zu

$$x(t) = \frac{F_0}{m\omega_0^2} \cdot \frac{1}{\sqrt{(1 - \Omega^2)^2 + 4\xi^2\Omega^2}} \cdot \cos\left[\omega t - \arctan\left(\frac{2\xi\Omega}{1 - \Omega^2}\right)\right]. \quad (11.10)$$

Weiter bildet man das Verhältnis der Amplituden von Antwort und Erregung, $U(\Omega) = \frac{A(\Omega)}{F_0}$, was zu

$$U(\Omega) = \frac{1}{m\omega_0^2} \cdot \frac{1}{\sqrt{(1 - \Omega^2)^2 + 4\xi^2\Omega^2}}$$

führt. Normiert man dies mit $\frac{1}{D} = \frac{1}{m\omega_0^2}$, so erhält man eine weitere dimensionslose Größe.

Definition 3.

$$V(\Omega) = D \cdot U(\Omega) = \frac{1}{\sqrt{(1 - \Omega^2)^2 + 4\xi^2\Omega^2}} \tag{11.11}$$

heißt Vergrößerungsfunktion oder (dynamischer Vergrößerungsfaktor).

Für die Werte $\xi = 0,\ 0.2,\ 0.4,\ 1$ ist $V(\Omega)$ in Abb. 11.1 rechts dargestellt. Dabei nimmt die Vergrößerungsfunktion umso mehr zu, je kleiner die Dämpfung ist. Wir überlegen uns, für welches Ω jeweils das Maximum erreicht wird. Wir können dazu das Quadrat von $V(\Omega)$ ableiten und Null setzen. Man erhält

$$\frac{dV^2}{d\Omega} = D^2 \cdot \frac{-4\Omega(\Omega^2 + 2\xi^2 - 1)}{(1 - \Omega^2)^2 + 4\xi^2\Omega^2} = 0$$

und daraus $\Omega^2 + 2\xi^2 - 1 = 0$, $\Omega = \sqrt{1 - 2\xi^2}$ oder $\omega = \omega_0\sqrt{1 - 2\xi^2}$. Vergleicht man dies mit den Eigenfrequenzen ω_0 des ungedämpften und $\omega_d = \omega_0\sqrt{1 - \xi^2}$ des gedämpften Systems (11.7), so erkennt man, dass das Maximum bei einer Frequenz erreicht wird, die tiefer als ω_d liegt. Es gilt $\omega_0\sqrt{1 - 2\xi^2} < \omega_0\sqrt{1 - \xi^2} < \omega_0$. Für $\xi = 0$, oder $\mu = 0$ stimmen alle drei Werte überein. Schließlich betrachten wir noch drei Spezialfälle.

1. Für $\Omega = 0$ beträgt die Vergrößerungsfunktion $V(0) = 1$. Da das System gar nicht angeregt wird, bleibt auch die Amplitude unangetastet.
2. Im Fall hoher Frequenzen, also $\Omega = \frac{\omega}{\omega_0} \gg 1$ wird die Antwort des Systems $V(\Omega)$ klein sein, weil die Trägheit überwiegt.
3. Für eine schwache Dämpfung $\xi \approx 0$ erhält man den maximalen Vergrößerungswert etwa bei $\Omega = \frac{\omega}{\omega_0} \approx 1$ und Gleichung (11.11) reduziert sich dann zu

$$V(1) = \frac{1}{\sqrt{(1 - 1)^2 + 4\xi^2 \cdot 1}} = \frac{1}{2\xi}.$$

Definition 4. $Q = \frac{1}{2\xi}$ nennt man Qualitätsfaktor oder maximaler Vergrößerungsfaktor. Q ist ein Maß für die Dämpfung des Systems.

Die Amplitude $U(1)$ oder $A(1)$ wird sich somit um den Faktor $\frac{1}{D \cdot 2\xi}$ verkleinert haben. Man teilt den Ω-Bereich auch in zwei Intervalle ein.

Definition 5. $\Omega < 1$ heißt unterkritischer und $\Omega > 1$ oberkritischer Bereich.

Schwingungen können zwar auch erwünscht sein, aber meistens sind sie störend. In diesem Zusammenhang ist auch der Begriff der Schwingungsreduktion wichtig.

Definition 6. Als Schwingungsreduktion bezeichnet man jegliche Methode, die zur Amplitudenverringerung bei der Übertragung von Schwingungen von einem Körper auf einen anderen beiträgt. Wir unterscheiden drei Arten:

1. Schwingungsisolation. Dies wird über die Abstimmung des Frequenzverhältnisses $\Omega = \frac{\omega}{\omega_0}$ erreicht.
2. Schwingungsdämpfung. Durch den Einbau eines Dämpfers wird Bewegungsenergie in Wärme umgewandelt.
3. Schwingungstilgung. Das Hauptsystem wird mit einer Zusatzmasse versehen, die Ersterem Schwingungsenergie entzieht (Kap. 15.1 ff.).

Ergebnis. Bei der Kraftanregung erkennt man aus Abb. 11.1 mitte, dass eine merkliche Amplitudenverringerung im oberkritischen Bereich bei einem Verhältnis von etwa $\Omega \geq 1.5$ über eine Schwingungsisolation einsetzt. Damit muss eine Maschine somit im überkritischen Bereich betrieben werden.

Beispiel 1. Ermitteln Sie die Lösung von (11.6) für große Zeiten und der Anregungsfrequenz $\omega = \omega_0$.

Lösung. Der 2. Term strebt für $t \to \infty$ gegen Null. Der 1. Term ergibt

$$x(t) = \frac{F_0}{m} \cdot \frac{1}{\sqrt{(\omega_0^2 - \omega_0^2)^2 + (\frac{\mu}{m})^2 \omega_0^2}} \cdot \cos\left[\omega_0 t - \arctan\left(\frac{\frac{\mu}{m} \cdot \omega_0}{\omega_0^2 - \omega_0^2}\right)\right]$$

$$= \frac{F_0}{\mu \omega_0} \cdot \cos\left(\omega_0 t - \frac{\pi}{2}\right) = \frac{F_0}{\mu \omega_0} \cdot \sin(\omega_0 t).$$

Das Pendel schwingt letztlich mit einer Phasenverschiebung von $\varphi = \frac{\pi}{2}$ zur Anregungsfrequenz ω_0.

Abschätzen der Einschwingzeit

Theoretisch endet der Einschwingvorgang nie, aber mit der Zeit nimmt das System sowohl die aufgezwungene Frequenz als auch die Amplitude mit immer kleineren Abweichungen zur aufgezwungenen Amplitude an. Zur Illustration betrachten wir ein Zahlenbeispiel.

Beispiel 2. Gegeben ist eine erzwungene Schwingung gemäß der Gleichung (11.6) mit $F_0 = 1$, $\mu = 0.25$, $D = 2.125$, $m = 0.125$ und $\omega = 2$.

a) Bestimmen Sie die allgemeine Lösung mit den Startwerten $x(0) = \dot{x}(0) = 0$.
b) Stellen Sie die beiden Funktionen $x_1(t)$ und $x_2(t) + 0.59$ dar.
c) Wir geben eine Maximalabweichung δ in % zur maximalen Amplitude von $x_2(t)$ vor und betrachten den Quotienten $|\frac{f(n \cdot T_d)}{f(0)}|$. Es soll untersucht werden, wie viele Schwingungen n der Schwingungsdauer T_d man abwarten muss, bis dass die Am-

plitude $f(n \cdot T_d)$ verglichen mit der Startamplitude $f(0)$ erstmals unter δ gesunken ist. Geben Sie einen Ausdruck für n an.

d) Wir groß ist n, falls $\delta = 5\%$ und die Werte von D, m und μ von oben verwendet werden?

Lösung.

a) Man berechnet

$$\omega_d = \frac{\sqrt{4 \cdot 2.125 \cdot 0.125 - 0.25^2}}{2 \cdot 0.125} = 4, \qquad \frac{\frac{0.25}{0.125} \cdot 2}{\frac{2.125}{0.125} - 2^2} = \frac{4}{13}$$

und

$$\frac{F_0}{m} \cdot \frac{1}{\sqrt{(\frac{D}{m} - \omega^2)^2 + (\frac{\mu}{m})^2 \omega^2}} = \frac{1}{0.125} \cdot \frac{1}{\sqrt{(\frac{2.125}{0.125} - 2^2)^2 + (\frac{0.25}{0.125})^2 2^2}} = \frac{8\sqrt{185}}{185}.$$

Damit erhält man vorerst

$$x(t) = \frac{8\sqrt{185}}{185} \cdot \cos\left[2t - \arctan\left(\frac{4}{13}\right)\right] + e^{-t} \cdot [C_1 \cdot \cos(4t) + C_2 \cdot \sin(4t)].$$

Die Anfangsbedingungen ergeben $C_1 = -\frac{104}{185}, C_2 = -\frac{42}{185}$ und insgesamt

$$x(t) = x_1(t) + x_2(t)$$
$$= \frac{8\sqrt{185}}{185} \cdot \cos\left[2t - \arctan\left(\frac{4}{13}\right)\right] - \frac{2e^{-t}}{185} \cdot [52 \cdot \cos(4t) + 21 \cdot \sin(4t)].$$

b) Die Funktion $x_1(t)$ schwingt mit der konstanten Amplitude $\frac{8\sqrt{185}}{185} \approx 0.59$. Deswegen ist es sinnvoll, die fallende Exponentialfunktion $x_2(t)$ um diesen Wert zu erhöhen, um die Veränderung dieses Wertes mit der Zeit besser zu erkennen. Der Einfluss der Systemfrequenz ω_d ist nach etwa 6 s schon verschwunden (Abb. 11.2 links).

c) Mit

$$f(t) = e^{-\xi\omega_0 \cdot t} \cdot [C_1 \cdot \cos(\omega_d t) + C_2 \cdot \sin(\omega_d t)]$$

hat man

$$\left|\frac{f(n \cdot T_d)}{f(0)}\right| = \frac{e^{-\xi\omega_0 \cdot n \cdot T_d} \cdot [C_1 \cdot \cos(\omega_d \cdot n \cdot \frac{2\pi}{\omega_d}) + C_2 \cdot \sin(\omega_d \cdot n \cdot \frac{2\pi}{\omega_d})]}{e^{-\xi\omega_0 \cdot 0} \cdot [C_1 \cdot \cos(0) + C_2 \cdot \sin(0)]} = e^{-\xi\omega_0 \cdot n \cdot T_d} = \delta$$

und daraus

$$n \geq -\frac{\ln\delta}{\xi\omega_0 \cdot T_d} = -\frac{\ln\delta \cdot \omega_d}{2\pi \cdot \xi \cdot \omega_0} = -\frac{\ln\delta \cdot T_0}{2\pi \cdot \xi \cdot T_d}$$

$$= -\frac{\ln \delta \cdot \sqrt{4Dm - \mu^2}}{\pi \cdot \mu} = -\frac{\ln \delta}{\pi} \cdot \sqrt{\frac{4Dm}{\mu^2} - 1}.$$

Je größer die Dämpfung, umso kleiner die Einschwingzeit.
d)   Man erhält

$$n \geq -\frac{\ln(0.05)}{\pi} \cdot \sqrt{\frac{4 \cdot 2.125 \cdot 0.125}{0.25^2} - 1} = 3.81.$$

Anders gesagt, nach

$$t = n \cdot T_d$$

$$= n \cdot \frac{2\pi}{\omega_d} = 3.81 \cdot \frac{2\pi}{4} = 6.00 \text{ s}.$$

Die Energien bei der erzwungenen Schwingung

Herleitung von (11.12)–(11.19)

Um zur Energiebilanz zu gelangen, wird Gleichung (11.1) mit $\dot{x}$ multipliziert, was $m \cdot \ddot{x}\dot{x} + D \cdot x\dot{x} = -\mu \cdot \dot{x}\dot{x} + F\dot{x}$ oder $\frac{d}{dt}(\frac{1}{2}mv^2 + \frac{1}{2}Dx^2) = F\dot{x} - \mu \cdot (\dot{x})^2$ ergibt. Anders geschrieben entsteht daraus

$$\frac{dE_{\text{Total}}(t)}{dt} = W_F - W_d. \tag{11.12}$$

Die im System gespeicherte Energie wächst um die über die antreibende Kraft zugeführte Energie und sinkt aufgrund der verrichteten Dämpfungsarbeit. In integraler Form geschrieben ergibt sich aus (11.12) die *Energiebilanz:*

$$E_{\text{Total}}(t) = \int_0^t \{F(\tau)\dot{x}(\tau) - \mu[\dot{x}(\tau)]^2\}d\tau. \tag{11.13}$$

Die Ortsfunktion $x(t)$ in (11.13) entspricht derjenigen von (11.6).
Spezialfall: Im eingeschwungenen oder stationären Zustand ist die Gesamtenergie konstant, also

$$W_F = W_d. \tag{11.14}$$

Die von außen zugeführte Energie wird dann vollständig in Reibungswärme umgewandelt.
Uns interessiert die dissipierte Energie für diesen Fall. Zuerst gilt es aber die Gesamtenergie zu bestimmen. Die Orts- und Geschwindigkeitsfunktion lauten gemäß (11.5) dann

$$x(t) = C \cdot \cos(\omega t - \delta) \quad \text{und} \quad v(t) = -\omega C \cdot \sin(\omega t - \delta) \quad \text{mit}$$

$$C = \frac{F_0}{\sqrt{(D - m\omega^2)^2 + \mu^2 \omega^2}} \quad \text{und} \quad \delta = \arctan\left(\frac{\mu\omega}{D - m\omega^2}\right). \tag{11.15}$$

Somit folgt

$$E_{\text{pot}}(t) = \frac{1}{2}Dx^2(t) = \frac{1}{2}DC^2 \cos^2(\omega t - \delta) \quad \text{und}$$

$$E_{\text{kin}}(t) = \frac{1}{2}mv^2(t) = \frac{1}{2}mC^2\omega^2 \sin^2(\omega t - \delta). \tag{11.16}$$

Insgesamt erhält man

$$E_{\text{total}}(t) = E_{\text{pot}}(t) + E_{\text{kin}}(t), \quad \text{also}$$

$$E_{\text{total}}(t) = \frac{1}{2}mC^2[\omega_0^2 \cos^2(\omega t - \delta) + \omega^2 \sin^2(\omega t - \delta)] \quad \text{mit} \quad \omega_0 = \sqrt{\frac{D}{m}}. \tag{11.17}$$

Nun wollen wir die dissipierte Energie zwischen zwei beliebigen Schwingungsdauern im stationären Zustand ermitteln. Gleichung (11.12) liefert dazu den Zusammenhang

$$E_{\text{diss},nT_d} = W_F = \int_{nT}^{(n+1)T} F(\tau)\dot{x}(\tau)d\tau = W_d = \mu \int_{nT}^{(n+1)T} [\dot{x}(\tau)]^2 d\tau. \tag{11.18}$$

Man erhält also, bis auf das Vorzeichen, denselben Ausdruck wie für das freie ungedämpfte Federpendel aus Kap. 9.2. Weiter folgt

$$E_{\text{diss},nT_d} = \mu\omega^2 C^2 \int_{nT}^{(n+1)T} = \sin^2(\omega\tau - \delta)d\tau$$

$$= \frac{\mu\omega^2 C^2}{2}\left[\tau - \frac{\sin(2\omega\tau)}{2\omega}\right]_{nT}^{(n+1)T} = \frac{\mu\omega^2 C^2}{2} \cdot T = \frac{\mu\omega^2 C^2}{2} \cdot \frac{2\pi}{\omega} = \pi\mu\omega C^2. \tag{11.19}$$

Verglichen mit der freien gedämpften Schwingung ist die dissipierte Energie nach einer Periode konstant.

Beispiel 3. Betrachten Sie die erzwungene Schwingung des gedämpften Federpendels.
a) Bestimmen Sie Orts- und Geschwindigkeitsfunktion für $m = 1$, $\omega = 2$, $D = 3.6$, $\mu = 0.15$ und $F_0 = 0.5$.
b) Betrachten Sie die dissipierte Energie nach der ersten Schwingungsdauer $E_{\text{diss}} = -\mu \int_0^{T_d} [\dot{x}(\tau)]^2 d\tau$. Schreiben Sie das Integral so um, dass E_{diss} als Arbeit mit $F_R(t)$ als Reibungskraft entlang des Weges $x(t)$ erkennbar wird.
c) Welche Kurve stellt $(x(t), F_R(t))$ dar? Bestimmen Sie dann die Parameterdarstellung $(x(t), F_R(t))$ mit den gegebenen Zahlen.

d) Wie viel Energie wird während einer Schwingung in Wärme umgewandelt? Stellen Sie danach die dissipierte Energie zwischen zwei beliebigen Schwingungsdauern in einem Arbeitsdiagramm (Phasendiagramm) dar.

Lösung.

a) Mit Gleichung (11.5) erhält man

$$x(t) = \frac{0.5}{\sqrt{(3.6-4)^2 + 4(0.15)^2}} \cdot \cos\left[2t - \arctan\left(\frac{0.3}{3.6-4}\right)\right]$$

$$= \cos\left[2t + \arctan\left(\frac{3}{4}\right)\right] = \cos(2t + 0.644) = 0.2 \cdot [4\cos(2t) - 3\sin(2t)]$$

und folglich

$$v(t) = -2\sin(2t + 0.644) = -0.4 \cdot [4\sin(2t) + 3\cos(2t)].$$

b) Es gilt identisch zur freien, gedämpften Schwingung

$$E_{\text{diss}} = \mu \int_0^T [\dot{x}(\tau)]^2 d\tau = \mu \int_0^T \dot{x}(\tau)\dot{x}(\tau)d\tau = \mu \int_0^T \dot{x}(\tau)\frac{dx(\tau)}{d\tau}d\tau$$

$$= \mu \int_0^T \dot{x}(\tau)dx(\tau) = \int_0^T F_R(\tau)dx(\tau).$$

Der Integrand entspricht wiederum der infinitesimalen Arbeit entlang des Weges $dx(\tau)$ und die gesamte Integrandenarbeit wird geometrisch durch die Fläche unter der parametrisierten Kurve $(x(t), -F_R(t))$ dargestelllt.

c) In diesem Fall entspricht die Parameterdarstellung einer geraden Ellipse. Allgemein gilt nämlich

$$x(t) = a \cdot [c \cdot \cos(\omega t) - d \cdot \sin(\omega t)] = a\sqrt{c^2 + d^2} \cdot \cos\left[\omega t + \arctan\left(\frac{d}{c}\right)\right] \quad \text{und}$$

$$y(t) = b \cdot [c \cdot \cos(\omega t) - d \cdot \sin(\omega t)] = b\sqrt{c^2 + d^2} \cdot \cos\left[\omega t - \arctan\left(\frac{c}{d}\right)\right]$$

$$= b\sqrt{c^2 + d^2} \cdot \cos\left[\omega t - \frac{\pi}{2} + \arctan\left(\frac{d}{c}\right)\right] = b\sqrt{c^2 + d^2} \cdot \sin\left[\omega t + \arctan\left(\frac{d}{c}\right)\right].$$

In Koordinatenform wäre $\frac{x(t)^2}{a^2} + \frac{y(t)^2}{b^2} = c^2 + d^2$. Mit den gegebenen Werten erhält man

$$x(t) = 0.2 \cdot [4\cos(2t) - 3\sin(2t)] \quad \text{und}$$

$$F_R(t) = \mu\dot{x}(t) = -0.06 \cdot [4\sin(2t) + 3\cos(2t)]. \tag{11.20}$$

d) Gleichung (11.19) liefert

$$E_{\text{diss}} = \pi\mu\omega C^2 = \pi \cdot 0.15 \cdot 2 \cdot 1^2 = 0.94 \, \text{J}.$$

Dies entspricht dem Flächeninhalt der Ellipse mit den Halbachsen $C_1 = a \cdot \sqrt{c^2 + d^2}$ und $C_2 = b \cdot \sqrt{c^2 + d^2}$, also

$$A = \pi C_1 C_2 (c^2 + d^2) = \pi \cdot 0.2 \cdot 0.06(4^2 + 3^2) = 0.94 \, \text{J}.$$

Aus Abb. 11.2 rechts entnimmt man die dissipierte Energie für den ersten Zyklus. Da man es mit einer geschlossenen Kurve zu tun hat, spielt es keine Rolle, welchen Zyklus man betrachtet.

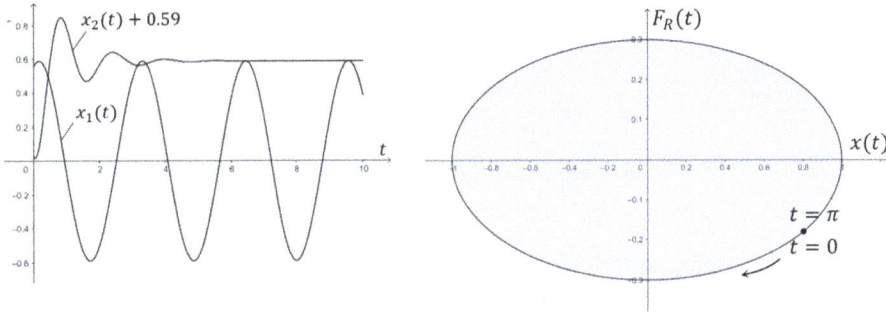

Abb. 11.2: Graph zum Beispiel 2, Graph von (11.20) und zugehörige dissipierte Energie.

Beispiel 4. Gegeben ist die erzwungene Schwingung eines Federpendels mit den konkreten Werten $m = 1\,\text{kg}$ und $D = 25 \frac{\text{N}}{\text{m}}$. Weiterhin gelten die Abkürzungen $a = \frac{\mu}{m}$ und $\omega_0^2 = \frac{D}{m}$.

a) Untersuchen Sie die Abhängigkeit der Phasenverschiebung von der Erregerfrequenz, also $\varphi(\omega)$ (Gleichung (11.5)). Nehmen Sie nacheinander $a = 1, 2, 3, 4$. Stellen Sie den Verlauf für $0 \leq \omega \leq 12$ dar und interpretieren Sie.

b) Stellen Sie das Verhältnis der Amplituden $\frac{A(\omega)}{A(0)}$ für $\omega_0 = 5$ und $a = 1, 2, 3, 4$ mithilfe der Gleichung (11.5) dar.

c) Für welche Frequenz wird der Ausdruck $\frac{A(\omega)}{A(0)}$ maximal? Bestimmen Sie ω als Funktion von ω_0 und a.

d) Setzen Sie das Ergebnis von c) in $\frac{A(\omega)}{A(0)}$ ein und ermitteln Sie die Kurve, auf der alle Resonanzmaxima liegen.

e) Bestimmen Sie i) $\lim_{a \to 0} \frac{A(\omega)}{A(0)}$, oder was gleichwertig ist, ii) $\lim_{\omega_{\text{Max}} \to \omega_0} \frac{A(\omega)}{A(0)}$ und erklären Sie, was geschieht.

Lösung.

a) Gleichung (11.5) liefert

$$\varphi(\omega) = \arctan\left(\frac{a \cdot \omega}{\omega_0^2 - \omega^2}\right) = \arctan\left(\frac{a \cdot \omega}{25 - \omega^2}\right).$$

Die vier Verläufe von φ mit $a = 1, 2, 3, 4$ entnimmt man aus Abb. 11.3 links. Dabei kann man, da φ die Periodizität π besitzt, zwischen φ und $\varphi \pm \pi$ wechseln. Nähert sich ω dem Wert ω_0, so beträgt die Phasenverschiebung, unabhängig von der Dämpfung, $\varphi = \frac{\pi}{2}$. Bei sehr kleiner Dämpfung ($a \to 0$) entspricht der Verlauf von $\varphi(\omega)$ nahezu einer Rechteckfunktion.

b) Mit Gleichung (11.5) folgt

$$A(\omega) = \frac{F_0}{m} \cdot \frac{1}{\sqrt{(\omega_0^2 - \omega^2)^2 + a^2\omega^2}}, \quad A(0) = \frac{F_0}{m} \cdot \frac{1}{\omega_0^2}$$

und damit

$$\frac{A(\omega)}{A(0)} = \frac{\omega_0^2}{\sqrt{(\omega_0^2 - \omega^2)^2 + a^2\omega^2}} = \frac{25}{\sqrt{(25 - \omega^2)^2 + a^2\omega^2}}.$$

Die vier zugehörigen Verläufe sind in Abb. 11.3 rechts festgehalten. Die Maxima sind abhängig von der vorhandenen Dämpfung. Wird die Dämpfung schwächer, so nähert sich das Maximum der Eigenfrequenz ω_0.

c) Es gilt

$$\frac{d}{d\omega}\left[\frac{A(\omega)}{A(0)}\right] = \frac{d}{d\omega}\left[\frac{\omega_0^2}{\sqrt{(\omega_0^2 - \omega^2)^2 + a^2\omega^2}}\right] = \frac{-\omega_0^2 \cdot \omega \cdot (2\omega^2 + a^2 - 2\omega_0^2)}{[(\omega_0^2 - \omega^2)^2 + a^2\omega^2]^{\frac{3}{2}}}.$$

Null setzen ergibt $\omega_{max} = \sqrt{\omega_0^2 - \frac{a^2}{2}}$.

d) Im Ausdruck für $\frac{A(\omega)}{A(0)}$ muss $a^2 = 2(\omega_0^2 - \omega_{max}^2)$ ersetzt werden. Man erhält

$$\frac{A(\omega_{max})}{A(0)} = \frac{\omega_0^2}{\sqrt{(\omega_0^2 - \omega_{max}^2)^2 + 2(\omega_0^2 - \omega_{max}^2)\omega_{max}^2}} = \frac{\omega_0^2}{\sqrt{\omega_0^4 - \omega_{max}^4}} = \frac{25}{\sqrt{625 - \omega_{max}^4}}.$$

Der Graph dieser Kurve ist in Abb. 11.3 rechts gestrichelt dargestellt.

e) Für $a \to 0$ ist beispielsweise $\omega_{max} \to \omega_0$ und damit $\frac{A(\omega_{max})}{A(0)} \to \infty$. Dies nennt man die Resonanzkatastrophe.

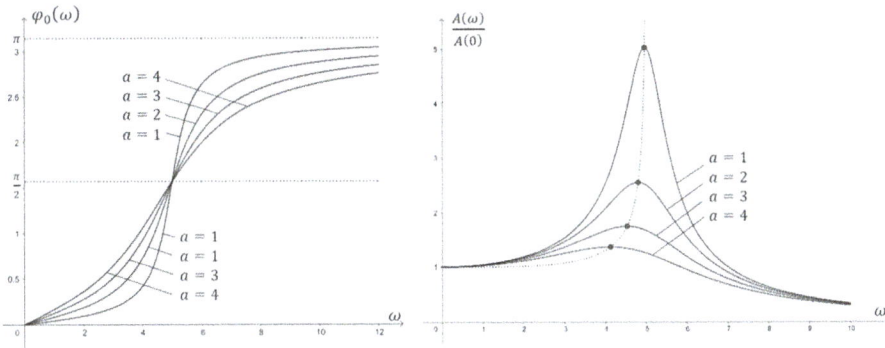

Abb. 11.3: Graphen zum Beispiel 3.

11.1 Verschiedene Arten erzwungener Schwingungen

Bisher sind wir von einer Erregerkraft ausgegangen, die unmittelbar auf den Körper einwirkt. Es sind aber auch andere Anregungsarten denkbar. Bei einer Fußpunkt- oder Weganregung, wie sie beim Erdbebenverhalten von Gebäuden vorkommt, wird eine Masse durch eine horizontale oder vertikale Bewegung des Untergrunds in Bewegung versetzt. Betrachten wir dazu Abb. 11.4, 1. und die 2. Skizze.

Herleitung von (11.1.1)–(11.1.16)

Wird eine Masse m in Richtung $y(t)$ direkt, über eine Feder, über einen Dämpfer oder über beide Elemente ausgelenkt, so bewegt sich die Masse, außer bei der direkten Anregung mit einer Kraft, verzögert. Feder- und Dämpfungskraft sind somit proportional zum Relativweg $y(t) - x(t)$ und zur Relativgeschwindigkeit $\dot{y}(t) - \dot{x}(t)$ respektive.

Bilanz: Kraft- oder Impulsänderungsbilanz des Körpers.

Es gilt $\frac{d(mv)}{dt} = m \cdot \ddot{x} = F(t) + F_{\text{Feder}} + F_{\text{Dämpfung}}$ oder $m\ddot{x} = F(t) + \mu(\dot{y} - \dot{x}) + D(y - x)$.

Geordnet nach der nicht angeregten freien Schwingung (links) und den Störungen (rechts) erhält man $m\ddot{x} + \mu\dot{x} + Dx = F(t) + \mu\dot{y} + Dy$.

Nach Division durch m und mit den Abkürzungen $\xi = \frac{\mu}{2\omega_0 m}$, $\frac{D}{m} = \omega_0^2$ folgt

$$\ddot{x} + 2\xi\omega_0\dot{x} + \omega_0^2 x = \frac{F(t)}{m} + 2\xi\omega_0\dot{y} + \omega_0^2 y. \qquad (11.1.1)$$

Grundlegend unterscheiden wir die schon genannten drei Fälle:

I. Die Bewegung der Masse m erfolgt direkt über eine Kraftanregung $F(t)$ und bewirkt eine Auslenkung der Masse um $x(t)$ (Abb. 11.4 links). Dieser Fall wurde auf den letzten Seiten eingehend behandelt mit den Ergebnissen (11.5) und (11.10).

II. Wirkt die beschleunigende Kraft nicht direkt auf die Masse, so nennt man dies eine Weg- oder Fußpunktanregung. Beispielsweise kann sich der Untergrund relativ zur Masse um $y(t)$ bewegen, was man auch als Fundamentanregung bezeichnet (unebene Straßen, Erdbeben mit vertikaler Verschiebung, Abb. 11.4 mitte) und eine Ortsänderung $x(t)$ hervorrufen. Weiter kann die Kraftwirkung auf die Masse über die Feder alleine erzeugt werden (Weganregung über Feder, Abb. 11.4 rechts, Bewegung in diesem Fall nach oben durch linken gestrichenen Pfeil angedeutet). Alternativ wirkt die Kraft über einen Dämpfer alleine (Abb. 11.4 rechts, Bewegung in diesem Fall nach oben durch rechten gestrichenen Pfeil angedeutet). Schließlich ist eine indirekte Kraftwirkung auf die Masse sowohl über Feder und Dämpfer möglich (Weganregung über Feder und Dämpfer, Abb. 11.4 rechts, Bewegung in diesem Fall nach oben durch beide gestrichenen Pfeile angedeutet). Bei Erdbeben können die genannten Weganregungen auch horizontal erfolgen (Abb. 11.5 links).

III. Die Masse m_0 kann indirekt auch über eine Unwucht mit der Masse m_u in Bewegung versetzt werden und bewirkt eine Ortsänderung $x(t)$. Dies bezeichnet man als Unwuchtanregung (Abb. 11.5 mitte).

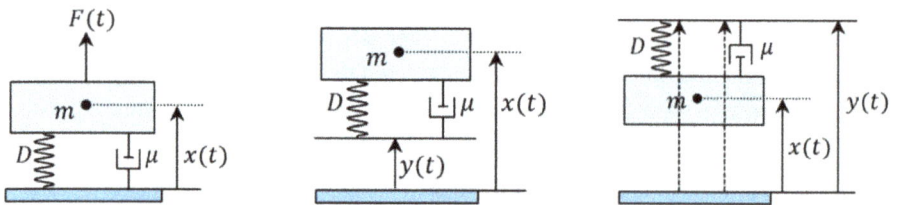

Abb. 11.4: Skizzen zur Kraft- und Weganregung.

Als Nächstes beschränken wir uns vorerst auf rein harmonische Anregungen.

Einschränkung: Die Kraft- oder Weganregung erfolgt über periodische Funktionen der Form $F(t) = F_0 \cos(\omega t)$ bzw.

$$y(t) = y_0 \cos(\omega t). \tag{11.1.2}$$

Bemerkung. Bei einer Weganregung ist es üblich, die periodische Wegänderung des anregenden Körpers (Feder, Dämpfer oder beide) mit $y(t) = y_0 \cos(\omega t)$ vorzugeben. Zwingend ist dies nicht. Gibt man beispielsweise bei Federanregung die Kraft als $F(t) = F_0 \cos(\omega t)$ vor, so erhält man die zugehörige Weganregung über den Vergleich $F_0 \cos(\omega t) = Dy(t)$ zu $y(t) = \frac{F_0}{D} \cos(\omega t)$ mit $y_0 := \frac{F_0}{D}$. Umgekehrt folgt die periodische Kraft aus der gegebenen Weganregung. Dasselbe gilt auch für die Anregung über Dämpfer. Aus $F(t) = F_0 \cos(\omega t)$ folgt über den Vergleich $F_0 \cos(\omega t) = \mu \dot{y}(t)$ die Weganregung $y(t) = \frac{F_0}{\mu\omega} \sin(\omega t)$ mit $y_0 := \frac{F_0}{\mu\omega}$.

Setzen wir die Ausdrücke von (11.1.2) in (11.1.1) ein, so erhält man die entsprechenden DGen:

$$\text{I.} \quad \ddot{x} + 2\xi\omega_0\dot{x} + \omega_0^2 x = \frac{F_0 \cos(\omega t)}{m}, \tag{11.1.3}$$

$$\text{II.a)} \quad \ddot{x} + 2\xi\omega_0\dot{x} + \omega_0^2 x = \omega_0^2 y_0 \cos(\omega t), \tag{11.1.4}$$

$$\text{II.b)} \quad \ddot{x} + 2\xi\omega_0\dot{x} + \omega_0^2 x = -2\xi\omega_0\omega y_0 \sin(\omega t), \tag{11.1.5}$$

$$\text{II.c)} \quad \ddot{x} + 2\xi\omega_0\dot{x} + \omega_0^2 x = \omega_0^2 y_0 \cos(\omega t) - 2\xi\omega_0\omega y_0 \sin(\omega t). \tag{11.1.6}$$

Der III. Fall wird weiter unten bearbeitet.

Fall I

Die partikuläre Lösung für den eingeschwungenen Zustand liegt mit (11.5) oder (11.10) vor. Zur weiteren Vertiefung betrachten wir zwei zusätzliche Beispiele.

Beispiel 1. Das Massenstück eines Fadenpendels (Abb. 11.5 rechts) schwingt mit einer periodischen Kraft $F(t) = F_0 \cos(\omega t)$.

a) Führen Sie eine Kräftebilanz an der Masse m durch und ermitteln Sie die Bewegungsgleichung für die Größe $\varphi(t)$ bei kleinen Auslenkungen.

b) Wie groß werden die Vergrößerungsfunktion und die Erregeramplitude und wie lautet die Lösung für $\varphi(t)$?

Lösung.

a) *Idealisierungen:*
   – Die Masse des Fadens wird vernachlässigt.
   – Die Auslenkungen sind klein.

Um die Masse m zu beschleunigen, bedarf es der Kraft $F_B = ml\ddot{\varphi}(t)$. Dies leistet der in Tangentialrichtung zeigende Anteil $F_{K,T} = F(t)\cos[\varphi(t)] = F_0 \cos(\omega t)\cos[\varphi(t)]$ der periodischen Kraft $F(t)$. In Gegenrichtung wirkt der in Tangentialrichtung weisende Anteil der Gewichtskraft, also $F_{G,T} = mg\sin[\varphi(t)]$.

Kräftebilanz: $\frac{d(mv)}{dt} = F_B = F_{K,T} - F_{G,T}$ oder $ml\ddot{\varphi}(t) = F_0 \cos(\omega t)\cos[\varphi(t)] - mg\sin[\varphi(t)]$.

Mit $\sin(\varphi) \approx \varphi$ und $\cos(\varphi) \approx 1$ folgt daraus $F_0 \cos(\omega t) - ml\ddot{\varphi}(t) - mg\varphi(t) = 0$ oder $\ddot{\varphi}(t) + \frac{g}{l} \cdot \varphi(t) = \frac{F_0}{ml} \cdot \cos(\omega t)$.

b) Die Lösung schreibt sich gemäß (11.10) mit $\omega_0 = \sqrt{\frac{g}{l}}$ als

$$\varphi(t) = \frac{F_0}{ml\omega_0^2} \cdot \frac{1}{|1 - \Omega^2|} \cdot \cos(\omega t) = \frac{F_0}{mg} \cdot \frac{1}{|1 - \Omega^2|} \cdot \cos(\omega t).$$

Die Vergrößerungsfunktion lautet $V(\Omega) = \frac{1}{|1 - \Omega^2|}$ und entspricht derjenigen von (11.2) ohne Dämpfung. Die Erregeramplitude ist das Verhältnis $\frac{F_0}{F_G}$ zwischen Kraftanregung und Gewichtskraft der Pendelmasse.

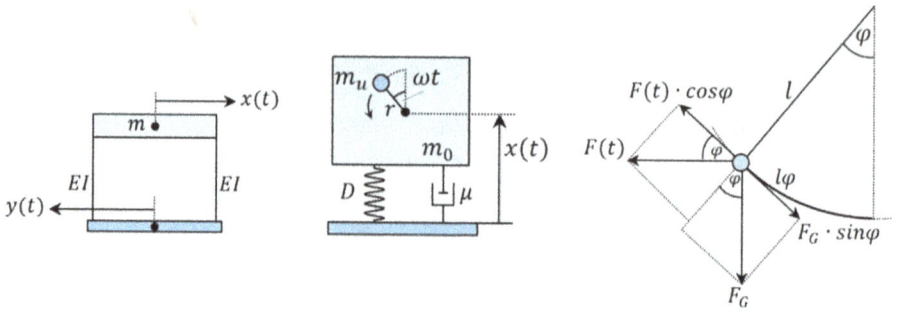

Skizzen zur Weg- und Unwuchtanregung und Beispiel 1.

Beispiel 2. Ein Balken der Länge l und der Biegesteifigkeit EI ist in zwei gleichhohen Punkten gelenkig gelagert und wird mittig mit der periodischen Kraft $F(t) = F_0 \cos(\omega t)$ belastet (Abb. 11.6 links). Der Kreis in der Mitte repräsentiert entweder die Konzentration der Balkenmasse als Punktmasse selber, eine Zusatzmasse oder beides. Im Fall einer großen Zusatzmasse, kann man die Balkenmasse vernachlässigen. Der an dieser Stelle häufig verwendete Ausdruck des masselosen Balkens könnte missverständlich sein, weil dies nicht mit gegenstands- oder wirkungslos gleichgesetzt werden darf und der Balken stets eine rücktreibende Kraftwirkung erzeugt. Fasst man das System als ein EMS auf, dann begeht man in jedem Fall einen kleinen Fehler. Der Unterschied zur exakten Lösung wird in der nachstehenden Bemerkung untersucht.

a) Schreiben Sie Kräftebilanz für die Masse m auf und ermitteln Sie die Bewegungsgleichung für die Größe $x(t)$.

b) Bestimmen Sie die Lösung für $x(t)$.

Lösung.

a) *Idealisierung:* Das System wird als EMS behandelt.

Die Kraft $F(t) = F_0 \cos(\omega t)$ dient der Beschleunigung der Masse m. Ein Teil der Kraft $F(t)$ wird benötigt, um den Balken zu verbiegen. Die mittige Auslenkung x bei einer wirkenden Kraft F_S für diesen Lastfall entnimmt man aus Abb. 7.10. Es gilt $x = \frac{F_S l^3}{48EI}$ und somit $F_S(t) = \frac{48EI}{l^3} x(t)$. Diese ist der beschleunigenden Kraft entgegengesetzt. *Kräftebilanz:* $\frac{d(mv)}{dt} = F_B = F - F_S$ oder $m\ddot{x}(t) = F(t) - \frac{48EI}{l^3} x(t)$ und schließlich $\ddot{x} + \frac{48EI}{ml^3} x = \frac{F_0}{m} \cos(\omega t)$.

b) Die Lösung erhält man durch Vergleich mit (11.5). Es gilt

$$x_{p,\text{EMS}}(t) = \frac{F_0}{m} \cdot \frac{1}{\frac{48EI}{ml^3} - \omega^2} \cdot \cos(\omega t) = \frac{F_0 l^3}{48EI - ml(\omega l)^2} \cdot \cos(\omega t). \qquad (11.1.7)$$

Bemerkungen. Wir werden in Band 3 sehen, dass sich die statischen Ergebnisse nur näherungsweise auf die Dynamik übertragen lassen. Dies soll kurz am eben besprochenen Beispiel 1 erläutert werden. In Wirklichkeit wird bei der erzwungenen (ebenso bei der freien) Schwingung durch eine Erzeugerkraft die Stab- oder Balkenmasse des Verbindungsstücks ebenfalls mitbeschleunigt.

1. Wir greifen also etwas voraus und geben das Ergebnis der Biegeschwingung für diesen Lagerungsfall an. Es lautet

$$x_{p,\text{Balken}}(s,t) = \sum_{n=1}^{\infty} \frac{2F_0 l^3 \cdot (-1)^{n+1}}{EI((2n-1)\pi)^4 - ml(\omega l)^2} \cdot \sin\left[\frac{(2n-1)\pi}{l}s\right] \cdot \cos(\omega t). \quad (11.1.8)$$

Der Stab oder der Balken besitzt somit viele, sogenannte Eigenformen $v_n(s) = \sin(\frac{n\pi}{l}s)$.

Für $\omega = 0$ geht (11.1.8) über in

$$x_{p,\text{Balken}}(s,t) = \sum_{n=1}^{\infty} \frac{2F_0 l^3 \cdot (-1)^{n+1}}{EI((2n-1)\pi)^4} \cdot \sin\left[\frac{(2n-1)\pi}{l}s\right] \quad (11.1.9)$$

und dies entspricht der (halben) Biegelinie

$$x_{p,\text{Balken}}(s) = -\frac{F_0 l^3}{48EI}\left[4\left(\frac{s}{l}\right)^3 - 3\left(\frac{s}{l}\right)\right]$$

für diesen Lagerungsfall (Beweis siehe Band 3).

2. Um dies mit der Massenbewegung im Zentrum zu vergleichen, bestimmen wir zuerst

$$\sin\left[\frac{(2n-1)\pi}{l} \cdot \frac{l}{2}\right] = (-1)^{n+1},$$

sodass (11.1.9) für $s = \frac{l}{2}$ lautet:

$$x_{p,\text{Balken}}\left(\frac{l}{2},t\right) = \sum_{n=1}^{\infty} \frac{2F_0 l^3}{EI((2n-1)\pi)^4 - ml(\omega l)^2} \cdot \cos(\omega t)$$

$$= \sum_{n=1}^{\infty} \frac{F_0}{\frac{EI((2n-1)\pi)^4}{2l^3} - \frac{m}{2}\omega^2} \cdot \cos(\omega t). \quad (11.1.10)$$

Im Vergleich dazu liefert (11.1.7) zu jedem Zeitpunkt die Auslenkung in der Mitte für den EMS:

$$x_{p,\text{EMS}}\left(\frac{l}{2},t\right) = \frac{F_0 l^3}{48EI - ml(\omega l)^2} = \frac{F_0}{\frac{48EI}{l^3} - m\omega^2} \cdot \cos(\omega t). \quad (11.1.11)$$

In den Schreibweisen (11.1.10) und (11.1.11) erkennt man, dass die Federkonstante $D = \frac{48EI}{l^3}$ des EMS durch die (modalen) (Ersatz)-Federkonstanten $D_n = \frac{EI((2n-1)\pi)^4}{2l^3}$ ersetzt werden. Zudem tritt anstelle der Masse m des EMS die modale Masse $m_* = \frac{1}{2}m$ bei der Biegeschwingung des Balkens. Gleiches gilt auch bei den freien Biegeschwingungen.

3. Betrachtet man weiter in der 1. Näherung ausschließlich den 1. Term für $n = 1$, so erhält man aus (11.1.10)

$$x_{p,\text{Balken}}\left(\frac{l}{2}, t\right) \approx \frac{F_0}{\frac{EI((2\cdot 1 - 1)\pi)^4}{2l^3} - \frac{m}{2}\omega^2} \cdot \cos(\omega t) = \frac{F_0}{D_1 - m_*\omega^2} \cdot \cos(\omega t). \quad (11.1.12)$$

Für den EMS schreibt sich (11.1.7) oder (11.1.11) in dieser Form als

$$x_{p,\text{EMS}}\left(\frac{l}{2}, t\right) = \frac{F_0}{D - m\omega^2} \cdot \cos(\omega t). \quad (11.1.13)$$

Der Grund, warum (11.1.13) im Vergleich zu (11.1.12) oder (11.1.10) gute Ergebnisse liefert, liegt daran, dass die 1. Eigenform $v_1(s) = \sin(\frac{\pi}{l}s)$ der Biegeschwingung mit der normierten (halben) Biegelinie

$$\overline{x}_{p,\text{Balken}}(s) = -\left[4\left(\frac{s}{l}\right)^3 - 3\left(\frac{s}{l}\right)\right]$$

fast identisch ist.

4. Um einen Größeneindruck zu gewinnen, kann man schließlich noch (11.1.13), (11.1.10) und (11.1.12) für folgende einfache Werte $l = m = \omega = F_0 = EI = 1$ einander gegenüberstellen.

$$(11.1.13): \quad x_{p,\text{EMS}}\left(\frac{1}{2}, t\right) = \frac{1}{\frac{48\cdot 1}{1^3} - 1} \cdot \cos(\omega t) = 0.0213 \cdot \cos(\omega t),$$

$$(11.1.10): \quad x_{p,\text{Balken}}\left(\frac{l}{2}, t\right) = \sum_{n=1}^{\infty} \frac{2}{((2n-1)\pi)^4 - 1} \cdot \cos(\omega t) = 0.0210 \cdot \cos(\omega t),$$

$$(11.1.12): \quad x_{p,\text{Balken}}\left(\frac{l}{2}, t\right) \approx \frac{2}{\pi^4 - 1} \cdot \cos(\omega t) = 0.0207 \cdot \cos(\omega t).$$

Ergebnis. Das Zentrum eines Balkens, das über Krafteinwirkung eine erzwungene Schwingung vollführt, bewegt sich etwas langsamer als der EMS mit im Zentrum konzentriert gedachter Masse.

Ähnliche Resultate ergeben sich auch bei anderen Lagerungsfällen mit andersartiger Anregung und anders verteilter Kraft. Insbesondere gilt dies auch für die nachstehenden Beispiele 5, 6, 10 und 12.

Fall II.a)

Wir interessieren uns wiederum nur für den eingeschwungenen oder stationären Zustand, also nur für eine partikuläre Lösung $x_p(t)$ (die gesamte Lösung setzt sich aus der partikulären und der allgemeinen Lösung der homogenen DG zusammen, wobei Letztere mit der Zeit ja abklingt).

Herleitung von (11.1.14)–(11.1.16)

Ausgangspunkt ist die Gleichung (11.1.4)

$$\ddot{x} + 2\xi\omega_0\dot{x} + \omega_0^2 x = \omega_0^2 y_0 \cos(\omega t).$$

Als Lösung setzen wir

$$x(t) = C_1 \cos(\omega t) + C_2 \sin(\omega t) \tag{11.1.14}$$

an fügen dies in (11.1.4) ein. Es entsteht die Gleichung

$$-\omega^2 C_1 \cos(\omega t) - \omega^2 C_2 \sin(\omega t) + 2\xi\omega_0\omega\left[-C_1 \sin(\omega t) + C_2 \cos(\omega t)\right]$$
$$\times \omega_0^2\left[C_1 \cos(\omega t) + C_2 \sin(\omega t)\right] = \omega_0^2 y_0 \cos(\omega t).$$

Mit $\Omega = \frac{\omega}{\omega_0}$ wird daraus

$$-\Omega^2 C_1 \cos(\omega t) - \Omega^2 C_2 \sin(\omega t) + 2\xi\Omega\left[-C_1 \sin(\omega t) + C_2 \cos(\omega t)\right]$$
$$+ \left[C_1 \cos(\omega t) + C_2 \sin(\omega t)\right] = y_0 \cos(\omega t)$$

und somit getrennt nach trigonometrischen Funktionsanteilen das System:

I. $-\Omega^2 C_1 + 2\xi\Omega C_2 + C_1 = y_0$

II. $-\Omega^2 C_2 - 2\xi\Omega C_1 + C_2 = 0.$

Aus der 2. Gleichung gewinnt man $C_2 = \frac{2\xi\Omega}{1-\Omega^2} \cdot C_1$ und eingesetzt in die 1. Gleichung folgt

$$C_1 = \frac{(1 - \Omega^2) \cdot y_0}{(1 - \Omega^2)^2 + 4\xi^2\Omega^2} \quad \text{und} \quad C_2 = \frac{2\xi\Omega \cdot y_0}{(1 - \Omega^2)^2 + 4\xi^2\Omega^2}.$$

Damit schreibt sich (11.1.14) als

$$x(t) = \frac{y_0}{(1 - \Omega^2)^2 + 4\xi^2\Omega^2} \cdot \left[(1 - \Omega^2) \cdot \cos(\omega t) + 2\xi\Omega \cdot \sin(\omega t)\right]$$

und mit (9.1.5) ist

$$x(t) = \frac{y_0 \cdot \sqrt{(1 - \Omega^2)^2 + 4\xi^2\Omega^2}}{(1 - \Omega^2)^2 + 4\xi^2\Omega^2} \cdot \cos\left[\omega t - \arctan\left(\frac{2\xi\Omega}{1 - \Omega^2}\right)\right].$$

Zusammen erhält man:

$$x_p(t) = y_0 \cdot \frac{1}{\sqrt{(1 - \Omega^2)^2 + 4\xi^2\Omega^2}} \cdot \cos\left[\omega t - \arctan\left(\frac{2\xi\Omega}{1 - \Omega^2}\right)\right]. \tag{11.1.15}$$

Die Vergrößerungsfunktion ist

$$V_1(\Omega) = \frac{x_0}{y_0} = \frac{1}{\sqrt{(1 - \Omega^2)^2 + 4\xi^2\Omega^2}} \qquad (11.1.16)$$

und damit mit der Kraftanregung identisch. Man kann deshalb das Ergebnis aus dem vorigen Kapitel, soweit es eine Schwingungsreduktion betrifft, übernehmen.

Ergebnis. Bei der Weganregung über Feder wird eine merkliche Amplitudenverringerung im oberkritischen Bereich bei einem Verhältnis von etwa $\Omega \geq 1.5$ erreicht. Damit muss eine Maschine im überkritischen Bereich betrieben werden.

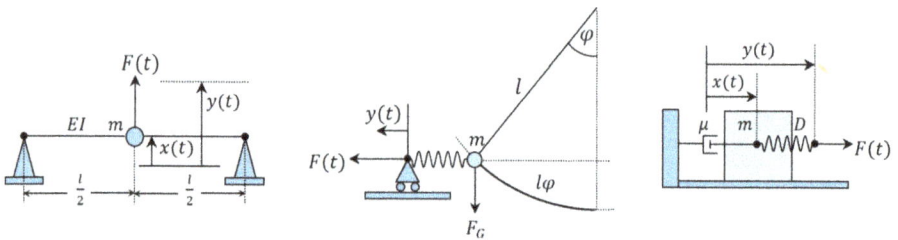

Abb. 11.6: Skizzen zu den Beispielen 2, 3 und 4.

Beispiel 3. Zugrunde liegt dasselbe Fadenpendel aus Beispiel 2. Die periodische Weganregung $y(t) = y_0 \cos(\omega t)$ soll aber über eine Feder mit der Federkonstanten D und der Federmasse m_F geschehen (Abb. 11.6 mitte, keine Dämpfung des Systems vorhanden). Der kleine Wagen auf einer ebenen Fahrbahn sichert lediglich eine horizontale Auslenkung der Feder.

a) Führen Sie eine Kräftebilanz an der Masse m durch und ermitteln Sie die Bewegungsgleichung für die Größe $\varphi(t)$ bei kleinen Auslenkungen.

b) Vergleichen Sie die Vergrößerungsfunktion und Eigenkreisfrequenz dieses Systems mit demjenigen des Beispiels 2 und bestimmen Sie die Lösung für $\varphi(t)$.

Lösung.

a) *Idealisierungen:*
   – Die Masse des Fadens wird vernachlässigt (diejenige der Feder allerdings nicht).
   – Die Auslenkungen sind klein.

Zur Beschleunigung der Gesamtmasse m_T bedarf es der Kraft $F_B = m_T l\ddot{\varphi}(t)$. Die eingezeichnete Kraft $F(t)$ erhält man über die relative Längenänderung $y(t) - l\varphi(t)$ der Feder, also $F(t) = D[y(t) - l\varphi(t)] = D[y_0 \cos(\omega t) - l\varphi(t)]$. Für eine Bilanzierung betrachten wir wie im Beispiel 2 die Tangentialkomponenten. Der tangentiale Anteil $F_{F,T} = F(t) \cos[\varphi(t)] = D[y_0 \cos(\omega t) - l\varphi(t)] \cos[\varphi(t)]$ der Federkraft beschleunigt die Masse $m_T = m + \frac{m_F}{3}$ (siehe (9.1.11)). In Gegenrichtung wirkt abermals der in Tangentialrichtung weisende Anteil der Gewichtskraft, also $F_{G,T} = mg \sin[\varphi(t)]$. *Kräftebilanz:* $\frac{d(mv)}{dt} = F_B = F_{F,T} - F_{G,T}$ oder

$$m_T l \ddot{\varphi}(t) = D[y_0 \cos(\omega t) - l\varphi(t)] \cos[\varphi(t)] - m_T g \sin[\varphi(t)] = 0.$$

Mit $\sin(\varphi) \approx \varphi$ und $\cos(\varphi) \approx 1$ erhält man $D \cdot [y_0 \cos(\omega t) - l\varphi(t)] - m_T l \ddot{\varphi}(t) - m_T g \varphi(t) = 0$ oder

$$\ddot{\varphi} + \left(\frac{g}{l} + \frac{D}{m_T} \right) \cdot \varphi = \frac{D \cdot y_0}{m_T \cdot l} \cdot \cos(\omega t).$$

b) Die Vergrößerungsfunktion ist identisch mit derjenigen des durch die Kraft angeregten Pendels. Die Eigenkreisfrequenz $\omega_0 = \sqrt{\frac{g}{l}}$ aus Beispiel 2 wird durch die Feder zu $\sqrt{\frac{g}{l} + \frac{D}{m_T}}$ vergrössert.
Mit $\Omega = \frac{\omega}{\omega_0}$ und

$$\omega_0 = \sqrt{\frac{g}{l} + \frac{D}{m_T}} = \sqrt{\frac{g}{l} + \frac{D}{m + \frac{m_F}{3}}}$$

schreibt sich die Lösung als

$$x_p(t) = \frac{D \cdot y_0}{m \cdot l} \cdot \frac{1}{|1 - \Omega^2|} \cdot \cos(\omega t).$$

Beispiel 4. Ein Bauklotz der Masse m wird auf einer ebenen Unterlage über eine Feder der Konstanten D zu horizontalen Schwingungen angeregt (Abb. 11.6 rechts). Die Weganregung ist periodisch und von der Form $y(t) = y_0 \cos(\omega t)$. An der Drehachse des Klotzes ist zusätzlich ein Dämpfer der Größe μ gekoppelt. Die Federmasse soll unberücksichtigt bleiben.

a) Schreiben Sie die Kräftebilanz für die Masse m auf und ermitteln Sie die Bewegungsgleichung für die Größe $x(t)$ falls die Gleitreibung unberücksichtigt bleibt.

b) Nun soll die Reibung mit der Unterlage bei dem Reibungskoeffizienten von γ beachtet werden. Wie verändert sich die Kraftbilanz aus a) und wie lautet nun die Lösung?

c) Wählen Sie im Fall von b) die Werte $m = 1\,\text{kg}$, $D = 20\,\frac{\text{N}}{\text{m}}$, $\mu = 2\,\frac{\text{kg}}{\text{s}}$, $y_0 = 0.5\,\text{m}$, $\gamma = \frac{2}{g} \approx 0.20$, $f = 1\frac{1}{\text{s}}$ und ermitteln Sie die Lösung für $x(t)$.

d) Wie lautet die Vergrößerungsfunktion im Fall von b) bzw. c)?

Lösung.

a) *Idealisierungen:*
   – Die Feder- und Dämpfermasse werden vernachlässigt.
   – Die Gleitreibung mit der Unterlage wird außer Acht gelassen.

Die Zugkraft $F(t)$ ergibt sich aus der relativen Verlängerung der Feder zu $F_F = F(t) = D[y(t) - x(t)] = D[y_0 \cos(\omega t) - x(t)]$ entsteht. Die Dämpfung $F_\mu = \mu \cdot \dot{x}$ wirkt der Bewegungsrichtung entgegen.

Kräftebilanz: $\frac{d(mv)}{dt} = F_B = F_F - F_\mu$ oder $m\ddot{x}(t) = D[y_0 \cos(\omega t) - x(t)] - \mu\dot{x}(t)$.

Es folgt $\ddot{x} + \frac{\mu}{m}\dot{x} + \frac{D}{m}x = \frac{Dy_0}{m}\cos(\omega t)$. Dies ist natürlich identisch mit (11.1.4), da es sich ja um eine Weganregung über die Feder handelt und die Lösung ist mit (11.1.5) bekannt.

b) Die Gleitreibung $F_R = \gamma mg$ wirkt der Bewegung entgegen.

Kräftebilanz: $\frac{d(mv)}{dt} = F_B = F_F - F_\mu - F_R$ oder $m\ddot{x}(t) = D[y_0 \cos(\omega t) - x(t)] - \mu\dot{x}(t) - \gamma mg$

und damit $\ddot{x} + \frac{\mu}{m}\dot{x} + \frac{D}{m}x + \gamma g = \frac{Dy_0}{m}\cos(\omega t)$. Dies schreiben wir als

$$\ddot{x} + a\dot{x} + bx - c \cdot \cos(\omega t) = -\gamma g \qquad (11.1.17)$$

mit $a := \frac{\mu}{m}$, $b := \frac{D}{m} = \omega_0$ und $c := \frac{Dy_0}{m}$.

Mit Kenntnis von (11.1.5), wählen wir für die inhomogene DG den schlichten Ansatz $x(t) = x_p(t) + C$. Eingesetzt in (11.1.17) führt dies zu $\ddot{x}_p + a\dot{x}_p + bx_p + bC - c \cdot \cos(\omega t) = -\gamma g$ oder zu $\ddot{x}_p + a\dot{x}_p + bx_p - c \cdot \cos(\omega t) + bC = -\gamma g$.

Mit (11.1.17) folgt $C = -\frac{\gamma g}{b}$ und insgesamt $x(t) = x_p(t) - \frac{\gamma g}{b}$.

c) Es gilt $\omega_0 = \sqrt{\frac{D}{m}} = \sqrt{10}\frac{1}{s}$, $\omega = 2\pi f = 2\pi\frac{1}{s}$ und $\Omega = \frac{\omega}{\omega_0} = \frac{2\pi}{\sqrt{20}} \approx 1.40$.

Weiter ist $\xi = \frac{\mu}{2\omega_0 m} = \frac{2}{2\sqrt{10 \cdot 1}} \approx 0.32$ und zudem

$$\frac{\gamma g}{b} = \frac{\frac{2}{g} \cdot g}{\frac{10}{1}} = 0.2.$$

Schließlich folgt $x(t) = x_p(t) + C = 0.38 \cdot \cos(2\pi t + 0.74) - 0.2$.

d) Die Konstante $C = -\frac{\gamma g}{b}$ bzw. $C = -0.2$ beeinflusst nur die Lage der Masse nicht aber die Vergrößerungsfunktion. Diese entspricht weiterhin derjenigen bei Kraftanregung (11.11) oder bei einer Weganregung über die Feder (11.1.16). Man erhält $V_1(1.40) = \frac{1}{1.32} = 0.76$.

Beispiel 5. Die in Abb. 11.7 links skizzierte Blattfeder aus Stahl der Länge l, der Breite $b = 1\,\text{cm}$ und der Höhe $h = 0.5\,\text{cm}$ mit einer Steifigkeit EI besitzt am freien Ende eine Masse m. Diese wird über eine Feder mit der Konstanten D zu vertikalen Schwingungen angeregt. Die Weganregung ist periodisch und von der Form $y(t) = y_0 \cos(\omega t)$. Zudem ist die Masse über einen Dämpfer μ mit dem Boden verbunden. Wir wählen m so groß gegenüber der der Blattfedermasse, dass wir Letztere außer Acht lassen können.

a) Führen Sie eine Kräftebilanz an der Masse m durch und ermitteln Sie die Bewegungsgleichung für die Größe $x(t)$.

b) Ermitteln Sie die Eigenkreisfrequenz ω_d des gedämpften Systems, die Amplitude x_d der angeregten Masse und die Lösung $x(t)$ für die Werte $l = 1\,\text{m}$, $E = 2.1 \cdot 10^{11}\,\frac{\text{N}}{\text{m}^2}$, $m = 5\,\text{kg}$, $D = 250\,\frac{\text{N}}{\text{m}}$, $\mu = 30\,\frac{\text{kg}}{\text{s}}$, $\omega = 10\frac{1}{s}$ und $y_0 = 0.2\,\text{m}$.

Lösung.

a) *Idealisierung:* Blattfeder- und Dämpfermasse werden gegenüber der Punktmasse m vernachlässigt.

Um die Blattfeder an ihrem freien Ende um die Strecke vertikal x auszulenken, benötigt man die Kraft $F_S = \frac{3EI}{l^3} x$. Diese ist ebenso wie die Dämpfung $F_\mu = -\mu\dot{x}(t)$ der beschleunigenden Kraft $F_B = m\ddot{x}(t)$ somit entgegengesetzt. Einzig die Federkraft $F_F = D[y(t) - x(t)]$ unterstützt die Massenbeschleunigung.

Kräftebilanz: $\frac{d(mv)}{dt} = F_B = F_F - F_S - F_\mu$ oder $m\ddot{x} = D[y_0\cos(\omega t) - x] - \frac{3EI}{l^3}x - \mu\dot{x}$.

Daraus wird

$$\ddot{x} + \frac{\mu}{m}\dot{x} + \left(\frac{D}{m} + \frac{3EI}{ml^3}\right)x = \frac{D}{m} \cdot y_0\cos(\omega t).$$

b) Zuerst ist das Flächenträgheitsmoment der Blattfeder zu ermitteln. Es ist $I = I_z = \frac{bh^3}{12} = \frac{0.01 \cdot 0.005^3}{12} = 1.04 \cdot 10^{-10}$ m^4, womit $EI = 1.04 \cdot 10^{-10} \cdot 2.1 \cdot 10^{11}$ N $= 21.88$ Nm^2 wird.

Aus der Lösung liest man

$$\omega_0 = \sqrt{\frac{D}{m} + \frac{3EI}{ml^3}} = \sqrt{\frac{250}{5} + \frac{3 \cdot 21.88}{5 \cdot 0.5^3}} = 12.45\frac{1}{s}$$

ab. Weiter ist $\xi = \frac{\mu}{2\omega_0 m} = \frac{30}{2 \cdot 12.45 \cdot 5} = 0.24$ und mit (11.7) ergibt sich $\omega_d = \omega_0\sqrt{1 - \xi^2} = 12.45\sqrt{1 - 0.24^2} = 12.08\frac{1}{s}$.

Zudem hat man $\Omega = \frac{\omega}{\omega_0} = \frac{10}{12.45} = 0.80$ und die Amplitude des angeregten System ist

$$x_d = \frac{y_0}{\sqrt{(1 - \Omega^2)^2 + 4\xi^2\Omega^2}} = \frac{0.2}{\sqrt{(1 - 0.80^2)^2 + 4 \cdot 0.32^2 \cdot 0.80^2}} = 0.38.$$

Die Lösung ergibt sich mit (11.1.15) zu $x_p(t) = 0.38 \cdot \cos(10t - 0.83)$.

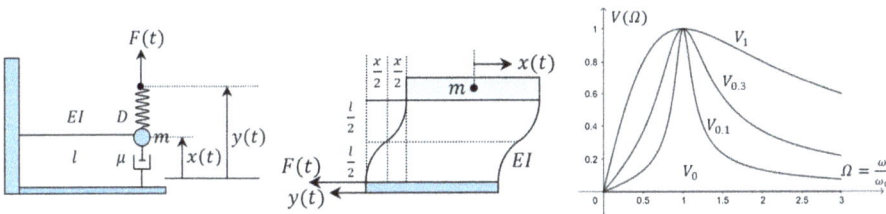

Abb. 11.7: Skizzen zu den Beispielen 5 und 6 und Graphen von (11.1.19).

Beispiel 6. Das Fundament eines Gebäudes erfährt eine horizontale, periodische Weganregung der Form $y(t) = y_0\cos(\omega t)$ (Abb. 11.7 mitte). Wir modellieren das Gebäude ganz schlicht als ein einziges Stockwerk mit der Deckenmasse m. Festgehalten wird die Decke einzig durch vier in den Ecken angeordneter Balken der Länge $l = 3$ m, der Dicke

$h = 20$ cm und der Tiefe $b = 20$ cm mit jeweiliger Biegesteifigkeit EI. Wie schon in den Beispielen 2 und 5 zuvor gezeigt, werden die Wände als masselos angenommen.

a) Schreiben Sie die Kräftebilanz für die Masse m auf und ermitteln Sie die Bewegungsgleichung für die Größe $x(t)$.

b) Bestimmen Sie die Lösung $x(t)$ für die Werte $E = 3.5 \cdot 10^{10} \frac{N}{m^2}$, $m = 10$ t, $\omega = 10\frac{1}{s}$ und $y_0 = 0.1$ m.

Lösung.

a) *Idealisierung:* Das System wird als EMS behandelt.

Wirkt am Boden die Kraft $F(t) = F_0 \cos(\omega t)$, so antwortet die Decke mit einer gleichgroßen, aber entgegengesetzten Kraft $-F(t)$. Für einen Abstand $x(t)$ zwischen Boden und Decke ist deshalb nur eine Auslenkung $\frac{x(t)}{2}$ des Bodens bzw. der Decke vonnöten. Weiter wird die Deckenmasse m im Unterschied zu allen bisherigen Beispielen um den relativen Weg $y(t) - (-x(t)) = y(t) + x(t)$ beschleunigt, weshalb wir $F_B = m \cdot [\ddot{y}(t) + \ddot{x}(t)]$ erhalten. Schließlich muss noch die Kraft aufgebracht werden, um die vier Wände auf der Höhe $\frac{l}{2}$ um $\frac{x}{2}$ auszulenken. Nach Beispiel 5 benötigt man dazu die Kraft

$$4 \cdot F_S = 4 \cdot \frac{3EI}{(\frac{l}{2})^3} \cdot \frac{x}{2} = \frac{48EI}{l^3} \cdot x.$$

Aufgrund der Wechselwirkung sind die oberen vier Wandteile ebenfalls schon um $\frac{x}{2}$ ausgelenkt und es bedarf keiner zusätzlichen Kraft. Schließlich erhält man die *Kräftebilanz:* $\frac{d(mv)}{dt} = F_B = -4 \cdot F_S$ oder $m \cdot [\ddot{y}(t) + \ddot{x}(t)] + \frac{48EI}{l^3} \cdot x = 0$. Daraus folgt mit der Weganregung $y(t) = y_0 \cos(\omega t)$ die Bewegungsgleichung $m \cdot [-y_0 \omega^2 \cos(\omega t) + \ddot{x}(t)] + \frac{48EI}{l^3} \cdot x = 0$ und $\ddot{x}(t) + \frac{48EI}{ml^3} \cdot x(t) = y_0 \omega^2 \cos(\omega t)$.

b) Es gilt $I = I_z = \frac{bh^3}{12} = \frac{0.2 \cdot 0.2^3}{12} = 1.33 \cdot 10^{-4}$ m^4 und damit $EI = 3.5 \cdot 10^{10} \cdot 1.33 \cdot 10^{-4} = 4.67 \cdot 10^6$ Nm^2. Weiter hat man

$$\omega_0 = \sqrt{\frac{48EI}{ml^3}} = \sqrt{\frac{48 \cdot 4.67 \cdot 10^6}{10^4 \cdot 5^3}} = 13.39\frac{1}{s}$$

und somit $\Omega = \frac{\omega}{\omega_0} = 0.75$. Es folgt $x_d = \frac{y_0}{|1-\Omega^2|} = 0.23$ m und insgesamt $x_p(t) = 0.23 \cdot \cos(10t)$.

Ergebnis. Eine Fundamentanregung entspricht einer Weganregung über Feder (und über Dämpfer, da eine Systemdämpfung immer vorhanden ist, vgl. Beispiel 9).

Fall II.b) Herleitung von (11.1.18) **und** (11.1.19)

Ausgehend von der Gleichung (11.1.5)

$$\ddot{x} + 2\xi\omega_0\dot{x} + \omega_0^2 x = -2\xi\omega_0\omega y_0 \sin(\omega t)$$

setzen wir abermals $x(t) = C_1 \cos(\omega t) + C_2 \sin(\omega t)$ an. Eingefügt in (11.1.5) erhält man

$$-\omega^2 C_1 \cos(\omega t) - \omega^2 C_2 \sin(\omega t) + 2\xi\omega_0\omega\left[-C_1 \sin(\omega t) + C_2 \cos(\omega t)\right]$$
$$+ \omega_0^2\left[C_1 \cos(\omega t) + C_2 \sin(\omega t)\right] = -2\xi\omega_0\omega y_0 \sin(\omega t).$$

Mit $\Omega = \frac{\omega}{\omega_0}$ schreibt sich die Gleichung als

$$-\Omega^2 C_1 \cos(\omega t) - \Omega^2 C_2 \sin(\omega t) + 2\xi\Omega\left[-C_1 \sin(\omega t) + C_2 \cos(\omega t)\right]$$
$$+ \left[C_1 \cos(\omega t) + C_2 \sin(\omega t)\right] = -2\xi\Omega y_0 \sin(\omega t)$$

oder einzeln zu:

I. $\quad -\Omega^2 C_1 + 2\xi\Omega C_2 + C_1 = 0$

II. $\quad -\Omega^2 C_2 - 2\xi\Omega C_1 + C_2 = -2\xi\Omega y_0.$

Die 1. Gleichung führt zu $C_2 = -\frac{1-\Omega^2}{2\xi\Omega} \cdot C_1$ und eingesetzt in die 2. Gleichung folgt

$$\frac{\Omega^2(1-\Omega^2)}{2\xi\Omega} \cdot C_1 - 2\xi\Omega C_1 - \frac{1-\Omega^2}{2\xi\Omega} \cdot C_1 = -2\xi\Omega y_0$$

und daraus

$$C_1 = \frac{-2\xi\Omega \cdot y_0}{\frac{\Omega^2(1-\Omega^2)}{2\xi\Omega} - 2\xi\Omega - \frac{1-\Omega^2}{2\xi\Omega}} = \frac{4\xi^2\Omega^2 \cdot y_0}{(1-\Omega^2)^2 + 4\xi^2\Omega^2}, \quad C_2 = -(1-\Omega^2) \cdot \frac{2\xi\Omega \cdot y_0}{(1-\Omega^2)^2 + 4\xi^2\Omega^2}.$$

Insgesamt entsteht

$$x(t) = \frac{2\xi\Omega}{(1-\Omega^2)^2 + 4\xi^2\Omega^2}\left[2\xi\Omega \cdot \cos(\omega t) - (1-\Omega^2) \cdot \sin(\omega t)\right]$$

und mit (9.1.5) folgt

$$x(t) = \frac{2\xi\Omega \cdot y_0 \sqrt{(1-\Omega^2)^2 + 4\xi^2\Omega^2}}{(1-\Omega^2)^2 + 4\xi^2\Omega^2}\left[\cos(\omega t) + \arctan\left(\frac{1-\Omega^2}{2\xi\Omega}\right)\right].$$

Die partikuläre Lösung erhält die Gestalt:

$$x_p(t) = y_0 \cdot \frac{2\xi\Omega}{\sqrt{(1-\Omega^2)^2 + 4\xi^2\Omega^2}} \cdot \cos\left[\omega t + \arctan\left(\frac{1-\Omega^2}{2\xi\Omega}\right)\right]. \tag{11.1.18}$$

Die Vergrößerungsfunktion ist neu, und sie erhält einen Index „Zwei". Sie lautet

$$V_2(\Omega) = \frac{x_0}{y_0} = \frac{2\xi\Omega}{\sqrt{(1-\Omega^2)^2 + 4\xi^2\Omega^2}}. \tag{11.1.19}$$

Das Argument kann man natürlich auch als

$$\cos\left\{\omega t - \left[-\arctan\left(\frac{1-\Omega^2}{2\xi\Omega}\right)\right]\right\} = \cos\left\{\omega t - \left[2\pi - \arctan\left(\frac{1-\Omega^2}{2\xi\Omega}\right)\right]\right\}$$

schreiben, und zwar mit der Phasenverschiebung

$$\varphi = -\arctan\left(\frac{1-\Omega^2}{2\xi\Omega}\right) = 2\pi - \arctan\left(\frac{1-\Omega^2}{2\xi\Omega}\right).$$

Ein Vergleich von (11.1.16) mit (11.1.19) liefert zudem $\frac{V_2(\Omega)}{V_1(\Omega)} = 2\xi\Omega = \frac{\mu\omega}{\omega_0^2 m}$. In Abb. 11.7 rechts ist $V_2(\Omega)$ für die Werte $\xi = 0$, 0.1, 0.3, 1 dargestellt.

Ergebnis. Bei der Weganregung über Dämpfer wird eine merkliche Schwingungsreduktion sowohl im unter- wie auch im oberkritischen Bereich nur über eine relativ starke Dämpfung erreicht. Die Resonanz tritt in diesem Fall nicht auf.

Beispiel 7. Gegeben ist derselbe Balken aus Beispiel 2 mit einer Länge l, der Breite $b = 1$ cm, der Höhe $h = 0.5$ cm und der Biegesteifigkeit EI (Abb. 11.8 links). Er soll nun über einen Dämpfer μ mittig und periodisch mithilfe der Kraft $F(t)$ angeregt werden. Dazu geben wir die Weganregung mit $y(t) = y_0 \cos(\omega t)$ vor.

a) Behandeln Sie das System wie einen EMS. Schreiben Sie Kräftebilanz für die Masse m auf und ermitteln Sie die Bewegungsgleichung für die Größe $x(t)$.

b) Ermitteln Sie die Amplitude x_d der angeregten Masse und die Lösung für die Werte $l = 0.5$ m, $E = 2.1 \cdot 10^{11} \frac{\text{N}}{\text{m}^2}$, $m = 5$ kg, $\mu = 30 \frac{\text{kg}}{\text{s}}$, $\omega = 10\frac{1}{\text{s}}$ und $y_0 = 0.2$ m.

Lösung.

a) *Idealisierung:* Das System wird als EMS behandelt.

Die beschleunigende Kraft rührt allein vom Dämpfer her und sie beträgt $F_\mu = \mu[\dot{y}(t) - \dot{x}(t)] = \mu[-\omega y_0 \sin(\omega t) - \dot{x}(t)]$. Diese dient sowohl der Beschleunigung der (konzentrierten) Masse m als auch zur Auslenkung des Balkens um $x(t)$. Die aufzubringende Biegekraft beträgt $F_S = \frac{48EI}{l^3}x$ (siehe Beispiel 2).

Kräftebilanz: $\frac{d(mv)}{dt} = F_B = F_\mu - F_S$ oder $m\ddot{x}(t) = \mu[-\omega y_0 \sin(\omega t) - \dot{x}(t)] - \frac{48EI}{l^3}x(t)$ und schließlich

$$\ddot{x} + \frac{\mu}{m}\dot{x} + \frac{48EI}{ml^3}x = -\frac{\mu\omega y_0}{m}\sin(\omega t). \qquad (11.1.20)$$

Setzt man $\omega_0 = \sqrt{\frac{48EI}{ml^3}}$ und $\xi = \frac{\mu}{2\omega_0 m}$, so stimmt (11.1.20) mit (11.1.5) überein und besitzt die Lösung (11.1.8).

b) Das Flächenträgheitsmoment ist aus Beispiel 5 bekannt. Es beträgt $EI = 21.88$ Nm². Weiter ist

$$\omega_0 = \sqrt{\frac{48EI}{ml^3}} = \sqrt{\frac{48 \cdot 21.88}{5 \cdot 0.5^3}} = 14.49\frac{1}{\text{s}}, \quad \xi = \frac{\mu}{2\omega_0 m} = \frac{30}{2 \cdot 14.49 \cdot 5} = 0.21,$$

$$\Omega = \frac{\omega}{\omega_0} = \frac{10}{14.49} = 0.69$$

und die Amplitude

$$x_d = \frac{2\xi\Omega y_0}{\sqrt{(1-\Omega^2)^2 + 4\xi^2\Omega^2}} = \frac{2 \cdot 0.21 \cdot 0.69 \cdot 0.2}{\sqrt{(1-0.69^2)^2 + 4 \cdot 0.21^2 \cdot 0.69^2}} = 0.096.$$

Die Lösung folgt mit (11.1.18) zu $x_p(t) = 0.096 \cdot \cos(10t + 1.83)$.

Fall II.c) Herleitung von (11.1.21)–(11.1.23)

Ausgangspunkt ist die Gleichung (11.1.6) $\ddot{x} + 2\xi\omega_0\dot{x} + \omega_0^2 x = \omega_0^2 y_0 \cos(\omega t) - 2\xi\omega_0\omega y_0 \sin(\omega t)$.
Der Ansatz ist abermals $x(t) = C_1 \cos(\omega t) + C_2 \sin(\omega t)$ und wird in (11.1.6) eingefügt.
Man erhält

$$-\omega^2 C_1 \cos(\omega t) - \omega^2 C_2 \sin(\omega t) + 2\xi\omega_0\omega\left[-C_1 \sin(\omega t) + C_2 \cos(\omega t)\right]$$
$$+ \omega_0^2\left[C_1 \cos(\omega t) + C_2 \sin(\omega t)\right] = \omega_0^2 y_0 \cos(\omega t) - 2\xi\omega_0\omega y_0 \sin(\omega t)$$

und mit $\Omega = \frac{\omega}{\omega_0}$ wird daraus

$$-\Omega^2 C_1 \cos(\omega t) - \Omega^2 C_2 \sin(\omega t) + 2\xi\Omega\left[-C_1 \sin(\omega t) + C_2 \cos(\omega t)\right]$$
$$+ \left[C_1 \cos(\omega t) + C_2 \sin(\omega t)\right] = y_0 \cos(\omega t) - 2\xi\Omega y_0 \sin(\omega t)$$

oder getrennt:

I. $-\Omega^2 C_1 + 2\xi\Omega C_2 + C_1 = y_0$

II. $-\Omega^2 C_2 - 2\xi\Omega C_1 + C_2 = -2\xi\Omega y_0$.

Multipliziert man die 1. Gleichung mit $2\xi\Omega$ und bildet die Summe beider Gleichungen, so entsteht

$$C_2 = \frac{2\xi\Omega^3}{(1-\Omega^2) + 4\xi^2\Omega^2} \cdot C_1.$$

Dies fügt man in die 1. Gleichung ein, woraus man

$$C_1 = \frac{y_0}{1 - \Omega^2 + \frac{4\xi^2\Omega^4}{(1-\Omega^2)+4\xi^2\Omega^2}} = \frac{(1-\Omega^2 + 4\xi^2\Omega^2) \cdot y_0}{(1-\Omega^2)^2 + 4\xi^2\Omega^2} \quad \text{und} \quad C_2 = \frac{2\xi\Omega^3 \cdot y_0}{(1-\Omega^2)^2 + 4\xi^2\Omega^2}$$

erhält. Die Lösung schreibt sich damit als

$$x(t) = \frac{y_0}{(1-\Omega^2)^2 + 4\xi^2\Omega^2}\left[(1-\Omega^2 + 4\xi^2\Omega^2) \cdot \cos(\omega t) + 2\xi\Omega^3 \sin(\omega t)\right]$$

und mit (9.1.5) folgt

$$x(t) = \frac{y_0 \cdot \sqrt{(1 - \Omega^2 + 4\xi^2\Omega^2)^2 + 4\xi^2\Omega^6}}{(1 - \Omega^2)^2 + 4\xi^2\Omega^2} \cdot \cos\left[\omega t - \arctan\left(\frac{2\xi\Omega^3}{1 - \Omega^2 + 4\xi^2\Omega^2}\right)\right]. \quad (11.1.21)$$

Den Ausdruck unter der Wurzel im Zähler der Vergrößerungsfunktion verrechnen wir zu:

$$(1 - \Omega^2)^2 + 8\xi^2\Omega^2(1 - \Omega^2) + 4\xi^2\Omega^6 + 16\xi^4\Omega^4$$

$$= (1 - \Omega^2)^2 + 8\xi^2\Omega^2 - 8\xi^2\Omega^4 + 4\xi^2\Omega^6 + 16\xi^4\Omega^4$$

$$= (1 - \Omega^2)^2 + 4\xi^2\Omega^2 + 4\xi^2\Omega^2 - 8\xi^2\Omega^4 + 4\xi^2\Omega^6 + 16\xi^4\Omega^4$$

$$= (1 - \Omega^2)^2 + 4\xi^2\Omega^2 + 4\xi^2\Omega^2(1 - 2\Omega^2 + \Omega^4) + 16\xi^4\Omega^4$$

$$= (1 - \Omega^2)^2 + 4\xi^2\Omega^2 + 4\xi^2\Omega^2(1 - \Omega^2)^2 + 16\xi^4\Omega^4$$

$$= (1 + 4\xi^2\Omega^2)[(1 - \Omega^2)^2 + 4\xi^2\Omega^2].$$

Damit schreibt sich die partikuläre Lösung als:

$$x_p(t) = y_0 \cdot \frac{\sqrt{1 + 4\xi^2\Omega^2}}{\sqrt{(1 - \Omega^2)^2 + 4\xi^2\Omega^2}} \cdot \cos\left[\omega t - \arctan\left(\frac{2\xi\Omega^3}{1 - \Omega^2 + 4\xi^2\Omega^2}\right)\right]. \quad (11.1.22)$$

Für die Vergrößerungsfunktion erhält man

$$V_3(\Omega) = \frac{x_0}{y_0} = \frac{\sqrt{1 + 4\xi^2\Omega^2}}{\sqrt{(1 - \Omega^2)^2 + 4\xi^2\Omega^2}}. \quad (11.1.23)$$

Ergebnis. Bei der Weganregung sowohl über Feder als auch über Dämpfer wird eine Schwingungsisolation im oberkritischen Bereich für $\Omega \geq 2$ erreicht. Interessant ist, dass eine zusätzliche Schwingungsreduktion bei kleinerer Dämpfung erzielt wird.

Beispiel 8.
a) Stellen Sie den Verlauf von (11.1.23) für die Werte $\xi = 0$, 0.2, 0.4, 1 dar.
b) Ab einem gewissen Frequenzverhältnis Ω_* rufen kleinere Dämpfungen auch kleinere Antworten hervor und umgekehrt. Ermitteln Sie den Wert von Ω_*.
c) Ermitteln Sie die Antwort des Systems, also die partikulare Lösung $x_p(t)$ und die Vergrößerungsfunktion $V_3(\Omega)$, falls die Dämpfung in (11.1.22) und (11.1.23) entfällt.

Lösung.
a) Aus Abb. 11.8 mitte entnimmt man die vier Graphen. Die Vergrößerungsfunktion $V_3(\Omega)$ nimmt umso mehr zu, je kleiner die Dämpfung ist.

b) Den Wert Ω_* erhält man als Schnittpunkt zweier Vergrößerungskurven, beispielsweise $V_3(\Omega, \xi = 0)$ und $V_3(\Omega, \xi = \infty)$. Im ersten Fall hat man $V_3(\Omega, \xi = 0) = \frac{1}{|1 - \Omega^2|}$ und im zweiten Fall ist

$$V_3(\Omega, \xi = \infty) = \lim_{\xi \to \infty} \frac{\sqrt{1 + 4\xi^2\Omega^2}}{\sqrt{(1 - \Omega^2)^2 + 4\xi^2\Omega^2}} = \lim_{\xi \to \infty} \frac{\sqrt{\frac{1}{\xi^2} + 4\Omega^2}}{\sqrt{\frac{(1 - \Omega^2)^2}{\xi^2} + 4\Omega^2}} = 1.$$

Damit hat man $\frac{1}{|1 - \Omega^2|} = 1, \pm1 = 1 - \Omega^2$ und somit $\Omega_* = \sqrt{2}$.

c) In diesem Fall erhält man eine Fußpunktanregung über die Feder alleine. Somit fallen die Gleichungen (11.1.22) und (11.1.23) mit den Gleichungen (11.1.15) und (11.1.6) zusammen und es ergibt $V_3(\Omega) = \frac{1}{|1 - \Omega^2|}$ sowie $x_p(t) = y_0 \cdot \frac{1}{|1 - \Omega^2|} \cdot \cos(\omega t)$.

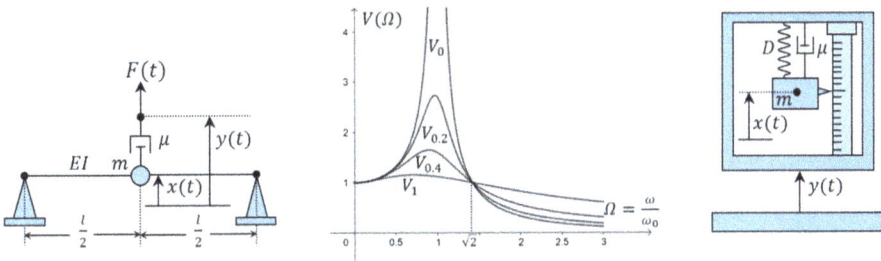

Abb. 11.8: Skizzen zu den Beispielen 7 und 8 und Graphen von (11.1.23).

Beispiel 9. Trifft eine Erschütterungswelle mit einer periodischen Weganregung der Form $y(t) = y_0 \cos(\omega t)$ auf die seismographische Messstation, so bewegt sich zwar das Fundament und damit die gesamte Messapparatur, nicht aber die seismische Masse im Gehäuse selber (Abb. 11.8 rechts). Diese verharrt praktisch in Ruhe, falls man die Masse an einer Feder befestigt. Bei einem festen Stab würde dies natürlich zu keinerlei Aufzeichnung führen. Damit das Signal auch wieder abklingt und praktisch unverfälscht ein neu eintreffendes erfasst werden kann, wird eine Dämpfung eingebaut. Gleichzeitig wird damit eine Resonanz vermieden, sodass das Pendel nicht über den Markierungsbereich hinausschwingt. Für genaue Aufzeichnungen auf eine Papierrolle sollte die Eigenfrequenz des Feder-Masse-Systems um ein Vielfaches kleiner sein als die zu registrierenden Frequenzen. Auf diese Weise zeichnet die Nadel ziemlich genau die Verschiebung des Gehäuses und somit die Bodenverschiebung nach.

a) Schreiben Sie die Kräftebilanz für die Masse m auf und ermitteln Sie die Bewegungsgleichung für die Größe $x(t)$.

b) Gegeben seien zusätzlich die Werte $m = 1\,\text{kg}$, $D = 10\,\frac{\text{N}}{\text{m}}$, $\omega_0 = \sqrt{10}$, $\mu = 5\,\frac{\text{kg}}{\text{s}}$, $\omega = 10\omega_0$. Zusätzlich wird der Auswertung eine maximale Auslenkung von $x_0 = 5\,\text{cm}$ entnommen. Wie groß war demnach die Fundamentverschiebung y_0?

Lösung.

a) *Idealisierung:* Die Feder- und die Dämpfermasse werden gegenüber der seismischen Masse vernachlässigt. Die beschleunigende Kraft rührt von der Verschiebung des Fundaments her. Die Kraft $F(t)$ wie auch die Weganregung $y(t)$ könnte man beide an die Decke des Gehäuses platzieren. So gesehen handelt es sich um eine Weganregung über Feder wie auch über Dämpfer. Die Beschleunigung der Masse m um die Strecke $x(t)$ wird sowohl durch die Federkraft $D[y(t) - x(t)]$ wie auch durch die Dämpferkraft $\mu[\dot{y}(t) - \dot{x}(t)]$ begünstigt.

Kräftebilanz: $\frac{d(mv)}{dt} = F_B = F_F + F_\mu$ oder $m\ddot{x}(t) = \mu[\dot{y}(t) - \dot{x}(t)] + D[y(t) - x(t)]$.

Dies führt zu $\ddot{x} + \frac{\mu}{m}\dot{x} + \frac{D}{m}x = \frac{D}{m}y + \frac{\mu}{m}\dot{y}$ oder $\ddot{x} + 2\xi\omega_0\dot{x} + \omega_0^2 x = \omega_0^2 y_0 \cos(\omega t) - 2\xi\omega_0\omega y_0 \sin(\omega t)$, was der Form (11.1.6) entspricht.

b) Es gilt $\Omega = 10$ und $\xi = \frac{5}{2\sqrt{10\cdot1}} = 0.79$. Daraus folgt mit (11.1.23)

$$\frac{x_0}{y_0} = \frac{\sqrt{1 + 4\xi^2\Omega^2}}{\sqrt{(1 - \Omega^2)^2 + 4\xi^2\Omega^2}} = 0.16$$

und somit $y_0 = \frac{x_0}{0.16} = 31.6\,\text{cm}$.

Ergebnis. Eine vertikale Fundamentanregung entspricht einer Weganregung sowohl über Feder als auch über Dämpfer (falls ins Modell übernommen).

Beispiel 10. Bewegt sich ein Fahrzeug über eine unebene Fahrbahn, dann übertragen sich die hervorgerufenen Schwingungen auf das Gehäuse. Wir nehmen an, die Unebenheiten verlaufen während einer längeren Zeit im Sinne einer harmonischen Funktion der Form $y(t) = y_0 \cos(\omega t)$. Dies ist natürlich eine starke Forderung. In Wirklichkeit verläuft die Weganregung stochastisch (siehe Band 3). Folgende Werte der Weganregung sind gegeben: $y_0 = 5\,\text{cm}$, $\omega = 4\frac{1}{s}$. Für das Fahrzeug gilt $m = 1.5\,\text{t}$, $D = 1.5 \cdot 10^5\,\frac{\text{N}}{\text{m}}$, $\mu = 2\frac{\text{kg}}{s}$, $v = 30\frac{\text{m}}{s}$ und ein Radabstand von $l = 2.5\,\text{m}$.

a) Welche Art Anregung rufen die Fundamentunebenheiten im Fahrzeug hervor?

b) Wie groß ist das Wellenlängenverhältnis zwischen der Weganregung λ und dem Radabstand l?

c) Berechnen Sie die Amplitude x_0 der Fahrzeugverschiebung.

Lösung.

a) Es handelt sich abermals um eine Weganregung sowohl über Feder als auch über Dämpfer.

Idealisierungen:

– Die Unebenheiten werden durch eine harmonische Funktion beschrieben.

– Die Frequenz ω wird derart gewählt, dass die zugehörige Wellenlänge ein Vielfaches des Radabstands darstellt, damit beide Achsen etwa gleichzeitig und damit gleich stark belastet werden.

b) Aus $v = \lambda f$ folgt $\lambda = \frac{v}{f} = \frac{2\pi v}{\omega} = \frac{2\pi \cdot 30}{4} = 47.12$ m und somit $\frac{\lambda}{l} = 18.85$.

c) Es gilt $\omega_0 = \sqrt{\frac{1.5 \cdot 10^5}{1500}} = 10\frac{1}{s}$, $\Omega = \frac{\omega}{\omega_0} = 0.4$ und $\xi = \frac{2}{2 \cdot 10 \cdot 1} = 0.1$. Gleichung (11.1.23) liefert

$$\frac{x_0}{y_0} = \frac{\sqrt{1 + 4\xi^2 \Omega^2}}{\sqrt{(1 - \Omega^2)^2 + 4\xi^2 \Omega^2}} = 1.19$$

und damit $x_0 = 1.19 \cdot y_0 = 1.19 \cdot 5 = 5.9$ cm.

Fall III

Die Unwuchtanregung ist bei Maschinenbauteilen die häufigste (unerwünschte) Anregungsart (Abb. 11.5 mitte). Kein Bauteil kann so gebaut werden, dass seine Drehachse genau durch den Schwerpunkt des aufgesetzten Bauteils verläuft.

Herleitung von (11.1.24) und (11.1.25)

Eine rotierende Masse m_u der Frequenz ω erzeugt eine Beschleunigung der Masse m_0 in alle Richtungen (Schleudervorgang bei einer Waschmaschine). Es soll nur die resultierende vertikale Verschiebung betrachtet werden. Dabei tragen wir den Winkel ωt im Gegenuhrzeigersinn bezüglich der Vertikalen ab. Dies ist reine Konvention, um mit einer Kosinusfunktion als Erregerfunktion weiterzurechnen. Damit unterscheiden sich die Ortskoordinaten von m_0 und m_u um $y(t) = r\cos(\omega t)$ und man erhält $x_u(t) = x(t) + y(t) = x(t) + r\cos(\omega t)$. Die Unwuchtmasse m_u erfährt eine Zentripetalkraft $F_Z = -m_u \omega^2 r$, die sie auf der Kreisbahn hält und die Masse m_0 reagiert darauf mit der Zentrifugalkraft $F_Z = m_u \omega^2 r$. Projiziert auf die vertikale Achse lauten die beiden Kräfte $-m_u \omega^2 r \cos(\omega t) = m_u \ddot{y}(t)$ und $m_u \omega^2 r \cos(\omega t) = -m_u \ddot{y}(t)$ respektive. Die Kräfte werden jetzt noch um $x(t)$ verschoben und auf die Koordinate $x_u(t)$ bezogen. Auf die Masse m_0 wirkt somit die von der Unwucht herrührende, beschleunigende Kraft $F_u = -m_u \ddot{x}_u(t)$. Feder- und Dämpfungskraft sind dieser Bewegung entgegengesetzt gerichtet.

Kräftebilanz: Es gilt $\frac{d(mv)}{dt} = F_B = F_u - F_F - F_\mu$ oder $m_0 \ddot{x} = -m_u[\ddot{x} - r\omega^2 \cos(\omega t)] - Dx - \mu\dot{x}$.

Daraus folgt $(m_0 + m_u)\ddot{x} + \mu\dot{x} + Dx = m_u r \omega^2 \cos(\omega t)$.

Definiert man $m := m_0 + m_u$ für die gesamte Masse, dann erhält man $\ddot{x} + \frac{\mu}{m}\dot{x} + \frac{D}{m}x = \frac{m_u}{m}r\omega^2 \cos(\omega t)$ und $\ddot{x} + 2\xi\omega_0\dot{x} + \omega_0^2 x = \frac{m_u}{m}r\omega_0^2 \Omega^2 \cos(\omega t)$. Der Vergleich mit (11.1.4) liefert die Identifikation von y_0 mit $\frac{m_u}{m}r\Omega^2$ und deshalb die gesuchte Lösung in Analogie zu (11.1.15):

$$x_p(t) = \frac{rm_u}{m} \cdot \frac{\Omega^2}{\sqrt{(1 - \Omega^2)^2 + 4\xi^2 \Omega^2}} \cdot \cos\left[\omega t - \arctan\left(\frac{2\xi\Omega}{1 - \Omega^2}\right)\right]. \tag{11.1.24}$$

Bei der Unwuchtanregung entsteht die statische durch die mit ω kreisende Unwucht. Als Amplitude wird die Größe $\frac{r m_u}{m}$ verwendet.

Als Vergrößerungsfunktion nimmt man

$$V_4(\Omega) = \frac{\Omega^2}{\sqrt{(1 - \Omega^2)^2 + 4\xi^2 \Omega^2}}. \tag{11.1.25}$$

Aus Abb. 11.9 links entnimmt man den Verlauf von (11.1.25) für die Werte $\xi = 0, 0.2, 0.4, 1$.

Für kleine Frequenzverhältnisse Ω schwingt das System kaum mit. Rotiert also die Unwucht mit niedriger Frequenz, dann treten nur kleine Schwingungsamplituden auf. Für große Rotationsfrequenzen geht die Vergrößerungsfunktion gegen 1:

$$\lim_{\Omega \to \infty} V_4(\Omega) = \lim_{\Omega \to \infty} \frac{\Omega^2}{\sqrt{(1 - \Omega^2)^2 + 4\xi^2 \Omega^2}} = \lim_{\Omega \to \infty} \frac{\frac{\Omega^2}{\Omega^2}}{\sqrt{\frac{(1 - \Omega^2)^2}{\Omega^4} + \frac{4\xi^2}{\Omega^2}}} = \frac{1}{1} = 1.$$

Für kleine Ω schwingen m_0 und m_u in Phase:

$$\varphi = \lim_{\Omega \to 0} \arctan\left(\frac{2\xi\Omega}{1 - \Omega^2}\right) = \arctan(0) = 0.$$

Für $\Omega = 1$ gilt

$$\varphi = \lim_{\Omega \to 1} \arctan\left(\frac{2\xi\Omega}{1 - \Omega^2}\right) = \arctan(\infty) = \frac{\pi}{2}.$$

Für große Ω schwingen m_0 und m_u in Gegenphase:

$$\varphi = \lim_{\Omega \to \infty} \arctan\left(\frac{2\xi\Omega}{1 - \Omega^2}\right) = \arctan(0) = \pi.$$

Ergebnis. Bei der Unwuchtanregung wird eine Schwingungsisolation im unterkritischen Bereich für praktisch alle Dämpfungen erreicht. Im oberkritischen Bereich bleibt die Größe der Dämpfung wirkungslos. Die Schwingungsisolation bleibt bei Frequenzen nahe der Resonanz ein Problem, weshalb man die Betriebsfrequenz, derart wählt, dass $\Omega > 1$, aber genügend weit weg von $\Omega = 1$ ist. Beim Abschalten der Maschine muss man für das kurzzeitige Verharren im Bereich der Resonanz Dämpfer einbauen. Natürlich könnte man die Eigenfrequenz des Systems durch Konstruktion derart zu beeinflussen, dass die Maschine im Niederfrequenzbereich laufen kann, womit $\Omega \ll 1$ bleibt, was aber völlig unproduktiv wäre.

Beispiel 11. Das dynamische Verhalten einer Waschmaschine kann mithilfe der Unwuchtanregung modelliert werden (Abb. 11.9 mitte). Die rotierende Masse entspricht dann der Trommelmasse m_0 und die Wäsche der Unwuchtmasse m_u. An das Gehäuse

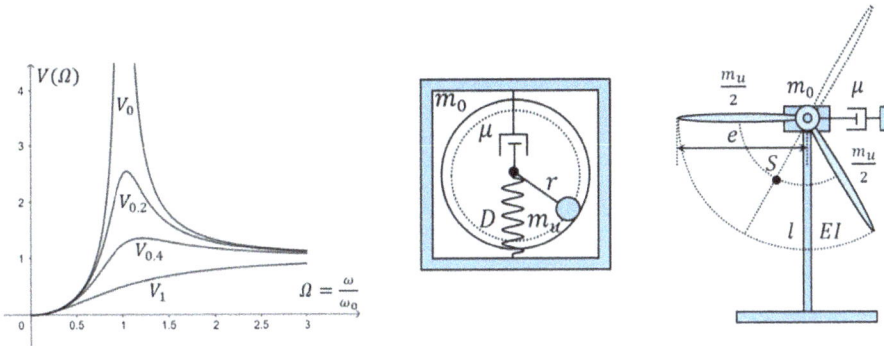

Abb. 11.9: Graphen von (11.1.25) und Skizzen zu den Beispielen 11 und 12.

sollen ein Feder- und ein Dämpferelement gekoppelt sein. Das Modell setzt voraus, dass sich die Wäsche in der Nähe eines Punkts der Trommelwand anhäuft. Es sollen nur die vertikalen Verschiebungen allein untersucht werden. Folgende Werte sind gegeben: $m_0 = 5\,\text{kg}$, $m_u = 2\,\text{kg}$, $r = 0.3\,\text{m}$, $D = 10^5\,\frac{\text{N}}{\text{m}}$, $\mu = 1500\,\frac{\text{kg}}{\text{s}}$, Drehzahl Trommel $f = 20\frac{1}{\text{s}}$.

a) Bestimmen Sie die vertikale Amplitude x_d der Waschmaschine (also ohne eine Kräftebilanz durchzuführen).

b) Wie groß darf die Anregerfrequenz f höchstens sein, damit die nicht am Fundament befestigte Waschmaschine höchstens 3 cm vom Boden abhebt?

Lösung.

a) Es gilt

$$\omega_0 = \sqrt{\frac{D}{m}} = \sqrt{\frac{10^5}{7}} = 119.52\frac{1}{\text{s}}, \quad \xi = \frac{\mu}{2\omega_0 m} = \frac{1500}{2 \cdot 119.52 \cdot 7} = 0.90,$$

$$\omega = 2\pi f = 125.66\frac{1}{\text{s}} \quad \text{und} \quad \Omega = \frac{\omega}{\omega_0} = 1.05.$$

Mit (11.1.24) folgt

$$x_d = \frac{rm_u}{m} \cdot \frac{\Omega^2}{\sqrt{(1-\Omega^2)^2 + 4\xi^2\Omega^2}} = \frac{0.3 \cdot 2}{7} \cdot \frac{1.05^2}{\sqrt{(1-1.05^2)^2 + 4 \cdot 0.90^2 \cdot 1.05^2}} = 0.05\,\text{m}.$$

b) Aus der Ungleichung

$$\frac{0.3 \cdot 2}{7} \cdot \frac{\Omega^2}{\sqrt{(1-\Omega^2)^2 + 4 \cdot 0.9^2 \cdot \Omega^2}} \le 0.03$$

folgt nacheinander, $\Omega = 0.68$, $\omega = \Omega\omega_0 = 81.76$ und schliesslich $f \le \frac{\omega}{2\pi} = 13\frac{1}{\text{s}}$.

Beispiel 12. Eine Windkraftanlage besteht aus einem Haupthaus (Gondel) der Masse m_0, das auf einem langen Turm der Länge l und der Biegesteifigkeit EI befestigt wird (Abb. 11.9 rechts). Das Haupthaus enthält den Motor, der die zwei Rotorblätter mit der jeweiligen Masse m_R und der Länge e antreibt. Die Anlage besitzt weiter eine Dämpfung μ. Um die Belastung dieser Anlage zu untersuchen, wird einer der drei Rotorblätter für kurze Zeit entfernt. Gegeben seien die folgenden Werte: $l = 75$ m, $m_0 = 20$ t, $m_R = 5$ t, $e = 50$ m, $f = 12\frac{1}{\text{min}}$ und $\mu = 1500\frac{\text{kg}}{\text{s}}$ (Die Dämpfung entspricht der Größe einer Systemdämpfung. Für eine aktive Dämpfung müsste der Wert größer sein.)

a) Ermitteln Sie die Lage des Schwerpunkts S der Unwuchtmasse.

b) Der Turm bestehe aus einem Stahlbetonrohr mit einem äußeren Radius von $R_a = 2.5$ m und einem inneren Radius von $R_i = 2.1$ m. Zudem ist $E = 3 \cdot 10^{10}\,\frac{\text{N}}{\text{m}^2}$. Berechnen Sie die Biegesteifigkeit EI dieses Rohrs.

c) Wie groß wird die horizontale Amplitude x_d auf der Höhe der Masse m_0?

Lösung.

a) Die einzelnen Rotorblätter kann man, falls die Massenverteilung pro Längeneinheit konstant ist, als Punktmasse auf halber Blattlänge konzentriert denken. Der Schwerpunkt S liegt dann im Zentrum einer Kreissektorlinie mit Radius $r = \frac{e}{2} = 25$ m.

b) Für ein Kreisrohr gilt als Erweiterung zu (7.1.2)

$$I = I_z = \frac{\pi(R_a^4 - R_i^4)}{4} = \frac{\pi(2.5^4 - 2.1^4)}{4} = 15.41\,\text{m}^4$$

und somit $EI = 3 \cdot 10^{10} \cdot 15.41 = 4.62 \cdot 10^{11}\,\text{Nm}^2$.

c) Es gilt (vgl. Bsp. 5)

$$\omega_0 = \sqrt{\frac{D}{m_0}} = \sqrt{\frac{3EI}{m_0 l^3}} = \sqrt{\frac{3 \cdot 4.62 \cdot 10^{11}}{2 \cdot 10^4 \cdot 75^3}} = 12.82\,\frac{1}{\text{s}}$$

und aus $f = 12\frac{1}{\text{min}} = 0.2\frac{1}{\text{s}}$ folgt $\omega = 2\pi f = 1.26\frac{1}{\text{s}}$. Demnach ist

$$\xi = \frac{\mu}{2m_0\omega_0} = \frac{1500}{2 \cdot 2 \cdot 10^4 \cdot 12.82} = 0.003$$

und $\Omega = \frac{\omega}{\omega_0} = 0.1$. Schließlich ergibt sich

$$x_d = \frac{r m_u}{m} \cdot \frac{\Omega^2}{\sqrt{(1 - \Omega^2)^2 + 4\xi^2\Omega^2}} = \frac{25 \cdot 10^4}{2.5 \cdot 10^4} \cdot \frac{0.1^2}{\sqrt{(1 - 0.1^2)^2 + 4 \cdot 0.003^2 \cdot 0.1^2}} = 10.1\,\text{cm}.$$

12 Kurze Anregungen

Bisher haben wir nur harmonische Anregungen eines EMS betrachtet, wie sie bei Maschinen im Dauerbetrieb vorkommen. In der Natur sind kurzzeitige und unregelmäßigere Anregungen die Regel. Generell teilt man die Impulsarten deshalb in drei Gruppen ein:

1. Transiente Anregungen. Diese stellen kurzzeitige Impulse dar, bei denen die Anregungszeit viel kleiner als die Periodendauer der sich ergebenden Schwingung ist. Es findet eine kurzzeitige Beschleunigung statt. Solche Anregungen nennt man auch Schockstöße. Beispiele sind Schläge, Stöße von Körpern, Einschalt- oder Anfahrvorgänge von Maschinen, im Extremfall eine Explosion oder ein Erdbeben. In diesem Kapitel stehen diese Anregungsarten im Mittelpunkt und drei davon untersuchen wir genauer:
   – Rechteckanregung (Erdrutsch, Ruck, Beispiele 1 und 2)
   – Dreieckanregung (Explosion, Erdrutsch, Beispiel 3)
   – Halbsinusanregung (Hammerschlag, Hüpfen, Beispiele 4 und 5).
2. Periodische Anregungen. Insbesondere gehören dazu die schon behandelten harmonischen Funktionen. Hierzu zählen aber auch endliche oder unendliche Folgen von transienten Anregungen. Dies soll ebenfalls Bestandteil dieses Kapitels sein.
3. Stochastische Anregungen. Bei solchen Zufallsschwingungen ist die Erregerkraft nicht zu jedem Zeitpunkt eindeutig bestimmt, sondern nur durch statistische Größen beschreibbar. Beispiele dafür sind Fahrbahnunebenheiten, böiger Wind, Erdbeben und Seegang. Mit solchen Anregungen befasst sich der Band 3.

In diesem Kapitel sehen wir von der Dämpfung ab, um Rechenarbeit zu sparen und die Lösungsfunktionen der erzwungenen Schwingung $\ddot{x} + \omega_0^2 x = \frac{F(t)}{m}$ eines EMS in einfacherer Form zu präsentieren. Durch Hinzunahme einer Dämpfung klingen die Schwingungen mit der Zeit einfach ab. Da man meistens von einem ruhenden System ausgehen kann, setzen wir zusätzlich die Anfangsbedingungen schlicht als $x(0) = \dot{x}(0) = 0$ an. Dies vereinfacht die Lösungsfunktion zusätzlich.

Einschränkung: Die Dämpfung wird in diesem Kapitel nicht beachtet.

Beispiel 1. Eine einmalige Rechteckanregung (Abb. 12.1 links) wird beschrieben durch

$$F(t) = \begin{cases} F_0, & 0 \leq t < t_1, \\ 0, & t \geq t_1. \end{cases} \tag{12.1}$$

a) Ermitteln Sie die Lösung $x(t)$ oder Reaktion des EMS auf diese Anregung.
b) Bestimmen Sie das Maximum der Amplitude x_{max} in Abhängigkeit der Anregungszeit t_1.
c) Wählen Sie $\frac{F_0}{m\omega_0^2} = 1$, $\omega_0 = 4\pi$, jeweils $t_{11} = 0.1\,\text{s}$, $t_{12} = 0.2\,\text{s}$, $t_{13} = 0.25\,\text{s}$, $t_{14} = 0.4\,\text{s}$ und stellen Sie die vier Verläufe im Intervall $[0, 1]$ dar. Wie gross sind die jeweiligen, normierten, maximalen Amplituden $\frac{x_{max}}{k}$?

https://doi.org/10.1515/9783111345819-012

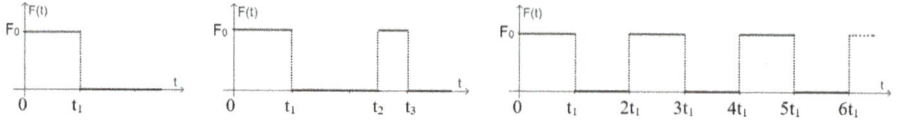

Abb. 12.1: Skizzen zur Rechteckanregung.

Lösung.

a) Die Anregung findet hier nicht wie bisher über eine harmonische Funktion mit fester Anregungsfrequenz statt, sodass wir nicht (11.5) als Ansatz verwenden können. Hingegen setzt sich die allgemeine Lösung aus einer partikulären Lösung und der allgemeinen Lösung der homogenen Gleichung zusammen. Als partikuläre Lösung für (11.1) finden wir schlicht $x_p(t) = \frac{F_0}{m\omega_0^2} =: k$ und die allgemeine Lösung von $\ddot{x} + \omega_0^2 x = 0$ besitzt die Form $y(t) = A\cos(\omega_0 t) + B\sin(\omega_0 t)$, also insgesamt $x(t) = k + A\cos(\omega_0 t) + B\sin(\omega_0 t)$ für die Lösung von (12.1). Die zwei Anfangsbedingungen $x(0) = \dot{x}(0) = 0$ ergeben $A = -k, B = 0$ und damit die Anregungsfunktion

$$x_a(t) = \frac{F_0}{m\omega_0^2}[1 - \cos(\omega_0 t)] \quad \text{für } 0 \le t \le t_1. \tag{12.2}$$

Zum Zeitpunkt $t = t_1$ hört die Kraft auf und übrig bleibt die homogene Lösung

$$x(t - t_1) = A\cos[\omega_0(t - t_1)] + B\sin[\omega_0(t - t_1)]$$

für $t \ge t_1$ mit den Anfangsbedingungen $x(t = t_1) = A$ und $\dot{x}(t = t_1) = B\omega_0$. Diese sind gleich den Endwerten von (11.2) und lauten $x(t_1) = k[1 - \cos(\omega_0 t_1)]$ und $\dot{x}(t_1) = k\omega_0 \sin(\omega_0 t_1)$. Daraus erhält man die Konstanten $A = k[1 - \cos(\omega_0 t_1)]$ und $B = k\sin(\omega_0 t_1)$. Die Lösung ergibt sich dann zu

$$\begin{aligned}
x(t - t_1) &= k[1 - \cos(\omega_0 t_1)]\cos[\omega_0(t - t_1)] + k\sin(\omega_0 t_1)\sin[\omega_0(t - t_1)] \\
&= k\{\cos[\omega_0(t - t_1)] - \cos(\omega_0 t_1)\cos[\omega_0(t - t_1)] + \sin(\omega_0 t_1)\sin[\omega_0(t - t_1)]\} \\
&= k\{\cos[\omega_0(t - t_1)] - \cos[\omega_0(t_1 + t - t_1)]\}
\end{aligned}$$

und schließlich die freie Schwingung

$$x_f(t) = \frac{F_0}{m\omega_0^2}\{\cos[\omega_0(t - t_1)] - \cos(\omega_0 t)\} \quad \text{für } t \ge t_1. \tag{12.3}$$

b) Ist die Anregungszeit $t_1 \ge \frac{T}{2}$, dann beträgt das Maximum der Amplitude

$$x_{max} = \text{Max}\{k[1 - \cos(\omega_0 t)]\} = k(1 + 1) = \frac{2F_0}{m\omega_0^2}$$

und wird beim 1. Maximum erreicht. Für eine Anregungszeit von $t_1 < \frac{T}{2}$ zweigt die Funktion vor dem obigen Maximum ab, die Amplitude wird kleiner und ist gleich der Amplitude der sich einstellenden freien Schwingung. Diese beträgt

$$x_{max}(t_1, T) = \sqrt{A^2 + B^2} = k\sqrt{[1 - \cos(\omega_0 t_1)]^2 + \sin^2(\omega_0 t_1)}$$

$$= k\sqrt{2[1 - \cos(\omega_0 t_1)]} = k\sqrt{4\sin^2\left(\frac{\omega_0 t_1}{2}\right)} = 2k\sin\left(\frac{\omega_0 t_1}{2}\right)$$

$$= 2k\sin\left(\frac{2\pi}{T} \cdot \frac{t_1}{2}\right) = \frac{2F_0}{m\omega_0^2}\sin\left(\frac{t_1}{T}\pi\right).$$

Der Maximalwert ist somit nur abhängig vom Verhältnis $\frac{t_1}{T}$. Dem Verhältnis $\frac{t_1}{T} = \frac{1}{2}$ entspricht die Anregungszeit $t_1 = \frac{T}{2}$ usw. Ist insbesondere $\frac{t_1}{T} = 1$, dann endet die Schwingung nach der Zeit $t_1 = T$.

c) In Abb. 12.2 links entspricht die durchgezogene Linie der Verschiebung infolge der Rechteckfunktion, die bis $t = t_1$ wirksam bleibt. Erst wenn die Dauer der Anregung endet, zweigt die Kurve an den Stellen $t_{11} = 0.1$, $t_{12} = 0.2$, $t_{13} = 0.25$, $t_{14} = 0.4$, ab und geht in die freie Schwingung über. Man erhält $\frac{x_{max}}{k} = 1.18, 1.90, 2$ und 2 respektive.

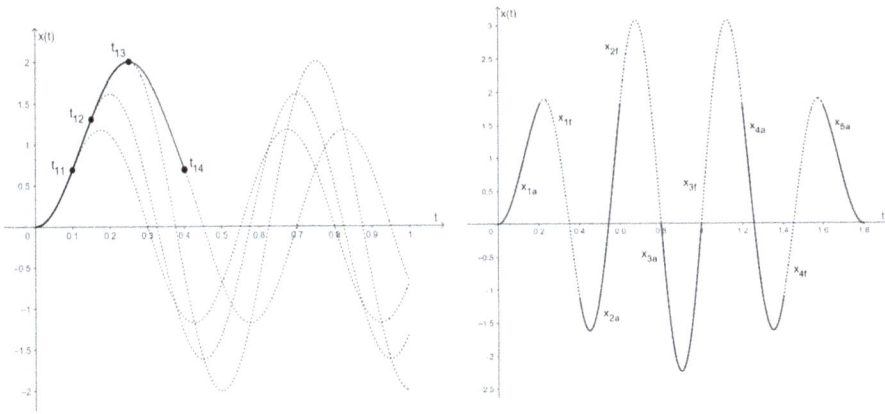

Abb. 12.2: Graphen zu den Beispielen 1 und 2.

Beispiel 2. Nun fügen wir derselben Rechteckanregung aus Beispiel 1 eine weitere hinzu:

Es gilt also

$$F(t) = \begin{cases} F_0, & 0 \le t < t_1, t_2 \le t < t_3, \\ 0, & t_1 \le t < t_2, t \ge t_3 \end{cases}$$

(Abb. 12.1 mitte).

a) Bestimmen Sie die Lösung $x(t)$ des EMS auf diese Anregung (diese besteht aus vier Einzelfunktionen).

b) Verallgemeinern Sie das Ergebnis aus a) für eine gleichartige, n-malige Wiederholung der Anregungszeit t_1, und einer jeweiligen Kraft F_0 (Abb. 12.1 rechts).

c) Wählen Sie $\frac{F_0}{m\omega_0^2} = 1\,\text{m}$, $\omega_0 = 4\pi$, $t_1 = 0.2\,\text{s}$ und stellen Sie die Lösung für einen Periodenverlauf dar.

d) Wie groß wird die maximale Antwort x_{Max} des Systems?

Lösung.

a) Für $t_2 \leq t \leq t_3$ ist also abermals $\ddot{x} + \omega_0^2 x = F_0$ zu lösen. Wieder hat man $x_p(t) = k$ und der allgemeine Ansatz lautet

$$x(t) = k + A\cos[\omega_0(t - t_2)] + B\sin[\omega_0(t - t_2)] \quad \text{für } t_2 \leq t \leq t_3. \tag{12.4}$$

Mit (12.3) und (12.4) ergeben sich die Übergangsbedingungen

$$\begin{aligned} x(t_2) &= k\{\cos[\omega_0(t_2 - t_1)] - \cos(\omega_0 t_2)\} \\ &= k + A\cos[\omega_0(t_2 - t_2)] + B\sin[\omega_0(t_2 - t_2)], \\ \dot{x}(t_2) &= k\omega_0\{-\sin[\omega_0(t_2 - t_1)] + \sin(\omega_0 t_2)\} \\ &= -A\omega_0\sin[\omega_0(t_2 - t_2)] + B\omega_0\cos[\omega_0(t_2 - t_2)]. \end{aligned}$$

Daraus erhält man

$$\begin{aligned} A &= k\{\cos[\omega_0(t_2 - t_1)] - \cos(\omega_0 t_2) - 1\} \quad \text{und} \\ B &= k\{-\sin[\omega_0(t_2 - t_1)] + \sin(\omega_0 t_2)\}. \end{aligned}$$

Insgesamt lautet (12.4)

$$\begin{aligned} x(t) &= k + k\{\cos[\omega_0(t_2 - t_1)] - \cos(\omega_0 t_2) - 1\}\cos[\omega_0(t - t_2)] \\ &\quad + k\{-\sin[\omega_0(t_2 - t_1)] + \sin(\omega_0 t_2)\}\sin[\omega_0(t - t_2)] \quad \text{oder} \\ x_{2a}(t) &= \frac{F_0}{m\omega_0^2}\{1 - \cos[\omega_0(t - t_2)] + \cos[\omega_0(t - t_1)] - \cos(\omega_0 t)\} \\ &\quad \text{für } t_2 \leq t \leq t_3. \end{aligned} \tag{12.5}$$

Man erhält dasselbe Ergebnis auch schneller, indem man $x_{1a}(t - t_2) + x_{1f}(t)$ bildet. Zum Zeitpunkt $t = t_3$ hört die Kraft auf und es bleibt die homogene Lösung

$$x(t - t_3) = A\cos[\omega_0(t - t_3)] + B\sin[\omega_0(t - t_3)]$$

für $t \geq t_3$ mit den Anfangsbedingungen $x(t = t_3) = A$ und $\dot{x}(t = t_3) = B\omega_0$ bestehen. Diese sind identisch mit den Endwerten von (12.5) und lauten

$$x(t_3) = k\{1 - \cos[\omega_0(t_3 - t_2)] + \cos[\omega_0(t_3 - t_1)] - \cos(\omega_0 t_3)\} \quad \text{und}$$
$$\dot{x}(t_3) = k\omega_0\{\sin[\omega_0(t_3 - t_2)] - \sin[\omega_0(t_3 - t_1)] + \sin(\omega_0 t_3)\}.$$

Daraus erhält man die Konstanten

$$A = k\{1 - \cos[\omega_0(t_3 - t_2)] + \cos[\omega_0(t_3 - t_1)] - \cos(\omega_0 t_3)\},$$
$$B = k\{\sin[\omega_0(t_3 - t_2)] - \sin[\omega_0(t_3 - t_1)] + \sin(\omega_0 t_3)\},$$

die Lösung

$$x(t) = k\{1 - \cos[\omega_0(t_3 - t_2)] + \cos[\omega_0(t_3 - t_1)] - \cos(\omega_0 t_3)\} \cos[\omega_0(t - t_3)]$$
$$+ k\{\sin[\omega_0(t_3 - t_2)] - \sin[\omega_0(t_3 - t_1)] + \sin(\omega_0 t_3)\} \sin[\omega_0(t - t_3)]$$

und schließlich

$$x_{2f}(t) = \frac{F_0}{m\omega_0^2}\{\cos[\omega_0(t - t_3)] - \cos[\omega_0(t - t_2)]$$
$$+ \cos[\omega_0(t - t_1)] - \cos(\omega_0 t)\} \quad \text{für } t \geq t_3. \tag{12.6}$$

b) Aus (12.2), (12.3), (12.5) und (12.6) wird offenbar eine Regelmäßigkeit ersichtlich. Die n-te angeregte Bewegung ist

$$x_{na}(t) = \frac{F_0}{m\omega_0^2}\left\{1 + \sum_{i=1}^{2n-1}(-1)^i \cos[\omega_0(t - t_{i-1})]\right\} \quad \text{für } t_{2n-2} \leq t \leq t_{2n-1} \tag{12.7}$$

und die n-te freie Schwingung wird beschrieben durch

$$x_{nf}(t) = \frac{F_0}{m\omega_0^2}\sum_{i=1}^{2n}(-1)^i \cos[\omega_0(t - t_{i-1})] \quad \text{für } t_{2n-1} \leq t \leq t_{2n}. \tag{12.8}$$

Dabei wird $t_0 := 0$ gesetzt.

c) Mit der Wahl von $t_1 = 0.2\,\text{s}$ ist $T = 0.4\,\text{s}$, $\omega = 5\pi$ und $t_i = 0.2i$. Die ersten wir Teilfunktionen lauten:

$$x_{1a}(t) = 1 - \cos(4\pi t) \quad \text{für } 0 \leq t \leq 0.2,$$
$$x_{1f}(t) = \cos[4\pi(t - 0.2)] - \cos(4\pi t) \quad \text{für } 0.2 \leq t \leq 0.4,$$
$$x_{2a}(t) = 1 - \cos[4\pi(t - 0.4)] + \cos[4\pi(t - 0.2)] - \cos(4\pi t) \quad \text{für } 0.4 \leq t \leq 0.6,$$
$$x_{2f}(t) = \cos[4\pi(t - 0.6)] - \cos[4\pi(t - 0.4)]$$
$$+ \cos[4\pi(t - 0.2)] - \cos(4\pi t) \quad \text{für } 0.6 \leq t \leq 0.8.$$

In Abb. 12.2 rechts sind fünf weitere Teilschwingungen hinzugefügt worden, sodass damit die gemeinsame Schwingungsdauer $T_G = 1.8\,\text{s}$ beträgt.

d) Die maximale Antwort wird mithilfe von $\dot{x}_{2f}(t)$ zur Zeit $t = 0.675$ zu $x_{\text{Max}} = 3.08$ ermittelt.

Bemerkung. Für $t = 0.125$ s bzw. $T = 0.25$ s bzw. $\omega = 8\pi$ erreicht man eine Schwingungsdauer von lediglich $T_G = 0.375$ s.

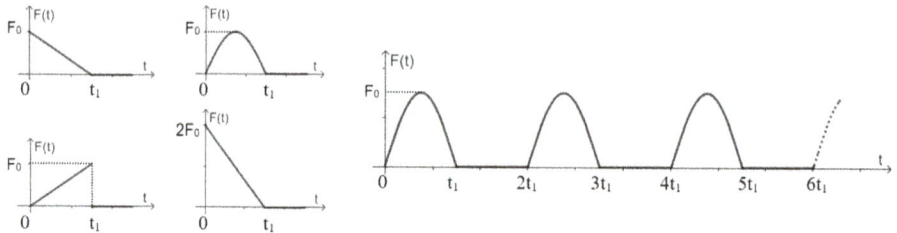

Abb. 12.3: Skizzen zur Dreieckanregung und zur Halbsinusanregung.

Beispiel 3. Grundlegend kann man zwei Dreieckanregungen unterscheiden (Abb. 12.3 oben links und unten links). Sie erzeugen zwar eine zeitlich unterschiedliche Lösung, aber dieselben maximalen Antworten. Deswegen beschränken wir uns auf diejenige in Abb. 12.3 oben links). Diese wird beschrieben durch

$$F(t) = \begin{cases} F_0(1 - \frac{t}{t_1}), & 0 \le t < t_1, \\ 0, & t \ge t_1. \end{cases} \tag{12.9}$$

a) Bestimmen Sie die Lösung $x(t)$ der ungedämpften, erzwungenen Schwingung eines EMS mit $\ddot{x} + \omega_0^2 x = \frac{F(t)}{m}$ für den angegebenen Zeitraum mit den üblichen Anfangsbedingungen $x(0) = \dot{x}(0) = 0$.

b) Stellen Sie die vier Verläufe mit $\frac{F_0}{m\omega_0^2} = 1$, $\omega_0 = 4\pi$ und jeweils $t_{11} = 0.1$ s, $t_{12} = 0.2$ s, $t_{13} = 0.25$ s, $t_{14} = 0.4$ s im Intervall $[0,1]$ dar.

c) Wie groß ist das jeweilige normierte Amplitudenmaximum x_{max}?

d) Für welchen Wert von t_1 fällt die Abzweigung hin zur freien Schwingung mit dem Maximum der Lösungsfunktion zusammen?

Lösung.

a) Eine partikuläre Lösung der DG $\ddot{x} + \omega_0^2 x = \frac{F_0}{m}(1 - \frac{t}{t_1})$ ist $x_p(t) = k(1 - \frac{t}{t_1})$. Der Ansatz für die allgemeine Lösung lautet dann

$$x(t) = k\left(1 - \frac{t}{t_1}\right) + A\cos(\omega_0 t) + B\sin(\omega_0 t).$$

Mit $x(0) = \dot{x}(0) = 0$ folgt $A = -k$, $B = \frac{k}{\omega_0 t_1}$ und damit

$$x(t) = k\left(1 - \frac{t}{t_1}\right) - k\cos(\omega_0 t) + \frac{k}{\omega_0 t_1}\sin(\omega_0 t) \quad \text{oder}$$

$$x_a(t) = k\left[\frac{\sin(\omega_0 t)}{\omega_0 t_1} - \cos(\omega_0 t) + 1 - \frac{t}{t_1}\right] \quad \text{für } 0 \le t \le t_1. \tag{12.10}$$

Zum Zeitpunkt $t = t_1$ erlischt die Wirkung der Kraft und es verbleibt die homogene Lösung

$$x(t - t_1) = A\cos[\omega_0(t - t_1)] + B\sin[\omega_0(t - t_1)]$$

für $t \ge t_1$ mit den Bedingungen $x(t = t_1) = A$ und $\dot{x}(t = t_1) = B\omega_0$. Diese sind gleich den Endwerten von (12.10) und lauten

$$x(t_1) = k\left[\frac{\sin(\omega_0 t_1)}{\omega_0 t_1} - \cos(\omega_0 t_1)\right] \quad \text{und}$$

$$\dot{x}(t_1) = k\omega_0\left[\frac{\cos(\omega_0 t_1)}{\omega_0 t_1} + \sin(\omega_0 t_1) - \frac{1}{\omega_0 t_1}\right].$$

Daraus erhält man die Konstanten

$$A = k\left[\frac{\sin(\omega_0 t_1)}{\omega_0 t_1} - \cos(\omega_0 t_1)\right] \quad \text{und}$$

$$B = k\left[\frac{\cos(\omega_0 t_1)}{\omega_0 t_1} + \sin(\omega_0 t_1) - \frac{1}{\omega_0 t_1}\right]$$

und die Lösung zu

$$x(t - t_1) = k\left[\frac{\sin(\omega_0 t_1)}{\omega_0 t_1} - \cos(\omega_0 t_1)\right]\cos[\omega_0(t - t_1)]$$

$$+ k\left[\frac{\cos(\omega_0 t_1)}{\omega_0 t_1} + \sin(\omega_0 t_1) - \frac{1}{\omega_0 t_1}\right]\sin[\omega_0(t - t_1)]$$

$$= \frac{k}{\omega_0 t_1}\{\sin(\omega_0 t_1)\cos[\omega_0(t - t_1)] - \omega_0 t_1\cos(\omega_0 t_1)\cos[\omega_0(t - t_1)]\}$$

$$+ \frac{k}{\omega_0 t_1}\{\cos(\omega_0 t_1)\sin[\omega_0(t - t_1)] + \omega_0 t_1\sin(\omega_0 t_1)\sin[\omega_0(t - t_1)]$$

$$- \sin[\omega_0(t - t_1)]\}$$

$$= \frac{k}{\omega_0 t_1}\{\sin(\omega_0 t) - \omega_0 t_1\cos(\omega_0 t) - \sin[\omega_0(t - t_1)]\} \quad \text{oder}$$

$$x_f(t) = \frac{F_0}{m\omega_0^2}\left\{\frac{\sin(\omega_0 t)}{\omega_0 t_1} - \cos(\omega_0 t) - \frac{\sin[\omega_0(t - t_1)]}{\omega_0 t_1}\right\} \quad \text{für } t \ge t_1. \tag{12.11}$$

b) Für eine Darstellung siehe Abb. 12.4 links.

c) Die Abzweigzeiten liefern die Werte $\frac{x_{\max}}{k} = 0.60, 1.05, 1.19, 1.20$ respektive (graphisch ermittelt). Die Maxima für Dreieckanregung liegen etwa halb so hoch wie die einer Rechteckanregung bei gleicher Zeitdauer.

d) Man bildet $\dot{x}(t)$ entweder von (12.10) oder (12.11), setzt danach $t = t_1$ und erhält die Bestimmungsgleichung $\cos(\omega_0 t) + \omega_0 \cdot \sin(\omega_0 t) \cdot t - 1 = 0$. In unserem Fall mit $\omega_0 = 4\pi$ folgt $\cos(4\pi t) + 4\pi \cdot \sin(4\pi t) \cdot t - 1 = 0$ und $t = 0.186$.

Wie in Beispiel 2 liesse sich zudem eine Summenformel für die wiederholte Dreieckanregung (Sägezahnfunktion) herleiten. Darauf verzichten wir aber.

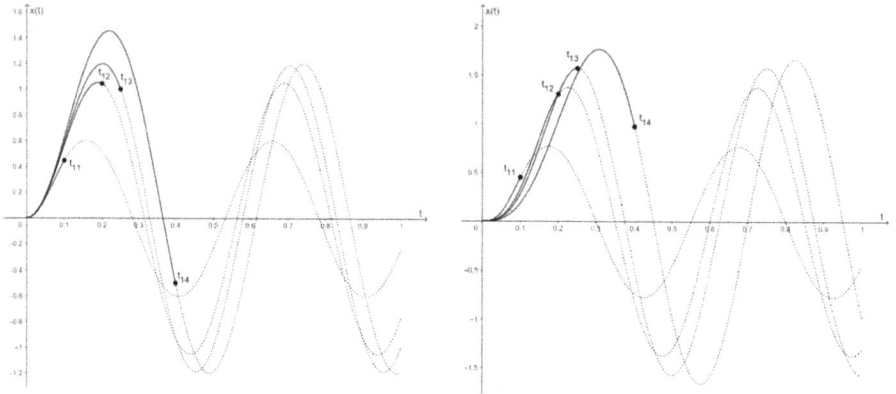

Abb. 12.4: Graphen zu den Beispielen 3 und 4.

Beispiel 4. Gegeben ist eine Halbsinusanregung (Abb. 12.3 oben mitte). Diese besitzt die Gestalt

$$F(t) = \begin{cases} F_0 \sin(\frac{\pi}{t_1} t), & 0 \le t < t_1, \\ 0, & t \ge t_1. \end{cases} \tag{12.12}$$

a) Gesucht ist die Antwort des ungedämpften EMS bezüglich bei dieser Anregungsart mit $x(0) = \dot{x}(0) = 0$.

b) Stellen die jeweiligen zwei Graphen für die Impulsdauerzeiten $t_{11} = 0.1$, $t_{12} = 0.2$, $t_{13} = 0.25$ und $t_{14} = 0.4$ im Intervall $[0, 1]$ dar.

c) Stellen Sie die maximalen, normierten Antworten $\frac{x_{\max}}{k}$ des Systems für die in b) genannten Zeiten zusammen.

d) Für welchen Wert von t_1 erhält man die grösstmögliche Amplitude

$$\frac{x_{\text{Max}}}{k} = \left\{ \frac{x_{\max}(t_1)}{k}, t_1 > 0 \right\}?$$

Lösung.

a) Eine partikuläre Lösung der DG $\ddot{x} + \omega_0^2 x = \frac{F_0}{m} \sin(\frac{\pi}{t_1}t)$ findet man mit dem Ansatz $x(t) = A \sin(\frac{\pi}{t_1}t)$. Eingesetzt erhält man

$$A \frac{\pi^2}{t_1^2} \sin\left(\frac{\pi}{t_1}t\right) + \omega_0^2 A \sin\left(\frac{\pi}{t_1}t\right) = \frac{F_0}{m} \sin\left(\frac{\pi}{t_1}t\right).$$

Mit $\omega := \frac{\pi}{t_1}$ und $\Omega = \frac{\omega}{\omega_0}$ ergibt sich

$$A = \frac{F_0}{m(\omega_0^2 - \omega^2)} = \frac{F_0}{m\omega_0^2(1 - \Omega^2)} = \frac{k}{1 - \Omega^2}$$

und somit partikuläre Lösung $x_p(t) = \frac{k}{1-\Omega^2} \sin(\omega t)$.
Die gesamte Lösung lautet dann

$$x(t) = \frac{k}{1 - \Omega^2} \sin(\omega t) + A \cos(\omega_0 t) + B \sin(\omega_0 t).$$

Die Anfangsbedingungen $x(0) = \dot{x}(0) = 0$ liefern $A = 0$, $B = -\frac{k\Omega}{1-\Omega^2}$ und demzufolge

$$x(t) = \frac{k}{1 - \Omega^2} \sin(\omega t) - \frac{k\Omega}{1 - \Omega^2} \sin(\omega_0 t) \quad \text{oder}$$

$$x_a(t) = \frac{F_0}{m\omega_0^2} \cdot \frac{1}{1 - \Omega^2} [\sin(\omega t) - \Omega \sin(\omega_0 t)] \quad \text{für } 0 \le t \le t_1. \tag{12.13}$$

Zum Zeitpunkt $t = t_1$ endet die Krafteinwirkung und es bleibt die homogene Lösung

$$x(t - t_1) = A \cos[\omega_0(t - t_1)] + B \sin[\omega_0(t - t_1)] \quad \text{für } t \ge t_1$$

mit den Anfangsbedingungen $x(t = t_1) = A$ und $\dot{x}(t = t_1) = B\omega_0$ bestehen.
Diese sind identisch mit den Endwerten von (12.13) und lauten

$$x(t_1) = -\frac{k\Omega}{1 - \Omega^2} \sin(\omega_0 t_1) \quad \text{und} \quad \dot{x}(t_1) = -\frac{k\omega}{1 - \Omega^2} [1 - \cos(\omega_0 t_1)].$$

Daraus folgen die Konstanten

$$A = -\frac{k\Omega}{1 - \Omega^2} \sin(\omega_0 t_1), \quad B = -\frac{k\Omega}{1 - \Omega^2} [1 + \cos(\omega_0 t_1)]$$

und insgesamt

$$x(t - t_1) = -\frac{k\Omega}{1 - \Omega^2} \sin(\omega_0 t_1) \cos[\omega_0(t - t_1)] - \frac{k\Omega}{1 - \Omega^2} [1 + \cos(\omega_0 t_1)] \sin[\omega_0(t - t_1)]$$

$$= \frac{k\Omega}{\Omega^2 - 1} \{\sin(\omega_0 t_1) \cos[\omega_0(t - t_1)] + \sin[\omega_0(t - t_1)]$$

$$+ \cos(\omega_0 t_1) \sin[\omega_0(t - t_1)]\} \quad \text{oder}$$

$$x_f(t) = \frac{F_0}{m\omega_0^2} \cdot \frac{\Omega}{\Omega^2 - 1} \{\sin[\omega_0(t - t_1)] + \sin(\omega_0 t)\} \quad \text{für } t \geq t_1. \tag{12.14}$$

Der Resonanzfall $t_1 = 0.25$ muss gesondert betrachtet werden (da die Anregung nach einer halben Periode wieder endet, wächst die Amplitude nicht wie bei einer kontinuierlichen Anregung ins Unermessliche, weshalb die Bezeichnung Resonanz etwas verwirrend sein könnte). Ausgehend von der DG $\ddot{x} + \omega_0^2 x = \frac{F_0}{m} \sin \omega_0(t)$ lautet eine partikuläre Lösung $x_p(t) = -\frac{F_0}{2m\omega_0} t \cdot \cos(\omega_0 t)$ und die gesamte Lösung schreibt sich als

$$x(t) = -\frac{F_0}{2m\omega_0} t \cdot \cos(\omega_0 t) + A \cos(\omega_0 t) + B \sin(\omega_0 t).$$

Mit den Anfangsbedingungen $x(0) = \dot{x}(0) = 0$ folgt $A = 0, B = \frac{F_0}{2m\omega_0^2}$ und somit

$$x(t) = -\frac{F_0}{2m\omega_0} t \cdot \cos(\omega_0 t) + \frac{F_0}{2m\omega_0^2} \sin(\omega_0 t) \quad \text{oder}$$

$$x_{a,\text{Resonanz}}(t) = \frac{F_0}{m\omega_0^2}\left[\frac{\sin(\omega_0 t)}{2} - \omega_0 t \cdot \frac{\cos(\omega_0 t)}{2}\right] \quad \text{für } 0 \leq t \leq t_1. \tag{12.15}$$

Zum Zeitpunkt $t = t_1$ erlischt die Kraft und es bleibt die homogene Lösung

$$x(t - t_1) = A \cos[\omega_0(t - t_1)] + B \sin[\omega_0(t - t_1)]$$

für $t > t_1$ mit den Anfangsbedingungen $x(t = t_1) = A$ und $\dot{x}(t = t_1) = B\omega_0$ bestehen. Diese sind gleich den Endwerten von (12.15) und lauten

$$x(t_1) = k\left[\frac{\sin(\omega_0 t_1)}{2} - \omega_0 t_1 \cdot \frac{\cos(\omega_0 t_1)}{2}\right] \quad \text{und} \quad \dot{x}(t_1) = k\omega_0^2 t_1 \cdot \frac{\sin(\omega_0 t_1)}{2}.$$

Daraus erhält man die Konstanten

$$A = k\left[\frac{\sin(\omega_0 t_1)}{2} - \omega_0 t_1 \cdot \frac{\cos(\omega_0 t_1)}{2}\right], \quad B = k\omega_0 t_1 \cdot \frac{\sin(\omega_0 t_1)}{2}$$

und insgesamt die Lösung

$$\begin{aligned}
x(t - t_1) &= k\left[\frac{\sin(\omega_0 t_1)}{2} - \omega_0 t_1 \cdot \frac{\cos(\omega_0 t_1)}{2}\right] \cos[\omega_0(t - t_1)] \\
&\quad + k\omega_0 t_1 \cdot \frac{\sin(\omega_0 t_1)}{2} \sin[\omega_0(t - t_1)] \\
&= k\left\{\frac{\sin(\omega_0 t_1)}{2} \cos[\omega_0(t - t_1)] - \omega_0 t_1 \cdot \frac{\cos(\omega_0 t_1)}{2} \cos[\omega_0(t - t_1)]\right. \\
&\quad \left. + \omega_0 t_1 \cdot \frac{\sin(\omega_0 t_1)}{2} \sin[\omega_0(t - t_1)]\right\} \quad \text{oder}
\end{aligned}$$

$$x_{f,\text{Resonanz}}(t) = \frac{F_0}{m\omega_0^2} \left\{ \frac{1}{2} \sin(\omega_0 t_1) \cos[\omega_0(t-t_1)] - \frac{\omega_0 t_1}{2} \cos(\omega_0 t) \right\}$$

$$\text{für } t \geq t_1. \tag{12.16}$$

b) Mit der gegebenen Zeit für t_1 ist $\omega_0 = 4\pi$ und $\omega := 10\pi, 5\pi, 2.5\pi$, $\Omega = 2.5, 1.25, 0.625$. Die vollständigen acht Teilfunktionen (Abb. 12.4 rechts) ergeben sich mithilfe von (12.13)–(12.16) zu

$$x_a(t) = \frac{4}{21}[2.5\sin(4\pi t) - \sin(10\pi t)] \quad \text{für } 0 \leq t \leq 0.1,$$

$$x_f(t) = \frac{10}{21}\{\sin[4\pi(t-0.1)] + \sin(4\pi t)\} \quad \text{für } t \geq 0.1,$$

$$x_a(t) = \frac{16}{9}[1.25\sin(4\pi t) - \sin(5\pi t)] \quad \text{für } 0 \leq t \leq 0.2,$$

$$x_f(t) = \frac{20}{9}\{\sin[4\pi(t-0.2)] + \sin(4\pi t)\} \quad \text{für } t \geq 0.2,$$

$$x_{a,\text{Resonanz}}(t) = \frac{\sin(4\pi t)}{2} - 2\pi t \cdot \cos(4\pi t) \quad \text{für } 0 \leq t \leq 0.25,$$

$$x_{f,\text{Resonanz}}(t) = x(t) = -\frac{\pi}{2}\cos(4\pi t) \quad \text{für } t \geq 0.25,$$

$$x_a(t) = \frac{64}{39}[\sin(2.5\pi t) - 0.625\sin(4\pi t)] \quad \text{für } 0 \leq t \leq 0.4 \quad \text{und}$$

$$x_f(t) = \frac{40}{39}\{-\sin[4\pi(t-0.4)] - \sin(4\pi)\} \quad \text{für } t \geq 0.4.$$

c) Man erhält $\frac{x_{\text{max}}}{k} = 0.77, 1.37, 1.57, 1.76$ (graphisch bestimmt). Das Maximum wird im Resonanzfall für $t_1 = 0.25$ genau am Ende der Anregung erreicht (Abb. 12.4 rechts).

d) Dazu bilden wir die zeitliche Ableitung von (12.13) in der Form

$$x_a(t) = \frac{F_0}{m\omega_0^2} \cdot \frac{1}{1 - (\frac{\pi}{\omega_0 t_1})^2} \left[\sin\left(\frac{\pi}{t_1}t\right) - \frac{\pi}{\omega_0 t_1} \sin(\omega_0 t) \right],$$

setzen diese null und erhalten die Bestimmungsgleichung $\cos(\frac{\pi}{t_1}t) - \cos(_0 t) = 0$. Diese schreibt sich auch als

$$-2\sin\left(\frac{\frac{\pi}{t_1}t + \omega_0 t}{2}\right) \sin\left(\frac{\frac{\pi}{t_1}t - \omega_0 t}{2}\right) = 0,$$

woraus $\frac{\pi}{t_1}t \pm \omega_0 t = 2n\pi$ und somit $t_{*n} = \frac{2n\pi t_1}{\pi \pm \omega_0 t_1}$ folgt. Damit ist

$$\frac{x_{\text{max}}(n, \omega_0, t_1)}{k} = \frac{1}{1 - (\frac{\pi}{\omega_0 t_1})^2} \left[\sin\left(\frac{2n\pi^2}{\pi \pm \omega_0 t_1}\right) - \frac{\pi}{\omega_0 t_1} \sin\left(\frac{2n\pi\omega_0 t_1}{\pi \pm \omega_0 t_1}\right) \right].$$

Für $n = 1$, $\omega_0 = 4\pi$ und dem Pluszeichen ist

$$\frac{x_{\max}(t_1)}{k} = \frac{1}{1 - (\frac{1}{4t_1})^2} \left[\sin\left(\frac{2\pi}{1 + 4t_1}\right) - \frac{1}{4t_1} \sin\left(\frac{8\pi t_1}{1 + 4t_1}\right) \right]. \tag{12.17}$$

Da

$$\sin\left(\frac{8\pi t_1}{1 + 4t_1}\right) = \sin\left(\pi - \frac{8\pi t_1}{1 + 4t_1}\right) = \sin\left(\frac{2\pi}{1 + 4t_1} - \pi\right)$$

$$= \sin\left(\frac{2\pi}{1 + 4t_1}\right) \cos\pi - \cos\left(\frac{2\pi}{1 + 4t_1}\right) \sin\pi = -\sin\left(\frac{2\pi}{1 + 4t_1}\right),$$

schreibt sich (12.17) als

$$\frac{x_{\max}(t_1)}{k} = \frac{4t_1}{4t_1 - 1} \sin\left(\frac{2\pi}{4t_1 + 1}\right).$$

Für jedes t_1 liefert diese Funktion die maximale Antwort an der Stelle t_{*n}. Eine erneute Differentiation nach t_1 und anschießendes null setzen ergibt die globale, maximale Antwort für $t_1 = 0.405$ zu $\frac{x_{\text{Max}}}{k} = \frac{x_{\max}(0.405)}{k} = 1.77$.

Als Resultat der bisherigen Rechnungen tragen wir für drei verschiedene Anregungsarten bei drei verschiedenen Anregungszeiten die entsprechenden maximalen Amplituden zusammen.

Ergebnis.

Anregungszeit t_1	Rechteckanregung $x_{\max}$	Halbsinusanregung $x_{\max}$	Dreieckanregung $x_{\max}$
0.1	1.18	0.77	0.60
0.2	1.90	1.37	1.05
0.25	2	1.57	1.19

Es scheint offensichtlich, dass ein kleinerer Impuls (Impulsfläche unter Kraftfunktion) auch eine kleinere maximale Antwort zur Folge hat. Das ist zwar richtig, aber die Entwicklung des Impulses während der Impulsdauer ist ebenfalls entscheidend. Betrachtet man nämlich den Kraftverlauf der Dreieckanregung

$$F(t) = \begin{cases} 2F_0(1 - \frac{t}{t_1}), & 0 < t < t_1, \\ 0, & t \geq t_1, \end{cases}$$

(Abb. 12.3 unten mitte), so ist die Fläche zwar gleich groß wie diejenige des Rechtecks, nämlich $F_0 t_1$, aber die maximalen Antworten für dieselben Anregungszeiten liegen, wie man leicht zeigt, genau doppelt so hoch, wie diejenigen der in Beispiel 3 berechneten Dreieckanregung, nämlich 1.20, 2.10, 2.38.

Beispiel 5. Als Erweiterung zum vorigen Beispiel betrachten wir nun eine endliche Anzahl von Halbsinusanregungen, die jeweils für dieselbe Zeitdauer einer Kraftwirkung unterbrochen werden (Abb. 12.3 rechts). Somit gilt

$$F(t) = \begin{cases} F_0 \sin(\frac{\pi}{t_1} t), & (2i-2)t_1 \le t < (2i-1)t_1, \\ 0, & (2i-1)t_1 \le t < 2it_1, \end{cases} \quad i = 1, 2, \ldots, n.$$

a) Ermitteln Sie Lösung nebst den schon bekannten Teillösungen $x_{1a}(t)$ und $x_{1f}(t)$ für den Zeitraum $0 \le t < 2t_1$ die Teillösungen $x_{2a}(t)$ und $x_{2f}(t)$ der ungedämpften, erzwungenen Schwingung eines EMS für den Zeitraum $2t_1 \le t < 4t_1$.
b) Geben Sie mithilfe der Ergebnisse aus a) die Teillösungen für n Anregungen derselben Art an (für $\omega \ne \omega_0$).
c) Wählen Sie $\frac{F_0}{m\omega_0^2} = 1$ m, $\omega_0 = 4\pi$, $t_1 = 0.2$ s und stellen Sie die Lösung für einen Periodenverlauf dar.
d) Wir gross wird die maximale Antwort x_{Max} des Systems?

Lösung.
a) Die Teillösungen für $x_{1a}(t)$ und $x_{1f}(t)$ liegen mit (12.13) und (12.14) vor. Für die 2. Anregung gilt es wiederum die DG $\ddot{x} + \omega_0^2 x = \frac{F_0}{m} \sin(\frac{\pi}{t_1} t)$ zu lösen. Abermals ist $x_p(t) = \frac{k}{1-\Omega^2} \sin(\omega t)$ und die allgemeine Lösung besitzt im Intervall $2t_1 \le t \le 3t_1$ erhält die Gestalt

$$x_{2a}(t) = \frac{k}{1-\Omega^2} \sin[\omega(t-2t_1)] + A \cos[\omega_0(t-2t_1)] + B \sin[\omega_0(t-2t_1)]$$
$$= \frac{k}{1-\Omega^2} \sin(\omega t) + A \cos[\omega_0(t-2t_1)] + B \sin[\omega_0(t-2t_1)].$$

Die beiden Übergangsbedingungen sind $x_{1f}(2t_1) = x_{2a}(2t_1)$, bzw. $\dot{x}_{1f}(2t_1) = \dot{x}_{2a}(2t_1)$ und führen zu den Konstanten

$$A = \frac{k\Omega}{\Omega^2 - 1} [\sin(\omega_0 t_1) + \sin(2\omega_0 t_1)], \quad \text{resp.}$$
$$B = \frac{k\Omega}{\Omega^2 - 1} [\cos(\omega_0 t_1) + \cos(2\omega_0 t_1) + 1].$$

Damit hat man

$$x_{2a}(t) = \frac{F_0}{m\omega_0^2} \cdot \frac{1}{1-\Omega^2} (\sin(\omega t) - \Omega\{\sin[\omega_0(t-2t_1)]$$
$$+ \sin[\omega_0(t-t_1)] + \sin(\omega_0 t)\}) \quad \text{für } 2t_1 \le t \le 3t_1. \tag{12.18}$$

Die zweite freie Schwingung im Intervall $3t_1 \le t \le 4t_1$ besitzt vorerst die Gestalt

$$x_{2f}(t-3t_1) = A \cos[\omega_0(t-3t_1)] + B \sin[\omega_0(t-3t_1)].$$

Mit $x_{2a}(3t_1) = x_{2f}(3t_1)$, bzw. $\dot{x}_{2a}(3t_1) = \dot{x}_{2f}(3t_1)$ erhält man

$$A = -\frac{k\Omega}{1 - \Omega^2}[\sin(\omega_0 t_1) + \sin(2\omega_0 t_1) + \sin(3\omega_0 t_1)],$$

$$B = -\frac{k\Omega}{1 - \Omega^2}[1 + \cos(\omega_0 t_1) + \cos(2\omega_0 t_1) + \cos(3\omega_0 t_1)]$$

und somit

$$x_{2f}(t) = \frac{F_0}{m\omega_0^2} \cdot \frac{\Omega}{\Omega^2 - 1}\{\sin[\omega_0(t - 3t_1)] + \sin[\omega_0(t - 2t_1)]$$

$$+ \sin[\omega_0(t - t_1)] + \sin(\omega_0 t)\} \quad \text{für } 3t_1 \leq t \leq 4t_1. \tag{12.19}$$

b) Die Gleichungen (12.13), (12.14), (12.18) und (12.19) führen zu folgender Verallgemeinerung:

Die n-te angeregte Bewegung wird beschrieben durch

$$x_{na}(t) = \frac{F_0}{m\omega_0^2} \cdot \frac{1}{1 - \Omega^2}\left(\sin(\omega t) - \Omega \sum_{i=1}^{2n-1} \sin\{\omega_0[t - (i-1)t_1]\}\right)$$

$$\text{für } (2n - 2)t_1 \leq t \leq (2n - 1)t_1 \tag{12.20}$$

und die n-te freie Schwingung ist

$$x_{nf}(t) = \frac{F_0}{m\omega_0^2} \cdot \frac{\Omega}{\Omega^2 - 1} \sum_{i=1}^{2n} \sin\{\omega_0[t - (i-1)t_1]\} \quad \text{für } (2n - 1)t_1 \leq t \leq 2nt_1. \tag{12.21}$$

Dabei wird $t_0 := 0$ gesetzt.

c) Mithilfe von (12.13), (12.14) und (12.18)–(12.21) ergeben sich

$$x_{1a}(t) = -\frac{16}{9}[\sin(5\pi t) - 1.25\sin(4\pi t)] \quad \text{für } 0 \leq t \leq 0.2,$$

$$x_{1f}(t) = \frac{20}{9}\{\sin[4\pi(t - 0.2)] + \sin(4\pi t)\} \quad \text{für } 0.2 \leq t \leq 0.4,$$

$$x_{2a}(t) = -\frac{16}{9}(\sin[5\pi(t - 0.4)] - 1.25\{\sin[4\pi(t - 0.4)]$$

$$+ \sin[4\pi(t - 0.2)] + \sin(4\pi t)\}) \quad \text{für } 0.4 \leq t \leq 0.6 \quad \text{und}$$

$$x_{2f}(t) = \frac{20}{9}\{\sin[4\pi(t - 0.6)] + \sin[4\pi(t - 0.4)]$$

$$+ \sin[4\pi(t - 0.2)] + \sin(4\pi t)\} \quad \text{für } 0.6 \leq t \leq 0.8.$$

Fünf weitere Teilfunktionen wurden hinzugefügt, damit man die Periodizität von $T_G = 1.8\,\text{s}$ erkennt. Die Graphen der einzelnen Teilfunktionen entnimmt man Abb. 12.5 links. Zum Vergleich sind in Abb. 12.5 rechts die Antworten des Systems bei einer Anregungszeit von $t_1 = 0.1\,\text{s}$ danebengestellt. Die maximale Antwort beträgt lediglich $x_{\text{Max}}(t_1 = 0.1) = 0.77$.

d) Die maximale Antwort wird mithilfe von $\dot{x}_{2f}(t)$ zur Zeit $t = 0.675$ zu $x_{\text{Max}}(t_1 = 0.2) = 2.22$ ermittelt. Verglichen mit der fortlaufenden Rechteckanregung aus Beispiel 2 fällt die maximale Antwort etwas kleiner aus, was zu erwarten war.

Bemerkung. In Band 3 wird der Prozess des Hüpfens nochmals aufgegriffen. Wir werden anhand der Fourier-Reihe sehen, warum der Halbsinus als Näherung sinnvoll ist. Zudem ergibt sich dann die Kontaktzeit mit dem Boden mithilfe einer Messung zu etwa $0.16\,\text{s}$.

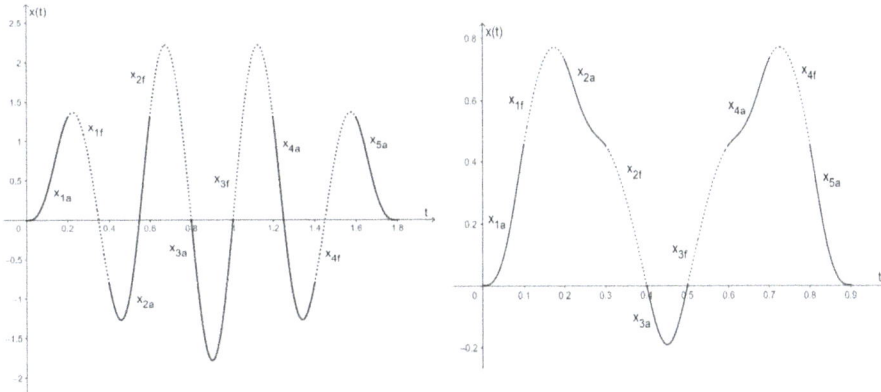

Abb. 12.5: Graphen zum Beispiel 5.

12.1 Der Dirac-Stoß

Im vorigen Kapitel haben wir die Wirkung einer Impulsänderung auf einen EMS untersucht. Maßgebend für die Antwort ist der zeitlich abhängige Kraftverlauf. Die Impulsänderung über den betrachteten Zeitraum wird mithilfe der Fläche unter der Kraftfunktion ermittelt (Impulsfläche). Dieselbe Fläche führt dabei zu verschiedenen Schwingungsverläufen. Nun stellt sich die Frage, ob man unter allen denkbaren Impulsänderungen eine Art Grundkraftstoß angeben kann.

Herleitung von (12.1.1)–(12.1.5)

Dazu stellen wir uns einen kurzzeitigen Kraftstoß mit einer beliebigen Funktion $F(t)$ vor. Für eine solch kurze Anregungszeit kann man für die Verschiebung der Masse $x \approx 0$ setzen und zudem die Dämpfung vernachlässigen, $\mu \approx 0$. Auf die Masse wirkt dann lediglich die Beschleunigung und die Bewegungsgleichung (11.1) reduziert sich zu $m\ddot{x} = F(t)$. Integriert man über die Zeit, dann hat man

$$m \int\limits_0^t \ddot{x}(\tau)d\tau = \int\limits_0^t F(\tau)d\tau \quad \text{oder} \quad m \cdot \dot{x}(t) = p(t).$$

Speziell für $t = 0$ ist $\dot{x}(0) = \frac{p(0)}{m}$. Dem System wird also, unabhängig von der Anregung, die Geschwindigkeit $v_0 = \frac{p_0}{m}$ zugeführt. Um nun den Dirac-Stoß zu verstehen, betrachten wir zuerst eine Rechteckanregung der Form

$$F(t) = \begin{cases} \frac{1}{t_1}, & |t| < \frac{t_1}{2}, \\ 0, & |t| \geq \frac{t_1}{2} \end{cases}$$

(Abb. 12.6 links).

Die Impulsfläche unterhalb von $F(t)$ ist gleich eins, egal wie man t_1 variiert. Im Falle $t_1 = 0$ hätten wir einen unendlich hohen Stoß. Natürlich ist diese Kraft nicht realisierbar. Es gibt aber Funktionenfolgen, die als Näherung dienen können, wie z. B.

$$\delta_a(x) = \frac{1}{\sqrt{\pi}a} e^{-\frac{x^2}{a^2}}.$$

Für $a \to 0$ wird der Funktionswert bei $x = 0$ immer größer und für $x \neq 0$ immer glatter. Es gilt aber jederzeit $\int_{-\infty}^{\infty} \delta_a(x)dx = 1$. Der Impuls $p = F(t) \cdot t_1$ bleibt somit endlich und zwar in jedem Fall eins. Der Dirac-Stoß repräsentiert also den Einheitsimpuls I, und das in der kleinstmöglichen Zeitspanne. Beispiele wären: Stromstoß, Klatschen. Der Dirac-Stoß müsste dem EMS also die Stoßgeschwindigkeit $v_0 = \frac{I}{m}$ erteilen. Wir wollen dies beweisen und außerdem die Stoßantwort bestimmen. Wir setzen somit den Dirac-Stoß an als

$$\delta(t) = \begin{cases} 0, & t \neq 0, \\ \int_{-\infty}^{\infty} \delta(t)dt = 1, & \text{sonst.} \end{cases} \tag{12.1.1}$$

Da der Wert nicht überall definiert ist, sprechen wir hier von einer Distribution. Wir behandeln $\delta(t)$ gleichsam wie eine Funktion und verwenden an der Stelle $x = 0$ einfach das Integral. Nun gilt es, die DGL

$$\ddot{x} + 2\xi\omega_0\dot{x} + \omega_0^2 x = \frac{\delta(t)}{m} \tag{12.1.2}$$

zu lösen. Im Weiteren bezeichnet $-\varepsilon$ die Zeit kurz vor null und ε die Zeit kurz nach null. Integrieren wir über diesen Zeitraum, dann haben wir

$$\int\limits_{-\varepsilon}^{\varepsilon} \ddot{x}(t)dt + \int\limits_{-\varepsilon}^{\varepsilon} 2\xi\omega_0\dot{x}(t)dt + \int\limits_{-\varepsilon}^{\varepsilon} \omega_0^2 x(t)dt = \int\limits_{-\varepsilon}^{\varepsilon} \frac{\delta(t)}{m}dt = \frac{1}{m}. \tag{12.1.3}$$

Da der Körper für $x = -\varepsilon$ ruht, folgt $\int_{-\varepsilon}^{\varepsilon} \ddot{x}(t)dt = [\dot{x}(t)]_{-\varepsilon}^{\varepsilon} = \dot{x}(\varepsilon) - 0 = \dot{x}(\varepsilon)$. Für das zweite Integral von (12.1.3) gilt $\int_{-\varepsilon}^{\varepsilon} 2\xi\omega_0\dot{x}(t)dt = [2\xi\omega_0 x(t)]_{-\varepsilon}^{\varepsilon} = 2\xi\omega_0 x(\varepsilon) - 0$. Jetzt vollziehen wir den Grenzübergang $\varepsilon \to 0$ und beachten, dass $x(t)$ stetig ist. Man erhält $\lim_{\varepsilon \to 0}\dot{x}(\varepsilon) = \dot{x}(0)$, $\lim_{\varepsilon \to 0}2\xi\omega_0 x(\varepsilon) = 0$, weil der Körper für $x = 0$ ruht und $\lim_{\varepsilon \to 0}\int_{-\varepsilon}^{\varepsilon}\omega_0^2 x(t)dt = 0$, weil das Integrationsintervall null wird. Insgesamt schreibt sich (12.1.3) als $\dot{x}(0) = \frac{1}{m}$, was der vermuteten Anfangsbedingung entspricht. Außerdem hat man $x(0) = 0$. Da nun $\delta(t) = 0$ bis auf $x = 0$ ist, haben wir nun eine homogene DGL $\ddot{x} + 2\xi\omega_0\dot{x} + \omega_0^2 x = 0$ vor uns. Die Inhomogenität von (12.1.3) wird durch die Anfangsbedingung $\dot{x}(0) = \frac{1}{m}$ repräsentiert. Der Lösungsansatz lautet demzufolge gemäß (9.2.2)

$$x(t) = e^{-\xi\omega_0 t}[A\cos(\omega_0\sqrt{1 - \xi^2}t) + B\sin(\omega_0\sqrt{1 - \xi^2}t)]. \tag{12.1.4}$$

Aus $x(0) = 0$ wird $A = 0$ und mit $\dot{x}(0) = \frac{1}{m}$ erhält man $B = \dfrac{1}{m\omega_0\sqrt{1-\xi^2}}$.

Die Antwort eines gedämpften EMS auf einen Dirac-Stoß mit $x(0) = 0$, $\dot{x}(0) = \frac{1}{m}$, $I = 1$ ist

$$x(t) = \frac{e^{-\xi\omega_0 t}}{m\omega_0\sqrt{1 - \xi^2}}\sin(\omega_0\sqrt{1 - \xi^2}t). \tag{12.1.5}$$

Den Verlauf von (12.1.4) für $\omega_0 = 4\pi$, $m = 1$ und $\xi = 0.1$ entnimmt man Abb. 12.6 rechts.

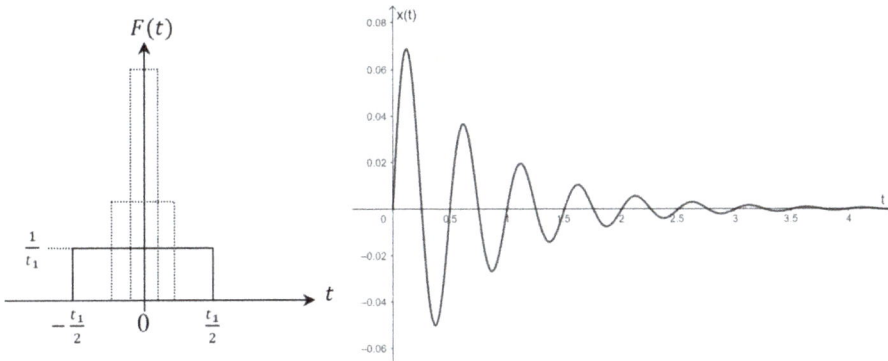

Abb. 12.6: Skizzen zum Dirac-Stoß und Graph von (12.1.4).

12.2 Das Duhamel-Integral

Die besondere Eigenschaft des Dirac-Stoßes und der zugehörigen Stoßantwort liegt darin, dass daraus die Lösung für eine beliebige Anregung hergeleitet werden kann.

Herleitung von (12.2.1)

Wir unterteilen den Kraftstoß $F(t)\Delta t$ bei einem beliebigen Kraftverlauf $F(t)$ in unendlich kleine Kraftstöße der Zeitdauer $d\tau$. Während dieser Zeit kann man die Kraft $F(\tau)$ als konstant betrachten. Eine zur Zeit t kurzfristig wirkende Kraft mit dem Impuls Eins entspricht dem Dirac-Stoß $\delta(t)$. Die Stoßantwort bezeichnen wir mit $h(t)$ und sie fällt mit (12.1.5) zusammen. Wirkt der Einheitsimpuls zur Zeit $t - \tau$, dann beträgt die Antwort $h(t - \tau)$. Erfährt nun das System zum Zeitpunkt $t - \tau$ während der kurzen Zeitdauer $d\tau$ einen (konstanten) Impuls $F(\tau)d\tau$, so wird die Antwort $F(\tau)d\tau \cdot h(t - \tau)$ betragen. Integriert über einen ganzen Zeitraum $0 \leq \tau \leq t$ ergibt sich somit die Antwort $x(t) = \int_0^t F(\tau)h(t - \tau)d\tau$ und mithilfe von (12.1.5) folgt schließlich:

> Die Stoßantwort eines gedämpften EMS bei einer zeitlichen Kraftwirkung $F(t)$ ist
>
> $$x(t) = \int\limits_0^t F(\tau)\frac{e^{-\xi\omega_0(t-\tau)}}{m\omega_0\sqrt{1-\xi^2}}\sin\left[\omega_0\sqrt{1-\xi^2}(t-\tau)\right]d\tau. \tag{12.2.1}$$

Das Duhamel-Integral nennt man auch Faltungsintegral. Der Name leitet sich wie folgt ab: Im Produkt $F(\tau) \cdot h(t - \tau)$ wird die Funktion $h(t - \tau)$ mit den Werten der Funktion $F(\tau)$ für $0 \leq \tau \leq t$ multipliziert oder gewichtet. Die Kraft $F(\tau)$ gibt an, wie groß der Einfluss des um τ zurückliegenden Werts der gewichteten Funktion, also $h(t-\tau)$, auf die Gesamtantwort zum Zeitpunkt t ist. Man kann sich deshalb ein Blatt Papier vorstellen, auf dem die Antwort für den Einheitsimpuls (12.1.5) in Abhängigkeit zur Zeit t graphisch dargestellt ist. Um nun die Systemantwort bei einer beliebigen Kraftverteilung $F(t)$ an der Stelle t zu finden, muss man sozusagen das Blatt für jedes τ an der Stelle $\frac{t-\tau}{2}$ falten oder rollen, um den Wert $h(t - \tau)$ für den Einheitsimpuls abzugreifen und diesen mit $F(\tau)$ zu gewichten.

Beispiel 1. Gegeben ist die Rechteckanregung (12.1) eines ungedämpften EMS. Zeigen Sie, dass die Verwendung von (12.2.1) für $t \geq 0$ zum selben Ergebnis führt.

Lösung. Die Antwort auf die Anregung ermittelt man mit (12.2.1) zu

$$x_a(t) = \frac{F_0}{m\omega_0}\int\limits_0^t \sin[\omega_0(t - \tau)]d\tau \quad \text{für } 0 \leq t \leq t_1.$$

Dabei darf die Integration nicht bis t_1 erweitert werden, weil $F(t_1) = 0$. Man erhält

$$x_a(t) = \frac{F_0}{m\omega_0^2}\left[\cos[\omega_0(t - \tau)]\right]_0^t = \frac{F_0}{m\omega_0^2}\left[1 - \cos(\omega_0 t)\right] \quad \text{für } 0 \leq t \leq t_1.$$

Die folgende freie Schwingung kann man ebenfalls als Duhamel-Integral schreiben. Die Integration verläuft dann eigentlich von null bis unendlich, aber da $F(t) = 0$ für $t \leq t_1$, genügt t_1 als obere Grenze. Es ergibt sich

$$x_f(t) = \frac{F_0}{m\omega_0} \int_0^{t_1} \sin[\omega_0(t - \tau)]d\tau$$

$$= \frac{F_0}{m\omega_0^2} [\cos[\omega_0(t - \tau)]]_0^{t_1} = \frac{F_0}{m\omega_0^2} \{\cos[\omega_0(t - t_1)] - \cos(\omega_0 t)\} \quad \text{für } t \geq t_1.$$

Beispiel 2. Betrachten Sie die Anregung eines ungedämpften EMS durch einen Halbsinus der Form (12.12). Bestätigen Sie die Lösungen (12.13) und (12.1.5) für $t \geq 0$ unter Verwendung von (12.2.1).

Lösung. Gleichung (12.2.1) liefert

$$x_a(t) = \frac{F_0}{m\omega_0} \int_0^t \sin(\omega\tau) \sin[\omega_0(t - \tau)]d\tau$$

mit $\omega = \frac{\pi}{t_1}$. Aufgrund von $-2 \sin\alpha \cdot \sin\beta = \cos(\alpha + \beta) - \cos(\alpha - \beta)$ wird daraus

$$x_a(t) = -\frac{F_0}{2m\omega_0} \int_0^t \{\cos[(\omega - \omega_0)\tau + \omega_0 t] - \cos[(\omega + \omega_0)\tau - \omega_0 t]\}d\tau$$

und nacheinander

$$x_a(t) = -\frac{F_0}{2m\omega_0} \left[\frac{\sin[(\omega - \omega_0)\tau + \omega_0 t]}{\omega - \omega_0} - \frac{\sin[(\omega + \omega_0)\tau - \omega_0 t]}{\omega + \omega_0} \right]_0^t$$

$$= -\frac{F_0}{2m\omega_0} \left[\frac{\sin(\omega t)}{\omega - \omega_0} - \frac{\sin(\omega t)}{\omega + \omega_0} - \frac{\sin(\omega_0 t)}{\omega - \omega_0} + \frac{\sin(-\omega_0 t)}{\omega + \omega_0} \right]$$

$$= -\frac{F_0}{2m\omega_0} \left[\sin(\omega t)\left(\frac{1}{\omega - \omega_0} - \frac{1}{\omega + \omega_0} \right) - \sin(\omega_0 t)\left(\frac{1}{\omega - \omega_0} + \frac{1}{\omega + \omega_0} \right) \right]$$

$$= -\frac{F_0}{2m\omega_0} \left[\frac{2\omega_0}{\omega^2 - \omega_0^2} \sin(\omega t) - \frac{2\omega}{\omega^2 - \omega_0^2} \sin(\omega_0 t) \right]$$

$$= -\frac{F_0}{m} \left[\frac{1}{\omega^2 - \omega_0^2} \sin(\omega t) - \frac{\Omega}{\omega^2 - \omega_0^2} \sin(\omega_0 t) \right]$$

$$= -\frac{F_0}{m\omega_0^2} \left[\frac{1}{\Omega^2 - 1} \sin(\omega t) - \frac{\Omega}{\Omega^2 - 1} \sin(\omega_0 t) \right]$$

$$= \frac{F_0}{m\omega_0^2} \cdot \frac{1}{1 - \Omega^2} [\sin(\omega t) - \Omega \sin(\omega_0 t)] \quad \text{für } 0 \leq t \leq t_1.$$

Für die freie Schwingung berechnen wir

$$x_f(t) = \frac{F_0}{m\omega_0} \int_0^{t_1} \sin(\omega\tau) \sin[\omega_0(t - \tau)]d\tau$$

und erhalten

$$x_f(t) = -\frac{F_0}{2m\omega_0}\left[\frac{\sin[(\omega-\omega_0)\tau+\omega_0 t]}{\omega-\omega_0} - \frac{\sin[(\omega+\omega_0)\tau-\omega_0 t]}{\omega+\omega_0}\right]_0^{t_1}$$

$$= -\frac{F_0}{2m\omega_0}\left[\frac{\sin[\omega t_1+\omega_0(t-t_1)]}{\omega-\omega_0} - \frac{\sin[\omega t_1-\omega_0(t-t_1)]}{\omega+\omega_0} - \frac{\sin(\omega_0 t)}{\omega-\omega_0} + \frac{\sin(-\omega_0 t)}{\omega+\omega_0}\right]$$

$$= -\frac{F_0}{2m\omega_0}\left[\frac{\sin[\omega t_1+\omega_0(t-t_1)]-\sin(\omega_0 t)}{\omega-\omega_0} + \frac{\sin[\omega t_1-\omega_0(t-t_1)]+\sin(\omega_0 t)}{\omega+\omega_0}\right]$$

$$= -\frac{F_0}{2m\omega_0}\left[\frac{-\sin[\omega_0(t-t_1)]-\sin(\omega_0 t)}{\omega-\omega_0} + \frac{\sin[\omega_0(t-t_1)]+\sin(\omega_0 t)}{\omega+\omega_0}\right]$$

$$= -\frac{F_0}{2m\omega_0}\cdot\frac{1}{\omega^2-\omega_0^2}\left[-2\omega_0\sin[\omega_0(t-t_1)]-2\omega_0\sin(\omega_0 t)\right]$$

$$= \frac{F_0}{m}\cdot\frac{1}{\omega^2-\omega_0^2}\left[\sin[\omega_0(t-t_1)]+\sin(\omega_0 t)\right]$$

$$= \frac{F_0}{m\omega_0^2}\cdot\frac{\Omega}{\Omega^2-1}\{\sin[\omega_0(t-t_1)]+\sin(\omega_0 t)\} \quad\text{für } t\geq t_1.$$

Ergebnis. Die Darstellung (12.2.1) mit dem Duhamel-Integral erlaubt eine kompakte Darstellung für die partikuläre Lösung bei beliebiger Anregung. Dies ist für verschiedene Herleitungen sehr nützlich. Zur numerischen Berechnung ist es weniger geeignet, da man für jeden neuen Zeitschritt ein weiteres Integral zu berechnen hat, dessen Wert seinerseits oft nur numerisch angegeben werden kann. Die Rechnungen werden aufwendiger, je weiter man fortschreitet. Effektiver sind Zeitschrittverfahren, die wir in Kap. 12.7 behandeln. Beim Newark-Verfahren berechnet man aus der gegenwärtigen Verschiebung und Geschwindigkeit eine neue Verschiebung und Geschwindigkeit. Damit bleibt der Rechenaufwand für jeden Zeitschritt gleich groß.

12.3 Die Fourier-Transformation

Im letzten Kapitel haben wir die Antwort des EMS auf eine bekannte Anregung bestimmt. In der Praxis, insbesondere in der Datenanalyse, liegt das Eingangssignal digital als Ton-, Bild- oder Lichtsignal vor und wird nur an endlich vielen Stellen ablese- oder abtastbar sein. Es stellen sich drei zentrale Fragen:

Frage 1. Aus welchen Frequenzen besteht das Signal?

Frage 2. Lassen sich nichtperiodische Funktionen ebenfalls mit einer der Fourier-Reihe entsprechenden Form darstellen?

Frage 3. Wie kann man aus dem Eingangssignal das Ausgangssignal wiederherstellen?

Die ersten beiden Fragen werden wir mit (12.4.5) beantworten, Antwort auf die 3. Frage können wir erst mit (12.5.3) geben.

Zuvor ist es unverzichtbar, grundlegende Kenntnisse über Fourier-Reihen zusammenzustellen.

In Band 3 werden Wellengleichungen von Saiten, Stäben, Balken, Membranen und Platten behandelt. In diesem Zusammenhang benötigt man die Darstellung einer beliebigen Anfangsauslenkung als Fourier-Reihe. Insbesondere zeigen wir dann als Einstieg die Orthogonalität der Sinus- bzw. Kosinusfunktionen. An dieser Stelle geben wir nur das Wichtigste an. Ausgangspunkt ist eine zumindest in einem Intervall $[l, l + T]$ stückweise stetig differenzierbare Funktion $f(t)$, wobei das Intervall mit dem Periodizitätsintervall zusammenfällt, d. h. $f(l) = f(l + T)$. Die folgenden Ergebnisse nennen wir zwar Herleitungen, fügen diese aber in diesem Fall ausnahmsweise ohne Beweis an.

Herleitung von (12.3.2)–(12.3.4)

Die reelle Fourier-Reihe lautet dann

$$f(t) = \frac{a_0}{2} + \sum_{n=1}^{\infty} a_n \cos(n\omega t) + \sum_{n=1}^{\infty} b_n \sin(n\omega t). \tag{12.3.1}$$

Benutzt man die Eulerrelationen

$$\cos(\omega t) = \frac{1}{2}(e^{i\omega t} + e^{-i\omega t}) \quad \text{und} \quad \sin(\omega t) = -\frac{i}{2}(e^{i\omega t} - e^{-i\omega t}),$$

so gelangt man zur komplexen Darstellung

$$f(t) = \frac{a_0}{2} + \sum_{n=1}^{\infty} a_n \frac{1}{2}(e^{in\omega t} + e^{-in\omega t}) - \sum_{n=1}^{\infty} b_n \frac{i}{2}(e^{in\omega t} - e^{-in\omega t})$$

$$= \frac{a_0}{2} + \sum_{n=1}^{\infty} \frac{1}{2}(a_n - ib_n)e^{in\omega t} - \sum_{n=1}^{\infty}(a_n + ib_n)e^{-in\omega t}.$$

Mit

$$c_n = \frac{1}{2}(a_n - ib_n) \quad \text{und} \quad c_{-n} = \frac{1}{2}(a_n + ib_n) \quad \text{oder}$$

$$a_n = c_n + c_{-n} \quad \text{und} \quad b_n = i(c_n - c_{-n})$$

folgt die komplexe Fourier-Reihe zu

$$f(t) = \sum_{n=-\infty}^{+\infty} c_n e^{in\omega t}. \tag{12.3.2}$$

Die reellen Koeffizienten bestimmt man wie folgt (siehe Band 3):

$$a_n = \frac{2}{T} \int_{-\frac{T}{2}}^{\frac{T}{2}} f(t) \cos(n\omega t) dt \quad \text{und} \quad b_n = \frac{2}{T} \int_{-\frac{T}{2}}^{\frac{T}{2}} f(t) \sin(n\omega t) dt. \tag{12.3.3}$$

Für die komplexen Koeffizienten ergibt sich

$$c_n = \frac{1}{2}(a_n - ib_n) = \frac{1}{2}\frac{2}{T}\left[\int_{-\frac{T}{2}}^{\frac{T}{2}} f(t)\cos(n\omega t)dt - i\int_{-\frac{T}{2}}^{\frac{T}{2}} f(t)\sin(n\omega t)dt\right]$$

und damit

$$c_n = \frac{1}{T}\int_{-\frac{T}{2}}^{\frac{T}{2}} f(t)[\cos(n\omega t) - i\sin(n\omega t)]dt = \frac{1}{T}\int_{-\frac{T}{2}}^{\frac{T}{2}} f(t)e^{-in\omega t}dt \quad \text{oder}$$

$$c_n = \frac{1}{T}\int_{-\frac{T}{2}}^{\frac{T}{2}} f(t)e^{-i\omega_n t}dt = \frac{1}{T}\int_{-\frac{T}{2}}^{\frac{T}{2}} f(t)e^{-in\frac{2\pi}{T}t}dt. \tag{12.3.4}$$

Beispiel. Gegeben ist das in Abb. 12.7 links dargestellte Rechtecksignal

$$f(t) = \begin{cases} C, & kT \le t < (k+\frac{1}{2})T, \\ 0, & (k+\frac{1}{2})T \le t < (k+1)T, \end{cases} \quad k \in \mathbb{Z}. \tag{12.3.5}$$

a) Ermitteln Sie die zugehörige Fourier-Reihe.
b) Setzen Sie im Ergebnis aus a) $C = \omega = 1$, $t = \frac{\pi}{2}$ und leiten Sie daraus eine Näherungsformel für die Berechnung von π her.

Lösung.
a) Gleichung (12.3.3) liefert

$$a_n = \frac{2C}{2t_1}\left[\frac{\sin(n\omega t)}{n\omega}\right]_0^{t_1} = \frac{C}{t_1}\cdot\frac{\sin(n\omega t_1)}{n\omega} = \frac{C}{t_1}\cdot\frac{t_1\cdot\sin(n\frac{\pi}{t_1}t_1)}{n\pi} = \frac{C}{n\pi}\cdot\sin(n\pi) = 0,$$

was zu erwarten war, weil $f(t)$ punktsymmetrisch ist, also nur aus Sinusfunktionen zusammengesetzt wird. Weiter hat man $b_0 = \frac{2}{2t_1}\int_0^{t_1} C\,dt = C$ und

$$b_n = -\frac{C}{t_1}\left[\frac{\cos(n\omega t)}{n\omega}\right]_0^{t_1} = -\frac{C}{t_1}\cdot\left[\frac{\cos(n\omega T)}{n\omega} - \frac{1}{n\omega}\right] = -\frac{C}{n\pi}\cdot[\cos(n\pi) - 1].$$

Dies ist nur für ungerade n nicht null, was $b_n = \frac{2C}{(2n-1)\pi}$ ergibt. Insgesamt erhält man

$$f(t) = C\left\{\frac{1}{2} + \frac{2}{\pi}\sum_{n=1}^{\infty}\frac{\sin[(2n-1)\omega t]}{2n-1}\right\} \quad \text{mit} \quad \omega = \frac{\pi}{t_1}. \tag{12.3.6}$$

b)   Aus (12.3.6) folgt

$$1 = f\left(\frac{\pi}{2}\right) = \frac{1}{2} + \frac{2}{\pi} \sum_{n=1}^{\infty} \frac{\sin[(2n-1)\frac{\pi}{2}]}{2n-1},$$

$$\frac{1}{2} = \frac{2}{\pi}\left(1 - \frac{1}{3} + \frac{1}{5} - \frac{1}{7} + \frac{1}{9} - \frac{1}{11} \pm \cdots\right)$$

und schließlich

$$\frac{\pi}{4} = 1 - \frac{1}{3} + \frac{1}{5} - \frac{1}{7} + \frac{1}{9} - \frac{1}{11} \pm \cdots.$$

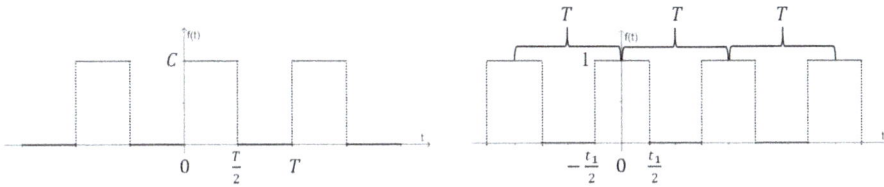

Abb. 12.7: Graphen zu (12.3.5) und (12.4.1).

Abb. 12.8 zeigt, was eine Fourier-Reihe bewerkstelligt: Gegeben ist eine periodische Funktion $f(t)$ mit der Periode T, die sich beispielsweise aus genau vier Harmonischen mit den Kreisfrequenzen ω_1, $2\omega_1$, $3\omega_1$ und $4\omega_1$ zusammensetzt (Blick von links). Schauen wir von rechts, dann erkennt man die zugehörigen Amplituden der vier Kreisfrequenzen ω_1, $2\omega_1$, $3\omega_1$, $4\omega_1$, aus denen die Funktion $f(t)$ zusammengesetzt ist. Der Blick von links entspricht dem Zeitbild, der Blick von rechts dem Frequenzbild. Verbindet man die höchsten, bzw. tiefsten Punkte jeder Amplitude miteinander, so erhält man eine Spektralpunktfolge, die weiter unten im kontinuierlichen Fall zur Spektralfunktion oder Fourier-Transformierten wird.

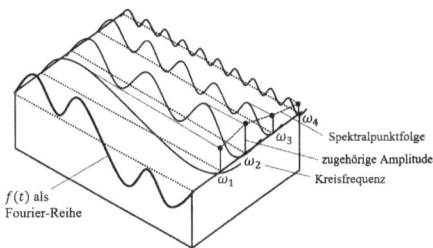

Abb. 12.8: Skizze zum Fourier-Spektrum.

12.4 Von der Fourier-Reihe zur Fourier-Transformation

Beide stehen in einem engen Zusammenhang. Um dies zu zeigen, betrachten wir repräsentativ für ein beliebiges Signal den fortlaufenden Rechteckimpuls (Abb. 12.7 rechts)

$$f(t) = \begin{cases} 1, & kT - \frac{t_1}{2} \le t < kT + \frac{t_1}{2}, \\ 0, & kT + \frac{t_1}{2} \le t < (k+1)T - \frac{t_1}{2}, \end{cases} \quad k \in \mathbb{Z}. \tag{12.4.1}$$

Herleitung von (12.4.2)

Die Fourier-Reihe dieser geraden Funktion enthält nur Kosinus-Terme und damit ist

$$f(t) = \frac{a_0}{2} + \sum_{n=1}^{\infty} a_n \cos(n\omega t).$$

Es gilt

$$\frac{a_0}{2} = \frac{1}{T} \int_0^T f(t)dt = \frac{2}{T} \int_0^{\frac{t_1}{2}} 1 dt = \frac{2}{T} \cdot \frac{t_1}{2} = \frac{t_1}{T}.$$

Weiter hat man

$$a_n = \frac{2}{T} \int_0^T f(t) \cos(n\omega t)dt = \frac{2}{T} \int_{-\frac{t_1}{2}}^{\frac{t_1}{2}} \cos(n\omega t)dt = \frac{2}{T} \left[\frac{\sin(n\omega t)}{n\omega} \right]_{-\frac{t_1}{2}}^{\frac{t_1}{2}}$$

$$= \frac{2}{Tn\omega} \left[\sin\left(n\omega\frac{t_1}{2}\right) - \sin\left(-n\omega\frac{t_1}{2}\right) \right]$$

$$= \frac{4}{Tn\omega} \sin\left(n\omega\frac{t_1}{2}\right) = \frac{4T}{Tn2\pi} \sin\left(n\frac{2\pi}{T} \cdot \frac{t_1}{2}\right) = \frac{2}{\pi n} \sin\left(n\pi\frac{t_1}{T}\right).$$

Die Fourier-Reihe lautet damit

$$f(t) = \frac{t_1}{T} + \frac{2}{\pi} \sum_{n=1}^{\infty} \frac{\sin(n\pi\frac{t_1}{T})}{n} \cos(n\omega t). \tag{12.4.2}$$

Nun stellen wir uns die Frage, was mit dem Amplitudenspektrum geschieht, das heißt mit den Koeffizienten a_n von (12.4.2), wenn wir die Anregungszeit t_1 festhalten, aber T gegen unendlich streben lassen?

Herleitung von (12.4.3)–(12.4.5)

Um das zu verdeutlichen, setzen wir beispielsweise $t_1 = 1$ und wählen zuerst $T = 4t_1$ und danach $T = 6t_1$.

1. $T = 4t_1$. Die Pause zwischen den Pulsen ist dreimal so gross wie die Pulsdauer.
Es ist $\frac{a_0}{2} = \frac{t_1}{T} = \frac{1}{4}$, $\omega = \frac{2\pi}{T} = \frac{\pi}{2t_1}$, $\omega_n = n\omega = \frac{n\pi}{2t_1}$, und $a_n = \frac{2}{n\pi} \sin(\frac{n\pi}{4})$. Die Koeffizienten a_n sind die Amplituden der einzelnen Eigenkreisfrequenzen ω_n, welche das Signal
aufbauen. Das ergibt $\frac{a_0}{2} = \frac{1}{4}$, $a_1 = 0.450$, $a_2 = 0.318$, $a_3 = 0.150$, $a_4 = 0$, $a_5 = -0.090$,
$a_6 = -0.106$, $a_7 = -0.064$, $a_8 = 0, \ldots$ (Abb. 12.9 oben links).

2. $T = 6t_1$. Die Pause zwischen den Pulsen ist nun fünfmal so gross wie die Pulsdauer.
Es ist $\frac{a_0}{2} = \frac{t_1}{T} = \frac{1}{6}$, $\omega = \frac{2\pi}{T} = \frac{\pi}{3t_1}$, $\omega_n = n\omega = \frac{n\pi}{3t_1}$ und $a_n = \frac{2}{n\pi} \sin(\frac{n\pi}{6})$. Das ergibt
$\frac{a_0}{2} = \frac{1}{6}$, $a_1 = 0.318$, $a_2 = 0.276$, $a_3 = 0.212$, $a_4 = 0.138$, $a_5 = 0.064$, $a_6 = 0$, $a_7 = -0.045$,
$a_8 = -0.069, \ldots$ (Abb. 12.9 oben rechts). Man erkennt im Vergleich zur kleineren Schwin-
gungsdauer, dass die Frequenzen näher zusammengerückt sind. Zugleich sinken die
Amplituden und man kann sich vorstellen, dass bei wachsendem T diese immer kleiner werden.

Dies hängt damit zusammen, dass bei der Berechnung der Amplituden a_n durch
T dividiert wird. Wenn wir aber die Koeffizienten a_n im 1. Fall mit $T = 4t_1$ (Abb. 12.9
unten links) und im 2. Fall mit $T = 6t_1$ (Abb. 12.9 unten rechts) multiplizieren, so erhält
man immer dieselbe Kurve. Im Grenzfall, also für $T \longrightarrow \infty$, entsteht eine Funktion, die
Fourier-Transformierte oder Spektralfunktion $F(\omega)$ von $f(t)$. Es gilt

$$F(\omega) = \lim_{T \to \infty} (Tc_n) = \int_{-\infty}^{\infty} f(t)e^{-i\omega t} dt. \tag{12.4.3}$$

In der Notation wurden die reellen Fourier-Koeffizienten a_n durch die komplexen
Fourier-Koeffizienten c_n von (12.3.4) ersetzt. Die Funktion $F(\omega)$ ist für kontinuierliche ω
definiert, deswegen gilt es nochmals sauber aufzuschreiben, wie aus einem diskreten
Frequenzspektrum ein kontinuierliches wird.

Wir gehen also nochmals von der Darstellung einer (komplexwertigen) Funktion
$f(t)$ als Fourier-Reihe (12.3.2) mit den über (12.3.4) definierten Koeffizienten c_n aus. Dabei
ist $\omega_n = n\omega = n\frac{2\pi}{T}$ oder genauer $|\omega_n| = |n|\frac{2\pi}{T}$, weil ω_n durch $e^{i\omega_n t}$ und $e^{i\omega_{-n}t} = e^{-i\omega_n t}$
bestimmt wird. Der Unterschied zweier benachbarter Frequenzen $\Delta\omega = \omega_{n+1} - \omega_n =$
$(n+1)\frac{2\pi}{T} - n\frac{2\pi}{T} = \frac{2\pi}{T}$. Damit schreibt sich der n-te Fourier-Koeffizient als

$$c_n = \frac{\Delta\omega}{2\pi} \int_{-\frac{T}{2}}^{\frac{T}{2}} f(t)e^{-i\omega_n t} dt.$$

Im Grenzfall für $T \to \infty$ wird der Abstand der diskreten Frequenzwerte ω_n immer
kleiner, sodass man von einem Kontinuum sprechen kann. Aus ω_n wird also die kontinuierliche Variable ω. Gleichzeitig schrumpft das Frequenzintervall $\Delta\omega$ zu einem infinitesimal kleinen Intervall $d\omega$ zusammen. Schließlich werden die Integrationsgrenzen
immer größer: $\pm\frac{T}{2} \to \pm\infty$, sodass man

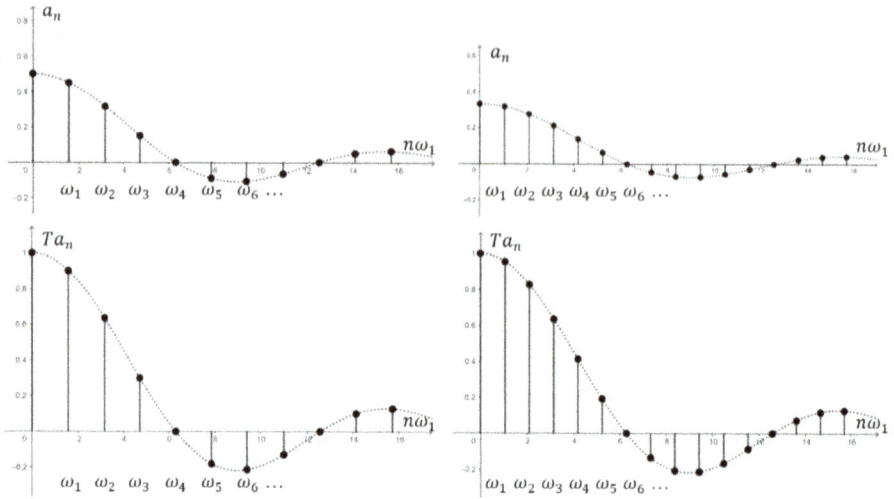

Abb. 12.9: Frequenzspektrum eines Rechteckimpulses und Übergang zur Fourier-Transformierten.

$$\lim_{T\to\infty} c_n = \frac{d\omega}{2\pi} \int_{-\infty}^{\infty} f(t)e^{-i\omega t}dt = \frac{d\omega}{2\pi}F(\omega) = \frac{1}{T}F(\omega)$$

erhält, was (12.4.3) entspricht. Zu guter Letzt wird die Summe (12.3.2) im Grenzfall ersetzt durch ein Integral:

$$f(t) = \sum_{n=-\infty}^{+\infty} c_n e^{in\omega t} \to \int_{-\infty}^{\infty} \frac{d\omega}{2\pi}F(\omega)e^{i\omega t} = \frac{1}{2\pi}\int_{-\infty}^{\infty} F(\omega)e^{i\omega t}d\omega. \qquad (12.4.4)$$

Damit das Integral überhaupt existiert, müssen wir die Endlichkeit der Funktion $f(t)$ fordern, also

$$\left| \int_{-\infty}^{\infty} f(t)e^{i\omega t}dt \right| \le \int_{-\infty}^{\infty} |f(t)e^{i\omega t}|dt \le \int_{-\infty}^{\infty} |f(t)|dt < \infty.$$

Integralsatz von Fourier.
Es bezeichnet $f(t)$ eine absolut integrierbare Funktion, d. h. $\int_{-\infty}^{\infty} |f(t)|dt < \infty$ und erfüllt die Dirichletbedingung, d. h. in jedem Punkt existiert sowohl der linksseitige wie rechtsseitige Grenzwert. Für allfällige Unstetigkeitsstellen nimmt man

$$f(t_0) = \frac{1}{2}\left[\lim_{t\to-t_0} f(t) + \lim_{t\to t_0} f(t) \right].$$

Dann gelten die folgenden Beziehungen zwischen der Zeitfunktion $f(t)$ und der Spektralfunktion $F(\omega)$:

$$f(t) = \frac{1}{2\pi}\int_{-\infty}^{\infty} F(\omega)e^{i\omega t}d\omega \quad \text{und} \quad F(\omega) = \int_{-\infty}^{\infty} f(t)e^{-i\omega t}dt. \qquad (12.4.5)$$

Für Hin- und Rücktransformation schreibt man auch $\mathcal{F}_{t\omega}[f(t)] = F(\omega)$ und meint: Die Fourier-Transformierte (vom Zeitbereich in den Frequenzbereich) der Funktion $f(t)$ ist $F(\omega)$ und entsprechend für die Rücktransformation $\mathcal{F}_{\omega t}^{-1}[F(\omega)] = f(t)$. Das geschwungene $\mathcal{F}$ ist der zugehörige Operator. Formal gilt dann $\mathcal{F}_{\omega t}^{-1}\mathcal{F}_{t\omega} = f$.

Antwort zu Frage 2. Fourier-Reihen kann man bekanntlich nur für periodische Funktionen entwickeln. Indem wir die Schwingungsdauer immer weiter vergrößern, entfällt die Periodizität, sie wird sozusagen ins Unendliche verlegt und wir erhalten ein aperiodisches Signal $f(t)$. Die Darstellung $f(t)$ von (12.4.5) besagt nun, dass man diese als kontinuierliche Überlagerung von harmonischen Funktionen schreiben kann. Das ist die gesuchte Darstellung und beantwortet Frage 2. Deshalb müssen die beiden Gleichungen in (12.4.5) und die Gleichungen (12.3.2) und (12.3.4) in Analogie zueinander gesehen werden: die Letzteren für periodisches Signal mit einem Linienspektrum und die ersten beiden Gleichungen für ein aperiodisches Signal mit einem kontinuierlichen Frequenzspektrum.

Antwort zu Frage 1. Diese wird mithilfe der Formel für die Fourier-Transformierte $F(\omega)$ beantwortet. Jedes Signal besitzt damit ein unendlich großes Frequenzspektrum. Ausnahmen sind die harmonischen Funktionen selber, welche genau eine Linie als Frequenz besitzen.

Bemerkung. Die Funktion $f(t)$ lässt sich auch schreiben als

$$f(t) = \frac{1}{2\pi} \int\limits_0^\infty [F(\omega)e^{i\omega t} + F(-\omega)e^{-i\omega t}]d\omega,$$

womit also zur Kreisfrequenz $|\omega|$ immer das Paar $(-\omega, \omega)$ gehört. Natürlich gibt es keine negativen Frequenzen, aber wie schon oben erwähnt, wird der Wert von $\omega > 0$ in der komplexen Schreibweise über die Eulerschen Formeln, also mit Hilfe von $e^{i\omega t}$ und $e^{-i\omega t}$ ermittelt.

Nun ermitteln wir die Frequenzspektren einiger ausgewählter Signale.

Beispiel 1. Gegeben ist der Rechteckimpuls

$$f(t) = \begin{cases} 1, & |t| < \frac{1}{2}, \\ 0, & |t| \geq \frac{1}{2} \end{cases}$$

(Abb. 12.10 links).

Gesucht ist die zugehörige Fourier-Transformierte $F(\omega)$.

Lösung. Die Fourier-Transformation lautet

$$F(\omega) = \int\limits_{-\frac{1}{2}}^{\frac{1}{2}} e^{-i\omega t}dt = -\left[\frac{e^{-i\omega t}}{i\omega}\right]_{-\frac{1}{2}}^{\frac{1}{2}}$$

$$= -\frac{1}{i\omega}\left(e^{-i\frac{\omega}{2}} - e^{i\frac{\omega}{2}}\right) = \frac{2\sin(\frac{\omega}{2})}{\omega} = \frac{\sin(\frac{\omega}{2})}{\frac{\omega}{2}} = \mathrm{si}\left(\frac{\omega}{2}\right).$$

Die Funktion $\frac{\sin x}{x} =: \mathrm{si}(x)$ heißt Sinus Kardinalis (Abb. 12.10 rechts).

Bemerkung. Um die Umkehrung zu zeigen, müsste man ein komplexes Integral lösen, dem man nur mit dem Residuensatz aus der komplexen Analysis beikommen könnte.

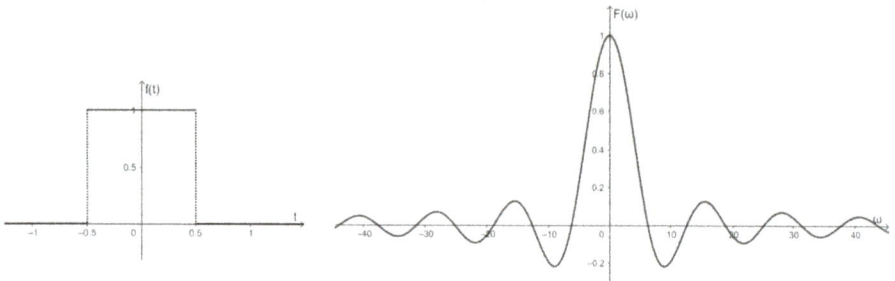

Abb. 12.10: Rechteckimpuls und zugehöriges Fourier-Spektrum.

Beispiel 2. Wir betrachten den Dreieckimpuls

$$f(t) = \begin{cases} 1 - |t|, & |t| < 1, \\ 0, & |t| > 1 \end{cases}$$

(Abb. 12.11 links).

Ermitteln Sie die Fourier-Transformierte $F(\omega)$.

Lösung. Es gilt

$$F(\omega) = \int_{-1}^{0}(1+t)e^{-i\omega t}\,dt + \int_{0}^{1}(1-t)e^{-i\omega t}\,dt$$

$$= \int_{-1}^{1}e^{-i\omega t}\,dt + \int_{-1}^{0}te^{-i\omega t}\,dt - \int_{0}^{1}te^{-i\omega t}\,dt.$$

Zuerst berechnen wir mit partieller Integration das Integral

$$\int te^{-i\omega t}\,dt = t\cdot\left(-\frac{e^{-i\omega t}}{i\omega}\right) + \frac{1}{i\omega}\int 1\cdot e^{-i\omega t}\,dt = -\frac{te^{-i\omega t}}{i\omega} + \frac{1}{i\omega}\frac{e^{-i\omega t}}{-i\omega}$$

$$= -\frac{te^{-i\omega t}}{i\omega} + \frac{e^{-i\omega t}}{\omega^2} = e^{-i\omega t}\left(-\frac{t}{i\omega} + \frac{1}{\omega^2}\right).$$

Daraus wird

$$
F(\omega) = \left[-\frac{e^{-i\omega t}}{i\omega}\right]_{-1}^{1} + \left[e^{-i\omega t}\left(-\frac{t}{i\omega} + \frac{1}{\omega^2}\right)\right]_{-1}^{0} - \left[e^{-i\omega t}\left(-\frac{t}{i\omega} + \frac{1}{\omega^2}\right)\right]_{0}^{1}
$$

$$
= -\frac{e^{-i\omega}}{i\omega} + \frac{e^{i\omega}}{i\omega} + \frac{1}{\omega^2} - e^{i\omega}\left(\frac{1}{i\omega} + \frac{1}{\omega^2}\right) - e^{-i\omega}\left(-\frac{1}{i\omega} + \frac{1}{\omega^2}\right) + \frac{1}{\omega^2}
$$

$$
= -\frac{e^{-i\omega}}{i\omega} + \frac{e^{i\omega}}{i\omega} + \frac{1}{\omega^2} - \frac{e^{i\omega}}{i\omega} - \frac{e^{i\omega}}{\omega^2} + \frac{e^{-i\omega}}{i\omega} - \frac{e^{-i\omega}}{\omega^2} + \frac{1}{\omega^2} = \frac{2}{\omega^2} - \frac{1}{\omega^2}(e^{i\omega} + e^{-i\omega})
$$

$$
= \frac{2}{\omega^2} - \frac{2\cos\omega}{\omega^2} = \frac{2}{\omega^2}(1 - \cos\omega) = \frac{2}{\omega^2}2\sin^2\left(\frac{\omega}{2}\right)
$$

$$
= \frac{4\sin^2\left(\frac{\omega}{2}\right)}{\omega^2} = \left[\frac{\sin\left(\frac{\omega}{2}\right)}{\frac{\omega}{2}}\right]^2 = \mathrm{si}^2\left(\frac{\omega}{2}\right)
$$

(Abb. 12.11 rechts).

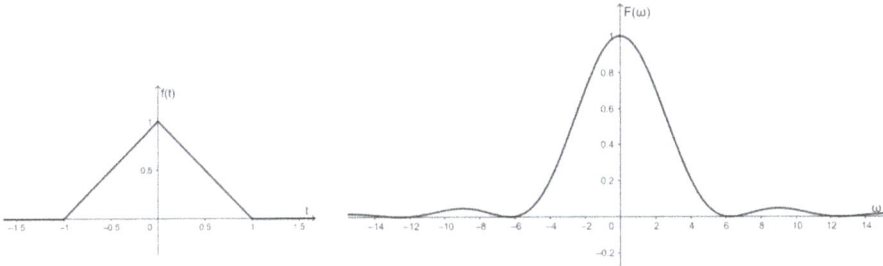

Abb. 12.11: Dreieckimpuls und zugehöriges Fourier-Spektrum.

Beispiel 3. Gegeben ist der Dirac-Stoß

$$
\delta_{t_1}(t) = \begin{cases} \frac{1}{t_1}, & |t| < \frac{t_1}{2}, \\ 0, & |t| \geq \frac{t_1}{2}. \end{cases}
$$

Gesucht ist die Fourier-Transformierte dieses Rechteckimpulses.

Lösung. Man erhält

$$
F(\omega) = \int_{-\frac{t_1}{2}}^{\frac{t_1}{2}} \frac{1}{t_1} e^{-i\omega t}\, dt = \frac{1}{t_1}\left[-\frac{e^{-i\omega t}}{i\omega}\right]_{-\frac{t_1}{2}}^{\frac{t_1}{2}} = i\left(\frac{e^{-i\omega\frac{t_1}{2}} - e^{i\omega\frac{t_1}{2}}}{t_1\omega}\right).
$$

Mit der Regel von de L'Hospital folgt

$$
\lim_{t_1\to 0}\left(i\frac{e^{-i\omega\frac{t_1}{2}} - e^{i\omega\frac{t_1}{2}}}{t_1\omega}\right) = \lim_{t_1\to 0}\left(i\frac{-\frac{i\omega}{2}e^{-i\omega\frac{t_1}{2}} - \frac{i\omega}{2}e^{i\omega\frac{t_1}{2}}}{\omega}\right) = i\frac{-i\omega}{\omega} = 1.
$$

Die Fourier-Transformierte des Dirac-Stoßes ist also die konstante Funktion Eins, was bedeutet, dass im Dirac-Stoß alle Frequenzen gleich stark vertreten sind.

Die Fourier-Transformation als Lösung für die allgemeine Anregung eines EMS

Wir gehen von der Bewegungsgleichung $\ddot{x} + 2\xi\omega_0\dot{x} + \omega_0^2 x = \frac{f(t)}{m}$ aus.

Herleitung von (12.4.6) und (12.4.7)
Die Transformation ergibt

$$\int_{-\infty}^{\infty}(\ddot{x} + 2\xi\omega_0\dot{x} + \omega_0^2 x)e^{-i\omega t}dt = \frac{1}{m}\int_{-\infty}^{\infty}f(t)e^{-i\omega t}dt = \frac{1}{m}F(\omega). \tag{12.4.6}$$

Die Transformierte von $x(t)$ nennen wir $X(\omega)$. Wie schon weiter oben erwähnt, muss die Lösungsfunktion $x(t)$ muss im Unendlichen verschwinden. Dies ist eine notwendige Bedingung, damit die Fourier-Transformation (FT) überhaupt existiert. Physikalisch kann man argumentieren, dass eine Antwort durch Dämpfung, sei es bedingt durch das Material oder die Struktur, irgendwann zum Erliegen kommt. Da $|e^{-i\omega t}| \leq 1$ ist, ergibt der untenstehende Term $[xe^{-i\omega t}]_{-\infty}^{\infty} = 0 - 0 = 0$. Wir berechnen separat

$$\int_{-\infty}^{\infty}\dot{x}e^{-i\omega t}dt = [xe^{-i\omega t}]_{-\infty}^{\infty} + i\omega\int_{-\infty}^{\infty}xe^{-i\omega t}dt = i\omega\int_{-\infty}^{\infty}xe^{-i\omega t}dt \quad \text{und}$$

$$\int_{-\infty}^{\infty}\ddot{x}e^{-i\omega t}dt = [\dot{x}e^{-i\omega t}]_{-\infty}^{\infty} + i\omega\int_{-\infty}^{\infty}\dot{x}e^{-i\omega t}dt = i\omega\int_{-\infty}^{\infty}\dot{x}e^{-i\omega t}dt = -\omega^2\int_{-\infty}^{\infty}xe^{-i\omega t}dt.$$

Insgesamt erhält man aus (12.4.6) dann

$$(-\omega^2 + 2\xi\omega_0\omega i + \omega_0^2)X(\omega) = \frac{1}{m}F(\omega)$$

oder aufgelöst

$$X(\omega) = \frac{1}{m(\omega_0^2 - \omega^2 + 2\xi\omega_0\omega i)}F(\omega).$$

Mit der Definition der Übertragungsfunktion

$$H(\omega) = \frac{\omega_0^2 - \omega^2 - 2\xi\omega_0\omega i}{m(\omega_0^2 - \omega^2 + 2\xi\omega_0\omega i)(\omega_0^2 - \omega^2 - 2\xi\omega_0\omega i)}$$

$$= \frac{\omega_0^2 - \omega^2 - 2\xi\omega_0\omega i}{m[(\omega_0^2 - \omega^2)^2 + 4\xi^2\omega_0^2\omega^2]} = \frac{1 - \Omega^2 - 2\xi\Omega i}{m\omega_0^2[(1 - \Omega^2)^2 + 4\xi^2\Omega^2]}$$

erhalten wir $X(\omega) = H(\omega)F(\omega)$ und schließlich für die Antwort des Systems

$$x(t) = \frac{1}{2\pi} \int\limits_{-\infty}^{\infty} H(\omega)F(\omega)e^{i\omega t}d\omega. \tag{12.4.7}$$

Den Weg von der Anregung $f(t)$ bis hin zur Antwort $x(t)$ verdeutlicht das Schema in Abb. 12.12 links. Verglichen mit der Berechnung über das Duhamel-Integral, benötigt die FT drei Rechenschritte und das Integral (12.4.7) ist zudem komplex, womit die FT für die Ermittlung von wenig geeignet ist. Die FT kommt zwar bei andersartigen DGen zum Einsatz, ihre Stärke liegt aber erstens darin, dass sie eine Möglichkeit bietet, ein Signal in ihr entsprechendes Frequenzspektrum zu zerlegen und zweitens in der Anwendung, die sich dabei ergibt: der sogenannten diskreten Fourier-Transformation und der schnellen Fourier-Transformation.

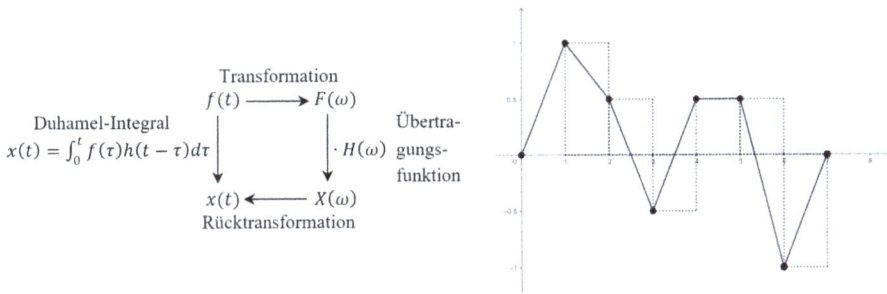

Abb. 12.12: Schema zur Fourier-Transformation und zum Abtasten eines Signals.

12.5 Die diskrete und die schnelle Fourier-Transformation

Der Integralsatz von Fourier (12.4.5) besagt, dass man bei Kenntnis des Frequenzspektrums $F(\omega)$ eines Signals den zeitlichen Verlauf $f(t)$ des Signals angeben kann und umgekehrt. Leider besteht das Eingangssignal in der Praxis meistens aus einer wirren Zickzacklinie, also alles andere als einer schönen Funktion, sodass der Satz in seiner kontinuierlichen Formulierung nicht zur Anwendung kommen kann, wohl aber in einer diskretisierten Version.

Die diskrete Fourier-Transformation (DFT)

Ausgangspunkt ist das in Abb. 12.12 rechts dargestellte eingehende Signal. Ausnahmsweise formulieren wir das Folgende nicht allgemein, sondern wechseln, zum besseren Verständnis, von der Theorie hin zum Zahlenbeispiel.

Herleitung von (12.5.1)–(12.5.3)

Praktisch gesehen wird das Signal an endlich vielen Stellen oder Punkten abgetastet. Je mehr man nimmt, umso genauer kann man das Signal reproduzieren. Bei dieser Art von Transformation geht es also darum, trotz der wenigen, endlich vielen Informationen, eine endliche Fourier-Reihe oder ein Fourier-Polynom zu finden, das möglichst gut den Verlauf wiedergibt. Dazu schneiden wir vom eingehenden Signal das Zeitintervall $t \in [0, 8]$ mit der Periode $T = 8$ aus und unterteilen dieses in äquidistante Teile, in Abb. 12.12 rechts also 7 Stücke der Länge $t = 1$ (Zeiteinheit). Dabei würde der neunte Abtastwert mit dem ersten zusammenfallen. Den zugehörigen Verlauf denkt man sich unendlich oft wiederholt, womit man eine periodische Funktion erhält und somit die Theorie über Fourier-Reihen Gültigkeit besitzt. Folgende Abtastwerte liegen vor:

t_k	0	1	2	3	4	5	6	7
f_k	0	1	0.5	−0.5	0.5	0.5	−1	0

Da es sich um eine diskrete Transformation handelt, muss auch der n-te Fourier-Koeffizient (12.3.4), der für die Amplitude der n-ten Kreisfrequenz zuständig ist, diskretisiert werden. Das Integral

$$c_n = \frac{1}{T} \int_{-\frac{T}{2}}^{\frac{T}{2}} f(t) e^{-in\frac{2\pi}{T}t} dt$$

muss also durch eine endliche Summe approximiert werden. Zuerst schreiben wir für die Stütz- oder Abtastwerte: $t_k = t_0 + k\frac{t_N - t_0}{N}$, $k = 0, 1, 2, \ldots, N-1$. Weiter identifizieren wir T mit $t_N - t_0$, t mit t_k, dt mit $\frac{t_N - t_0}{N}$ und $\frac{2\pi}{T}t$ wird folglich zu $\frac{2\pi}{T}t_k$. Das Produkt $f(t_k) \cdot \frac{t_N - t_0}{N}$ entspricht dem Flächeninhalt des Rechtecks an der Stelle t_k (blaue Rechtecke in Abb. 12.12 rechts). Über die Anzahl n der Eigenfrequenzen wissen wir noch nicht genau Bescheid. Dies klären wir etwas weiter unten. Damit erhält man

$$c_n = \frac{1}{t_N - t_0} \sum_{k=0}^{N-1} f(t_k) e^{-in\frac{2\pi}{t_N - t_0}t_k} \cdot \frac{t_N - t_0}{N} = \frac{1}{N} \sum_{k=0}^{N-1} f(t_k) e^{-in\frac{2\pi}{t_N - t_0}(t_0 + k\frac{t_N - t_0}{N})}$$

$$= \frac{1}{N} \sum_{k=0}^{N-1} f(t_k) e^{-in\frac{2\pi t_0}{t_N - t_0}} \cdot e^{-in\frac{2\pi k}{N}}. \tag{12.5.1}$$

Weiter beachtet man, dass $t_0 = 0$ und dass $e^{-\frac{2\pi i}{N}} = \omega_N$ eine komplexe N-te Einheitswurzel ist, denn $e^{-2\pi i} = 1$. Somit folgt

$$c_n = \frac{1}{N} \sum_{k=0}^{N-1} f(t_k) \cdot \omega_N^{nk} \tag{12.5.2}$$

mit noch unbekannter Anzahl n. Setzt man anstelle von n nun $n + N$ ein, so wird aus dem Term ω_N^{nk} nun $\omega_N^{(n+N)k} = \omega_N^{nk} \cdot \omega_N^{Nk} = \omega_N^{nk} \cdot 1 = \omega_N^{nk}$, also wieder dasselbe. Das bedeutet, unabhängig von welchem n aus man startet, nach höchstens N Schritten erhält man abermals dieselben Werte für c_n. Damit haben wir vorläufig $|n| \leq N$, da $n \in \mathbb{Z}$. Beispielsweise hätte man für $n = 5$ die Koeffizienten $c_{-2}, c_{-1}, c_0, c_1, c_2$ und für $n = 6$ die Koeffizienten $c_{-2}, c_{-1}, c_0, c_1, c_2, c_3 = c_{-3}$. Weil aber $a_n = c_n + c_{-n}$ und $b_n = i(c_n - c_{-n})$, also immer zwei komplexe Koeffizienten für eine einzige Frequenz verantwortlich sind, folgt die Anzahl verschiedener Frequenzen zu höchstens $\frac{N}{2}$. Die Begrenzung der Frequenzen kann man auch so formulieren: Ist die Abtastfrequenz $\frac{1}{N}$, so kann man dem Signal höchstens $\frac{N}{2}$ Frequenzen, angefangen von der Grundfrequenz, entnehmen.

Antwort zu Frage 3. In der Literatur wird der eben beschriebene Sachverhalt als Abtasttheorem (Nyquist/Shannon/Kotelnikov) formuliert: Ein auf $f_{\max}$ begrenztes Signal (z. B. menschlicher Hörbereich, 20000 Hz) kann exakt rekonstruiert werden, wenn dieses in äquidistanten Intervallen bei einer Frequenz von mehr als $2f_{\max}$ (> 40000 Hz) abgetastet wird.

Diskrete Fourier-Transformation.
Gegeben ist ein Signal, das an N äquidistanten Stellen $(t_0, t_1, \ldots, t_{N-1})$ mit den Werten $[f(t_0), f(t_1), \ldots, f(t_{N-1})]$ abgetastet wird. Dann folgt das Frequenzspektrum mit Hilfe der diskreten Fourier-Transformierten zu

$$c_n = \frac{1}{N} \sum_{k=0}^{N-1} f(t_k) \cdot \omega_N^{nk} \quad \text{mit} \quad \omega_N = e^{-\frac{2\pi i}{N}} \quad \text{für } n = 0, 1, 2, \ldots, N. \tag{12.5.3}$$

Für das bevorstehende Beispiel setzen wir als Abkürzung noch $f_k := f(t_k)$ und nummerieren die Koeffizienten c_n, um negative Indizes zu vermeiden, neu mit g_0 bis g_7.

0. Koeffizient. Es gilt

$$g_0 = \frac{1}{8} \sum_{k=0}^{7} f_k \cdot \omega_8^{0 \cdot k} = \frac{1}{8} \cdot (f_0 + f_1 + \cdots + f_7)$$

und entspricht bis auf den Faktor $\frac{1}{8}$ der Summe der Abtastwerte. Alle Werte werden, wenn man so will, mit dem konstanten Faktor $\omega_8^{0 \cdot k} = 1$ gewichtet.

1. Koeffizient. Man hat

$$g_1 = \frac{1}{8} \sum_{k=0}^{7} f_k \cdot \omega_8^{1 \cdot k} = \frac{1}{8} \cdot \left[f_0 + f_1(\omega_8^1)^1 + f_2(\omega_8^1)^2 + \cdots + f_7(\omega_8^1)^7 \right].$$

In dieser Schreibweise sollte klar werden, dass die Abtastwerte f_k an den Stellen t_k mit der Größe

$$\omega_8^{1 \cdot k} = \cos\left(-\frac{2\pi}{8} \cdot 1 \cdot k\right) + i \sin\left(-\frac{2\pi}{8} \cdot 1 \cdot k\right) = \mathrm{Re}(\omega_8^{1 \cdot k}) + i \cdot \mathrm{Im}(\omega_8^{1 \cdot k})$$

gewichtet werden. Dies ist in Abb. 12.13 links illustriert. Die Kurve $\cos(-\frac{2\pi}{8}t)$ ist dabei gestrichelt und $\sin(-\frac{2\pi}{8}t)$ punktiert für $0 \le t \le 8$ dargestellt. Für jedes $k = 0, 1, 2, \ldots, 7$ wird der Abtastwert einerseits mit dem Wert $\cos(-\frac{2\pi}{8} \cdot k)$ und anderseits mit $\sin(-\frac{2\pi}{8} \cdot k)$ multipliziert und jeweils aufsummiert. In der Summe erhält man eine komplexe Zahl, für unser Beispiel $g_1 = \frac{1}{8} \cdot (0.21 - 1.5i)$, wie wir nachher zeigen werden. g_1 vereinigt in ihrem Realteil die geraden Anteile der 1. Grundform, also $\cos(-\frac{2\pi}{8} \cdot k)$, für den abgetasteten Zeitraum und der Sinusteil der 1. Grundform, nämlich $\sin(-\frac{2\pi}{8} \cdot k)$, wird durch den Imaginärteil von g_1 über demselben Zeitraum repräsentiert.

Bemerkungen.
- Bei einer „kontinuierlichen" Abtastung würde man ein Integral auswerten, hier ist es eben nur eine Summe.
- Wir erhalten hier beide trigonometrischen Anteile, also eine komplexe Zahl, weil das ausgewählte Signal weder gerade noch ungerade ist.

2. Koeffizient. Es gilt

$$g_2 = \frac{1}{8} \sum_{k=0}^{7} f_k \cdot \omega_8^{2 \cdot k} = \frac{1}{8} \cdot \left[f_0 + f_1(\omega_8^2)^1 + f_2(\omega_8^2)^2 + \cdots + f_7(\omega_8^2)^7\right].$$

Damit werden alle Abtastwerte f_k an den Stellen t_k mit der Grösse

$$\omega_8^{2 \cdot k} = \cos\left(-\frac{2\pi}{8} \cdot 2 \cdot k\right) + i \sin\left(-\frac{2\pi}{8} \cdot 1 \cdot k\right) = \mathrm{Re}(\omega_8^{2 \cdot k}) + i \cdot \mathrm{Im}(\omega_8^{2 \cdot k})$$

gewichtet. Dies zeigt Abb. 12.13 rechts. Die Kurve $\cos(-\frac{4\pi}{8}t)$ ist dabei gestrichelt und $\sin(-\frac{4\pi}{8}t)$ punktiert für $0 \le t \le 8$ dargestellt. Für jedes $k = 0, 1, 2, \ldots, 7$ wird der Abtastwert einerseits mit dem Wert $\cos(-\frac{4\pi}{8} \cdot k)$ und anderseits mit $\sin(-\frac{4\pi}{8} \cdot k)$ multipliziert und jeweils aufsummiert. Die dabei entstehende komplexe Zahl wird sich als $g_2 = \frac{1}{8} \cdot (1 - 2i)$ herausstellen. Die Zahl g_2 fasst in ihrem Realteil sämtliche geraden Anteile der 2. Grundschwingung, nämlich $\cos(-\frac{4\pi}{8} \cdot k)$, und in ihrem Imaginärteil alle ungeraden Anteile der 2. Grundform, also $\sin(-\frac{4\pi}{8} \cdot k)$, über demselben Zeitraum zusammen.

Auf diese Art verfährt man weiter. Die Anzahl der Rechenoperationen ist für $N = 8$ natürlich gering. In der Praxis aber liegt die übliche Abtastfrequenz etwa bei 44.1 kHz, womit die Rechenleistung eines Computers enorm zunimmt. Es ist allerdings möglich, die Summation für die Fourier-Koeffizienten anders als mit der Definition (12.5.3) zu bewerkstelligen. Dies geschieht mit der schnellen Fourier-Transformation.

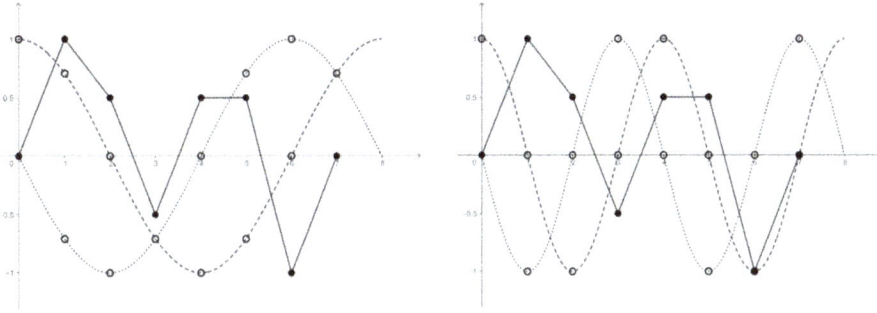

Abb. 12.13: Gewichten eines Signals mit der 1. und 2. Grundschwingung.

Die schnelle Fourier-Transformation (FFT) und die inverse schnelle Fourier-Transformation (IFFT)

Hinsichtlich des bevorstehenden Zahlenbeispiels mit 8 Abtastwerten (Abb. 12.12 rechts) zeigen wir die Vereinfachung des Verfahrens nicht allgemein, sondern für $N = 8$. Die Zahl 8 kommt dabei nicht von ungefähr, wie wir sehen werden. Dazu wird das Gleichungssystem (12.5.3) als Matrixgleichung notiert.

Herleitung von (12.5.4)–(12.5.11)

Der resultierende Algorithmus stammt in der behandelten Form von Cooley und Tukey (1965) und der erfolgreiche Einsatz des Verfahrens bedingt, dass N eine Zweierpotenz ist. Dann nämlich wird sich die Größe der Matrix laufend halbieren lassen. Das System (12.5.3) schreibt sich als

$$\frac{1}{8} \cdot \begin{pmatrix} 1 & 1 & 1 & 1 & 1 & 1 & 1 & 1 \\ 1 & \omega_8^1 & \omega_8^2 & \omega_8^3 & \omega_8^4 & \omega_8^5 & \omega_8^6 & \omega_8^7 \\ 1 & \omega_8^2 & \omega_8^4 & \omega_8^6 & \omega_8^8 & \omega_8^{10} & \omega_8^{12} & \omega_8^{14} \\ 1 & \omega_8^3 & \omega_8^6 & \omega_8^9 & \omega_8^{12} & \omega_8^{15} & \omega_8^{18} & \omega_8^{21} \\ 1 & \omega_8^4 & \omega_8^8 & \omega_8^{12} & \omega_8^{16} & \omega_8^{20} & \omega_8^{24} & \omega_8^{28} \\ 1 & \omega_8^5 & \omega_8^{10} & \omega_8^{15} & \omega_8^{20} & \omega_8^{25} & \omega_8^{30} & \omega_8^{35} \\ 1 & \omega_8^6 & \omega_8^{12} & \omega_8^{18} & \omega_8^{24} & \omega_8^{30} & \omega_8^{36} & \omega_8^{42} \\ 1 & \omega_8^7 & \omega_8^{14} & \omega_8^{21} & \omega_8^{28} & \omega_8^{35} & \omega_8^{42} & \omega_8^{49} \end{pmatrix} \cdot \begin{pmatrix} f_0 \\ f_1 \\ f_2 \\ f_3 \\ f_4 \\ f_5 \\ f_6 \\ f_7 \end{pmatrix} = \begin{pmatrix} g_0 \\ g_1 \\ g_2 \\ g_3 \\ g_4 \\ g_5 \\ g_6 \\ g_7 \end{pmatrix}. \quad (12.5.4)$$

Nennen wir v_{lm} den (l, m)-ten Eintrag Matrix, so ist

$$v_{lm} = \frac{1}{8} \cdot \omega_8^{lm} \quad \text{für } l, m = 0, 1, 2, \ldots, 7 \quad \text{und allgemein}$$

$$v_{lm} = \frac{1}{N} \cdot \omega_N^{lm} \quad \text{für } l, m = 0, 1, 2, \ldots, N - 1. \quad (12.5.5)$$

Aufgrund von $\omega_8^8 = 1$ und $\omega_8^4 = -1$ wird daraus für die Matrix alleine

$$\begin{pmatrix} \omega_8^0 & \omega_8^0 & \omega_8^0 & \omega_8^0 & \omega_8^0 & \omega_8^0 & \omega_8^0 & \omega_8^0 \\ \omega_8^0\omega_8^0 & \omega_8^1\omega_8^0 & \omega_8^2\omega_8^0 & \omega_8^3\omega_8^0 & -\omega_8^0\omega_8^0 & -\omega_8^1\omega_8^0 & -\omega_8^2\omega_8^0 & -\omega_8^3\omega_8^0 \\ \omega_8^0 & \omega_8^2 & \omega_8^4 & \omega_8^6 & \omega_8^0 & \omega_8^2 & \omega_8^4 & \omega_8^6 \\ \omega_8^0\omega_8^0 & \omega_8^1\omega_8^2 & \omega_8^2\omega_8^4 & \omega_8^3\omega_8^6 & -\omega_8^0\omega_8^0 & -\omega_8^1\omega_8^2 & -\omega_8^2\omega_8^4 & -\omega_8^3\omega_8^6 \\ \omega_8^0 & \omega_8^4 & \omega_8^8 & \omega_8^{12} & \omega_8^0 & \omega_8^4 & \omega_8^8 & \omega_8^{12} \\ \omega_8^0\omega_8^0 & \omega_8^1\omega_8^4 & \omega_8^2\omega_8^8 & \omega_8^3\omega_8^{12} & -\omega_8^0\omega_8^0 & -\omega_8^1\omega_8^4 & -\omega_8^2\omega_8^8 & -\omega_8^3\omega_8^{12} \\ \omega_8^0 & \omega_8^6 & \omega_8^{12} & \omega_8^{18} & \omega_8^0 & \omega_8^6 & \omega_8^{12} & \omega_8^{18} \\ \omega_8^0\omega_8^0 & \omega_8^1\omega_8^6 & \omega_8^2\omega_8^{12} & \omega_8^3\omega_8^{18} & -\omega_8^0\omega_8^0 & -\omega_8^1\omega_8^6 & -\omega_8^2\omega_8^{12} & -\omega_8^3\omega_8^{18} \end{pmatrix}.$$

Man erkennt, dass die rechte Hälfte der Matrix aus der linken Hälfte hervorgeht. Somit erhält man einerseits

$$\frac{1}{8} \cdot \begin{pmatrix} \omega_8^0 & \omega_8^0 & \omega_8^0 & \omega_8^0 \\ \omega_8^0 & \omega_8^2 & \omega_8^4 & \omega_8^6 \\ \omega_8^0 & \omega_8^4 & \omega_8^8 & \omega_8^{12} \\ \omega_8^0 & \omega_8^6 & \omega_8^{12} & \omega_8^{18} \end{pmatrix} \begin{pmatrix} f_0 + f_4 \\ f_1 + f_5 \\ f_2 + f_6 \\ f_3 + f_7 \end{pmatrix} = \begin{pmatrix} g_0 \\ g_2 \\ g_4 \\ g_6 \end{pmatrix}$$

und anderseits

$$\frac{1}{8} \cdot \begin{pmatrix} \omega_8^0 & \omega_8^0 & \omega_8^0 & \omega_8^0 \\ \omega_8^0 & \omega_8^2 & \omega_8^4 & \omega_8^6 \\ \omega_8^0 & \omega_8^4 & \omega_8^8 & \omega_8^{12} \\ \omega_8^0 & \omega_8^6 & \omega_8^{12} & \omega_8^{18} \end{pmatrix} \begin{pmatrix} \omega_8^0[f_0 - f_4] \\ \omega_8^1[f_1 - f_5] \\ \omega_8^2[f_2 - f_6] \\ \omega_8^3[f_3 - f_7] \end{pmatrix} = \begin{pmatrix} g_1 \\ g_3 \\ g_5 \\ g_7 \end{pmatrix}. \tag{12.5.6}$$

Die 8×8-Matrix ist in zwei identische 4×4-Matrizen zerfallen und die Fourier-Koeffizienten werden in gerade und ungerade Indizes zerlegt. Damit ist ein Algorithmus entstanden, bei dem nach zwei weiteren Schritten die Matrix zu einer Zahl zusammenschrumpfen wird. Für die weitere Rechnung kürzen wir ab: $h_0 = f_0 + f_4$, $h_2 = f_1 + f_5$, $h_4 = f_2 + f_6$, $h_6 = f_3 + f_7$, $h_1 = f_0 - f_4$, $h_3 = \omega_8^1(f_1 - f_5)$, $h_5 = \omega_8^2(f_2 - f_6)$, $h_7 = \omega_8^3(f_3 - f_7)$. Damit schreibt sich (12.5.6) zu

$$\frac{1}{8} \cdot \begin{pmatrix} \omega_8^0 & \omega_8^0 & \omega_8^0 & \omega_8^0 \\ \omega_8^0\omega_8^0 & \omega_8^2\omega_8^0 & -\omega_8^0\omega_8^0 & -\omega_8^2\omega_8^0 \\ \omega_8^0 & \omega_8^4 & \omega_8^0 & \omega_8^4 \\ \omega_8^0\omega_8^0 & \omega_8^2\omega_8^4 & -\omega_8^0\omega_8^0 & -\omega_8^2\omega_8^4 \end{pmatrix} \cdot \begin{pmatrix} h_0 \\ h_2 \\ h_4 \\ h_6 \end{pmatrix} = \begin{pmatrix} g_0 \\ g_2 \\ g_4 \\ g_6 \end{pmatrix} \quad \text{und}$$

$$\frac{1}{8} \cdot \begin{pmatrix} \omega_8^0 & \omega_8^0 & \omega_8^0 & \omega_8^0 \\ \omega_8^0\omega_8^0 & \omega_8^2\omega_8^0 & -\omega_8^0\omega_8^0 & -\omega_8^2\omega_8^0 \\ \omega_8^0 & \omega_8^4 & \omega_8^0 & \omega_8^4 \\ \omega_8^0\omega_8^0 & \omega_8^2\omega_8^4 & -\omega_8^0\omega_8^0 & -\omega_8^2\omega_8^4 \end{pmatrix} \cdot \begin{pmatrix} h_1 \\ h_3 \\ h_5 \\ h_7 \end{pmatrix} = \begin{pmatrix} g_1 \\ g_3 \\ g_5 \\ g_7 \end{pmatrix}. \tag{12.5.7}$$

Dieses System zerfällt nun in vier Matrizengleichungen der Form

$$\frac{1}{8} \cdot \begin{pmatrix} \omega_8^0 & \omega_8^0 \\ \omega_8^0 & \omega_8^4 \end{pmatrix} \cdot \begin{pmatrix} h_0 + h_4 \\ h_2 + h_6 \end{pmatrix} = \begin{pmatrix} g_0 \\ g_4 \end{pmatrix},$$

$$\frac{1}{8} \cdot \begin{pmatrix} \omega_8^0 & \omega_8^0 \\ \omega_8^0 & \omega_8^4 \end{pmatrix} \cdot \begin{pmatrix} h_1 + h_5 \\ h_3 + h_7 \end{pmatrix} = \begin{pmatrix} g_1 \\ g_5 \end{pmatrix},$$

$$\frac{1}{8} \cdot \begin{pmatrix} \omega_8^0 & \omega_8^0 \\ \omega_8^0 & \omega_8^4 \end{pmatrix} \cdot \begin{pmatrix} \omega_8^0 [h_0 - h_4] \\ \omega_8^2 [h_2 - h_6] \end{pmatrix} = \begin{pmatrix} g_2 \\ g_6 \end{pmatrix},$$

$$\frac{1}{8} \cdot \begin{pmatrix} \omega_8^0 & \omega_8^0 \\ \omega_8^0 & \omega_8^4 \end{pmatrix} \cdot \begin{pmatrix} \omega_8^0 [h_1 - h_5] \\ \omega_8^2 [h_3 - h_7] \end{pmatrix} = \begin{pmatrix} g_3 \\ g_7 \end{pmatrix}. \tag{12.5.8}$$

Wiederum ersetzen wir: $p_0 = h_0 + h_4$, $p_4 = h_2 + h_6$, $p_1 = h_1 + h_5$, $p_5 = h_3 + h_7$, $p_2 = h_0 - h_4$, $p_6 = \omega_8^2(h_2 - h_6)$, $p_3 = h_1 - h_5$, $p_7 = \omega_8^2(h_3 - h_7)$. Gleichung (12.5.8) erhält dann die Gestalt

$$\frac{1}{8} \cdot \begin{pmatrix} 1 & 1 \\ 1 & -1 \end{pmatrix} \cdot \begin{pmatrix} p_0 \\ p_4 \end{pmatrix} = \begin{pmatrix} g_0 \\ g_4 \end{pmatrix}, \quad \frac{1}{8} \cdot \begin{pmatrix} 1 & 1 \\ 1 & -1 \end{pmatrix} \cdot \begin{pmatrix} p_1 \\ p_5 \end{pmatrix} = \begin{pmatrix} g_1 \\ g_5 \end{pmatrix},$$

$$\frac{1}{8} \cdot \begin{pmatrix} 1 & 1 \\ 1 & -1 \end{pmatrix} \cdot \begin{pmatrix} p_2 \\ p_6 \end{pmatrix} = \begin{pmatrix} g_2 \\ g_6 \end{pmatrix}, \quad \frac{1}{8} \cdot \begin{pmatrix} 1 & 1 \\ 1 & -1 \end{pmatrix} \cdot \begin{pmatrix} p_3 \\ p_7 \end{pmatrix} = \begin{pmatrix} g_3 \\ g_7 \end{pmatrix}. \tag{12.5.9}$$

An dieser Stelle macht es keinen Sinn, die Matrizen weiter zu zerlegen. Man erhält aus (12.5.9)

$$g_0 = \frac{1}{8}(p_0 + p_4), \quad g_1 = \frac{1}{8}(p_1 + p_5), \quad g_2 = \frac{1}{8}(p_2 + p_6), \quad g_3 = \frac{1}{8}(p_3 + p_7),$$

$$g_4 = \frac{1}{8}(p_0 - p_4), \quad g_5 = \frac{1}{8}(p_1 - p_5), \quad g_6 = \frac{1}{8}(p_2 - p_6), \quad g_7 = \frac{1}{8}(p_3 - p_7).$$

Schließlich werden alle Abkürzungen rückgängig gemacht. Zusätzlich kann man noch die Indizes nach negativen und positiven trennen. Unter Berücksichtigung von $\omega_8^3 = -\omega_8^{-1}$, $\omega_8^2 = -\omega_8^{-2}$ und $\omega_8^5 = -\omega_8^1$ ergibt sich insgesamt

$$c_0 = g_0 = \frac{1}{8}(f_0 + f_1 + f_2 + f_3 + f_4 + f_5 + f_6 + f_7),$$

$$c_1 = g_1 = \frac{1}{8}[f_0 - f_4 + \omega_8^1(f_1 - f_5) + \omega_8^2(f_2 - f_6) - \omega_8^{-1}(f_3 - f_7)],$$

$$c_2 = g_2 = \frac{1}{8}\{f_0 + f_4 - (f_2 + f_6) + \omega_8^2[f_1 + f_5 - (f_3 + f_7)]\},$$

$$c_3 = g_3 = \frac{1}{8}[f_0 - f_4 + \omega_8^1(f_3 - f_7) + \omega_8^{-2}(f_2 - f_6) - \omega_8^{-1}(f_1 - f_5)],$$

$$c_4 = c_{-4} = g_4 = \frac{1}{8}[f_0 + f_2 + f_4 + f_6 - (f_1 + f_3 + f_5 + f_7)],$$

$$c_{-3} = g_5 = \frac{1}{8}[f_0 - f_4 + \omega_8^{-1}(f_3 - f_7) + \omega_8^2(f_2 - f_6) - \omega_8^1(f_1 - f_5)],$$

$$c_{-2} = g_6 = \frac{1}{8}\{f_0 + f_4 - (f_2 + f_6) + \omega_8^{-2}[f_1 + f_5 - (f_3 + f_7)]\},$$

$$c_{-1} = g_7 = \frac{1}{8}[f_0 - f_4 + \omega_8^{-1}(f_1 - f_5) + \omega_8^{-2}(f_2 - f_6) - \omega_8^{1}(f_3 - f_7)]. \tag{12.5.10}$$

Die 8 Werte $g_0, g_1, g_2, \ldots, g_7$ stellen die FFT der 8 Abtastwerte $f_0, f_1, f_2, \ldots, f_7$ dar. Verglichen mit der Summe (12.5.5) fällt die Summation von (12.5.10) erheblich kürzer aus und die hohen Potenzen sind im Wesentlichen auf die ersten drei reduziert.

Mit (12.5.10) liegen 8 diskrete, komplexe Werte im Frequenzbereich vor. Man erkennt, dass neben dem konstanten Wert (Gleichstromanteil), noch 3 weitere Eigenfrequenzen auftreten. Mehr ist nach dem Abtasttheorem auch nicht möglich. Es sollte auffallen, dass die drei Paare (c_1, c_{-1}), (c_2, c_{-2}) und (c_3, c_{-3}) konjugiert komplex zueinander sind, was auch so sein muss.

Nun setzen wir die Abtastwerte der obigen Tabelle ein und erhalten

$$c_0 = g_0 = \frac{1}{8} \cdot 1,$$

$$c_{-1} = g_1 = \frac{1}{8}\left(-0.5 + 0.5e^{-\frac{2\pi i}{8}} + 1.5e^{-\frac{4\pi i}{8}} + 0.5e^{\frac{2\pi i}{8}}\right) = \frac{1}{8} \cdot (0.21 - 1.5i),$$

$$c_{-2} = g_2 = \frac{1}{8}\left(1 + 2e^{-\frac{4\pi i}{8}}\right) = \frac{1}{8} \cdot (1 - 2i),$$

$$c_{-3} = g_3 = \frac{1}{8}\left(-0.5 - 0.5e^{-\frac{2\pi i}{8}} + 1.5e^{\frac{4\pi i}{8}} - 0.5e^{\frac{2\pi i}{8}}\right) = \frac{1}{8} \cdot (-1.21 + 1.5i),$$

$$c_4 = c_{-4} = g_4 = \frac{1}{8} \cdot (-1),$$

$$c_3 = g_5 = \frac{1}{8}\left(-0.5 - 0.5e^{\frac{2\pi i}{8}} + 1.5e^{-\frac{4\pi i}{8}} - 0.5e^{-\frac{2\pi i}{8}}\right) = \frac{1}{8} \cdot (-1.21 - 1.5i),$$

$$c_2 = g_6 = \frac{1}{8}\left(1 + 2e^{\frac{4\pi i}{8}}\right) = \frac{1}{8} \cdot (1 + 2i),$$

$$c_1 = g_7 = \frac{1}{8}\left(-0.5 + 0.5e^{\frac{2\pi i}{8}} + 1.5e^{\frac{4\pi i}{8}} + 0.5e^{-\frac{2\pi i}{8}}\right) = \frac{1}{8} \cdot (0.21 + 1.5i).$$

Ausgeschrieben ist somit

$$c_0 = \frac{1}{8} \cdot 1, \quad c_1 = \frac{1}{8} \cdot (0.21 + 1.5i), \quad c_{-1} = \frac{1}{8} \cdot (0.21 - 1.5i),$$

$$c_2 = \frac{1}{8} \cdot (1 + 2i), \quad c_{-2} = \frac{1}{8} \cdot (1 - 2i),$$

$$c_3 = \frac{1}{8} \cdot (-1.21 - 1.5i), \quad c_{-3} = \frac{1}{8} \cdot (-1.21 + 1.5i), \quad c_4 = c_{-4} = \frac{1}{8} \cdot (-1). \tag{12.5.11}$$

Dieser sogenannte Frequenzgang ist in Abb. 12.14 links für jede Abtastzeit in Real- und Imaginärteil getrennt dargestellt. Nun wollen wir zeigen, dass sich das ursprüngliche Signal (die 8 Abtastwerte) wieder rekonstruieren lässt. Dazu müssen wir den Frequenzgang (12.5.11) wieder in den Zeitbereich rücktransformieren. Diesen Prozess nennt man die schnelle Fourier-Rücktransformation (IFFT).

Herleitung von (12.5.12)–(12.5.14)

Voraussetzung: Gegeben sind die N Frequenzwerte $\boldsymbol{g} = (g_0, g_1, g_2, \ldots, g_{N-1})$.

Behauptung: Die IFFT der g-Werte, also $\boldsymbol{f} = (f_0, f_1, f_2, \ldots, f_{N-1})$, berechnet sich für jedes $n = 0, 1, 2, \ldots, N-1$ mithilfe von $f_n = \sum_{k=0}^{N-1} g_k \omega_N^{nk}$ mit $\omega_N = e^{\frac{2\pi i}{N}}$.

Beweis. Gleichung (12.5.5) schreiben wir als $F\boldsymbol{f} = \boldsymbol{g}$ mit der Fourier-Transformierten-Matrix F. Zur Vorbereitung betrachten wir die Summe $\sum_{k=0}^{N-1} \omega_N^{kl}$ mit $\omega_N = \pm e^{\frac{2\pi i}{N}}$ für einen beliebigen Index $l = 0, 1, 2, \ldots, N-1$. Als geometrische Reihe ergibt dies

$$\sum_{k=0}^{N-1} \omega_N^{kl} = \frac{\omega_N^{Nl} - 1}{\omega_N^l - 1} = \frac{1^l - 1}{\omega_N^l - 1} = \begin{cases} 0 & \text{für } l \neq N, \\ N & \text{für } l = N. \end{cases} \tag{12.5.12}$$

Weiter bezeichnen wir mit v_{lm}^{-1} den (l, m)-ten Eintrag der Matrix F^{-1} für $l, m = 0, 1, 2, \ldots, N-1$ und behaupten, dass $v_{lm}^{-1} = \frac{1}{N} \cdot \omega_N^{-lm}$ mit $\omega_N = e^{-\frac{2\pi i}{N}}$ gilt (verglichen mit (12.5.5) wird $\frac{1}{N}$ als Faktor beibehalten und lediglich das Vorzeichen des Exponenten verändert). Dies kann man beweisen, wenn man zeigt, dass die so definierte inverse Matrix zusammen mit F die Einheitsmatrix bildet, d. h. $F \cdot F^{-1} = E$. Dazu betrachten wir den (l, m)-ten Eintrag von $F \cdot F^{-1}$ und nennen diesen v_{lm}. Es gilt

$$v_{lm} = \sum_{k=0}^{N-1} \omega_N^{-kl} \cdot \frac{1}{N} \cdot \omega_N^{-km} = \frac{1}{N} \sum_{k=0}^{N-1} \omega_N^{k(l-m)} = \begin{cases} 0 & \text{für } l \neq m, \\ 1 & \text{für } l = m. \end{cases}$$

Der letzte Schritt folgt mithilfe von (12.5.12). Damit erhält man in der Diagonalen 1 und sonst null. Die so definierte Inverse F^{-1} ist die gesuchte Matrix. Damit ist auch $\boldsymbol{f} = F^{-1}\boldsymbol{g}$ oder $f_n = \sum_{k=0}^{N-1} g_k \omega_N^{nk} = \sum_{k=0}^{N-1} g_k \omega_N^{nk}$ mit $\omega_N = e^{\frac{2\pi i}{N}}$ für $n = 0, 1, 2, \ldots, N-1$. q. e. d.

Inverse Diskrete Fourier-Transformation.
Gegeben ist das Frequenzspektrum $[g(t_0), g(t_1), \ldots, g(t_{N-1})]$ eines N äquidistanten Stellen abgetasteten Signals. Dann folgen die Abtastwerte mithilfe der inversen, diskreten Fourier-Transformierten zu

$$f_n = \sum_{k=0}^{N-1} g(t_k) \cdot \omega_N^{nk} \quad \text{mit} \quad \omega_N = e^{\frac{2\pi i}{N}} \quad \text{für } n = 0, 1, 2, \ldots, N. \tag{12.5.13}$$

Gleichung (12.5.13) kann man, analog zur DFT, so interpretieren, dass nun die Frequenzwerte gewichtet werden, und zwar mit den Grundformen $\cos(\frac{2\pi}{8} \cdot k)$ und $\sin(\frac{2\pi}{8} \cdot k)$ für $k = 0, 1, 2, \ldots, N-1$ respektive. In Abb. 12.14 rechts ist dies für die 1. Grundschwingung dargestellt. Auch in diesem Fall wird in der Praxis die Summation mit der schnellen Variante ermittelt.

Für unser Zahlenbeispiel bedeutet das, dass man im System (12.5.10) die Abtastwerte durch die Frequenzwerte ersetzt, bei den Hochzahlen das Vorzeichen ändern und mit $\omega_8^1 = e^{\frac{2\pi i}{8}}$ rechnet. Damit erhalten die Gleichungen (12.5.10) die dazu analoge Gestalt

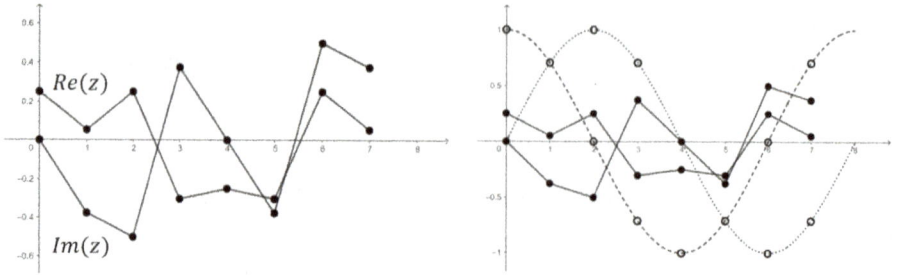

Abb. 12.14: Frequenzgang und gewichten mit der 1. Grundschwingung.

$$f_0 = g_0 + g_1 + g_2 + g_3 + g_4 + g_5 + g_6 + g_7,$$
$$f_1 = g_0 - g_4 + \omega_8^{-1}(g_1 - g_5) + \omega_8^{-2}(g_2 - g_6) - \omega_8^1(g_3 - g_7),$$
$$f_2 = g_0 + g_4 - (g_2 + g_6) + \omega_8^{-2}[g_1 + g_5 - (g_3 + g_7)],$$
$$f_3 = g_0 - g_4 + \omega_8^{-1}(g_3 - g_7) + \omega_8^2(g_2 - g_6) - \omega_8^1(g_1 - g_5),$$
$$f_4 = g_0 + g_2 + g_4 + g_6 - (g_1 + g_3 + g_5 + g_7),$$
$$f_5 = g_0 - g_4 + \omega_8^1(g_3 - g_7) + \omega_8^{-2}(g_2 - g_6) - \omega_8^{-1}(g_1 - g_5),$$
$$f_6 = g_0 + g_4 - (g_2 + g_6) + \omega_8^2[g_1 + g_5 - (g_3 + g_7)],$$
$$f_7 = g_0 - g_4 + \omega_8^1(g_1 - g_5) + \omega_8^2(g_2 - g_6) - \omega_8^{-1}(g_3 - g_7). \tag{12.5.14}$$

Die Frequenzwerte (12.5.11) eingefügt, ergeben

$$f_0 = \frac{1}{8} \cdot 0 = 0,$$
$$f_1 = \frac{1}{8} \cdot (2 + \sqrt{2}e^{-\frac{2\pi i}{8}} - 4ie^{-\frac{4\pi i}{8}} + \sqrt{2}e^{\frac{2\pi i}{8}}) = \frac{1}{8} \cdot 0 = 0,$$
$$f_1 = \frac{1}{8} \cdot (-2 - 6ie^{-\frac{4\pi i}{8}}) = \frac{1}{8} \cdot (-8) = -1,$$
$$f_3 = \frac{1}{8} \cdot (2 - \sqrt{2}e^{-\frac{2\pi i}{8}} - 4ie^{\frac{4\pi i}{8}} - \sqrt{2}e^{\frac{2\pi i}{8}}) = \frac{1}{8} \cdot 4 = 0.5,$$
$$f_4 = \frac{1}{8} \cdot 4 = 0.5,$$
$$f_5 = \frac{1}{8} \cdot (2 - \sqrt{2}e^{\frac{2\pi i}{8}} - 4ie^{-\frac{4\pi i}{8}} - \sqrt{2}e^{-\frac{2\pi i}{8}}) = \frac{1}{8} \cdot (-4) = -0.5,$$
$$f_6 = \frac{1}{8} \cdot (-2 - 6ie^{\frac{4\pi i}{8}}) = \frac{1}{8} \cdot 4 = 0.5,$$
$$f_7 = \frac{1}{8} \cdot (2 + \sqrt{2}e^{\frac{2\pi i}{8}} - 4ie^{\frac{4\pi i}{8}} + \sqrt{2}e^{-\frac{2\pi i}{8}}) = \frac{1}{8} \cdot 8 = 1.$$

Man muss noch etwas ordnen. In der Reihenfolge $(f_0, f_7, f_6, f_5, f_4, f_3, f_2, f_1)$ notiert, ergibt sich der anfängliche Abtastvektor $\boldsymbol{f} = (0, 1, 0.5, -0.5, 0.5, 0.5, -1, 0)$.

12.6 Die Laplace-Transformation

Neben der Fourier-Transformation und der folgenden Laplace-Transformation (LT), gibt es noch weitere. Bei der LT geht es darum, soweit es das Lösen von DGen betrifft, Letztere in eine algebraische Gleichung umzuwandeln, die man etwas einfacher als die ursprüngliche lösen kann, bevor man wieder rücktransformiert. Während die Fourier-Transformierte $F(\omega)$ physikalisch wichtige Informationen über eine Funktion $f(t)$ besitzt, ist die LT eine rein mathematische Angelegenheit.

Definition. Für eine Funktion f(t) nennt man $L(s) := \int_0^\infty f(t)e^{-st}\,dt$ mit $s > 0$ die Laplace-Transformierte von $f(t)$.

Man kann die LT auch für komplexe $s = \delta + i\omega$ definieren. Die Fourier-Transformation ist dann ein Spezialfall der zweiseitigen LT, wobei der Realteil von s Null gesetzt wird.

Einschränkung: Wir betrachten im Weiteren die LT nur für $s \in \mathbb{R}$.

Welche Funktionen $f(t)$ kommen nun für eine LT überhaupt infrage? Im Gegensatz zur FT, bei der die Funktion $f(t)$ im Unendlichen abklingen muss und auch für $t < 0$ Werte ungleich null annehmen darf, muss die Laplace-Transformierte folgende drei Bedingungen erfüllen:

1. $f(t) = 0$ für $t < 0$.
2. Es gibt ein $a \in R$ und ein $C > 0$ mit $|f(t)| \le Ce^{at}$ für $t \in \mathbb{R}$.
    Die Funktion kann also sogar exponentiell wachsen, aber nur dahin gehend, dass das Integral $\int_0^\infty Ce^{at}e^{-st}\,dt < \infty$. Zwangsweise muss dann $a < s$ sein.
3. Für $f(t)$ gilt die Dirichlet-Bedingung, d. h. die Funktion soll stückweise stetig sein, was bedeutet, dass in jedem Punkt sowohl der linksseitige-, als auch der rechtsseitige Grenzwert existiert. Insbesondere existiert dann der rechtsseitige Grenzwert an der Stelle null: $\lim_{\varepsilon \to 0} f(\varepsilon) < \infty$.

Nun untersuchen wir

$$|L(s)| = \left| \int_0^\infty f(t)e^{-st}\,dt \right| \le \int_0^\infty |f(t)e^{-st}|\,dt$$

$$\le \int_0^\infty |Ce^{at}e^{-st}|\,dt = C\int_0^\infty e^{(a-s)t}\,dt = C\left[\frac{e^{(a-s)t}}{a-s} \right]_0^\infty.$$

Wenn wir s so gross betrachten, dass $s > a$, dann wir daraus

$$|L(s)| = C\left(0 - \frac{1}{a-s} \right) = \frac{C}{s-a} \quad \text{und somit } \lim_{s \to \infty} L(s) = \lim_{s \to \infty} \left(\frac{C}{s-a} \right) = 0.$$

Für die Laplace-Transformierte muss man somit immer eine Funktion erhalten, die im Unendlichen verschwindet. Dieser Sachverhalt kann auch als Kontrolle bei der Berechnung dienen.

Folgerung. Es gilt $\lim_{s \to \infty} L(s) = 0$.

Bemerkung. Es gibt Funktionen, die sich nicht transformieren lassen, z. B. $f(t) = \frac{1}{t}$ und $f(t) = e^{t^2}$.

Beispiel 1. Wir betrachten einen zu einem beliebigen Zeitpunkt t_0 erfolgenden Dirac-Stoß, also $\delta(t - t_0)$. Bestimmen Sie die Laplace-Transformierte.

Lösung. Es gilt $L(s) = \int_0^\infty \delta(t - t_0)e^{-st}dt$. Um dies zu berechnen, muss man auf die Definition der Deltafunktion zurückgreifen. Wir setzen

$$\delta(t - t_0) = \begin{cases} \frac{1}{\varepsilon}, & |t - t_0| < \frac{\varepsilon}{2}, \\ 0, & |t - t_0| \geq \frac{\varepsilon}{2} \end{cases}$$

und führen den Grenzübergang $\varepsilon \to 0$ durch. Damit folgt

$$L(s) = \lim_{\varepsilon \to 0} \int_{t_0 - \frac{\varepsilon}{2}}^{t_0 + \frac{\varepsilon}{2}} \frac{1}{\varepsilon}e^{-st}dt = \lim_{\varepsilon \to 0} \frac{1}{\varepsilon} \left[-\frac{e^{-st}}{s} \right]_{t_0 - \frac{\varepsilon}{2}}^{t_0 + \frac{\varepsilon}{2}} = \lim_{\varepsilon \to 0} \frac{1}{\varepsilon} \left[\frac{e^{-s(t_0 - \frac{\varepsilon}{2})} - e^{-s(t_0 + \frac{\varepsilon}{2})}}{s} \right]$$

$$= \frac{e^{-st_0}}{s} \cdot \lim_{\varepsilon \to 0} \left(\frac{e^{\frac{s\varepsilon}{2}} - e^{\frac{-s\varepsilon}{2}}}{\varepsilon} \right) = \frac{e^{-st_0}}{s} \cdot \lim_{\varepsilon \to 0} \left(\frac{\frac{s}{2}e^{\frac{s\varepsilon}{2}} + \frac{s}{2}e^{\frac{-s\varepsilon}{2}}}{1} \right) = \frac{e^{-st_0}}{s} \cdot s = e^{-st_0}.$$

Im vorletzten Schritt wurde die Regel von de L'Hospital angewendet. Speziell für $t_0 = 0$ folgt $L(s) = 1$.

Beispiel 2. Gegeben ist die zeitverschobene Sprungfunktion

$$f_S(t - t_0) = \begin{cases} 1, & t > t_0, \\ 0, & t \leq t_0. \end{cases}$$

Ermitteln Sie die Laplace-Transformierte.

Lösung. Für die Laplace-Transformierte ergibt sich

$$L(s) = \int_0^\infty f_S(t - t_0)e^{-st}dt = \int_{t_0}^\infty 1e^{-st}dt$$

$$= \left[-\frac{e^{-st}}{s} \right]_{t_0}^\infty = \frac{e^{-st_0}}{s}.$$

Insbesondere erhält an für $t_0 = 0$ die Transformierte $L(s) = \frac{1}{s}$.

Beispiel 3. Betrachten Sie den Rechteckimpuls

$$f(t) = \begin{cases} 1, & 0 < t < t_0, \\ 0, & \text{sonst.} \end{cases}$$

Wie lautet die zugehörige Laplace-Transformierte?

Lösung. Die Laplace-Transformierte setzt sich aus der Differenz zweier Sprungfunktionen zusammen (vgl. Beispiel 2):

$$L(s) = L[f_S(t)] - L[f_S(t - t_0)] = \frac{1}{s} - \frac{e^{-st_0}}{s} = \frac{1}{s}(1 - e^{-st_0}).$$

Beispiel 4. Bestimmen Sie die Laplace-Transformierte der Funktion $f(t) = \cos(\omega t)$ für $t > 0$.

Lösung. Die Laplace-Transformierte ergibt sich zu

$$L(s) = \int_0^\infty \cos(\omega t)e^{-st}dt = \left[\frac{\sin(\omega t)}{\omega}e^{-st}\right]_0^\infty + \frac{s}{\omega}\int_0^\infty \sin(\omega t)e^{-st}dt$$

$$= \frac{s}{\omega}\int_0^\infty \sin(\omega t)e^{-st}dt = \frac{s}{\omega}\left\{\left[-\frac{\cos(\omega t)}{\omega}e^{-st}\right]_0^\infty - \frac{s}{\omega}\int_0^\infty \cos(\omega t)e^{-st}dt\right\}$$

$$= \frac{s}{\omega}\left[\frac{1}{\omega} - \frac{s}{\omega}\int_0^\infty \cos(\omega t)e^{-st}dt\right] = \frac{s}{\omega^2} - \frac{s^2}{\omega^2}L(s).$$

Daraus folgt $L(s)(1 + \frac{s^2}{\omega^2}) = \frac{s}{\omega^2}$ und schließlich $L(s) = \frac{s}{s^2 + \omega^2}$.
Es sollen kurz einige grundlegende Eigenschaften hergeleitet werden.

Herleitung von (12.6.1)–(12.6.2)
Es gilt

$$L(c_1f_1 + c_2f_s) = \int_0^\infty (c_1f_1 + c_2f_s)e^{-st}dt = c_1\int_0^\infty f_1e^{-st}dt + c_2\int_0^\infty f_2e^{-st}dt$$

$$= c_1L(f_1) + c_2L(f_2). \quad \text{Also ist die LT linear.} \tag{12.6.1}$$

Nun betrachten wir eine Funktion $x(t)$ mit den Anfangsbedingungen $x(0) = x_0$, $\dot{x}(0) = v_0$ und ihre Transformierte $X(s) = \int_0^\infty x(t)e^{-st}dt$. Wir bestimmen die Ableitungsfunktionen $\dot{X}(s)$ und $\ddot{X}(s)$. Es gilt

$$\dot{X}(s) = \int_0^\infty \dot{x}(t)e^{-st}dt = [x(t)e^{-st}]_0^\infty + s\int_0^\infty x(t)e^{-st}dt = 0 - x_0 + sX(s)$$

und insgesamt

$$\ddot{X}(s) = sX(s).$$
(12.6.2)

Zudem ist

$$\ddot{X}(s) = \int_0^\infty \ddot{x}(t)e^{-st}dt = [\dot{x}(t)e^{-st}]_0^\infty + s\int_0^\infty \dot{x}(t)e^{-st}dt = 0 - v_0 + s[sX(s) - x_0],$$

also insgesamt

$$\ddot{X}(s) = s^2X(s) - sx_0 - v_0.$$
(12.6.3)

Zum Schluss betrachten wir zwei schon bekannte Anregungsarten eines EMS ohne Dämpfung und berechnen die Antwort mithilfe der LT.

Beispiel 5. Das EMS wird angeregt durch eine Sprungfunktion zur Zeit $t = 0$, also $F(t) = F_0$ für $t > 0$. Weiter sei $x(0) = \dot{x}(0) = 0$. Formulieren sie nochmals die Schwingungsgleichung und ermitteln Sie die allgemeine Lösung mit Hilfe der LT.

Lösung. Die zugehörige DG lautet dann $\ddot{x} + \omega_0^2 x = \frac{F_0}{m}$ und die transformierte Gleichung ist

$$s^2X(s) - sx_0 - v_0 + \omega_0^2X(s) = \frac{F_0}{m} \cdot \frac{1}{s}.$$

Weil $x(0) = \dot{x}(0) = 0$, wird daraus $s^2X(s) + \omega_0^2X(s) = \frac{F_0}{m} \cdot \frac{1}{s}$ und aufgelöst erhält man

$$X(s) = \frac{F_0}{m} \cdot \frac{1}{s(s^2 + \omega_0^2)} = \frac{F_0}{m\omega_0^2}\left(\frac{1}{s} - \frac{s}{s^2 + \omega_0^2}\right).$$

Gesucht sind nun zwei Funktionen, deren Transformierte $\frac{1}{s}$ und $\frac{s}{s^2+\omega_0^2}$ sind. Gemäß den Beispielen 2 und 4 erhält man, wie schon mit (12.2) bekannt,

$$x(t) = \frac{F_0}{m\omega_0^2}[1 - \cos(\omega_0 t)].$$

Beispiel 6. Ein EMS ohne Dämpfung wird harmonisch mit $F(t) = F_0\cos(\omega t)$ angeregt. Weiter gelte $x(0) = \dot{x}(0) = 0$. Schreiben Sie die zugehörige Bewegungsgleichung auf und lösen Sie diese mit der LT.

Lösung. Die zugehörige DG lautet $\ddot{x} + \omega_0^2 x = \frac{F_0}{m}\cos(\omega t)$. Die LT ergibt mit $x(0) = \dot{x}(0) = 0$ die Gleichung $s^2X(s) + \omega_0^2X(s) = \frac{F_0}{m} \cdot \frac{s}{s^2+\omega^2}$ und daraus

$$X(s) = \frac{F_0}{m} \cdot \frac{s}{(s^2 + \omega^2)(s^2 + \omega_0^2)} = \frac{F_0}{m} \cdot \frac{1}{\omega^2 - \omega_0^2}\left(\frac{s}{s^2 + \omega_0^2} - \frac{s}{s^2 + \omega^2}\right).$$

Die Rücktransformation führt zu

$$x(t) = \frac{F_0}{m} \cdot \frac{1}{\omega^2 - \omega_0^2} \left[\cos(\omega_0 t) - \cos(\omega t)\right]$$

$$= -\frac{F_0}{m\omega_0^2} \cdot \frac{1}{1 - \Omega^2} \left[\cos(\omega_0 t) - \cos(\omega t)\right] = \frac{F_0}{m\omega_0^2} \cdot \frac{1}{1 - \Omega^2} \left[\cos(\omega t) - \cos(\omega_0 t)\right].$$

Dies ist die allgemeine Lösung. Eine partikuläre Lösung wäre $x_p(t) = \frac{F_0}{m\omega_0^2} \cdot \frac{1}{1-\Omega^2} \cos(\omega t)$ und stimmt mit (11.10) für $\xi = 0$ überein.

Ergebnis. Die Grenzen der Laplace-Transformation sind offensichtlich: Wenn bei der Rücktransformation die zur Transformierten gehörende Lösungsfunktion nicht tabellarisch vorliegt, dann muss man mit der Rücktransformationsformel arbeiten. Diese leiten wir aber nicht her. Dazu würde die Definition der Transformation auf komplexe s erweitert und für die Formel der Rücktransformation benötigte man den Residuensatz, womit wir vor dasselbe Problem wie bei der Fourier-Transformation gestellt wären: Es ergäben sich komplexe Integrale. Die LT ist verglichen mit dem Duhamel-Integral weniger effizient.

12.7 Zeitschrittverfahren

In Kap. 10 haben wir Bewegungsgleichungen numerisch mithilfe des Euler-Verfahrens gelöst. Dieser Algorithmus und auch verfeinerte Algorithmen wie beispielsweise das Heun-Verfahren funktionieren nur, wenn die Störfunktion oder Anregung durch eine Funktion gegeben ist. Falls die Größe der Anregung nur für gewisse Stützwerte vorliegt, kann man die Lösung der Antwort aus den Lösungen der Rechteckanregung zusammensetzen. Das ist die Idee des folgenden Verfahrens.

Das schrittweise exakte Verfahren

Ein EMS werde durch die Kraft $F(t)$ angeregt. Die numerisch zu lösende Bewegungsgleichung (vgl. (11.1.3)) ist

$$\ddot{x} + 2\xi\omega_0\dot{x} + \omega_0^2 x = F(t). \tag{12.7.1}$$

Herleitung von (12.7.2) und (12.7.3)

Wir setzen einen konstanten Zeitschritt Δt voraus. Für jedes Intervall $t_i < t < t_{i+1}$ gilt es dann, die entstehende Bewegungsgleichung zu lösen. Innerhalb des Zeitintervalls definieren wir die Variable als $\tau = t - t_i$. Die Kraft in diesem Intervall betrachten wir als konstant und wählen dafür den Mittelwert $\frac{F_i + F_{i+1}}{2}$ (Abb. 12.15 links). Wie schon in Kap. 12

gezeigt ist $x_p(t) = \frac{(F_i + F_{i+1})}{2k} := z_i$ mit $k := m\omega_0^2$ eine partikuläre Lösung von (12.7.1). Der vollständige Lösungsansatz lautet dann gemäß (11.6) und (11.7):

$$x(t) = e^{-\xi\omega_0\tau}[A\cos(\omega_d\tau) + B\sin(\omega_d\tau)] + z_i. \tag{12.7.2}$$

Die Geschwindigkeit ergibt sich zu

$$v(t) = -\xi\omega_0 e^{-\xi\omega_0\tau}[A\cos(\omega_d\tau) + B\sin(\omega_d\tau)] + e^{-\xi\omega_0\tau}\omega_d[-A\sin(\omega_d\tau) + B\cos(\omega_d\tau)]$$

$$= e^{-\xi\omega_0\tau}[(\omega_d B - \xi\omega_0 A)\cos(\omega_d\tau) - (\omega_d A + \xi\omega_0 B)\sin(\omega_d\tau)].$$

Aus den Anfangsbedingungen $x(0) = x_i$ und $v(0) = v_i$ folgen die Konstanten

$$A = x_i - z_i \quad \text{und} \quad B = \frac{v_i}{\omega_d} + \frac{\xi\omega_0}{\omega_d}(x_i - z_i).$$

Daraus wird $B = \frac{v_i}{\omega_d} + \frac{\xi\omega_0}{\omega_d}A$ und $\omega_d B - \xi\omega_0 A = v_i$.
Weiter hat man

$$\omega_d A + \xi\omega_0 B = \omega_d(x_i - z_i) + \xi\omega_0\left[\frac{v_i}{\omega_d} + \frac{\xi\omega_0}{\omega_d}(x_i - z_i)\right]$$

$$= \frac{\xi\omega_0 v_i}{\omega_d} + \left(\frac{\xi^2\omega_0^2}{\omega_d} + \omega_d\right)(x_i - z_i) = \frac{\xi\omega_0 v_i}{\omega_d} + \left(\frac{\xi^2\omega_0^2 + \omega_d^2}{\omega_d}\right)(x_i - z_i)$$

$$= \frac{\xi\omega_0 v_i}{\omega_d} + \frac{\xi^2\omega_0^2 + \omega_0^2(1 - \xi^2)}{\omega_d}(x_i - z_i) = \frac{\xi\omega_0 v_i}{\omega_d} + \frac{\omega_0^2}{\omega_d}(x_i - z_i)$$

$$= \frac{1}{\omega_d}[\xi\omega_0 v_i + \omega_0^2(x_i - z_i)].$$

Eingefügt in (12.7.2) erhält man damit Verschiebung und Geschwindigkeit am Ende des Intervalls $[t_i, t_{i+1}]$.

Schrittweise exaktes Verfahren.

$$x_{i+1} = e^{-\xi\omega_0\Delta t}\left\{(x_i - z_i)\cos(\omega_d\Delta t) + \frac{1}{\omega_d}[v_i + \xi\omega_0(x_i - z_i)]\sin(\omega_d\Delta t)\right\} + z_i,$$

$$v_{i+1} = e^{-\xi\omega_0\Delta t}\left\{v_i\cos(\omega_d\Delta t) - \frac{1}{\omega_d}[\xi\omega_0 v_i + \omega_0^2(x_i - z_i)]\sin(\omega_d\Delta t)\right\}.$$

Speziell für $\xi = 0$ ist

$$x_{i+1} = (x_i - z_i)\cos(\omega_0\Delta t) + \frac{v_i}{\omega_0}\sin(_0\Delta t) + z_i,$$

$$v_{i+1} = v_i\cos(\omega_0\Delta t) - \omega_0(x_i - z_i)\sin(\omega_0\Delta t). \tag{12.7.3}$$

Beispiel 1. Wir betrachten ein ungedämpftes System bei einer Dreieckanregung der Form

$$F(t) = \begin{cases} F_0(1 - \frac{t}{t_1}), & 0 \le t < t_1, \\ 0, & t \ge t_1 \end{cases}$$

(vgl. (12.9)). Ermitteln Sie die Auslenkung $x(t)$ numerisch mithilfe von (12.7.3) für den Zeitraum $0 < t < t_1$ für $m = 1$, $F_0 = 4\pi^2$, $k = 4\pi^2$, $t_1 = 1$, $\omega_0 = 2\pi$, $\Delta t = 0.1$, $x_0 = 0$, $v_0 = 0$ und vergleichen Sie die Lösung mit (12.10).

Lösung. Die genaue Lösung betrug

$$x(t) = \frac{F_0}{k} \left[\frac{\sin(\omega_0 t)}{\omega_0 t_1} - \cos(\omega_0 t) + 1 - \frac{t}{t_1} \right] \quad \text{für } 0 < t < t_1.$$

Mit den gegebenen Werten erhält man die genaue Lösung (Abb. 12.15 links, durchgezogene Linie) zu

$$x(t) = \frac{\sin(2\pi t)}{2\pi} - \cos(2\pi t) + 1 - t. \tag{12.7.4}$$

Numerisch ergibt sich $F_i = F_0(1 - t_i)$ mit $t_i = 0.1i$ und

$$z_i = \frac{4\pi^2}{2 \cdot 4\pi^2} [1 - 0.1i + 1 - 0.1(i + 1)] = \frac{1}{2}(1.9 - 0.2i).$$

Speziell für $\xi = 0$ ist $\omega_d = \omega_0 \sqrt{1 - \xi^2} = \omega_0$. Die numerischen Werte sind in nachstehender Tabelle festgehalten aber in Abb. 12.15 rechts zur besseren Übersicht nicht erfasst. Es ergibt sich eine sehr gute Übereinstimmung zur exakten Lösung (12.7.4).

i	t	x_i exakt	x_i numerisch	v_i numerisch	z_i numerisch
0	0	0	0	0	0.95
1	0.1	0.185	0.181	3.509	0.85
2	0.2	0.642	0.637	5.308	0.75
3	0.3	1.160	1.156	4.710	0.65
4	0.4	1.503	1.499	1.944	0.55
5	0.5	1.5	1.5	−1.934	0.45
6	0.6	1.115	1.119	−5.442	0.35
7	0.7	0.458	0.463	−7.241	0.25
8	0.8	−0.260	−0.255	−6.644	0.15
9	0.9	−0.803	−0.799	−3.878	0.05
10	1	−1	−1	0	

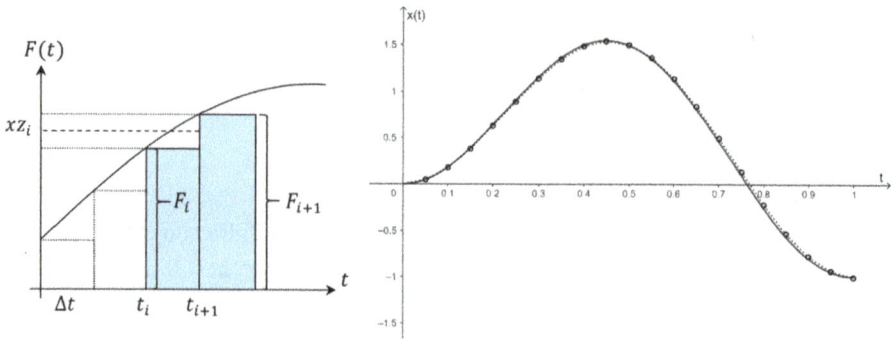

Abb. 12.15: Skizze zum schrittweise exakten Verfahren, Graph von (12.7.4) und numerisch berechnete Werte.

Ergebnis. Das Verfahren beruht darauf, dass man die exakte Lösung geschlossen angeben kann. Die Größe des Zeitschritts ist deshalb zweitrangig. Das Verfahren ist nur für lineare Probleme und für Systeme mit einem Freiheitsgrad geeignet.

Das Newmark-Verfahren

Bedeutungsvoller als das vorhin behandelte Verfahren haben Algorithmen, bei denen die zeitliche Diskretisierung direkt aus der DG und nicht aus der allgemeinen Lösung erfolgt. Das wichtigste ist das Newmark-Verfahren. Dieser Algorithmus kann auch für nichtlineare Systeme mit mehreren Freiheitsgraden (Verschiebungsrichtungen) verwendet werden. Es soll nur dasjenige für einen Freiheitsgrad gezeigt werden.

Herleitung von (12.7.5)–(12.7.8)
Wir bezeichnen die numerische Approximation der Verschiebung, Geschwindigkeit und Beschleunigung respektive mit $x_n = x(t_n)$, $v_n = \dot{x}(t_n)$, $a_n = \ddot{x}(t_n)$, wobei mit t_n die Zeit beim n-ten Zeitschritt gemeint ist.
    Kräftebilanz: Bei Kräftegleichgewicht hat man

$$ma_{n+1} + \mu v_{n+1} + Dx_{n+1} = F_{n+1}. \tag{12.7.5}$$

Verschiebung und Geschwindigkeit werden diskretisiert zu

$$x_{n+1} = x_n + \Delta t v_n + \frac{\Delta t^2}{2}[(1 - 2\beta)a_n + 2\beta a_{n+1}] \quad \text{und}$$
$$v_{n+1} = v_n + \Delta t[(1 - \gamma)a_n + \gamma a_{n+1}].$$

Je nach Wahl der Parameter β und γ beschreiben diese Gleichungen verschiedene Algorithmen.

Spezialisierung: Wir entscheiden uns für die Trapezregel und wählen $\beta = \frac{1}{4}$ und $\gamma = \frac{1}{2}$.

Das führt zu den Diskretisierungen

$$x_{n+1} = x_n + \Delta t v_n + \frac{\Delta t^2}{4}(a_n + a_{n+1}) \quad \text{und} \quad v_{n+1} = v_n + \frac{\Delta t}{2}(a_n + a_{n+1}). \tag{12.7.6}$$

Diese Gleichungen erinnern stark an die Taylorreihen

$$x(t + \Delta t) = x(t) + \Delta t \dot{x}(t) + \frac{\Delta t^2}{2}\ddot{x}(t) + \cdots \quad \text{und}$$

$$\dot{x}(t + \Delta t) = \dot{x}(t) + \Delta t \ddot{x}(t) + \cdots.$$

Der Unterschied liegt darin, dass die Beschleunigungen über den Anfangs- und Endwert des Intervalls gemittelt werden. Eingesetzt in die Gleichgewichtsbedingung (12.7.5) erhält man

$$\left(m + \frac{\Delta t}{2}\mu + \frac{\Delta t^2}{4}D\right)a_{n+1} = -\mu\left(v_n + \frac{\Delta t}{2}a_n\right) - D\left(x_n + \Delta t v_n + \frac{\Delta t^2}{4}a_n\right) + F_{n+1}. \tag{12.7.7}$$

Bei dieser Gleichung stehen auf der linken Seite alle Terme mit der noch unbekannten neuen Beschleunigung a_{n+1}. Auf der rechten Seite befinden sich nur Größen, die zum Zeitpunkt t_n bekannt sind. Den Faktor $m^* = m + \frac{\Delta t}{2}\mu + \frac{\Delta t^2}{4}$ fassen wir als äquivalente Masse auf. Die Größen $\tilde{x}_{n+1} = x_n + \Delta t v_n + \frac{\Delta t^2}{4}a_n$ und $\tilde{v}_{n+1} = v_n + \frac{\Delta t}{2}a_n$ nennt man Prediktor-Größen, die nur von alten, bekannten Werten abhängen. Mit diesen Größen entsteht die Gleichung $m^* a_{n+1} = -\mu\tilde{v}_{n+1} - D\tilde{x}_{n+1} + F_{n+1}$, woraus man die Beschleunigung a_{n+1} berechnen kann.

Mithilfe der Gleichungen (12.7.6) werden die Prediktor-Größen $\tilde{x}_{n+1}$ und $\tilde{v}_{n+1}$ korrigiert und man erhält $x_{n+1} = \tilde{x}_{n+1} + \frac{\Delta t^2}{4}a_{n+1}$ und $v_{n+1} = \tilde{v}_{n+1} + \frac{\Delta t}{2}a_{n+1}$.

Damit ist ein Algorithmus geschaffen, der es erlaubt, von einem Zeitschritt zum nächsten zu schreiten. Dieses Verfahren ist stark vom Zeitschritt abhängig. Die einzelnen Rechenschritte fassen wir im nachstehenden Satz zusammen.

Newmark-Verfahren für Antwortverschiebung.
1. Gegeben sind $F(t)$, D, m, μ, Δt, x_0 und v_0, $m^* = m + \frac{\Delta t}{2}\mu + \frac{\Delta t^2}{4}$ wird berechnet.
2. Die Anfangsbeschleunigung a_0 zur Zeit $t = 0$ wird aus den Anfangsbedingungen und der Gleichung $m^* a_0 = -\mu v_0 - D x_0 + F(0)$ bestimmt.
3. Aus $\tilde{x}_{n+1} = x_n + \Delta t v_n + \frac{\Delta t^2}{4}a_n$ und $\tilde{v}_{n+1} = v_n + \frac{\Delta t}{2}a_n$ werden $\tilde{x}_1$ und $\tilde{v}_1$ berechnet.
4. Mittels $m^* a_{n+1} = -\mu\tilde{v}_{n+1} - D\tilde{x}_{n+1} + F_{n+1}$ bestimmt man a_1.
5. Mit $x_{n+1} = \tilde{x}_{n+1} + \frac{\Delta t^2}{4}a_{n+1}$ und $v_{n+1} = \tilde{v}_{n+1} + \frac{\Delta t}{2}a_{n+1}$ erhält man x_1 und v_1.
6. Zurück zum Punkt 3. und $\tilde{x}_2$ und $\tilde{v}_2$ bestimmen usw. $\hspace{2cm}$ (12.7.8)

Beispiel 2. Wir betrachten denselben ungedämpften EMS aus Beispiel 1 mit denselben Werten bis auf den Zeitschritt: $m = 1, F_0 = 4\pi^2, k = 4\pi^2, t_1 = 1, \omega_0 = 2\pi, \Delta t = 0.05, x_0 = 0$, $v_0 = 0$. Bestimmen Sie Auslenkung $x(t)$ numerisch mithilfe von (12.7.8).

Lösung. Es bedarf zuerst der zusätzlichen Größen $F_i = 4\pi^2(1 - 0.05i)$ und $m^* = 1 + (0.05)^2\pi^2 \cong 1.025$. Damit ergibt sich die nachstehende Tabelle.

i	t	x_i exakt	$\tilde{x}_1$	$\tilde{v}_i$	a_i	x_i numerisch	v_i
0	0	0	0	0	38.528	0	0
1	0.05	0.048	0.024	0.963	35.674	0.046	1.855
2	0.1	0.185	0.161	2.747	28.456	0.179	3.458
3	0.15	0.391	0.370	4.170	18.497	0.381	4.632
4	0.2	0.642	0.625	5.095	6.757	0.629	5.263
5	0.25	0.909	0.896	5.432	−5.635	0.893	5.291
6	0.3	1.160	1.154	5.151	−17.483	1.143	4.714
7	0.35	1.367	1.368	4.276	−27.648	1.350	3.585
8	0.4	1.503	1.512	2.894	−35.149	1.490	2.015
9	0.45	1.550	1.569	1.137	−39.265	1.545	0.155
10	0.5	1.5	1.528	−0.827	−39.599	1.503	−1.817
11	0.55	1.352	1.387	−2.807	−36.119	1.365	−3.710
12	0.6	1.115	1.157	−4.613	−29.160	1.139	−5.342
13	0.65	0.809	0.853	−6.071	−19.392	0.841	−6.555
14	0.7	0.458	0.501	−7.040	−7.756	0.496	−7.234
15	0.75	0.091	0.130	−7.428	4.626	0.133	−7.312
16	0.8	−0.260	−0.230	−7.197	16.563	−0.220	−6.783
17	0.85	−0.567	−0.548	−6.368	26.905	−0.532	−5.696
18	0.9	−0.803	−0.799	−5.023	34.655	−0.778	−4.157
19	0.95	−0.950	−0.964	−3.290	39.068	−0.940	−2.314
20	1	−1	−1.031	−1.337	39.717	−1.006	−0.344

Die Werte für die numerisch berechneten Verschiebungen x_i unterscheiden sich nur unmerklich von denjenigen des exakten Verfahrens (siehe Abb. 12.15 rechts, punktierte Linie).

12.8 Schockspektren, Antwortspektren, Bemessungsspektren

Ist man nicht direkt am Zeitverlauf der Verschiebung durch Anregung interessiert, sondern nur am Maximalwert, dann spricht man von einem Schockspektrum. In Kapitel 15 haben wir für ein System mit gegebener Periode T die maximale Antwort für verschiedene transiente Anregungen (Rechteck, Dreieck, Dirac) bestimmt. Trägt man die maximale Antwort eines Systems mit gegebener Periode T für verschiedene Anregungen der Dauer t_1 in Funktion des Verhältnis $\frac{t_1}{T}$ auf, so erhält man ein Schockspektrum, also ein

Spektrum der maximalen Antworten für die jeweilige Anregungsart. Am Ende des 4. Beispiels von Kap. 12 haben wir dies für drei Anregungsarten zusammengestellt.

Umgekehrt kann man die Anregung der Dauer t_1 konstant halten und die maximale Antwort als Funktion der Frequenz $f = \frac{1}{T}$ auftragen. Dies führt zum Antwortspektrum. Vor allem im Umgang mit Erdbeben wird es benützt. Das Antwortspektrum gibt bei einem gegebenen Verlauf der Bodenbeschleunigung die maximale Antwort (relativ zur absoluten Verschiebung oder zur absoluten Beschleunigung) eines EMS als Funktion der Eigenfrequenz dieses EMS an.

Der Erste, der sich mit solchen Antwortspektren befasste, war Maurice Biot. In seiner Doktorarbeit erstellte er einen Apparat zur Aufzeichnung von Maximalantworten: An fünf Drähten gleicher Federkonstanten D befestigt er fünf verschiedene Massen m_i und erhielt somit ebenso viele verschiedene Eigenfrequenzen der Form $f_i = \frac{1}{2\pi}\sqrt{\frac{D}{m_i}}$. Die Schwingungen und deren maximale Amplituden zeichnete er auf Papier auf und erhielt auf diese Weise das Antwortspektrum dieser fünf Eigenfrequenzen (Abb. 12.16 links).

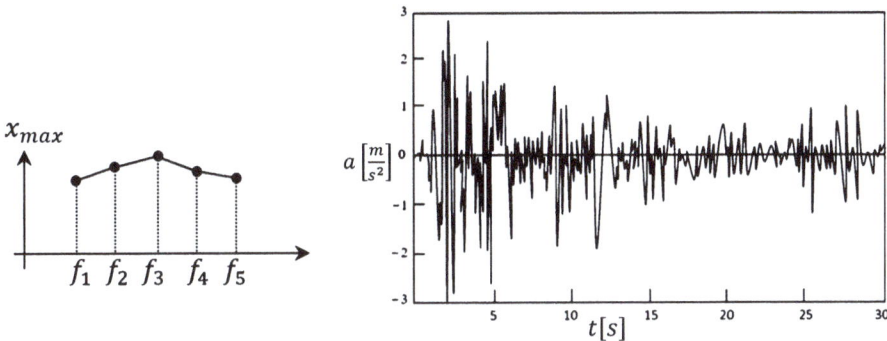

Abb. 12.16: Skizze zum Antwortspektrum von Biot und Beschleunigungsspektrum der Gegend X.

In erdbebengefährdeten Gebieten ist es natürlich absolut zwingend, dass Gebäude und andere Konstruktionen den auftretenden Beschleunigungen standhalten können, weshalb ein zugehöriges Antwortspektrum vorhanden sein muss.

Frage 1: Wie erhält man ein Antwortspektrum, falls die Aufzeichnung eines Bebens vorliegt?

Nehmen wir an, der zeitliche Verlauf der Bodenbeschleunigung (in Nord-Süd-Richtung als Vielfache der Erdbeschleunigung) einer erdbebengefährdeten Gegend X wurde in der Vergangenheit, wie in Abb. 12.16 rechts dargestellt, erfasst. Um nun im Nachhinein ein Antwortspektrum zu berechnen, diskretisiert man dieses zeitlich, z. B. mit $\Delta t = 0.1$ s und liest die entsprechenden 300 Werte für die Beschleunigung ab. Die maximale Beschleunigung betrug etwa $a = 2.94 \frac{m}{s^2}$ (Abb. 12.16 rechts). Nun gilt es, die DG $\ddot{x} + 2\xi\omega_0\dot{x} + \omega_0^2 x = -a_g(t)$ lösen. Dabei ist a_g stückweise, aufgrund der Messdaten, gegeben. Die Kreisfrequenz ω_0, bzw. $\omega_0 = 2\pi f_0$ steht für jede Eigenfrequenz des Systems und ξ meint die Systemdämpfung der Konstruktion. Meistens verwendet man für die jeweilige Rechnung die Dämpfungswerte $\xi = 0\,\%$, $1\,\%$, $5\,\%$. Für die Auswertung ziehen wir das eben besprochene Newmark-Verfahren heran, das wir aber etwas anpassen müssen.

Herleitung von (12.8.1)

Ausgangspunkt ist Gleichung (12.7.7):

$$\left(m + \frac{\Delta t}{2}\mu + \frac{\Delta t^2}{4}D\right)a_{n+1} = -\mu\left(v_n + \frac{\Delta t}{2}a_n\right) - D\left(x_n + \Delta t v_n + \frac{\Delta t^2}{4}a_n\right) + F_{n+1}.$$

Die Division durch m ergibt

$$\left(1 + \frac{\Delta t}{2}2\xi\omega_0 + \frac{\Delta t^2}{4}\omega_0^2\right)a_{n+1} = -2\xi\omega_0\left(v_n + \frac{\Delta t}{2}a_n\right)$$
$$- \omega_0^2\left(x_n + \Delta t v_n + \frac{\Delta t^2}{4}a_n\right) + a_{g(n+1)} \quad \text{oder}$$
$$\left(1 + \frac{\Delta t}{2}4\pi\xi f + \frac{\Delta t^2}{4}4\pi^2 f^2\right)a_{n+1} = -4\pi\xi f\left(v_n + \frac{\Delta t}{2}a_n\right)$$
$$- 4\pi^2 f^2\left(x_n + \Delta t v_n + \frac{\Delta t^2}{4}a_n\right) + a_{g(n+1)}.$$

Da die Verschiebung $x(t)$ in obiger Gleichung die Relativverschiebung bezeichnet, muss man zu den Werten von $\ddot{x}(t)$ der Beschleunigung in der Newmark-Tabelle noch jeweils die aktuelle Beschleunigung $a_g(t)$ subtrahieren und erhält so den Spektralwert der absoluten Beschleunigung für diesen Fall $S_{a,\xi,\omega_0} = \max(|\ddot{x}(t) - a_g(t)|)$. Natürlich kann und muss man die DG nicht für alle Frequenzen lösen. Wie aus Abb. 12.17 ersichtlich ist, sind die Frequenzen im Bereich von 0 Hz bis 10 Hz die wichtigsten. Der Grund dafür liegt in der Tatsache, dass bei Gebäuden und Brücken die ersten beiden Eigenfrequenzen in diesem Bereich liegen. Diese zu unterdrücken, um Schäden zu vermeiden, hat oberste Priorität (vgl. 3. Band). Beachtet man, dass $\mu = 4\pi m f \xi$, so wird damit die Berechnung der äquivalenten Masse angepasst. Der Algorithmus zur Ermittlung der Antwortbeschleunigungen besitzt dann folgende Gestalt:

Newmark-Verfahren für die Antwortbeschleunigung.
1. Gegeben sind $a_g(\Delta t \cdot i)$, m, ξ, f, Δt, x_0 und v_0, $m^* = m + 2\pi m\xi f\Delta t + \frac{\Delta t^2}{4}$ wird berechnet.
2. Die Anfangsbeschleunigung a_0 zur Zeit $t = 0$ wird aus den Anfangsbedingungen und der Gleichung $(1 + 2\pi\xi f\Delta t + \pi^2 f^2\Delta t^2)a_0 = -4\pi\xi fv_0 - 4\pi^2 f^2 x_0 + a_g(0)$ bestimmt.
3. Aus $\bar{x}_{n+1} = x_n + \Delta t v_n + \frac{\Delta t^2}{4}a_n$ und $\bar{v}_{n+1} = v_n + \frac{\Delta t}{2}a_n$ werden $\bar{x}_1$ und $\bar{v}_1$ berechnet.
4. Mittels $m^* a_{n+1} = -4\pi\xi f m\bar{v}_{n+1} - 4\pi^2 f^2 m\bar{x}_{n+1} + a_{g(n+1)}$ bestimmt man a_1.
5. Mit $x_{n+1} = \bar{x}_{n+1} + \frac{\Delta t^2}{4}a_{n+1}$ und $v_{n+1} = \bar{v}_{n+1} + \frac{\Delta t}{2}a_{n+1}$ erhält man x_1 und v_1.
6. Zurück zum Punkt 3. und $\bar{x}_2$ und $\bar{v}_2$ bestimmen usw. (12.8.1)

Beispiel. Gegeben ist die Aufzeichnung des Beschleunigungsspektrums aus Abb. 12.16 rechts. Es soll ein kurzes Spektrum der Antwortbeschleunigungen berechnet werden bezüglich einer Frequenz von $f = 2\,\text{Hz}$ (typische 1. Anregungsfrequenz von Brücken). Als Systemdämpfung nehmen wir $\xi = 1\,\%$ an und die Anfangsbedingungen seien $x_0 = v_0 = 0$. Weiter wählen wir der Einfachheit halber $m = 1$ und $\Delta t = 0.1\,\text{s}$. Aus den Messungen von Abb. 12.16 rechts entnimmt man dann etwa die Beschleunigungsfolge $a_g(0.1i) \approx 0.1, -0.2, 0.3, 0, 0.1, -0.5$ für $i = 0, 1, 2, \ldots$.

Bestimmen Sie mithilfe von (12.8.1) exemplarisch nur die ersten drei absoluten Antwortbeschleunigungen a_0^*, a_1^* und a_2^*.

Lösung.

1. Man erhält

$$m^* = m + 2\pi m \xi f \Delta t + \frac{\Delta t^2}{4}$$

$$= 1 + 2\pi \cdot 1 \cdot 0.01 \cdot 2 \cdot 0.1 + \frac{0.1^2}{4} = 1.0025 + 0.004\pi = 1.015.$$

2. Aus $(1 + 2\pi \cdot 0.01 \cdot 2 \cdot 0.1 + \pi^2 \cdot 2^2 \cdot 0.1^2)a_0 = 0.1$ folgt $a_0 = 0.071\frac{m}{s^2}$.

3. Weiter gilt

$$\tilde{x}_1 = \frac{\Delta t^2}{4}a_0 = \frac{0.1^2}{4} \cdot 0.071 = 1.776 \cdot 10^{-4} \quad \text{und} \quad \tilde{v}_1 = \frac{\Delta t}{2}a_0 = \frac{0.1}{2} \cdot 0.071 = 3.553 \cdot 10^{-3}.$$

4. Aus

$$m^* a_1 = -4\pi \xi f m \tilde{v}_1 - 4\pi^2 f^2 m \tilde{x}_1 + a_{g(1)} \quad \text{oder}$$

$$1.015 a_1 = -4\pi \cdot 0.01 \cdot 2 \cdot 1 \cdot 3.553 \cdot 10^{-3} - 4\pi^2 \cdot 2^2 \cdot 1 \cdot 1.776 \cdot 10^{-4} - 0.2$$

folgt $a_1 = -0.226\frac{m}{s^2}$.

5. Zudem ist

$$x_1 = \tilde{x}_1 + \frac{\Delta t^2}{4}a_1 = 1.776 \cdot 10^{-4} + \frac{0.1^2}{4}(-0.226) = -3.862 \cdot 10^{-4} \quad \text{und}$$

$$v_1 = \tilde{v}_1 + \frac{\Delta t}{2}a_1 = 3.553 \cdot 10^{-3} + \frac{0.1}{2}(-0.226) = -7.725 \cdot 10^{-3}.$$

6. Weiter hat man

$$\tilde{x}_2 = x_1 + \Delta t v_1 + \frac{\Delta t^2}{4}a_1$$

$$= -3.862 \cdot 10^{-4} + 0.1 \cdot (-7.725 \cdot 10^{-3}) + \frac{0.1^2}{4}(-0.226) = -1.723 \cdot 10^{-3} \quad \text{und}$$

$$\tilde{v}_2 = v_1 + \frac{\Delta t}{2}a_1 = -7.725 \cdot 10^{-3} + \frac{0.1}{2}(-0.226) = -0.0190.$$

7. Aus

$$m^* a_2 = -4\pi\xi f m \tilde{v}_2 - 4\pi^2 f^2 m \tilde{x}_2 + a_{g(2)} \quad \text{oder}$$

$$1.015 a_2 = -4\pi \cdot 0.01 \cdot 2 \cdot 1(-0.0190) - 4\pi^2 \cdot 2^2 \cdot 1(-1.723 \cdot 10^{-3}) + 0.3$$

folgt $a_2 = 0.568 \frac{m}{s^2}$.

Zieht man von den drei Beschleunigungen a_0, a_1 und a_2 die entsprechenden Anregungsbeschleunigungen $a_{g0} = 0.1 \frac{m}{s^2}$, $a_{g1} = -0.2 \frac{m}{s^2}$ und $a_{g2} = 0.3 \frac{m}{s^2}$ ab, so erhält man schließlich die Werte $a_0^* = -0.03 \frac{m}{s^2}$, $a_1^* = 0.03 \frac{m}{s^2}$ und $a_2^* = 0.27 \frac{m}{s^2}$.

Antwort zu Frage 1: Führt man die Rechnung aus dem Beispiel bei einem Zeitschritt von 0.1 s also 300-mal durch, so erhält man eine maximale Antwortbeschleunigung a^*. Diese entspricht dem Spektralwert $S_{\xi=1\%, f=2\,Hz} = \max(|a_n^*|)$ und beträgt in unserem Fall etwa $S_{\xi=1\%, f=2\,Hz} = 11 \frac{m}{s^2}$ (Abb. 12.17 rechts, Punkt $S_{1,2}$). Führt man zudem die Rechnung des Beispiels für viele Frequenzen f im Intervall [0 Hz, 30 Hz] bei fester Dämpfung $\xi = 1\%$ durch, so erhält man ein sogenanntes Antwortspektrum (Abb. 12.17). Üblicherweise besteht ein Antwortspektrum aus drei Kurven, eine für die jeweilige Dämpfung. Das Spektrum für $\xi = 0\%$ entspricht der maximal möglichen Antwort des Systems.

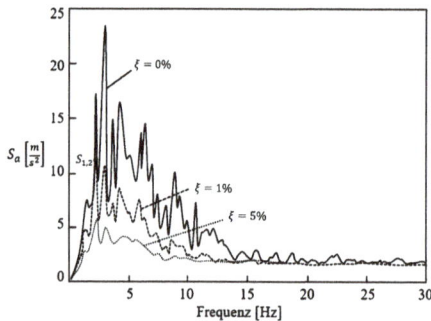

Abb. 12.17: Skizze zum Antwortspektrum.

Frage 2: Wie erstellt man ein Antwortspektrum, falls noch keine eines Bebens vorliegt?

Es gibt erdbebengefährdete Zonen, für die noch keine Aufzeichnung existiert, weil sie glücklicherweise noch von keinem Erdbeben heimgesucht wurden oder die Daten unverwertbar sind. Trotzdem ist es notwendig, mögliche maximale Beschleunigungsantworten abschätzen zu können?

Antwort zu Frage 2: In diesem Fall muss man ein Beschleunigungsspektrum herstellen. Insbesondere gilt es zu klären, welche Eigenfrequenzen man beachten soll? Hat man nur eine Brücke oder ein Gebäude im Auge, so kann man mit einer Frequenzanalyse die Eigenfrequenzen bestimmen und den Frequenzbereich einschränken. Für ganze

Städte oder Gegenden ist das natürlich viel zu ungenau. Deshalb teilt man eine Stadt in Erdbebenzonen und zudem die Gebäude in Bauklassen ein. Für jede Erdbebengefährdungszone und jede Bauklasse stehen genormte Anregungsspektren zur Verfügung. Das Spektrum sollte dabei alle entscheidenden (die ersten paar Eigenfrequenzen) generieren können.

Die gesamte Länge der Zeitverläufe beträgt beispielsweise 10 s. Sie setzt sich zusammen aus einer kurzen Anschwellphase von 1 s, gefolgt von der eigentlichen Starkbebenphase von 6 s und endet mit einer Ausschwingphase von 3 s. Die Annahme einer Durchschnittsdämpfung von 5 % hat sich bewährt. Mit diesem generierten Beschleunigungsverlauf führt man im gewählten Frequenzbereich die oben beschriebene Rechnung beispielsweise mit dem Newmark-Verfahren durch und erhält so ein Antwortspektrum.

Hat man mehrere solcher Antwortspektren einer Gegend zusammengetragen, dann werden diese zu einem sogenannten Bemessungsspektrum zusammengefasst und meist in Form einer vereinfachten glatten Kurve, die einen Mittelwert verschiedener Zeitläufe darstellt. Es gibt Bemessungsspektren für jedes Zonengebiet (Abb. 12.18).

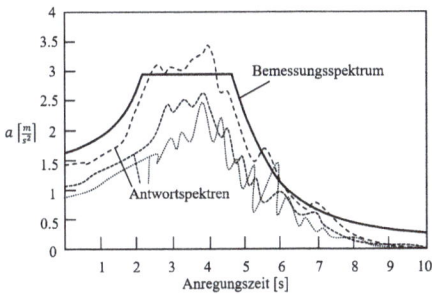

Abb. 12.18: Skizze zum Bemessungsspektrum.

13 Elastische, viskose und plastische Materialien

Mit diesem Kapitel knüpfen wir an das Kap. 6.2 an. Es bedurfte zuerst einiger Kenntnisse über erzwungene Schwingungen und die damit eingehenden Energien, damit insbesondere der Inhalt von Kap. 13.3 verständlich wird.

Viele Stoffe zeigen sowohl Festkörpereigenschaften als auch Eigenschaften eines Fluids (flüssig oder gasförmig). Diese können sichtbar gemacht werden, indem man das Material einer mechanischen Spannung aussetzt und die Reaktion auf die Formveränderung beobachtet. Man unterscheidet folgende drei Grundeigenschaften eines Materials.

1. *Elastizität.* Der Festkörper verformt sich bei Einwirkung einer Spannung σ unmittelbar um ε. Die Verformung ist begrenzt und bei Wegfall der Spannung kehrt der Körper wieder in seine Ursprungsform zurück. Innerhalb der Elastizitätsgrenze ist das Material sogar ideal-elastisch und es gilt das Hookesche Gesetz (6.1.1) bzw. (6.2.4).

2. *Viskosität.* Das Fluid reagiert mit einer zeitlich verzögerten Winkeldeformation γ auf die wirkende Scherspannung τ. Die Verformung ist unbegrenzt und irreversibel. Ist die Deformationsgeschwindigkeit $\dot{\gamma}$ sogar proportional zur Spannung τ, dann bezeichnet man das Fluid als ideal-viskos oder als Newton-Fluid. Beispiele sind Wasser, Luft, Lösemittel, dünnflüssige Öle. Es gibt Substanzen, bei denen die Viskosität stark von der Schergeschwindigkeit abhängt. Man mischt z. B. Wasser und Mehl im Verhältnis 1:1, verrührt alles langsam, bis man eine homogene Suspension erhält. Rührt man nun langsam, dann verhält sich die Suspension wie eine relativ dünne Flüssigkeit. Versucht man hingegen, schnell zu rühren, dann wird das Material fast fest. Diese Teigmasse wie auch Blut, Honig, Pudding usw. sind keine Newton-Fluide.

3. *Plastizität.* Stoffe wie Cremes, Butter oder Zahnpasta lassen sich erst ab einem, wenn auch kleinen Druck, verstreichen. Ketchup muss man schon stark schütteln, bevor er sich verflüssigt und Eis kann erst unter hohem Druck als Schmelzwasser abfließen. Von einer plastischen Änderung spricht man, wenn die irreversible Verformung erst ab einer gewissen Fließgrenze eintritt. Ideal-plastisch wäre ein Körper, der sich unterhalb der Fließgrenze wie ein fester Körper verhält und sich danach unbegrenzt und irreversibel verformt.

13.1 Ideal-viskose Fluide

Gleitet Wind über einen See, so erzeugt dies eine Bewegung der Wasseroberfläche. Denkt man sich die Wassersäule in parallel zum Boden zerlegte Schichten vor, so werden tiefer liegende Schichten weniger mitbewegt. Die Wassersäule erfährt dabei eine Scherkraft. Als Maß für den Widerstand, den ein Fluid dieser Scherung entgegenstellt, definiert man die Zähflüssigkeit oder Scherviskosität. Die Viskosität ist die Folge einer dem Fluid innewohnenden Reibung, zu deren Überwindung eine äußere Kraft F auf-

https://doi.org/10.1515/9783111345819-013

gebracht werden muss. Zwangsweise ergibt sich in jeder Tiefe y eine Schubspannung $F_S(y)$ im Innern des Fluids. Diese Schubspannung soll nun bestimmt werden.

Herleitung von (13.1.1) und (13.1.2)

Betrachten wir dazu ein viskoses Fluid der Dicke h (beispielsweise Wasser, Pudding, weicher Lehm usw.) zwischen zwei Platten, von denen die untere ruht. Die obere Platte besitzt die Fläche A und wird mit einer konstanten Kraft F über die Oberfläche des Fluids gezogen (Abb. 13.1 links). Diese Strömung nennt man auch ebene Couette-Strömung

Idealisierungen:

1. Die Platten werden als unendlich ausgedehnt betrachtet, damit seitliche Einflüsse in Richtung einer gedachten z-Achse auf das Geschwindigkeitsprofil vernachlässigt werden können.
2. Die einsetzende Strömung wird als laminar vorausgesetzt. Insbesondere gilt dies bei kleiner Wassertiefe.
3. Die Scherviskosität η_s ist unabhängig von der Scherrate $\dot{\gamma}$.
4. Die Scherviskosität η_s ist temperaturunabhängig.

Lineare Approximation: Der Scherwinkel γ ist klein.

Deswegen kann $\tan \gamma = \gamma + \frac{\gamma^3}{3} + \frac{2\gamma^5}{15} \approx \gamma$ gesetzt werden.

Die Laminarität der Strömung zieht unmittelbar ein lineares Geschwindigkeitsprofil nach sich. Demnach ist $v(y) = \frac{v_0}{h}y$ und die Änderung $\frac{dv}{dy} = \frac{v_0}{h} = $ konst. Das bedeutet, dass die Schubkraft in jeder Tiefe gleich groß ist und der Zugkraft entspricht: $F_S(y) = F_S(h) = F$.

Aufgrund des linearen Profils ist weiter $F_S \sim \frac{dv}{dy}$, denn eine Zugkraft kF erzeugt ein mit dem Faktor k steileres Profil gegenüber einer Zugkraft F (Abb. 13.1 rechts). Zudem ist ebenfalls klar, dass eine Fläche kA eine Kraft kF erfordert, um dasselbe Profil zu bewirken: $F_S \sim A$. Zusammen erhält man $F_S \sim A\frac{dv}{dy}$ oder $F_S \sim \eta_s A\frac{dv}{dy}$ mit der dynamischen Scherviskosität mit der Einheit $[\eta_s] = \frac{\text{kg}}{\text{m·s}}$. Bezogen auf die Fläche A entsteht daraus die Schubspannung im Fluid zu

$$\tau = \frac{F_S}{A} = \eta_s \frac{dv}{dy}. \tag{13.1.1}$$

Eine weitere Konsequenz des linearen Profils ist, dass die Fluidschichten in jeder Tiefe um gleichviel, nämlich um $dx(t)$ pro Höhenänderung dy, verschoben, also zur selben Deformation gezwungen werden (Abb. 13.1 links). Es gilt dann $\tan[\gamma(t)] = \frac{x(t)}{h} = \frac{dx(t)}{dy}$. γ heißt Scherwinkel. Für kleine γ ist in 1. Näherung $\tan \gamma \approx \gamma$ und man erhält $\gamma(t) = \frac{x(t)}{h} = \frac{dx}{dy}$. Entscheidend für das Fließverhalten eines Fluids ist die Geschwindigkeit, mit der sich die Deformation einstellt. Die Deformationsgeschwindigkeit $\dot{\gamma}$ nennt man auch Scherrate. Es gilt

$$\dot{\gamma}(t) = \frac{dy(t)}{dt} = \frac{d}{dt}\left[\frac{dx(t)}{dy}\right] = \frac{d}{dy}\left[\frac{dx(t)}{dt}\right] = \frac{dv(t)}{dy}$$

und Gleichung (13.1.1) erhält die Form

$$\tau(t) = \eta_S \dot{\gamma}(t). \tag{13.1.2}$$

Gleichung (13.1.2) gilt für eine Scherbelastung. Wird das Material einer Normalspannung σ ausgesetzt, dann zeigt dieses im Fall eines Newton-Fluid dasselbe Verhalten

$$\sigma(t) = \eta_D \dot{\varepsilon}(t). \tag{13.1.3}$$

In diesem Fall ist $\varepsilon(t)$ die relative Dehnung und η_D die Dehnviskosität. Für ein inkompressibles Newton-Fluid ist die Poissonzahl $\nu = 0.5$ (vgl. (6.2.3)), womit Gleichung (6.2.6) zu $E = 3G$ führt und daraus

$$\eta_D = 3\eta_S \tag{13.1.4}$$

gefolgert werden kann. Für kompressible, nicht Newtonsche Fluide gilt (13.1.4) nur annähernd.

Bemerkung. Die 3. Bedingung gewährleistet die Unabhängigkeit der Viskosität von der Scherrate, was die Proportionalität der Schubspannung mit der Scherrate zur Folge hat. Ist die 3. Bedingung nicht erfüllt, also ist $\eta_D = \eta_D(\dot{\varepsilon})$, dann folgt $\sigma(\dot{\varepsilon}) = \eta(\dot{\varepsilon}) \cdot \dot{\varepsilon}$, was zu Modellen der Art $\sigma(\dot{\varepsilon}) = a + b \cdot (\dot{\varepsilon})^k$ mit $a, b \in \mathbb{R}$ führt. Ist die 4. Bedingung verletzt, dann kann man für die Temperaturabhängigkeit etwa $\eta_D(t) = a \cdot e^{\frac{b}{t}}$ ansetzen.

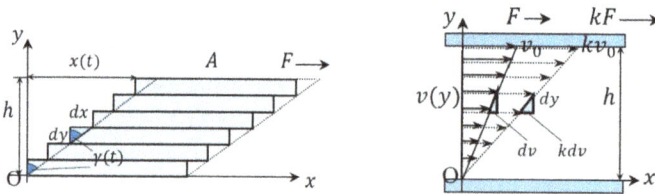

Abb. 13.1: Skizzen zur Viskosität.

13.2 Viskoelastische Stoffe und Modelle

Da ein ideal-plastisches Verhalten praktisch nie gesondert auftritt, sondern immer von elastischen oder viskosen Effekten begleitet wird, beschränken wir uns im Folgenden darauf, Stoffe nach ihren elastischen und viskosen Anteilen zu untersuchen. Solche Materialien nennt man kurz viskoelastisch. Beispiele sind Silikon, Teflon, Lacke und Harze. Ein beeindruckendes Beispiel liefert ein als Springkitt bekanntes Silikonpolymer. Formt man es zu einer Kugel und lässt diese zu Boden fallen, so springt die Kugel wieder hoch. Legt man die gleiche Kugel auf den Tisch, zerfließt sie wie eine viskose Flüssigkeit. Bei kurzen Belastungszeiten beobachtet man also elastisches Verhalten, während die Eigenschaften bei längeren Zeiträumen viskoser Natur sind. Bei einem viskoelastischen Stoff stellt sich die zentrale Frage, wie man den entsprechenden elastischen Anteil (Elastizitätsmodul E) und den viskosen Anteil (Viskosität η) eines Stoffes bestimmen kann. Zuerst untersuchen wir Langzeitversuche, die Kurzzeitversuche folgen mit Kap. 13.3.

Kriechmessung. Beim Kriechversuch wird die Probe während einer gewissen Zeit einer vorgegebenen Spannung σ_0 unterworfen und die Dehnung $\varepsilon(t)$ beobachtet. Daraufhin lässt man die Spannung wieder weg und misst, um wie viel das Material zurück kriecht, also den weiteren Verlauf der Dehnung $\varepsilon(t)$.

Relaxationsmessung. Diese heißt auch Entspannungsmessung. Man setzt die Probe einer vorgegebenen Dehnung ε_0 aus, wodurch in der Probe eine Spannung $\sigma(t)$ hervorgerufen wird. Man behält ε_0 bei und beobachtet, wie das Material mit der Zeit relaxiert, d. h. den weiteren Verlauf der Spannung $\sigma(t)$.

Um die beiden genannten Versuche nun durchzuführen, bedarf es zuerst geeigneter Modelle, um das Verhalten des Stoffes zu erfassen. Im Folgenden wird der elastische Anteil als ideal-elastisch betrachtet und durch eine Feder, das Hooke-Element, repräsentiert. Gleichermaßen soll der viskose Anteil als ideal-viskos betrachtet und durch einen Zylinder mit Kolben, das Newton-Element, gekennzeichnet werden (Abb. 13.2 links). Dabei bilden zwei Modelle die Basis für alle weiteren: das Maxwell- und das Kelvin-Voigt-Modell.

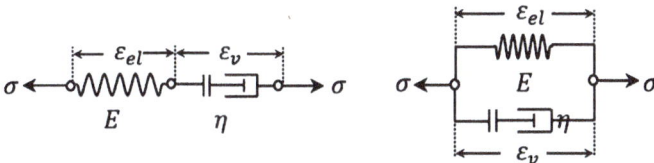

Abb. 13.2: Skizzen zum Maxwell- und Kelvin-Modell.

Beispiel 1. Im Maxwell-Modell sind Feder und Dämpfungszylinder in Reihe angeordnet (Abb. 13.2 links). Die Feder repräsentiert die augenblickliche Dehnung, während der Dämpfer das viskose Fließen wiedergibt. Bei Dehnung verformt sich die Feder sofort, danach beginnt die zeitabhängige und unbegrenzte viskose Verformung. Nach Entlastung bewegt sich nur die Feder zurück, die viskose Deformation bleibt bestehen. Es liegt also eine zeitabhängige, unbegrenzte, irreversible Verformung wie bei einer Flüssigkeit vor, allerdings gibt es auch einen zeitunabhängigen und reversiblen elastischen Anteil wie bei einem Festkörper.

a) Bestimmen Sie die DG, welche die Größen σ, $\dot{\sigma}$, und $\dot{\varepsilon}$ miteinander verbindet.

b) Führen Sie den Kriechversuch durch und bestimmen Sie die zugehörige Lösung.

c) Führen Sie den Relaxationsversuch durch und ermitteln Sie die zugehörige Lösung.

Lösung.

a) Die angelegte Spannung ist in jedem Element gleich groß: $\sigma = \sigma_{el} = \sigma_v$. Hingegen besteht die Gesamtdehnung ε aus der elastischen Dehnung ε_{el} und der viskosen Dehnung ε_v, also $\varepsilon = \varepsilon_{el} + \varepsilon_v$. Mit (6.1.1) und (13.1.3) ergibt sich $\varepsilon_{el} = \frac{\sigma}{E}$, $\dot\varepsilon_v = \frac{\sigma}{\eta}$. Dabei meint $\eta = \eta_D$. Weiter ist $\dot\varepsilon = \dot\varepsilon_{el} + \dot\varepsilon_v = \frac{\dot\sigma}{E} + \frac{\sigma}{\eta}$ und daraus folgt die DG des Maxwell-Modell zu

$$\dot\sigma + \frac{E}{\eta}\sigma = E\dot\varepsilon. \tag{13.2.1}$$

b) Für den Kriechversuch setzt man $\sigma(t) = \text{konst.} = \sigma_0$ und erhält $\frac{E}{\eta}\sigma_0 = E\dot\varepsilon$. Mit $\varepsilon(0) = 0$ folgt

$$\varepsilon(t) = \frac{\sigma_0}{\eta}t \tag{13.2.2}$$

(Abb. 13.3, 1. Graph). Ein linearer und damit unbegrenzter Anstieg der Dehnung $\varepsilon(t)$ bei fester und damit endlicher Spannung σ_0 kann nicht sein. Fällt im Zeitpunkt $t = t_1$ die Spannung weg, so verbleibt $0 = E\dot\varepsilon$, woraus $\varepsilon(t) = \frac{\sigma_0}{\eta}t_1 := \varepsilon_* = \text{konst.}$ entsteht (Abb. 13.3, 1. Graph). Es findet keine Kriecherholung statt und das Material bleibt, unabhängig von der Größe des elastischen Anteils, irreversibel verformt.

c) Bei einem Relaxationsversuch ist $\varepsilon(t) = \text{konst.} = \varepsilon_0$, woraus $\dot\sigma + \frac{E}{\eta}\sigma = 0$ entsteht. Aus $\sigma(0) = \sigma_0$ folgt die Lösung von (13.2.1) zu

$$\sigma(t) = \sigma_0 e^{-\frac{E}{\eta}t} \tag{13.2.3}$$

(Abb. 13.3, 2. Graph). Mit der Zeit sinkt die Spannung, abhängig vom Verhältnis $\frac{E}{\eta}$, bis auf null ab. Ein elastischer Anteil ist dann nicht mehr erkennbar. Der Quotient $\frac{\eta}{E}$ besitzt die Einheit einer Zeit:

$$\frac{\frac{Ns}{m^2}}{\frac{N}{m^2}} = s.$$

Definition 1. Bei konstanter Dehnung ε_0 heißt $t_{rel} := \frac{\eta}{E}$ Relaxationszeit.

Dabei ist t_{rel} ein Maß dafür, dass lange ein Material benötigt, um die anfängliche Spannung σ_0 wieder rückgängig zu machen. Deshalb lässt sich (13.2.3) auch schreiben als $\sigma(t) = \sigma_0 e^{-\frac{t}{t_{rel}}}$. Der Wert von $\frac{1}{t_{rel}} = \frac{E}{\eta}$ kann experimentell bestimmt werden, wenn man gemäß (13.2.3) die Werte $\ln[\frac{\sigma_0}{\sigma(t)}]$ mit der Zeit aufträgt und danach eine lineare Regression durchführt. Die Steigung der linearen Funktion ist dann die gesuchte Relaxationszeit.

Für verschiedene Öle ergibt sich $0.02\,\text{s} \le t_{\text{rel}} \le 2000\,\text{s}$. Je viskoser das Öl, umso größer ist t_{rel}.

Ergebnis. Einzig der Relaxationsversuch des Maxwell-Modells ist geeignet, um das Verhalten eines viskoelastischen Stoffes zu modellieren.

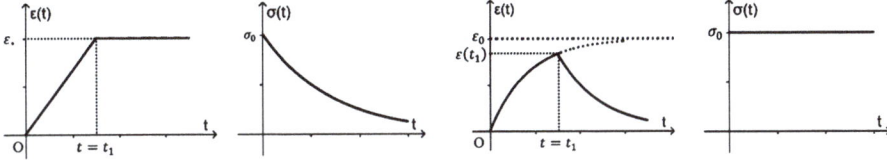

Abb. 13.3: Graphen von (13.2.2), (13.2.3), (13.2.5) und (13.2.6).

Beispiel 2. Feder und Dämpfungszylinder sind beim Kelvin-Voigt-Modell parallel geschaltet (Abb. 13.2 rechts). Bei Dehnung, wird die Verformung durch den Dämpfungszylinder gebremst und durch die Feder in ihrem Ausmaß begrenzt. Nach einer Entlastung geht der Körper bedingt durch die Feder wieder in seine Ausgangsposition zurück. Der Kelvin-Körper verformt sich also zeitabhängig wie eine Flüssigkeit, aber begrenzt und reversibel wie ein Festkörper.
a) Bestimmen Sie die DG, welche die Größen ε, $\dot{\varepsilon}$ und σ miteinander verbindet.
b) Führen Sie den Kriechversuch durch und bestimmen Sie die zugehörige Lösung.
c) Führen Sie den Relaxationsversuch durch und ermitteln Sie die zugehörige Lösung.

Lösung.
a) Die angelegte Spannung führt zu gleicher Dehnungsrate: $\varepsilon = \varepsilon_{\text{el}} = \varepsilon_v$. Die Gesamtspannung σ besteht aus der elastischen Spannung σ_{el} und der viskosen Spannung σ_v, also $\sigma = \sigma_{\text{el}} + \sigma_v$. Aus $\sigma = E\varepsilon + \eta\dot{\varepsilon}$ folgt die DG des Kelvin-Modells zu

$$\dot{\varepsilon} + \frac{E}{\eta}\varepsilon = \frac{\sigma}{\eta}. \tag{13.2.4}$$

b) Kriechversuch: $\sigma(t) = \text{konst.} = \sigma_0$. Man erhält $\dot{\varepsilon} + \frac{E}{\eta}\varepsilon = \frac{\sigma_0}{\eta}$. Die Lösung der homogenen Gleichung $\dot{\varepsilon} + \frac{E}{\eta}\varepsilon = 0$ ist $\varepsilon(t) = Ce^{-\frac{E}{\eta}t}$. Für die Lösung der inhomogenen DG (13.2.4) mit $\varepsilon(0) = 0$ ergibt sich

$$\varepsilon(t) = \varepsilon_0\left(1 - e^{-\frac{E}{\eta}t}\right) \tag{13.2.5}$$

(Abb. 13.3, 3. Graph). Mit der Zeit nähert sich die Dehnung der Federdehnung allein. Bei Wegfall der Spannung zum Zeitpunkt $t = t_1$ erhält man nacheinander $\dot{\varepsilon} + \frac{E}{\eta}\varepsilon = 0$, $\varepsilon(t) = \varepsilon(t_1)\,e^{-\frac{E}{\eta}(t-t_1)}$ (Abb. 13.3, 3. Graph) und somit ein vollständiges Zurückkriechen mit einer vom Verhältnis $\frac{E}{\eta}$ abhängigen Dehnung, die auf null absinkt. Insgesamt überwiegt der elastische Anteil dieses Stoffes gegenüber dem viskosen.

c) Relaxationsversuch: $\varepsilon(t)$ = konst. = ε_0. Es folgt $\frac{E}{\eta}\varepsilon_0 = \frac{\sigma}{\eta}$ und daraus

$$\sigma(t) = E\varepsilon_0 = \sigma_0 \tag{13.2.6}$$

(Abb. 13.3, 4. Graph). Da die Spannung mit der Zeit konstant bleibt, beschreibt Gleichung (13.2.6) schlicht das Hookesche Gesetz eines ideal-elastischen Körpers. Gleichung (13.2.5) entnimmt man das bekannte Verhältnis $\frac{E}{\eta}$. Im Zusammenhang mit einem Kriechversuch nennt man dieses anders.

Definition 2. Bei konstanter Spannung σ_0 heisst $t_{\text{ret}} := \frac{\eta}{E}$ Retardationszeit.

Dabei ist t_{ret} ein Maß dafür, dass lange ein Material benötigt, um die anfängliche Dehnung ε_0 wieder rückgängig zu machen. Man schreibt (13.2.5) auch als $\varepsilon(t) = \varepsilon_0(1 - e^{-\frac{t}{t_{\text{ret}}}})$. Der Wert von $\frac{1}{t_{\text{ret}}} = \frac{E}{\eta}$ kann auf ähnliche Weise wie beim Relaxationsversuch experimentell bestimmt werden: Man trägt die Werte $\ln[\frac{\varepsilon_0}{\varepsilon_0 - \varepsilon(t)}]$ mit der Zeit auf, gefolgt von einer linearer Regression.

Ergebnis. Beim Kelvin-Voigt-Modell eignet sich somit nur der Kriechversuch, um das Verhalten eines viskoelastischen Materials abzubilden.

Bemerkung. Es wäre denkbar, das Kriechverhalten eines Stoffes mit der Kelvin'schen Kriechkurve (13.2.5) und das Relaxationsverhalten mit einer modifizierten Maxwell'schen Relaxationskurve (13.2.3) der Form $\sigma(t) = E\varepsilon_0 e^{-\frac{E}{\eta}t} + C$ zu kombinieren und über Messdaten weiter anzupassen. Wir beschränken uns darauf, sowohl Kriech- als auch Relaxationsverhalten mithilfe eines einzigen Modells zu beschreiben, und kombinieren die beiden Grundmodelle zu den sogenannten Zener-Modellen.

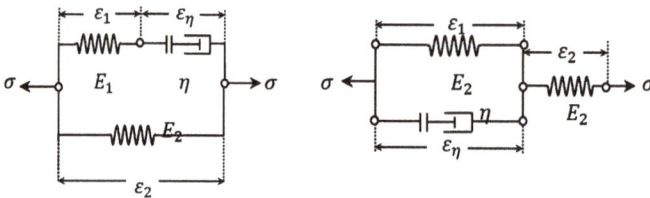

Abb. 13.4: Skizze zu den Zener-Modellen.

Beispiel 3. Abb. 13.4 links zeigt das Zener-Modell vom Typ Maxwell.
a) Bestimmen Sie die DG, welche die Größen ε, $\dot{\varepsilon}$, σ und $\dot{\sigma}$ miteinander verbindet.
b) Führen Sie den Kriechversuch durch und bestimmen Sie die zugehörige Lösung.
c) Führen Sie den Relaxationsversuch durch und ermitteln Sie die zugehörige Lösung.

Lösung.

a) Für die Gesamtdehnung ist: $\varepsilon = \varepsilon_2 = \varepsilon_1 + \varepsilon_\eta$. Die Gesamtspannung beträgt $\sigma = \sigma_1 + \sigma_2$, wobei für die Einzelspannungen $\sigma_2 = E_2\varepsilon$, $\sigma_1 = E_1\varepsilon_1 = \eta\dot\varepsilon_\eta$ gilt. Dann folgt

$$\dot\varepsilon = \dot\varepsilon_1 + \dot\varepsilon_\eta = \frac{\dot\sigma_1}{E_1} + \frac{\sigma_1}{\eta} = \frac{\dot\sigma - \dot\sigma_2}{E_1} + \frac{\sigma - \sigma_2}{\eta} = \frac{\dot\sigma - E_2\dot\varepsilon}{E_1} + \frac{\sigma - E_2\varepsilon}{\eta}$$

und daraus $E_1\eta\dot\varepsilon = \eta(\dot\sigma - E_2\dot\varepsilon) + E_1(\sigma - E_2\varepsilon)$. Umgeformt erhält man $E_1\dot\varepsilon = \dot\sigma - E_2\dot\varepsilon + \frac{E_1}{\eta}\sigma - \frac{E_1 E_2}{\eta}\varepsilon$ und schließlich die DG

$$\dot\sigma + \frac{E_1}{\eta}\sigma = (E_1 + E_2)\dot\varepsilon + \frac{E_1 E_2}{\eta}\varepsilon. \tag{13.2.7}$$

b) Kriechversuch: $\sigma(t) = \text{konst.} = \sigma_0$. Es folgt

$$\dot\varepsilon + \frac{E_1 E_2}{\eta(E_1 + E_2)}\varepsilon = \frac{E_1}{\eta(E_1 + E_2)}\sigma_0$$

mit der Lösung

$$\varepsilon(t) = Ce^{-\frac{E_1 E_2}{\eta(E_1 + E_2)}t} + \frac{\sigma_0}{E_2}.$$

Mit $\varepsilon(0) = 0$ erhält man $C = -\frac{\sigma_0}{E_2}$ und damit

$$\varepsilon(t) = \varepsilon_2(t) = \frac{\sigma_0}{E_2}\left[1 - e^{-\frac{E_1 E_2}{\eta(E_1 + E_2)}t}\right] = \varepsilon_0\left[1 - e^{-\frac{E_1 E_2}{\eta(E_1 + E_2)}t}\right] \tag{13.2.8}$$

(Abb. 13.5, 1. Graph). Mit der Zeit entspricht die Dehnung einer auf dem Hooke-Element 2 wirkenden Spannung σ_0. Bei Wegfall der Spannung zum Zeitpunkt $t = t_1$ entsteht $\dot\varepsilon + \frac{E_1 E_2}{\eta(E_1 + E_2)}\varepsilon = 0$, also

$$\varepsilon(t) = \varepsilon(t_1)e^{-\frac{E_1 E_2}{\eta(E_1 + E_2)}(t - t_1)} \tag{13.2.9}$$

(Abb. 13.5, 1. Graph). und somit eine Kriecherholung mit einer Dehnung, die auf null zurücksinkt.

c) Relaxationsversuch: $\varepsilon(t) = \text{konst.} = \varepsilon_0$. Es gilt $\dot\sigma + \frac{E_1}{\eta}\sigma = \frac{E_1 E_2}{\eta}\varepsilon_0$. Die Lösung ist $\sigma(t) = Ce^{-\frac{E_1}{\eta}t} + E_2\varepsilon_0$ und mit $\sigma(0) = \sigma_0$ folgt die Lösung von (13.2.5) zu

$$\sigma(t) = (\sigma_0 - E_2\varepsilon_0)e^{-\frac{E_1}{\eta}t} + E_2\varepsilon_0 \tag{13.2.10}$$

(Abb. 13.5, 2. Graph). Die Spannung sinkt mit der Zeit auf die Spannung $\sigma_* := E_2\varepsilon_0$, die nur von der Anfangsdehnung und dem Hooke-Element 2 abhängt.

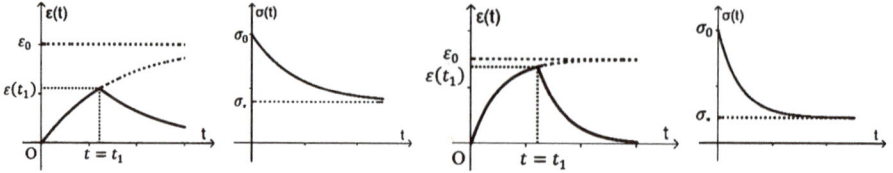

Abb. 13.5: Graphen von (13.2.8)–(13.2.10) und (13.2.12)–(13.2.14).

Beispiel 4. Das Zener-Modell vom Typ Kelvin ist in Abb. 13.4 rechts dargestellt.

a) Bestimmen Sie die DG, welche die Größen ε, $\dot{\varepsilon}$, σ und $\dot{\sigma}$ miteinander verbindet.

b) Führen Sie den Kriechversuch durch und bestimmen Sie die zugehörige Lösung.

c) Führen Sie den Relaxationsversuch durch und bestimmen Sie die zugehörige Lösung.

Lösung.

a) Für die Gesamtdehnung gilt $\varepsilon = \varepsilon_1 + \varepsilon_2 = \varepsilon_\eta + \varepsilon_2$. Die Gesamtspannung beträgt $\sigma = \sigma_2 = \sigma_1 + \sigma_\eta$, wobei man für die Einzelspannungen $\sigma_1 = E_1\varepsilon_1$, $\sigma_\eta = \eta\dot{\varepsilon}_\eta$ und $\sigma_2 = E_2\varepsilon_2$ erhält. Dann folgt

$$\sigma = \sigma_1 + \sigma_\eta = E_1\varepsilon_1 + \eta\dot{\varepsilon}_\eta$$

$$= E_1(\varepsilon - \varepsilon_2) + \eta(\dot{\varepsilon} - \dot{\varepsilon}_2) = E_1\left(\varepsilon - \frac{\sigma}{E_2}\right) + \eta\left(\dot{\varepsilon} - \frac{\dot{\sigma}}{E_2}\right).$$

Die Multiplikation mit E_2 liefert $E_2\sigma = E_1(E_2\varepsilon - \sigma) + \eta(E_2\dot{\varepsilon} - \dot{\sigma})$. Die Division durch η führt zu

$$\frac{E_2\sigma}{\eta} = \frac{E_1E_2}{\eta}\varepsilon - \frac{E_1\sigma}{\eta} + E_2\dot{\varepsilon} - \dot{\sigma}$$

und schließlich

$$\dot{\sigma} + \left(\frac{E_1 + E_2}{\eta}\right)\sigma = E_2\dot{\varepsilon} + \frac{E_1E_2}{\eta}\varepsilon. \tag{13.2.11}$$

b) $\sigma(t) = \text{konst.} = \sigma_0$. Es folgt

$$\left(\frac{E_1 + E_2}{\eta}\right)\sigma_0 = E_2\dot{\varepsilon} + \frac{E_1E_2}{\eta}\varepsilon \quad \text{oder} \quad \dot{\varepsilon} + \frac{E_1}{\eta}\varepsilon = \left(\frac{E_1 + E_2}{\eta E_2}\right)\sigma_0.$$

Weiter ist

$$\varepsilon(t) = C \cdot e^{-\frac{E_1}{\eta}t} + \left(\frac{E_1 + E_2}{E_1E_2}\right)\sigma_0$$

und mit $\varepsilon(0) = 0$ erhält man $C = -\left(\frac{E_1+E_2}{E_1E_2}\right)\sigma_0$ und damit

$$\varepsilon(t) = \left(\frac{3}{2}\right) \cdot \left(1 - e^{-2t}\right) \tag{13.2.12}$$

(Abb. 13.5, 3. Graph). Mit der Zeit entspricht die Dehnung einem Zusammenspiel beider Hooke-Elemente bei einer wirkenden Spannung σ_0. Bei Wegfall der Spannung zum Zeitpunkt $t = t_1$ entsteht

$$\dot{\varepsilon} + \frac{E_1}{\eta}\varepsilon = 0, \quad \text{also} \quad \varepsilon(t) = \varepsilon(t_1)e^{-\frac{E_1}{\eta}(t-t_1)} \tag{13.2.13}$$

(Abb. 13.5, 3. Graph) und somit eine Kriecherholung mit einer Dehnung, die auf null zurücksinkt.

c) $\varepsilon(t) = \text{konst.} = \varepsilon_0$. Man erhält $\dot{\sigma} + \left(\frac{E_1+E_2}{\eta}\right)\sigma = \frac{E_1E_2}{\eta}\varepsilon_0$. Die Lösung lautet

$$\sigma(t) = C \cdot e^{-\left(\frac{E_1+E_2}{\eta}\right)t} + \left(\frac{E_1E_2}{E_1 + E_2}\right)\varepsilon_0$$

und mit $\sigma(0) = \sigma_0$ folgt $C = \sigma_0 - \left(\frac{E_1E_2}{E_1+E_2}\right)\varepsilon_0$ und damit

$$\sigma(t) = \left[\sigma_0 - \left(\frac{E_1E_2}{E_1 + E_2}\right)\varepsilon_0\right] \cdot e^{-\left(\frac{E_1+E_2}{\eta}\right)t} + \left(\frac{E_1E_2}{E_1 + E_2}\right)\varepsilon_0$$

$$= \sigma_0 e^{-\left(\frac{E_1+E_2}{\eta}\right)t} - \left(\frac{E_1E_2}{E_1 + E_2}\right)\varepsilon_0 \cdot \left[1 - e^{-\left(\frac{E_1+E_2}{\eta}\right)t}\right] \tag{13.2.14}$$

(Abb. 13.5, 4. Graph). Die Spannung sinkt mit der Zeit auf die Spannung $\sigma_* := \sigma_0 - \left(\frac{E_1E_2}{E_1+E_2}\right)\varepsilon_0$, die von beiden Hooke-Elementen abhängt.

Ergebnis. Gesamthaft kann man festhalten, dass beide Zener-Modelle geeignet sind, um das Verhalten von Stoffen mit ausgeprägten elastischen wie auch viskosen Eigenschaften zu beschreiben.

Es existieren natürlich noch viele weitere Modelle, welche Hooke- und Newton-Elemente auf vielfältige Weise miteinander verknüpfen, um damit das Verhalten eines Werkstoffs noch genauer zu beschreiben.

13.3 Harmonische Spannungsänderung von Materialien

Für ein langfristiges Verhalten von Materialien sind Kriech- und Relaxationsversuche unentbehrlich, weil die Temperaturunterschiede über die Jahreszeiten hinweg sowohl das Elastizitätsmodul als auch die Viskosität beeinträchtigen können. In unseren Modellen waren freilich sämtliche Stoffwerte der Einfachheit halber als konstant vorausgesetzt.

Ist man nur an einer Momentaufnahme interessiert, dann bietet sich eine periodische Spannungsbelastung an.

Einschränkung: Wir betrachten lediglich harmonische Spannungsänderungen.

Harmonische Spannungsänderung an einem ideal-elastischen Material

Solche Materialien verhalten sich wie diejenigen aus Kap. 6.1, die wir kurz als Stäbe bezeichnet hatten. Innerhalb der Elastizitätsgrenze gelten dann die Hookeschen Gesetze (6.1.1) und (6.2.1) bezüglich Dehnung oder Scherung.

Herleitung von (13.3.1) und (13.3.2)

Ausgangspunkt ist die bezüglich des Querschnitts A eines festen Stoffes wirkende periodische Normalspannung $\sigma(t) = \sigma_0 \cos \omega t$ oder Scherspannung $\tau(t) = \tau_0 \cos \omega t$. Mit (6.1.1) und (6.2.1) hat man $\sigma(t) = E\varepsilon(t)$ bzw. $\tau(t) = G\gamma(t)$, woraus

$$\varepsilon(t) = \frac{\sigma_0}{E} \cos(\omega t) = \varepsilon_0 \cos(\omega t) \quad \text{resp.} \quad \gamma(t) = \frac{\tau_0}{G} \cos(\omega t) = \gamma_0 \cos(\omega t) \qquad (13.3.1)$$

folgen. Die Gleichungen (13.3.1) beziehen sich auf irgendeinen Ort des Materials. Sie besagen, dass ideal-elastische Materialien ohne zeitliche Verzögerung, also in Phase zur Anregung schwingen. Somit existiert auch keine Relaxations- oder Retardationszeit. Um die Module zu bestimmen, eignet sich ein Zug- oder Druckspannungsversuch, was dem Hooke-Gesetz gleichkommt.

Die im Laufe eines Zyklus maximal im Material gespeicherte potentielle Energie beträgt (vgl. (6.1.7)) bezüglich Dehnung und bezüglich Scherung

$$E_{\text{pot},D,\max} = \frac{1}{2}EV\varepsilon_0^2 \quad \text{und} \quad E_{\text{pot},S,\max} = \frac{1}{2}GV\gamma_0^2 \quad \text{resp.} \qquad (13.3.2)$$

Die genaue Orts- und Zeitfunktion $\varepsilon(x, t)$ kann an dieser Stelle nicht ermittelt werden. Es handelt sich hier nicht um einen EMS, sondern um eine erzwungene Stabschwingung, wie wir sie in Band 3 oder im Gesamtband beschrieben haben. Die Lösung geschieht über die Wellengleichung, woraus dann auch die Energieanteile in Abhängigkeit der Zeit t folgen.

Periodische Spannungsänderung an einem ideal-viskosen Material

In Kap. 13.1 haben wir den statischen Fall für die Dehnung eines Newtonschen Fluids betrachtet. Nun erweitern wir diese auf den dynamischen Fall.

Herleitung von (13.3.3)–(13.3.10)

Ausgangspunkt ist die Zugspannung $\sigma(t) = \sigma_0 \cos \omega t$. Dann folgt mit (13.1.3), also $\sigma(t) = \eta_D \dot{\varepsilon}(t)$, dass

$$\varepsilon(t) = \frac{\sigma_0}{\eta_D} \int_0^t \cos \omega \tau d\tau = \frac{\sigma_0}{\eta_D \omega} [\sin \omega \tau]_0^t = \frac{\sigma_0}{\eta_D \omega} \sin \omega t =: \varepsilon_0 \sin \omega t.$$

Schließlich hat man

$$\varepsilon(t) = \varepsilon_0 \cos\left(\omega t - \frac{\pi}{2} \right). \tag{13.3.3}$$

Bei dieser Art von Stoffen (Gas, Wasser, Honig usw.) erfolgt die Reaktion auf die Belastung somit zeitverzögert. Das Material schwingt mit einer Retardationszeit von $t_{\text{ret}} = \frac{\pi}{2}$ gegenüber der Anregung. Analog erhält man für eine Scherspannung

$$\gamma(t) = \frac{\tau_0}{\eta_S \omega} \cos\left(\omega t - \frac{\pi}{2} \right). \tag{13.3.4}$$

Nun gilt es, die verrichtete Arbeit oder die dissipierte Energie zu ermitteln. Insbesondere wird im Laufe eines Schwingungszyklus die von der entsprechenden Kraft verrichteten Arbeit vollständig dissipiert. Wenn wir den Zugfall betrachten, dann entspricht die dissipierte Energie der verrichtenden Arbeit der Zugkraft und mit (13.1.3) folgt $F(t) = A\sigma(t) = A\eta_D \dot{\varepsilon}(t)$. Dabei meint A die Querschnittsfläche. Somit gilt

$$E_{\text{diss},D}(t) = \int_{x(0)}^{x(t)} F(\tau) dx(\tau) = \int_{x(0)}^{x(t)} A\eta_D \dot{\varepsilon}(\tau) dx(\tau). \tag{13.3.5}$$

Da weiter $\varepsilon(t) = \frac{x(t)}{l}$ die relative Längenänderung bezeichnet, folgt aus (13.3.5)

$$E_{\text{diss},D}(t) = \int_{\varepsilon(0)}^{\varepsilon(t)} A\eta_D \dot{\varepsilon}(\tau) \cdot l \cdot d\varepsilon(\tau) = Al\eta_D \int_0^t \dot{\varepsilon}(\tau) \frac{d\varepsilon(\tau)}{d\tau} d\tau = V\eta_D \int_0^t [\dot{\varepsilon}(\tau)]^2 d\tau. \tag{13.3.6}$$

Im Fall einer Scherung erhält man entsprechend mit (13.1.2) $F(t) = A\tau(t) = A\eta_S \dot{\gamma}(\tau)$, wobei hier A die Deckfläche bezeichnet. Weiter ist

$$E_{\text{diss},S}(t) = \int_{x(0)}^{x(t)} F(\tau) dx(\tau) = \int_{x(0)}^{x(t)} A\eta_S \dot{\gamma}(\tau) dx(\tau). \tag{13.3.7}$$

Weil $d\gamma(t) = \frac{dx(t)}{h}$, schreibt sich (13.3.7) als

$$E_{\text{diss},S}(t) = \int\limits_{\gamma(0)}^{\gamma(t)} A\eta_S \dot{\gamma}(\tau) \cdot h \cdot d\gamma(\tau)$$

$$= Ah\eta_S \int\limits_0^t \dot{\gamma}(\tau)\frac{d\gamma(\tau)}{d\tau}d\tau = V\eta_S \int\limits_0^t \left[\dot{\gamma}(\tau)\right]^2 d\tau. \tag{13.3.8}$$

Uns interessiert insbesondere die zwischen zwei beliebigen Schwingungsdauern dissipierte Energie. Im Fall der Dehnung ist mit (13.3.1) und (13.3.6)

$$E_{\text{diss},D,nT} = V\eta_D \int\limits_{nT}^{(n+1)T} \left[\dot{\varepsilon}(\tau)\right]^2 d\tau = V\eta_D \varepsilon_0^2 \omega^2 \int\limits_{nT}^{(n+1)T} \cos^2(\omega t)d\tau$$

$$= \frac{V\eta_D\varepsilon_0^2\omega^2}{2}\left[\tau + \frac{\sin(2\omega\tau)}{2}\right]_{nT}^{(n+1)T} = \frac{V\eta_D\varepsilon_0^2\omega^2}{2}\cdot T$$

$$= \frac{V\eta_D\varepsilon_0^2\omega^2}{2}\cdot\frac{2\pi}{\omega} = \pi\eta_D\varepsilon_0^2\omega V = \frac{\pi V\sigma_0^2}{\eta_D\omega}. \tag{13.3.9}$$

Ebenso erhält man im Scherungsfall mit (13.3.1) und (13.3.8)

$$E_{\text{diss},S,nT} = V\eta_S \int\limits_{nT}^{(n+1)T} \left[\dot{\gamma}(\tau)\right]^2 d\tau = \pi\eta_S\gamma_0^2\omega V = \frac{\pi V\tau_0^2}{\eta_S\omega}. \tag{13.3.10}$$

Beispiel 1. Bei der sogenannten dynamisch-mechanischen-Analyse (DMA), auch Oszillationsversuch genannt, befindet sich ein Fluid zwischen zwei parallelen Platten. An der unteren Platte wird eine Scherspannung angelegt, dessen übertragener Impuls an der oberen Platte gemessen wird. In der Praxis wird auch von der Scherung auf eine Rotation umgestellt, d. h. eine obere, kreisförmige Platte rotiert gegenüber der unteren Platte, womit dann ein Drehimpuls übertragen wird. Bei einem solchen Experiment wird ein Silikonöl auf einer Fläche $A = 1\,\text{dm}^2$ mit der Spannung $\tau = 10^3\,\frac{\text{N}}{\text{m}^2}$ bei einer Frequenz von $\omega = 10\frac{1}{\text{s}}$ geschert. Das Material selber ist $h = 2\,\text{cm}$ dick und besitzt bei Raumtemperatur eine Scherviskosität von $\eta_S = 0.03\frac{\text{kg}}{\text{m}\cdot\text{s}}$.

a) Wie groß ist die dissipierte Energie nach einer Schwingungsdauer?

b) $F(t)$ bezeichne die Kraft, welche die Schubspannung $\tau(t)$ auf die Deckfläche A des Materials ausübt. Welche Kurve stellt $(x(t), F(t))$ dar? Bestimmen Sie dann die Parameterdarstellung $(x(t), F(t))$ mit den gegebenen Werten.

Lösung.

a) Mit (13.3.10) ergibt sich

$$E_{\text{diss},S,nT} = \frac{\pi \cdot 0.01 \cdot 0.02 \cdot 10^6}{0.03 \cdot 10} = 2.094 \,\text{kJ}.$$

b) Es gilt

$$F(t) = A\eta_S \dot{\gamma}(t) = A\eta_S \cdot \frac{\tau_0}{\eta_S \omega} \omega \cdot \cos(\omega t) = A\tau_0 \cos(\omega t) = 10 \cdot \cos(10t)$$

und

$$x(t) = h \cdot \gamma(t) = \frac{h\tau_0}{\eta_S \omega} \cdot \sin(\omega t) = 66.67 \cdot \sin(10t).$$

Dabei stellt $(x(t), F(t))$ eine gerade Ellipse in Parameterform dar, wie wir sie schon im Zusammenhang mit der erzwungenen Schwingung des gedämpften Federpendels angetroffen hatten. Die dissipierte Energie aus a) entspricht dem Flächeninhalt der Ellipse $S = \pi ab = \pi \cdot 10 \cdot 66.67 = 2.094 \,\text{kJ}$ (vgl. mit Abb. 11.2 rechts).

Periodische Spannungsänderung an einem viskoelastischen Material

Die Bestimmung des ideal-elastischen und des ideal-viskosen Anteils eines viskoelastischen Stoffes (Schaum, Kork, Harz, Gummi usw.) lässt sich praktisch wiederum mithilfe eines Oszillationsversuchs bewerkstelligen.

Herleitung von (13.3.11)–(13.3.15)

Das Material wird einer harmonischen Scherspannungsänderung $\tau(t) = \tau_0 \cos(\omega t)$ ausgesetzt. Die Scherung $\gamma(t)$ des Materials selbst wird der Anregung mit einer gewissen Phasenverschiebung δ folgen. Dies ist, falls das Material einen elastischen Teil besitzt, nicht gleich $\frac{\pi}{2}$ wie im rein viskosen Fall. Demnach hat man

$$\tau(t) = \tau_0 \cos(\omega t - \delta) = \tau_0(\cos \omega t \cdot \cos \delta + \sin \omega t \cdot \sin \delta). \qquad (13.3.11)$$

Diesen Ansatz setzen wir beispielsweise in die DG (13.2.4) für das Kelvin-Voigt-Modell bezüglich Scherung ein und erhalten

$$\gamma_0(-\omega \sin \omega t \cdot \cos \delta + \omega \cos \omega t \cdot \sin \delta) + \frac{G}{\eta_S}\gamma_0(\cos \omega t \cdot \cos \delta + \sin \omega t \cdot \sin \delta) = \frac{\tau_0}{\eta_S} \cos \omega t.$$

Da die Gleichung für alle t gelten muss, erhält man durch Vergleich das System:

I. $-\omega\gamma_0 \cdot \cos \delta = -\frac{G}{\eta_S}\gamma_0 \sin \delta$

II. $\omega\gamma_0 \cdot \sin \delta + \frac{G}{\eta_S}\gamma_0 \cdot \cos \delta = \frac{\tau_0}{\eta_S}.$

Damit folgt aus I. $\tan \delta = \frac{\eta_S \omega}{G}$. Diesen Quotienten bezeichnet man als Verlustfaktor (pro Zyklus) und er ist ein Maß für die Dämpfung. Die Phasenverschiebung beträgt dann

$$\delta = \arctan\left(\frac{\eta_S \omega}{G}\right). \tag{13.3.12}$$

Mit

$$\sin \delta = \frac{\frac{\eta_S \omega}{G}}{\sqrt{1 + (\frac{\eta_S \omega}{G})^2}} = \frac{\eta_S \omega}{\sqrt{G^2 + (\eta_S \omega)^2}} \quad \text{und} \quad \cos \delta = \frac{1}{\sqrt{1 + (\frac{\eta_S \omega}{G})^2}} = \frac{G}{\sqrt{G^2 + (\eta_S \omega)^2}}$$

entsteht aus II.

$$\omega \gamma_0 \frac{\eta_S \omega}{\sqrt{G^2 + (\eta_S \omega)^2}} + \frac{G}{\eta_S} \gamma_0 \frac{G}{\sqrt{G^2 + (\eta_S \omega)^2}} = \frac{\tau_0}{\eta_S},$$

woraus man

$$\gamma_0 \left(\frac{(\eta_S \omega)^2}{\sqrt{G^2 + (\eta_S \omega)^2}} + \frac{G^2}{\sqrt{G^2 + (\eta_S \omega)^2}} \right) = \tau_0$$

und somit $\gamma_0 = \frac{\tau_0}{\sqrt{G^2 + (\eta_S \omega)^2}}$ erhält. Damit schreibt sich die Scherung (13.3.11) als

$$\gamma(t) = \gamma_0 \cos(\omega t - \delta) = \frac{\tau_0}{\sqrt{G^2 + (\eta_S \omega)^2}} \cos(\omega t - \delta). \tag{13.3.13}$$

Zerlegt in einen elastischen und einen viskosen Anteil, folgt aus (13.3.13) mit (9.1.5)

$$\gamma(t) = \frac{\tau_0}{\sqrt{G^2 + (\eta_S \omega)^2}} [G \cdot \cos(\omega t) + \eta_S \omega \cdot \sin(\omega t)]$$

$$= \frac{\gamma_0^2}{\tau_0} [G \cdot \cos(\omega t) + \eta_S \omega \cdot \sin(\omega t)]. \tag{13.3.14}$$

In diesem Zusammenhang heißt $G' := G$ auch Speichermodul. Dieser ist proportional zur Deformationsenergie, die im Material gespeichert wird und nach der Entlastung wieder zur Verfügung steht.

Man nennt $G'' := \eta_S \omega$ Verlustmodul. Er bezeichnet denjenigen Anteil der Energie, der durch innere Reibung in Wärme umgewandelt, also dissipiert wird.

Je nachdem, ob nun der elastische oder der viskose Anteil des Materials ausgeprägter ist, hat dies Einfluss auf die Phasenverschiebung δ.

Weder G' noch G'' sind konstante Stoffgrößen, sondern sie variieren mit der Frequenz. Bei einer DMA wird deshalb eine ganze Messreihe bei sich ändernder Frequenz durchgeführt und man erhält somit zwei Punktfolgen $G'(\omega)$ und $G''(\omega)$. Da die Viskosität unter anderem temperaturabhängig ist, gilt es bei einer Messung immer die Messtemperatur anzugeben.

Wir gehen davon aus, dass die gespeicherte Energie des viskoelastischen Modells nur im elastischen Teil liegt. Wiederum gilt mit (13.3.2)

$$E_{pot,S,max} = \frac{1}{2}GV\gamma_0^2 \quad \text{mit} \quad \gamma_0 = \frac{\tau_0}{\sqrt{G^2 + (\eta_S\omega)^2}}. \tag{13.3.15}$$

Für die während eines Schwingungszyklus vollständig dissipierte Energie ist wiederum der viskose Anteil verantwortlich. Analog zu (13.3.10) ergibt sich

$$E_{diss,S,nT} = \pi\eta_S\gamma_0^2\omega V \quad \text{mit} \quad \gamma_0 = \frac{\tau_0}{\sqrt{G^2 + (\eta_S\omega)^2}} \tag{13.3.16}$$

Schließlich erhält man noch das Verhältnis

$$\frac{E_{diss,S,nT}}{E_{pot,S,max}} = 2\pi\frac{\eta_S\omega}{G} = 2\pi \cdot \tan\delta.$$

Beispiel 2. Bei einem Oszillationsversuch eines Kunststoffs (bei einer Temperatur von 100°C) mit der Frequenz $\omega = 1\,\text{Hz}$ wird ein quaderförmiges Stück mit $A = 0.5\,\text{dm}^2$ und $h = 1\,\text{cm}$ einer Scherspannung mit der Amplitude $\tau_0 = 8 \cdot 10^7\,\frac{\text{N}}{\text{m}^2}$ ausgesetzt. Gemessen wurde die Amplitude der Scherung $\gamma_0 = 0.1\,\text{rad}$ und der Tangens der Phasenverschiebung $\tan\delta = 0.04$.

a) Bestimmen Sie daraus Speicher- und Verlustmodul.
b) Mit $F(t)$ bezeichnen wir die Kraft, welche die Schubspannung $\tau(t)$ auf die Deckfläche A des Materials ausübt. Welche Kurve stellt $(x(t), F(t))$ dar? Bestimmen Sie dann die Parameterdarstellung $(x(t), F(t))$ mit den gegebenen Werten.
c) Wie groß wird die dissipierte Energie für eine Schwingungsdauer? Vergleichen Sie mit dem Flächeninhalt der zugehörigen Ellipse.

Lösung.
a) Aus (13.3.12) und (13.3.13) folgen

$$G^2 = \frac{\eta_S^2\omega^2}{\tan^2\delta} \quad \text{und} \quad G^2 + \eta_S^2\omega^2 = \frac{\tau_0^2}{\gamma_0^2}.$$

Daraus erhält man

$$\eta_S^2\omega^2\left(1 + \frac{1}{\tan^2\delta}\right) = \frac{\tau_0^2}{\gamma_0^2}$$

und

$$\eta_S = \frac{\tau_0}{\gamma_0 \omega} \cdot \frac{\tan \delta}{\sqrt{1 + \tan^2 \delta}} = \frac{8 \cdot 10^7}{0.1 \cdot 1} \cdot \frac{0.04}{\sqrt{1 + 0.04^2}} = 3.2 \cdot 10^7 \frac{N}{m \cdot s}.$$

Weiter folgen

$$G' = \frac{\eta_S \omega}{\tan \delta} = \frac{3.2 \cdot 10^7 \cdot 1}{0.04} = 8 \cdot 10^8 \frac{N}{m^2} \quad \text{und} \quad G'' = \eta_S \omega = 3.2 \cdot 10^7 \frac{N}{m}.$$

b) Es gilt mit (13.3.13)

$$F(t) = A \eta_S \dot{\gamma}(t) = A \eta_S \omega \cdot \frac{\tau_0}{\sqrt{G^2 + (\eta_S \omega)^2}} \cdot \sin(\omega t - \delta)$$

$$= 0.5 \cdot 10^{-2} \cdot 3.2 \cdot 10^7 \cdot 1 \cdot \frac{8 \cdot 10^7}{\sqrt{(8 \cdot 10^8)^2 + (3.2 \cdot 10^7 \cdot 1)^2}} \cdot \sin[t - \arctan(0.04)]$$

$$= 1.6 \cdot 10^4 \cdot \sin[t - \arctan(0.04)]$$

und

$$x(t) = h \gamma(t) = 0.01 \cdot \frac{8 \cdot 10^7}{\sqrt{(8 \cdot 10^8)^2 + (3.2 \cdot 10^7 \cdot 1)^2}} \cdot \cos[t - \arctan(0.04)]$$

$$= 10^{-3} \cdot \cos[t - \arctan(0.04)].$$

Somit erzeugt $(x(t), F(t))$ eine gerade Ellipse wie bei der erzwungenen Schwingung des Federpendels (Kap. 11. Bsp. 3). Die Halbachsen sind dann (vgl. (11.20)) $C_1 = 1.6 \cdot 10^4 \sqrt{1 + 0.04^2}$ und $C_2 = 10^{-3} \sqrt{1 + 0.04^2}$, womit der Flächeninhalt $S = \pi C_1 C_2 = 50.2 \, \text{J}$ ergibt. Gleichung (13.3.16) liefert dasselbe Ergebnis:

$$E_{\text{diss}} = \pi \eta_S \frac{\tau_0^2}{G^2 + (\eta_S \omega)^2} \omega V$$

$$= \pi \cdot 3.2 \cdot 10^7 \cdot \frac{(8 \cdot 10^7)^2}{(8 \cdot 10^8)^2 + (3.2 \cdot 10^7 \cdot 1)^2} \cdot 1 \cdot 0.5 \cdot 10^{-2} \cdot 0.01 = 50.2 \, \text{J}.$$

14 Gekoppelte Pendel

Wir betrachten zwei Fadenpendel mit gleich langer Schnur l und gleich großer angehängter Masse m (Abb. 14.1 links). Die Pendel sind durch eine Feder der Konstanten D miteinander verbunden. Die Feder ist so vorgespannt, dass sie nicht durchhängt. Pendel 1 wird um x_{10}, Pendel 2 um x_{20} ausgelenkt und dann losgelassen. Gesucht sind die Ortsfunktionen $x_1(t)$ und $x_2(t)$.

Idealisierungen:
- Die Masse der Kopplungsfeder wird vernachlässigt.
- Die Auslenkungen φ bzw. x sind klein.

Herleitung von (14.1)

Die zweite Annahme erlaubt es, für die Rückstellkraft der Feder das Hookesche Gesetz (6.1.1) zu verwenden. Gleichzeitig kann die zu l und φ gehörende Bogenlänge etwa mit der horizontalen Strecke identifiziert werden: $x \approx l \cdot \varphi$.

Bilanz: Gesonderte Kraft- oder Impulsänderungsbilanz der jeweiligen Masse.

Um sich die folgenden Vorzeichen verständlich zu machen, nehmen wir o. B. d. A. an, dass im Moment der Bilanzierung $x_1, x_2 > 0$ und zusätzlich $x_1 > x_2$ gilt. Damit erfährt die 1. Masse eine Rückstellkraft proportional zur Gewichtskraft, die tangential zur Bewegungsrichtung verläuft: $-mg \cdot \sin \varphi_1$ (vgl. (10.2.1)). Zusätzlich wirkt die rücktreibende Kraft der um x_1 ausgelenkten Feder. Da die 2. Masse ihrerseits um x_2 bezüglich ihrer Nullage ausgelenkt ist, beträgt die eigentliche Rückstellkraft der Feder auf die 1. Masse nur noch $-D(x_1 - x_2) < 0$. Die 2. Masse erfährt dann in diesem Augenblick keine Rückstellkraft, sondern eine Beschleunigung in Auslenkrichtung, da $-D(x_2 - x_1) > 0$ gilt. Insgesamt lauten die einzelnen Bilanzen

$$\frac{dp_1}{dt} = \frac{d(mv_1)}{dt} = m\ddot{x}_1 = -F_{G1,t} - F_{\text{Feder},1} = -mg \cdot \sin \varphi_1 - D(x_1 - x_2),$$

$$\frac{dp_2}{dt} = \frac{d(mv_2)}{dt} = m\ddot{x}_2 = -F_{G2,t} - F_{\text{Feder},2} = -mg \cdot \sin \varphi_2 - D(x_2 - x_1).$$

Daraus ergeben sich die beiden Gleichungen

$$m\ddot{x}_1 = -mg \cdot \frac{x_1}{l} - D(x_1 - x_2) \quad \text{und}$$

$$m\ddot{x}_2 = -mg \cdot \frac{x_2}{l} + D(x_1 - x_2).$$

Die Addition führt zu $m \cdot (\ddot{x}_1 + \ddot{x}_2) = -\frac{mg}{l} \cdot (x_1 + x_2)$. Um die Gleichungen zu lösen, führen wir folgende Substitutionen durch: $x_S = \frac{1}{2}(x_1 + x_2)$ für die Lage des Schwerpunkts und $x_R = x_1 - x_2$ für die relative Verschiebung. Daraus folgt $\ddot{x}_S = -\frac{g}{l} x_S$ mit der Lösung $x_S(t) = x_{S0} \cdot \cos(\sqrt{\frac{g}{l}} t)$ und der Eigenfrequenz $\omega_s = \sqrt{\frac{g}{l}}$. Die Subtraktion beider Gleichungen ergibt

https://doi.org/10.1515/9783111345819-014

$$m \cdot (\ddot{x}_1 - \ddot{x}_2) = -\frac{mg}{l} \cdot (x_1 - x_2) - 2D(x_1 - x_2),$$

was zu $\ddot{x}_R = -(\frac{g}{l} + \frac{2D}{m})x_R$ mit der Lösung

$$x_R(t) = x_{R0} \cdot \cos\left(\sqrt{\frac{g}{l} + \frac{2D}{m}}\, t\right)$$

und der Eigenfrequenz $\omega_R = \sqrt{\frac{g}{l} + \frac{2D}{m}}$ führt. Die Rücksubstitutionen $x_1 = x_S + \frac{1}{2}x_R$ und $x_2 = x_S - \frac{1}{2}x_R$, liefern endlich die einzelnen Auslenkungen.

Bei gegebenen Anfangsauslenkungen x_{10} und x_{20} zweier Pendel der Länge l, einer jeweiligen Pendelmasse m, die durch eine Feder der Konstanten D miteinander verbunden sind, lauten die Ortsfunktionen

$$x_1(t) = \frac{1}{2}\left[(x_{10} + x_{20}) \cos\left(\sqrt{\frac{g}{l}}\, t\right) + (x_{10} - x_{20}) \cos\left(\sqrt{\frac{g}{l} + \frac{2D}{m}}\, t\right)\right],$$

$$x_2(t) = \frac{1}{2}\left[(x_{10} + x_{20}) \cos\left(\sqrt{\frac{g}{l}}\, t\right) - (x_{10} - x_{20}) \cos\left(\sqrt{\frac{g}{l} + \frac{2D}{m}}\, t\right)\right]. \tag{14.1}$$

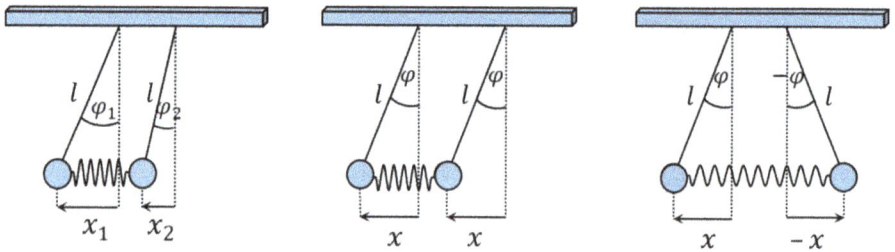

Abb. 14.1: Skizzen zu den gekoppelten Pendeln.

Beispiel.

a) Wählen Sie $x_{10} = x_{20}$ wie in Abb. 14.1 mitte und bestimmen Sie die Lösung für die einsetzende Schwingung.

b) Beantworten Sie dieselbe Frage wie in a) für $x_{20} = -x_{10}$.

Lösung.

a) Die Pendel schwingen gleichphasig mit gleichgrosser Amplitude, d. h. die Auslenkungen sind jederzeit gleich: $x_1(t) = x_2(t)$, $(x_R = 0)$. Es verbleibt $\ddot{x} = -\frac{g}{l}x$ mit der Lösung

$$x(t) = x_{10} \cdot \cos\left(\sqrt{\frac{g}{l}}\, t\right).$$

Das Doppelpendel schwingt wie ein Ersatzpendel mit der Frequenz $\omega = \sqrt{\frac{g}{l}}$.

b) Die Pendel schwingen gegenphasig mit gleichgroßer Amplitude (Abb. 14.1 rechts), d. h. für die Auslenkungen hat man $x_2(t) = -x_1(t)$, ($x_S = 0$). Damit hat man $\ddot{x} = -(\frac{g}{l} + \frac{2D}{m})x$ und die Lösung

$$x(t) = x_{10} \cdot \cos\left(\sqrt{\frac{g}{l} + \frac{2D}{m}}\,t\right).$$

Das Doppelpendel schwingt wie ein Ersatzpendel mit der Frequenz $\omega = \sqrt{\frac{g}{l} + \frac{2D}{m}}$.

14.1 Die Schwebung

Der für die Praxis interessanteste Fall gekoppelter Pendel tritt dann ein, wenn die beiden Eigenfrequenzen nahezu gleich groß sind, wenn also

$$\omega_1 = \sqrt{\frac{g}{l}} \approx \omega_2 = \sqrt{\frac{g}{l} + \frac{2D}{m}}$$

gilt. Dies kann man für große Massen oder durch schwache Kopplung $D \approx 0$ erreichen.

Herleitung von (14.1.1)–(14.1.3)
Dazu betrachten wir folgende Anfangssituation:

Das Pendel 1 sei um x_{10} ausgelenkt, während Pendel 2 ruht. Zur besseren Interpretation schreiben wir die Ortsfunktion $x_1(t)$ aus (14.1) unter Verwendung des Additionstheorems

$$\cos(\alpha) + \cos(\beta) = 2\cos\left(\frac{\alpha + \beta}{2}\right)\cos\left(\frac{\alpha - \beta}{2}\right)$$

etwas um. Man erhält

$$x_1(t) = \frac{x_{10}}{2}\left[\cos(\omega_1 t) + \cos(\omega_2 t)\right] = \frac{x_{10}}{2}\left[2 \cdot \cos\left(\frac{\omega_1 + \omega_2}{2}t\right) \cdot \cos\left(\frac{\omega_1 - \omega_2}{2}t\right)\right]$$

$$= x_{10} \cdot \cos\left(\frac{\omega_1 + \omega_2}{2}t\right) \cdot \cos\left(\frac{\omega_1 - \omega_2}{2}t\right). \tag{14.1.1}$$

Der Ausdruck kann nun aufgefasst werden als Schwingung mit der Frequenz $\frac{\omega_1 + \omega_2}{2}$ (1. Faktor), deren Amplitude mit der Grösse $\cos(\frac{\omega_1 - \omega_2}{2}t)$ und mit der Frequenz $\frac{\omega_1 - \omega_2}{2}$ (2. Faktor) schwankt. Dabei nennt man $\omega_{\text{Üb}} = \frac{\omega_1 + \omega_2}{2}$ Überlagerungsfrequenz und $\omega_{\text{Sw}} = \frac{\omega_1 - \omega_2}{2}$ Schwebungsfrequenz. Somit lautet die Ortsfunktion für die Schwebung

$$x_{\text{Sw1}}(t) = x_{10} \cdot \cos\left(\frac{\omega_1 - \omega_2}{2}t\right). \tag{14.1.2}$$

Für die Schwingungsdauer der beiden Frequenzen erhält man (Abb. 14.2)

$$T_{\text{Üb}} = \frac{2\pi}{\omega_{\text{Üb}}} = \frac{4\pi}{\omega_1 + \omega_2} \quad \text{und} \quad T_{\text{Sw}} = \frac{2\pi}{\omega_{\text{Sw}}} = \frac{4\pi}{\omega_1 - \omega_2}.$$

Analog ergibt sich

$$x_2(t) = \frac{x_{10}}{2}\left[\cos(\omega_1 t) - \cos(\omega_2 t)\right] = -x_{10} \cdot \sin\left(\frac{\omega_1 + \omega_2}{2}t\right) \cdot \sin\left(\frac{\omega_1 - \omega_2}{2}t\right)$$

und damit

$$x_{\text{Sw2}}(t) = -x_{10} \cdot \sin\left(\frac{\omega_1 - \omega_2}{2}t\right). \tag{14.1.3}$$

Von besonderem Interesse ist die Tatsache, dass zu bestimmten Zeiten eines der Pendel in Ruhe ist, während das andere die gesamte Energie übernommen hat. Diese Situation kehrt sich nach der Zeit $\frac{T_{\text{Sw}}}{2}$ derart um, dass dann das andere Pendel die gesamte Energie besitzt. Die Kopplung beider Pendel bietet also die Möglichkeit, Energie vollständig von einem Oszillator auf einen benachbarten Oszillator zu übertragen. Dies ist das Prinzip eines Schwingungstilgers.

Ergebnis. Durch den Einbau eines Schwingungstilgers kann dem Hauptsystem Energie entzogen werden.

Man erkennt aus der Darstellung von T_{Sw}, dass die Dauer der Energieübertragung umso länger dauert, je kleiner die Differenz $\omega_1 - \omega_2$ ist. Für $\omega_1 \approx \omega_2$ ergibt sich eine Schwebung.

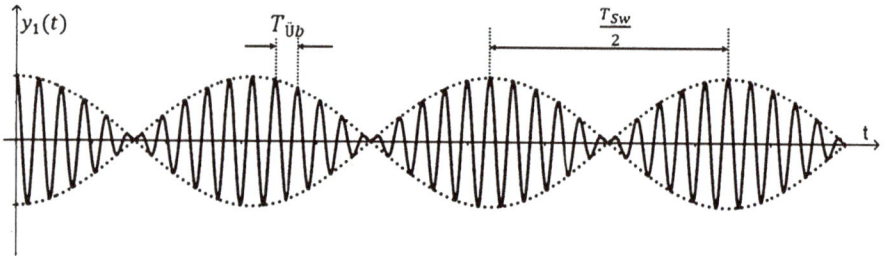

Abb. 14.2: Skizze zur Schwebung.

Beispiel. Um die Schwebung darzustellen, betrachten wir die zwei Pendel aus Abb. 14.1 links mit den Anfangsauslenkungen $x_{10} = 0.2\,\text{m}$, $x_{20} = 0$. Die Kopplung variieren wir derart, dass sich nacheinander die folgenden zwei Eigenfrequenzen ergeben: i) $\omega_1 = 2$ und $\omega_2 = 1.7$, ii) $\omega_1 = 2$ und $\omega_2 = 1.9$.

a) Bestimmen Sie aus den gegebenen Werten jeweils die Gleichungen für $x_1(t)$, $x_2(t)$, $x_{Sw1}(t)$ und $x_{Sw2}(t)$ mithilfe von (14.1.1)–(14.1.3) und stellen Sie die Verläufe dar.

b) Ermitteln Sie jeweils die Periodendauer von $T_{Üb}$ und T_{Sw}.

Lösung.

a) i) Man erhält

$$x_1(t) = 0.2 \cdot \cos\left(\frac{2+1.7}{2}t\right) \cdot \cos\left(\frac{2-1.7}{2}t\right) \quad \text{(durchgehend markiert)},$$

$$x_2(t) = -0.2 \cdot \sin\left(\frac{2+1.7}{2}t\right) \cdot \sin\left(\frac{2-1.7}{2}t\right) \quad \text{(punktiert)},$$

$$x_{Sw1}(t) = 0.2 \cdot \cos\left(\frac{2-1.7}{2}t\right) \quad \text{(gestrichelt)} \quad \text{und}$$

$$x_{Sw2}(t) = -0.2 \cdot \sin\left(\frac{2-1.7}{2}t\right) \quad \text{(gestrichelt)}.$$

Die Graphen entnimmt man Abb. 14.3 links. Die Gleichungen für ii) folgen analog (Abb. 14.3 rechts).

b) Es ergeben sich i) $T_{Üb} = \frac{4\pi}{2+1.7} = 3.40$ s, $T_{Sw} = \frac{4\pi}{2-1.7} = 41.89$ s, ii) $T_{Üb} = \frac{4\pi}{2+1.9} = 3.22$ s, $T_{Sw} = \frac{4\pi}{2-1.9} = 125.66$ s.

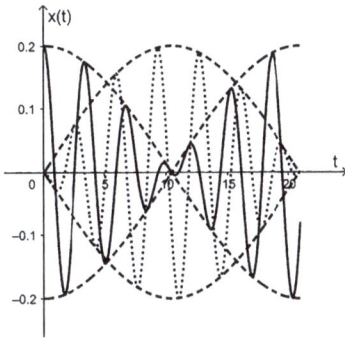

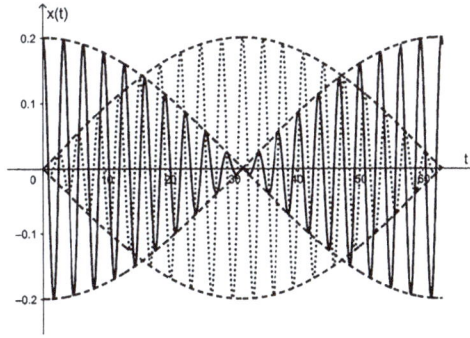

Abb. 14.3: Graphen zum Schwebungsbeispiel.

15 Dämpfungsarten

Die Gesamtdämpfung eines Systems setzt sich im Normalfall aus mehreren Anteilen zusammen.

1. *Materialdämpfung (innere Dämpfung des Materials, Werkstoffdämpfung)*. Diese ist abhängig vom verwendeten Baustoff und dessen Verarbeitung. Z. B. ist die Dämpfung von Stahlbeton (1 %) größer als die von Stahl (0.25 %). Die Materialdämpfung wird durch die innere Umordnung verursacht, welche thermischer und atomarer Natur sein kann. Sie ist abhängig von der a) Temperatur oder b) Art der Beanspruchung. Diese wiederum kann:
    i)   statisch, also zeitlich konstant sein;
    ii) quasistatisch sein, also so langsam ablaufend, dass man zu jedem Zeitpunkt die Belastung als konstant betrachten kann. In beiden statischen Fällen kann die Energiedissipation vernachlässigt werden;
    iii) dynamisch sein, speziell bei periodischer Belastung. Hier ist die Deformation stets mit Energiedissipation verbunden (siehe viskose Reibung).
    Den Begriff Eigendämpfung für die Materialdämpfung zu gebrauchen, wäre missverständlich, denn es wird ja nicht die Eigenfrequenz gedämpft. Materialdämpfung darf auch nicht mit der Steifigkeit EI verwechselt werden, die nur von der geometrischen Form abhängt.

2. *Systemdämpfung*. Die Systemdämpfung ist von der konstruktiven Gestalt des Systems abhängig, z. B. Verbindungsmitteln: Eine Nietverbindung hat i. allg. eine höhere Dämpfung als eine Konstruktion mit einer Schweißnaht.
    Es gibt mehrere Möglichkeiten um die Systemdämpfung zu erhöhen.
    – Durch konstruktive Maßnahmen kann die Tragfähigkeit eines Bauwerks verbessert werden. Dabei werden in das bestehende Bauwerk zusätzliche Tragelemente eingebaut oder die Massenverteilung optimiert. Dadurch können gezielt kritische Eigenfrequenzen eines Bauwerks geändert werden!
    – Bei schon eingebauten Federn kann man die Federkonstante erhöhen, indem man z. B. mehrere Blattfedern übereinander stapelt (Eisenbahn, Abb. 15.1 oben links).
    – Bei einer Betonkonstruktion kann man ein viskoelastisches Material, z. B. Silikon, in die Fugen zweier Platten füllen, damit durch Scherung Energie sowohl durch vertikale wie auch durch horizontale Verschiebungen dissipiert wird (Abb. 15.1 unten links).

3. *Lagerdämpfung*. Diese besteht vor allem aus Reibungsdämpfung und ist abhängig von der Beschaffenheit der verwendeten Lager. Ein solches Rolllager hat man z. B. beim Fahrrad, aber auch an den Enden einer Brücke (Abb. 15.1 rechts oben und unten).

4. *Umgebungsdämpfung*. Wenn das System nicht in einem Vakuum schwingt, tritt Umgebungsdämpfung auf.

https://doi.org/10.1515/9783111345819-015

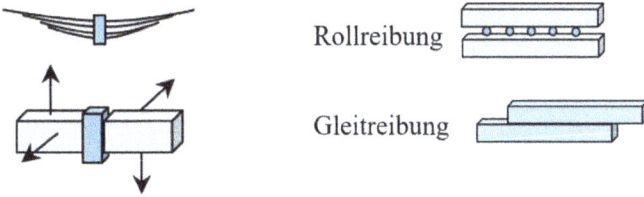

Reichen die Dämpfungsarten 1.–4. nicht aus, um eine Struktur hinreichend bei Anregung zu dämpfen, dann muss gezielt die Anregungsfrequenz mithilfe eines Schwingungstilgers gedämpft werden. Es gibt Massenschwingungstilger und Flüssigkeitsschwingungstilger.

I. Massenschwingungstilger

Diese bestehen entweder aus einem Einmassenschwinger allein oder einer Tilgermasse zusammen mit einem viskoelastischen Material, meistens auf Silikonbasis (plus eventuell einer Feder). Einige Zusammensetzungen entnimmt man aus Abb. 15.2.

ein Hooke-Element,

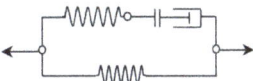

ein Kelvin-Modell (ohne Zusatzfeder)

oder ein Zener-Modell (mit Zusatzfeder)

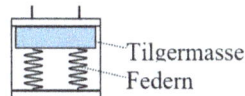

Abb. 15.2: Skizzen zur Zusammensetzung von Schwingungstilgern.

Diese Art von Tilger dämpfen vertikal und horizontal angeregte Eigenfrequenzen z. B. von Brücken oder Hochhäusern, indem die Tilger vertikal und/oder horizontal eingebaut werden (Abb. 15.3, 1. Skizze).

a. Beim Einbau eines Hook-Elements allein, wird die kinetische Energie auf den mechanischen Zusatzschwinger übertragen. Dies kann in einigen Fällen schon genügen, um die Anregung mithilfe der Material- und Strukturdämpfung der Konstruktion zu tilgen (zur mathematischen Ausführung siehe Kap. 15.1).

b. Wird zusätzlich zur Tilgermasse noch ein Dämpfer eingebaut, dann wird die kinetische Energie auf den mechanischen Zusatzschwinger übertragen, der seinerseits mit einer *abgestimmten* Frequenz schwingt, und die Energie über die Dämpfung in unschädliche Wärme dissipiert (Ausführung folgt in Kap. 15.1).

In Hochhäusern werden auch Tilgerpendel installiert (Abb. 15.3, 2. und 3. Skizze). Die kinetische Energie wird auf das Pendel übertragen, und diese kann entweder über viskoelastische Dämpfung oder über Coulomb'sche Reibung mit gestaffelten Reibplatten dissipiert werden.

Modale Masse. Bei einem Hochhaus oder einer Brücke schwingt nicht die ganze Masse um die Strecke $x(t)$ sondern nur die sogenannte modale Masse, die in der jeweiligen Mode (Eigenfrequenz) schwingt. Zur Berechnung siehe 3. Band, Balkenschwingungen.

Brückenpfeiler. Die Brückenenden stehen auf Gelenklagern. Bei den Pfeilern kann das Brückendeck entweder auf Rollen oder auf Isolatormaterial liegen (Abb. 15.3, 4. und 5. Skizze). Im ersten Fall hat man bei Anregung Energiedissipation durch Rollreibung, im anderen Fall Dissipation durch Kompression (Modul K) oder Scherung (Modul G).

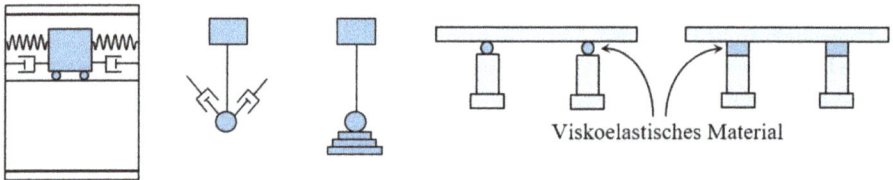

Viskoelastisches Material

Abb. 15.3: Skizzen zu verschiedenen Tilgern.

Auch an den Enden der Brücke kann man nebst der durch die Rolllager hervorgerufenen Reibung eine zusätzliche viskose Dämpfung anbringen (Abb. 15.4). Die Dämpfer können dabei vertikal oder horizontal eingebaut werden.

Viskoelastisches Material

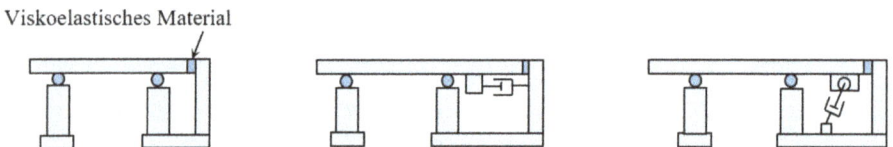

Abb. 15.4: Skizzen zu den Tilgern an Brücken.

II. Flüssigkeitstilger

Sie werden in Brückenquerschnitten und in bestimmten Stockwerken von Hochhäusern eingebaut. Sie sind in der Lage, nicht nur vertikale und horizontale, sondern auch Torsionsschwingungen zu dämpfen (zur mathematischen Beschreibung siehe 3. Band).

Die Idee beruht auf dem vor über 100 Jahren entworfenen Schlingertanks, wie er seither zur Dämpfung von Rollschwingungen in Schiffen eingebaut wird. Durch die Wasserwellen wird ein Schiff zu Schwingungen angeregt, man sagt es „rollt" um seine Längsachse, kippt also nach links (Backbord) und rechts (Steuerbord) und „stampft" um seine

Querachse, neigt sich also nach vorne (zum Bug) und hinten (zum Heck). Zumindest die Rollbewegung um die Längsachse lässt sich unter Zuhilfenahme gekoppelter Schwingungen sehr effektiv verringern. Dazu wird künstlich eine zweite Resonanz erzeugt, um die Wirkung der Hauptresonanz zwischen Welle und Schiff zu zerstören. Man baut einen sogenannten Schlingertank ein.

Dieser ist U-förmig und besteht aus zwei großen Wasserbehältern an Steuerbord und Backbord sowie einem Verbindungsrohr. Man füllt so viel Wasser ein, bis die Eigenfrequenz des zwischen den Wasserbehältern hin und her schwingenden Wassers gerade mit der Eigenfrequenz der Rollbewegung des Schiffes übereinstimmt. Da sich bei der Resonanz zwischen Wellenimpulsen und Schiffsschwingungen bald eine Phasenverschiebung von $\frac{\pi}{2}$ zwischen Schiffs- und Wellenschwingung einstellt, das gleiche aber auch zwischen den Schiffsschwingungen und den Schwingungen der Tankwassersäule gilt, entsteht zwischen den Wellenimpulsen und den Tankwasserschwingungen eine Gesamtphasenverschiebung von π und die Letzteren wirken den Wellenimpulsen direkt entgegen. Das Schiff führt nur noch kleine Schwingungsausschläge aus, die auf $\frac{1}{6}$ der ursprünglichen Ausschläge abfallen.

15.1 Schwingungstilger ohne Dämpfung

Zugrunde liegt das in Abb. 15.5, 1. Skizze dargestellte Zweimasse-Federsystem. Es soll durch eine periodische Auslenkung $x(t) = x_0 \cdot \cos \omega t$ mit der Frequenz ω angeregt werden.

Herleitung von (15.1.1)

Nach einer gewissen Einschwingphase werden alle Massen in Phase schwingen: $x_1(t) = A \cdot \cos \omega t$, $x_2(t) = B \cdot \cos \omega t$. Gesucht sind die Amplituden A und B.

Bilanz: Gesonderte Kraft- oder Impulsänderungsbilanz der jeweiligen Masse.

Wir nehmen o. B. d. A. an, dass im Moment der Bilanzierung $x, x_1, x_2 > 0$ und zusätzlich $x > x_1$ und $x_1 > x_2$ gilt. Damit erfährt die 1. Masse eine Beschleunigung in Auslenkrichtung, da $D_1(x - x_1) > 0$. Zusätzlich wirkt die rücktreibende Kraft $-D_2(x_1 - x_2)$ der um $x_1 - x_2$ ausgelenkten 2. Feder. Die 2. Masse wird aufgrund von $D_2(x_2 - x_1) > 0$ in Auslenkrichtung beschleunigt. Insgesamt lauten die einzelnen Bilanzen $m_1 \ddot{x}_1 = D_1(x - x_1) - D_2(x_1 - x_2)$ und $m_2 \ddot{x}_2 = D_2(x_1 - x_2)$.

Wir setzen die Ansätze in die DGen ein und erhalten:

I. $\quad -m_1 A \omega^2 \cdot \cos \omega t = D_1(x_0 \cdot \cos \omega t - A \cdot \cos \omega t) - D_2(A \cdot \cos \omega t - B \cdot \cos \omega t),$

II. $\quad -m_2 B \omega^2 \cdot \cos \omega t = D_2(A \cdot \cos \omega t - B \cdot \cos \omega t).$

Weiter folgt aus I.

$$-m_1 A \omega^2 = D_1 x_0 - D_1 A - D_2 A + D_2 B \quad \text{und} \quad A(D_1 + D_2 - m_1 \omega^2) = D_1 x_0 + D_2 B.$$

Gleichung II. liefert

$$-m_2 B\omega^2 = D_2 A - D_2 B, \quad AD_2 = B(D_2 - m_2\omega^2) \quad \text{und} \quad B = \frac{D_2}{D_2 - m_2\omega^2} \cdot A.$$

Eingesetzt in I. entsteht

$$A(D_1 + D_2 - m_1\omega^2) = D_1 x_0 + \frac{D_2^2}{D_2 - m_2\omega^2} \cdot A,$$

$$A\left[\frac{(D_1 + D_2 - m_1\omega^2)(D_2 - m_2\omega^2) - D_2^2}{D_2 - m_2\omega^2}\right] = D_1 C$$

und

$$A = \frac{D_1(D_2 - m_2\omega^2)x_0}{(D_1 + D_2 - m_1\omega^2)(D_2 - m_2\omega^2) - D_2^2}.$$

Das Ergebnis wäre so in Ordnung, wir wollen es aber mit Frequenzen allein schreiben.

Dazu verwenden wir die Abkürzungen $\frac{D_1}{m_1} = \omega_1^2$, $\frac{D_2}{m_2} = \omega_2^2$ und $\frac{m_2}{m_1} = \mu$.
Folglich hat man

$$\frac{D_1 + D_2}{m_1} = \frac{D_1}{m_1} + \frac{\mu D_2}{m_2} = \omega_1^2 + \mu\omega_2^2.$$

Dann ist

$$A = \frac{D_1(D_2 - m_2\omega^2)\,x_0}{(D_1 + D_2 - m_1\omega^2)(D_2 - m_2\omega^2) - D_2^2} \cdot \frac{\frac{1}{m_1 m_2}}{\frac{1}{m_1 m_2}} = \frac{\frac{D_1}{m_1}\frac{(D_2 - m_2\omega^2)}{m_2}\,x_0}{\frac{(D_1 + D_2 - m_1\omega^2)}{m_1}\frac{(D_2 - m_2\omega^2)}{m_2} - \frac{D_2^2 m_2}{m_1 m_2 m_2}}$$

und es folgt

$$A = \frac{\omega_1^2(\omega_2^2 - \omega^2)\,x_0}{(\omega_1^2 + \mu\omega_2^2 - \omega^2)\,(\omega_2^2 - \omega^2) - \mu\omega_2^4},$$

$$B = \frac{D_2}{D_2 - m_2\omega^2} \cdot \frac{\frac{1}{m_2}}{\frac{1}{m_2}} = \frac{\omega_1^2\omega_2^2\,x_0}{(\omega_1^2 + \mu\omega_2^2 - \omega^2)(\omega_2^2 - \omega^2) - \mu\omega_2^4}.$$

Ein Zweimasse-Federsystem mit den jeweiligen Eigenfrequenzen ω_1 und ω_2 und gleicher Dämpfung μ schwingt bei einer Anregungsfrequenz ω mit der Amplitude x_0 im stationären Zustand gemäß:

$$x_1(t) = \frac{\omega_1^2(\omega_2^2 - \omega^2)x_0}{(\omega_1^2 + \mu\omega_2^2 - \omega^2)(\omega_2^2 - \omega^2) - \mu\omega_2^4} \cos\omega t,$$

$$x_2(t) = \frac{\omega_1^2\omega_2^2 x_0}{(\omega_1^2 + \mu\omega_2^2 - \omega^2)(\omega_2^2 - \omega^2) - \mu\omega_2^4} \cos\omega t. \tag{15.1.1}$$

Man erkennt, dass die Masse m_2 nie ruht. Erstaunlich ist aber, dass die Masse m_1 für $\omega = \omega_2 = \sqrt{\frac{D_2}{m_2}}$ zum Stillstand kommt. Das Phänomen kann man nutzen, indem man z. B. an einer Brücke der Masse m_1, die durch die Frequenz ω erregt wird (z. B. Fussgänger mit Frequenz $\omega = 2\pi f$, $1.5 \le f \le 2.5$), einen Tilger der Masse m_2 und der Eigenfrequenz $\omega_2 = \sqrt{\frac{D_2}{m_2}} = \omega$ anbringt. Das erreicht man durch geeignete Wahl von m_2 und D_2. Damit nun die Auslenkung x_0 nicht einfach auf m_2 übertragen wird, muss D_2 sicher größer als D_1 gewählt werden. Wie groß wird nun die Amplitude von m_2, wenn $\omega = \omega_2$ ist? Es gilt $A_2(\omega_2) = \frac{\omega_1^2 x_0}{\mu \omega_2^2} = \frac{D_1}{D_2} x_0$. Man müsste also die Federkonstante D_2 des Tilgers sehr groß wählen, aber nicht beliebig groß, denn bei großer Steifigkeit würde das Material stark beansprucht werden. Es gibt aber noch die Möglichkeit eine Dämpfung für m_2 einzubauen. Damit ändern sich alle Ergebnisse. Dieser Fall wird ausführlich im nächsten Kapitel gelöst.

Praktisch gesehen kann unsere Brücke mit einem Tilger nur die Resonanz für eine Gehfrequenz ω_2 verkleinern. Wie groß wird nun die Amplitude von $x_1(t)$ für den ganzen restlichen Frequenzbereich, kleiner oder größer als ω_2? Dazu untersuchen wir die Amplitude als Funktion von $\frac{\omega}{\omega_1}$. Wir nehmen dazu folgende Größen: $m_1 = 2m_2$, $D_2 = 2D_1$. Die Auslenkung sei $x_0 = 1\,\text{m}$. Daraus folgt $\omega_2^2 = 4\omega_1^2$, $\mu = 0.5$ und

$$A_1(\omega) = \frac{\omega_1^2(4\omega_1^2 - \omega^2)}{(3\omega_1^2 - \omega^2)(4\omega_1^2 - \omega^2) - 8\omega_1^4}.$$

Der Nenner wird Null, wenn $\omega^4 - 7\omega_1^2\omega^2 + 8\omega_1^4 = 0$ gilt. Das ergibt zwei Werte für die Resonanzkatastrophe: $\omega = 1.20\omega_1$ und $\omega = 2.34\omega_1$. Es gibt also links und rechts von $\omega = 2\omega_1 = \omega_2$ zwei kritische Frequenzen, womit das System auf keinen Fall schwingen darf. Nehmen wir wie oben für ω_2 die durchschnittliche Frequenz des Gehens ($f = 2\,\text{Hz}$), dann ist $\omega_2 = 12.57\,\text{Hz}$. Damit lauten die kritischen Frequenzen $\omega = 1.20\omega_1 = 0.60\omega_2 = 7.54\,\text{Hz}$, was einer Gehfrequenz von $1.20\,\text{Hz}$ entspricht und $\omega = 2.34\omega_1 = 1.18\omega_2 = 14.82\,\text{Hz}$, was einer Gehfrequenz von $2.34\,\text{Hz}$ entspricht.

Um nun sicherzugehen, dass die Brücke auch bei diesen beiden Frequenzen nicht in Resonanz gerät, müsste man Tilger einbauen, welche die Resonanz für das ganze Frequenzband von etwa $1.20\,\text{Hz}$ bis $2.34\,\text{Hz}$ verkleinern. In der Praxis wird dies zum Teil getan, aber auch bewusst nicht; Letzteres aufgrund der Tatsache, dass bei einer Brückenüberquerung sowohl die niedrige Frequenz $\omega = 1.20\omega_1$ als auch die hohe $\omega = 2.34\omega_1$ nur mit sehr geringer Wahrscheinlichkeit erzeugt werden.

In unserem Modell sind wir von ungedämpften Massen ausgegangen. Jede Struktur besitzt aber eine natürliche Dämpfung, sei sie auch sehr klein. Deswegen genügt ein Fußgänger mit der Erregerfrequenz noch lange nicht, um die Brücke in Resonanzschwingung zu versetzen. Zudem wird bei Zunahme der Dämpfung die Resonanzfrequenz der Brücke nicht genau $\omega = \omega_2$ sein. Schließlich, und damit entscheidend, wird der Tilger bewusst mit einer ganz bestimmten Eigenfrequenz (Wahl von D_2) und mit einer bestimmten Dämpfung versehen werden, damit seine Amplitude klein bleibt. Eine Brücke als Einmassenschwinger aufzufassen, ist natürlich eine Vereinfachung. Eine Brücke wird nicht nur eine Eigenfrequenz ω_1 besitzen, sondern unendlich viele, wie wir in Band 3 sehen werden. Vor allem müssen die Eigenfrequenzen im Bereich der Gehfrequenzen 1.2 Hz und 2.4 Hz beachtet werden.

Beispiel. Gegeben ist das Zweimasse-Federsystem mit der Resonanzfrequenz ω (Abb. 15.5, 1. Skizze). Es ist $m_2 = 1\,\text{kg}$, $D_2 = 100\,\text{N}$, $m_1 = 2 \cdot m_2$, $D_1 = 0.5 \cdot D_2$ und die Auslenkung sei $x_0 = 1\,\text{m}$.

a) Bestimmen Sie daraus folgende Größen: $\omega_1^2 = \frac{D_1}{m_1}$, $\omega_2^2 = \frac{D_2}{m_2}$, $\mu = \frac{m_2}{m_1}$.

b) Ermitteln Sie die beiden Funktionen $x_1(t)$ und $x_2(t)$ für die Auslenkungen der Massen m_1 und m_2 in Abhängigkeit der Erregerfrequenz ω.

c) Speziell sei jetzt die Erregerfrequenz $f = 1.4\,\text{Hz}$, was z. B. einer Gehfrequenz entspricht. Dann ist $\omega = 2\pi f = 8.80$, sagen wir 9 Hz. Wie lauten jetzt die Funktionen $x_1(t)$ und $x_2(t)$?

d) Berechnen Sie die beiden kritischen Frequenzen in Abhängigkeit von μ und a, falls $\omega_2^2 = a\omega_1^2$ ist.

Lösung.

a) Es gilt $\omega_1^2 = \frac{0.5 \cdot 100}{2 \cdot 1} = 25$, $\omega_2^2 = \frac{100}{1} = 100$, $\mu = \frac{1}{2}$.

b) Mit Gleichung (15.1.1) folgt:

$$x_1(t) = \frac{25(100 - \omega^2) \cdot 1}{(25 + \frac{1}{2} \cdot 100 - \omega^2)(100 - \omega^2) - \frac{1}{2} \cdot 10000} \cos \omega t$$

$$= \frac{25(100 - \omega^2)}{(75 - \omega^2)(100 - \omega^2) - 5000} \cos \omega t \quad \text{und}$$

$$x_2(t) = \frac{25 \cdot 100 \cdot 1}{(25 + \frac{1}{2} \cdot 100 - \omega^2)(100 - \omega^2) - \frac{1}{2} \cdot 10000} \cos \omega t$$

$$= \frac{2500}{(75 - \omega^2)(100 - \omega^2) - 5000} \cos \omega t.$$

c) Für $\omega = 9\,\text{Hz}$ erhält man:

$$x_1(t) = \frac{25(100 - 81)}{(75 - 81)(100 - 81) - 5000} \cos(9t) = -0.093 \cdot \cos(9t) \quad \text{und}$$

$$x_2(t) = \frac{2500}{(75 - 81)(100 - 81) - 5000} \cos(9t) = -0.489 \cdot \cos(9t).$$

d) Die kritischen Frequenzen werden dann erreicht, wenn eine der Amplituden $A_1(\omega)$ oder $A_2(\omega)$ immer weiter anwächst. Es gilt $x_1(t) = A_1(\omega) \cdot \cos \omega t$, $x_2(t) = A_2(\omega) \cdot \cos \omega t$ und der Nenner in den Ausdrücken für A_1 und A_2 ist identisch. Deswegen gilt es $(\omega_1^2 + \mu\omega_2^2 - \omega^2)(\omega_2^2 - \omega^2) - \mu\omega_2^4 = 0$ zu lösen. Ausmultipliziert erhält man $\omega^4 - [\omega_1^2 + (1 + \mu)\omega_2^2]\omega^2 + \omega_1^2\omega_2^2 = 0$ und $\omega^4 - [\omega_1^2 + (1 + \mu)\omega_2^2]\omega^2 + \omega_1^2\omega_2^2 = 0$.

Speziell für $\omega_2^2 = a\omega_1^2$ folgt $\omega^4 - [1 + a(1 + \mu)]\omega_1^2\omega^2 + a\omega_1^4 = 0$ mit den beiden Lösungen

$$\omega_\pm = \sqrt{\frac{1 + a(1 + \mu) \pm \sqrt{[1 + a(1 + \mu)]^2 - 4a}}{2}} \cdot \omega_1.$$

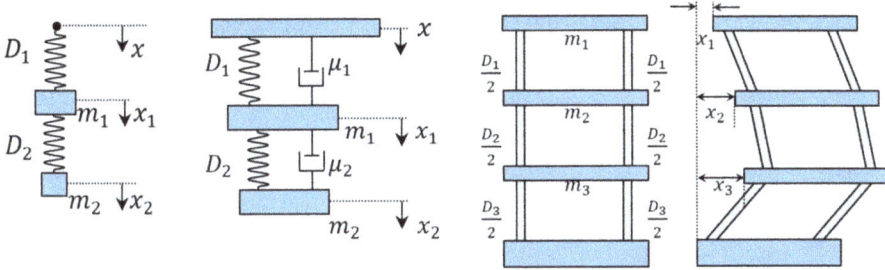

Abb. 15.5: Skizzen zu den Schwingungstilgern mit und ohne Dämpfung und den Mehrmassensystemen.

15.2 Schwingungstilger mit Dämpfung

Herleitung von (15.2.1)–(15.2.3)

Das Zweimasse-Federsystem soll durch eine periodische Auslenkung $x(t) = x_0 \cdot e^{i\omega t}$ mit der Frequenz ω angeregt werden (Abb. 15.5, 2 Skizze). Zusätzlich werden im Vergleich zu Kap. 15.1 beide Massen m_1 und m_2 gedämpft. Nach der Einschwingphase herrscht die Resonanz: $x_1(t) = A \cdot e^{i\omega t}$, $x_2(t) = B \cdot e^{i\omega t}$. Uns interessiert der Verlauf von $x_1(t)$ und $x_2(t)$. Aufgrund der 1. und 2. Ableitung von x erfassen wir mit dem komplexen Ansatz sowohl den Sinus- als auch den Kosinusanteil der Ortsfunktionen.

Das zugehörige DG-System sieht so aus:

I. $\quad m_1\ddot{x}_1 + \mu_1\dot{x}_1 + \mu_2(\dot{x}_1 - \dot{x}_2) = D_1(x - x_1) - D_2(x_1 - x_2)$,

II. $\quad m_2\ddot{x}_2 + \mu_2(\dot{x}_2 - \dot{x}_1) = D_2(x_1 - x_2)$.

Umgeformt wird daraus nacheinander:

I. $\quad m_1\ddot{x}_1 + \mu_1\dot{x}_1 + \mu_2(\dot{x}_1 - \dot{x}_2) + D_1x_1 + D_2(x_1 - x_2) = D_1x$,

II. $\quad m_2\ddot{x}_2 + \mu_2(\dot{x}_2 - \dot{x}_1) + D_2(x_2 - x_1) = 0$,

I. $\quad m_1\omega^2x_1 + \mu_1\omega x_1 + \mu_2(\omega x_1 - \omega x_2) + D_1x_1 + D_2(x_1 - x_2) = D_1x$

II. $\quad m_2\omega^2x_2 + \mu_2(\omega x_2 - \omega x_1) + D_2(\omega x_2 - \omega x_1) = 0$ und

I. $\quad [-\omega^2m_1 + i\omega(\mu_1 + \mu_2) + D_1 + D_2]x_1 - [i\omega\mu_2 + D_2]x_2 = D_1x$,

II. $\quad -[i\omega\mu_2 + D_2]x_1 + [-\omega^2m_2 + i\omega\mu_2 + D_2]x_2 = 0$.

Beidseitige Division durch D_1 ergibt:

$$\text{I.} \quad \left[-\omega^2 \frac{m_1}{D_1} + i\omega\left(\frac{\mu_1 + \mu_2}{D_1}\right) + 1 + \frac{D_2}{D_1}\right]x_1 - \left[i\omega\frac{\mu_2}{D_1} + \frac{D_2}{D_1}\right]x_2 = x,$$

$$\text{II.} \quad -\left[i\omega\frac{\mu_2}{D_1} + \frac{D_2}{D_1}\right]x_1 + \left[-\omega^2\frac{m_2}{D_1} + i\omega\frac{\mu_2}{D_1} + \frac{D_2}{D_1}\right]x_2 = 0. \tag{15.2.1}$$

Wir verwenden die Abkürzungen:

1. $\omega^2 \frac{m_1}{D_1} = \frac{\omega^2}{\omega_1^2} := \Omega^2$. Dies bezeichnet das Verhältnis der Anregungsfrequenz zur Eigenfrequenz des Hauptsystems.

2. $\omega\frac{\mu_1}{D_1} = \frac{\omega 2\xi_1\omega_1 m_1}{D_1} = 2\xi_1\frac{\omega}{\omega_1} = 2\xi_1\Omega$ mit der neuen Variablen $\xi_1 = \frac{\mu_1}{2\omega_1 m_1} = \frac{\mu_1}{2\sqrt{D_1 m_1}}$. Diese ist das bekannte Dämpfungsmaß.

3. $\omega\frac{\mu_2}{D_1} = \frac{2\xi_2\sqrt{D_2 m_2}\,\omega}{D_1}\frac{\omega_1}{\omega_1} = \Omega\frac{2\xi_2}{D_1}\sqrt{D_2 m_2}\sqrt{\frac{D_1}{m_1}} = 2\xi_2\Omega\sqrt{\frac{D_2}{D_1}\frac{m_2}{m_1}} = 2\xi_2\Omega\sqrt{D\gamma}$ mit $\frac{D_2}{D_1} := D$, wobei $\frac{D_2}{D_1} := D$ und $\frac{m_2}{m_1} := \gamma$ ist.

4. $\omega^2\frac{m_2}{D_1} = \omega^2\frac{m_2}{D_1}\frac{m_1}{m_1} = \gamma\Omega^2$.

Alles eingesetzt in das System (15.2.1) ergibt:

$$\text{I.} \quad [1 + D - \Omega^2 + 2i\Omega(\xi_1 + \xi_2\sqrt{D\gamma})]x_1 - [D + 2i\xi_2\Omega\sqrt{D\gamma}]x_2 = x,$$

$$\text{II.} \quad -[D + 2i\xi_2\Omega\sqrt{D\gamma}]x_1 + [D - \gamma\Omega^2 + 2i\xi_2\Omega\sqrt{D\gamma}]x_2 = 0. \tag{15.2.2}$$

Die Lösung dieses Systems ist ausgesprochen aufwendig und kompliziert, weswegen wir ausnahmsweise den Beweis in den Anhang verlegen und an dieser Stelle nur das Ergebnis festhalten. Man erhält

$$\xi_{2\text{opt.}} = \sqrt{\frac{3\gamma}{8(1 + \gamma)}}. \tag{15.2.3}$$

Dieses Dämpfungsmaß $\xi_{2\text{opt.}}$ tilgt beide Maxima zusammen am besten. Jeder Wert für sich würde nur jeweils das Maximum an den Stellen Ω_2 bzw. Ω_1 am besten tilgen. Die hergeleiteten optimalen Parameter gelten für ein ungedämpftes Hauptsystem mit $\xi_1 = 0$. Lässt man nun eine leichte Dämpfung zu, etwa $\xi_1 < 2\,\%$, dann ändern sich die Ergebnisse nur geringfügig, sodass (15.2.3) auch in diesem Fall in der Praxis sehr gute Werte liefert.

Bei gegebenen m_1 und D_1 des Hauptsystems sind 7 Schritte zur Festlegung der optimalen Tilgungsparameter durchzuführen (einzig die Bestimmung von D_1 muss in den 3. Band verlegt werden).

Festlegung der optimalen Tilgungsparameter

1. Die Dämpfung des Hauptsystems kann man nur schätzen oder messen. Sie sollte kleiner als 2 % sein. Für reine Tragstrukturen gilt: Stahlbeton 1 %, vorgespannter Beton und Verbundstrukturen 0.5 %, Stahl 0.25 %. Nichttragende Elemente können die Dämpfung wesentlich erhöhen.

2. Wahl des Massenverhältnisses (typischer Bereich $0.01 \leq \gamma \leq 0.05$). Für kleine Massenverhältnisse (ca. $\gamma < 0.04$) ist die wirksame Bandbreite des Schwingungstilgers herabgesetzt, denn verändert sich aufgrund von Temperaturdifferenzen, Bauwerksermüdung usw. die Eigenfrequenz des Hauptsystems, so wird die Effizienz des Tilgers bei kleinen γ unter ca. 4 % stärker beeinflusst als bei größeren γ über 4 %.

3. Bestimmen der Tilgermasse $m_2 = \gamma m_1$, wobei für m_1 die modale Masse M_{mod} bei Anregungmit der Frequenz ω genommen werden muss, d. h. $\gamma = \frac{m_2}{M_{\text{mod}}}$ (siehe 3. Band).

4. Berechnung von β gemäß $\beta_{\text{opt.}} = \frac{1}{1+\gamma}$, also $f_{2\text{opt.}} = \frac{1}{1+\gamma}f_1$.
   Abweichung zur optimalen Verstimmung bzw. Frequenz: Die richtige Verstimmung hat den größten Einfluss auf die Wirksamkeit eines Schwingungstilgers. Hierzu müssen die Eigenfrequenz des Bauwerks und auch die modale Masse des Hauptsystems bekannt sein. Es ist oftmals schwierig, die zu dämpfende Eigenfrequenz des Hauptsystems rechnerisch zu bestimmen. Die Bauwerke können zum einen sehr komplex sein und zum anderen sind meist die Steifigkeitsverhältnisse nicht ausreichend bekannt (Untergrund, Lagerung usw.). Beträgt die Abweichung von $\beta_{\text{opt.}}$ wenige Prozente, dann ist schon mit einer mehrfach höheren Amplitude zu rechnen.

5. Berechnung der Federkonstanten $D_2 = \beta^2 \gamma D_1 = \frac{\gamma D_1}{(1+\gamma)^2}$. Besser ist $D_2 = 4\pi^2 m_2 f_2^2$.

6. Berechnung der Dämpfungskonstanten $\mu_2 = 2\xi_{2\text{opt.}}\sqrt{D_2 m_2}$.
   Die Dämpfungskonstante muss im Labor abgestimmt werden, wobei eine Abweichung im Vergleich zu einer Abweichung der optimalen Verstimmung einen wesentlich geringeren Einfluss auf die Gesamtwirksamkeit des Schwingungstilgers besitzt. Liegt also die Dämpfungsabweichung um 25 %, wirkt sich dies nur gering auf die Effizienz des Schwingungstilgers aus. Generell ist erkennbar, dass signifikante Amplitudenveränderungen des Hauptsystems erst bei Dämpfungsabweichungen von mehr als 50 % auftreten.

7. Zuletzt sollten Aufschwingversuche zur Feinjustierung durchgeführt werden.

Da im folgenden Beispiel Ergebnisse aus dem 3. Band vorausgesetzt werden, geben wir die Lösung nur skizzenhaft wieder.

Beispiel. Nehmen wir an, eine Brücke wird mit einer Eigenfrequenz angeregt, die im Bereich der üblichen Gehfrequenzen liegt, $\omega = \omega_1$ mit $9.42\,\text{Hz} \leq \omega_1 \leq 15.71\,\text{Hz}$ oder $1.5\,\text{Hz} \leq f_1 \leq 2.5\,\text{Hz}$. Sinnvollerweise nehmen wir gerade $f_1 = 2\,\text{Hz}$. Für die Tilgermasse sei $m_2 = 0.05 M_{\text{mod.}}$, also $\gamma = 0.05$. Um nun die Amplituden aller Eigenfrequenzen links und rechts von f_1 zu verkleinern, stimmt man die Frequenz der Tilgermasse fast auf f_1 ab, aber eben nicht genau. Optimal ist $\beta = \frac{1}{1+\gamma}$ oder $f_2 = \frac{1}{1+\gamma}f_1 = 1.905\,\text{Hz}$. Warum dies so ist, leuchtet ein, denn das Maximum in P liegt höher als dasjenige in Q (vgl. Anhang, Abb. A.1). Diese Frequenz muss genau sein und wird im Labor vorbereitet, bevor sie eingebaut wird. Damit sind insbesondere die beiden größtmöglichen Amplituden erfasst, die zu den beiden Frequenzen

$$\frac{\omega}{\omega_1} = \Omega_{1,2} = \sqrt{\frac{1}{1+\gamma}\left(1 \pm \sqrt{\frac{\gamma}{2+\gamma}}\right)}$$

gehören (vgl. (A10) im Anhang). Das heißt also $\omega_a = 0.90\omega_1$ und $\omega_b = 1.05\omega_1$ oder $f_a = 1.79$ Hz und $f_b = 2.10$ Hz. Zuletzt muss noch die Dämpfung der Tilgermasse justiert werden. Dazu zuerst die Federkonstante des Tilgers: $D_2 = \frac{\gamma D_1}{(1+\gamma)^2} = 0.045 D_1$ (Bestimmung von D_1 schwierig) oder besser (weil von D_1 unabhängig): $D_2 = m_2\omega_2^2 = 4\pi^2 m_2 f_2^2 = 143.23 m_2$, dann die Dämpfung

$$\mu_2 = 2\sqrt{\frac{3\gamma}{8(1+\gamma)}}\sqrt{D_2 m_2} = 3.20 m_2.$$

Zusammenfassung zur Wahl des optimalen Tilgers

Der Tilger muss so konstruiert werden, dass eine Abstimmung der Frequenz möglich ist. Meist geschieht dies durch kleinere Zusatzmassen, die nach Bedarf hinzugefügt oder weggenommen werden können. Die Abstimmung der Dämpfung ist weniger wichtig, wie wir gesehen haben. Viskose Dämpfer haben oft auch einen elastischen Anteil, der wie eine Feder wirkt, und können damit ebenfalls die Eigenfrequenz beeinflussen.

Die genaue Abstimmung eines Tilgers kann nur experimentell erfolgen. Sowohl die Eigenfrequenz der Struktur wie auch die des Tilgers kann durch Ausschwingversuche bestimmt werden. Am einfachsten ist die Abstimmung des Tilgers, bevor er an die Struktur befestigt wird.

Der Einbau eines Schwingungstilgers ist heute eine weit verbreitete Maßnahme, um die Schwingungsamplituden von Fußgängerbrücken zu begrenzen. Ein typischer Tilger sieht in etwa wie folgt aus:

Meistens nimmt man zur Dämpfung ein viskoelastisches Material auf Silikonbasis. Elastisch natürlich deswegen, weil es nach jeder Schwingung wieder in seinen Anfangszustand zurückkehren muss. Der viskose Anteil sorgt, wie wir wissen, für die Energiedissipation.

Die Aufgabe des Tilgers ist es, dem Bauwerk möglichst viel Schwingungsenergie zu entziehen und diese im Dämpfer zu dissipieren oder zu zerstreuen. Was dies genau bedeutet, haben wir bei der Funktionsweise eines viskosen Dämpfers beschrieben.

Eine Verminderung der Funktionstüchtigkeit kann eintreten, indem Rostbildung an Führungen die Beweglichkeit der Tilgermasse einschränkt, eine Alterung oder ein Auslaufen der Dämpferflüssigkeit eine Verminderung der Energiedissipation verursacht oder Veränderungen am Bauwerk eine Verstimmung des Tilgers hervorrufen.

Beobachtet wurde hingegen ein bedeutender Einfluss der Temperatur auf die Frequenz und Dämpfung der Tilger, wobei mit abnehmender Temperatur sowohl die Tilgerfrequenz als auch die Tilgerdämpfung zunehmen. Dies lässt sich dadurch erklären, dass die Viskosität des Silikonöls der Dämpfer temperaturabhängig ist und bei kalten

Temperaturen zu einer höheren Steifigkeit und Dämpfung des Tilgers führen. Die bedeutende Änderung der Tilgerparameter mit der Temperatur hat folgende praktische Konsequenz: Die Einhaltung eines gleichbleibenden Wirkungsgrades des Tilgers während eines vollständigen Jahreszyklus ist nicht möglich. Aufgrund der unvermeidlichen Verstimmung des Tilgers sollte daher bei seiner Planung eine Reduzierung des Wirkungsgrades auf 50 %–70 % berücksichtigt werden.

16 Mehrmassensysteme und Modalanalyse

In den Kapiteln 14 und 15 haben wir Systeme mit zwei Freiheitsgraden besprochen. Man muss sich vergegenwärtigen, dass es sich dabei immer um ein Ersatzsystem handelt, bei dem die Verbindungsstücke der Punktmassen (Seile, Federn, Stäbe) als masselos aufgefasst werden. In diesem Kapitel wollen wir das Konzept auf die Schwingung eines Hochhauses übertragen. Die einzelnen Bodenplatten werden als Punktmasse modelliert und die als masselos angenommenen Verbindungswände der einzelnen Stockwerke mit einer Ersatzfederkonstanten versehen.

Jede Struktur besitzt aufgrund ihrer Form und Zusammensetzung Eigenfrequenzen und Eigenformen. Diese zu ermitteln, ist Aufgabe der Modalanalyse. In Band 3 werden wir diese für einige Grundformen wie Saite, Stab, Balken, Membran und Platte rein rechnerisch bestimmen. Andernfalls geschieht dies experimentell über eine Anregung. In diesem Kapitel beschränken wir uns auf maximal drei Freiheitsgrade.

Einschränkungen:
- Das schwingungsfähige System besitzt höchstens drei Freiheitsgrade.
- Die Dämpfung wird vernachlässigt.

Herleitung von (16.1) und (16.2)

Wir betrachten das Modell eines dreistöckigen Hauses, das in Schwingung versetzt wird (Abb. 15.5, 3. und 4. Skizze). Die masselosen Wände besitzen verschiedene Ersatzfederkonstanten D_1, D_2 und D_3, die wir zur Hälfte links und rechts aufteilen. Die Massen der jeweiligen Deckplatten seien m_1, m_2 und m_3. Falls das Gebäude angeregt wird, so nennen wir die wirkenden Kräfte an den einzelnen Stockwerksplatten F_1, F_2 und F_3. Schließlich bezeichnen $x_1(t)$, $x_2(t)$ und $x_3(t)$ die jeweiligen Auslenkungen bezüglich der Horizontalen zur Zeit t.

Einzelne Kraftbilanzen:

Die Beschleunigung von m_1 wird von F_1 begünstigt und von $D_1(x_1 - x_2)$ gehemmt.

Die Beschleunigung von m_2 wird von F_2 begünstigt und von $D_1(x_2-x_1)$ und $D_2(x_2-x_3)$ gehemmt.

Die Beschleunigung von m_3 wird von F_3 begünstigt und von $D_3 x_3$ und $D_2(x_3 - x_2)$ gehemmt.

Daraus entsteht das System

$$m_1 \ddot{x}_1 = -D_1(x_1 - x_2) + F_1.$$
$$m_2 \ddot{x}_2 = -D_1(x_2 - x_1) - D_2(x_2 - x_3) + F_2.$$
$$m_3 \ddot{x}_3 = -D_3 x_3 - D_2(x_3 - x_2) + F_3. \tag{16.1}$$

https://doi.org/10.1515/9783111345819-016

Das System (16.1) schreibt sich in Matrixform als

$$\begin{pmatrix} m_1 & 0 & 0 \\ 0 & m_2 & 0 \\ 0 & 0 & m_3 \end{pmatrix}\begin{pmatrix} \ddot{x}_1 \\ \ddot{x}_2 \\ \ddot{x}_3 \end{pmatrix} + \begin{pmatrix} D_1 & -D_1 & 0 \\ -D_1 & D_1 + D_2 & -D_2 \\ 0 & -D_2 & D_2 + D_3 \end{pmatrix}\begin{pmatrix} x_1 \\ x_2 \\ x_3 \end{pmatrix} = \begin{pmatrix} F_1 \\ F_2 \\ F_3 \end{pmatrix}$$

oder allgemein

$$M\ddot{x} + Kx = F \tag{16.2}$$

mit der Massenmatrix M und der Steifigkeitsmatrix K.

Beispiel 1. Betrachten Sie ein zweistöckiges Haus wie in Abb. 15.5, 3. und 4. Skizze dargestellt (der mittlere Stock entfällt). Gegeben sind $m_1 = m, m_2 = 2m$ und $D_1 = 2D, D_2 = 4D$ (die Darstellung führt dann zu ganzzahligen Vielfachen von ω_0^2). Nach einer Anregung schwingt das Haus frei.
a)   Stellen Sie das zugehörige DG-System auf.
b)   Lösen Sie dieses mit den Ansätzen $x_1(t) = a \cdot e^{\lambda t}, x_2(t) = b \cdot e^{\lambda t}$ und den Anfangsbedingungen $x_1(0) = x_0, \dot{x}_1(0) = 0, x_2(0) = 0, \dot{x}_2(0) = 0$.

Lösung.
a)   Man erhält das System

    I. $m\ddot{x}_1 = -2D(x_1 - x_2)$
   II. $2m\ddot{x}_2 = -4Dx_2 - 2D(x_2 - x_1)$, woraus
    I. $m\ddot{x}_1 = -2Dx_1 + 2Dx_2$
   II. $m\ddot{x}_2 = Dx_1 - 3Dx_2$ und danach mithilfe von $\omega_0^2 = \frac{D}{m}$
    I. $\ddot{x}_1 = -2\omega_0^2 \cdot x_1 + 2\omega_0^2 \cdot x_2$
   II. $\ddot{x}_2 = \omega_0^2 \cdot x_1 - 3\omega_0^2 \cdot x_2$ entsteht. $\tag{16.3}$

b)   Wir bezeichnen die folgenden Ausführungen als
   1. Lösungsmethode.
   Die Ansätze $x_1(t) = a \cdot e^{\lambda t}, x_2(t) = b \cdot e^{\lambda t}$ fügt man in (16.3) ein und erhält
    I. $\lambda^2 \cdot a \cdot e^{\lambda t} = -2\omega_0^2 \cdot a \cdot e^{\lambda t} + 2\omega_0^2 \cdot b \cdot e^{\lambda t}$
   II. $\lambda^2 \cdot b \cdot e^{\lambda t} = a \cdot e^{\lambda t} - 3\omega_0^2 \cdot b \cdot e^{\lambda t}$ und danach
    I. $a(\lambda^2 + 2\omega_0^2) - 2\omega_0^2 \cdot b = 0$
   II. $\omega_0^2 \cdot a - b(\lambda^2 + 3\omega_0^2) = 0$.
   Als Matrixgleichung geschrieben ist

$$\begin{pmatrix} \lambda^2 + 2\omega_0^2 & -2\omega_0^2 \\ \omega_0^2 & -(\lambda^2 + 3\omega_0^2) \end{pmatrix}\begin{pmatrix} a \\ b \end{pmatrix} = \mathbf{0}. \tag{16.4}$$

Die Gleichung ist richtig für alle a, b, wenn die Determinante gleich null ist. Das führt zur charakteristischen Gleichung für λ:

$$\lambda^4 + 5\omega_0^2\lambda^2 + 4\omega_0^4 = 0.$$

Die Lösungen sind

$$\lambda^2 = \frac{-5\omega_0^2 \pm 3\omega_0^2}{2} = \begin{cases} -\omega_0^2, \\ -4\omega_0^2. \end{cases}$$

Also ist $\lambda_{1,2} = \pm i \cdot \omega_0$ und $\lambda_{3,4} = \pm i \cdot 2\omega_0$. Eingesetzt in (16.4) ergibt das

$$\omega_0^2 \begin{pmatrix} 1 & -2 \\ 1 & -2 \end{pmatrix}\begin{pmatrix} a \\ b \end{pmatrix} = 0 \quad \text{und} \quad \omega_0^2 \begin{pmatrix} -2 & -2 \\ 1 & 1 \end{pmatrix}\begin{pmatrix} a \\ b \end{pmatrix} = 0.$$

Daraus erhält man $a = 2b$ und $a = -b$, also die beiden Eigenvektoren $v_1 = \begin{pmatrix} 2 \\ 1 \end{pmatrix}$ und $v_2 = \begin{pmatrix} 1 \\ -1 \end{pmatrix}$. Damit schreibt sich die Lösung als

$$\begin{pmatrix} x_1 \\ x_2 \end{pmatrix} = \begin{pmatrix} 2 \\ 1 \end{pmatrix} \cdot c_1 e^{i\omega_0 t} + \begin{pmatrix} 2 \\ 1 \end{pmatrix} \cdot c_2 e^{-i\omega_0 t} + \begin{pmatrix} 1 \\ -1 \end{pmatrix} \cdot c_3 e^{2i\omega_0 t} + \begin{pmatrix} 1 \\ -1 \end{pmatrix} \cdot c_4 e^{-2i\omega_0 t}$$

oder einzeln

$$x_1(t) = 2c_1 e^{i\omega_0 t} + 2c_2 e^{-i\omega_0 t} + c_3 e^{2i\omega_0 t} + c_4 e^{-2i\omega_0 t},$$
$$x_2(t) = c_1 e^{i\omega_0 t} + c_2 e^{-i\omega_0 t} - c_3 e^{2i\omega_0 t} - c_4 e^{-2i\omega_0 t}. \qquad (16.5)$$

Nun werden die Koeffizienten neu zusammengefasst:

$$C_1 = c_1 + c_2, \quad C_2 = (c_1 - c_2)i, \quad C_3 = c_3 + c_4, \quad C_4 = (c_3 - c_4)i$$

Damit wird aus (16.4)

$$c_1 = \frac{1}{2}(C_1 - iC_2), \quad c_2 = \frac{1}{2}(C_1 + iC_2), \quad c_3 = \frac{1}{2}(C_3 - iC_4) \quad \text{und} \quad c_4 = \frac{1}{2}(C_3 + iC_4).$$

Das System (16.4) schreibt sich somit als

$$x_1(t) = (C_1 - iC_2)e^{i\omega_0 t} + (C_1 + iC_2)e^{-i\omega_0 t} + \frac{1}{2}(C_3 - iC_4)e^{2i\omega_0 t} + \frac{1}{2}(C_3 + iC_4)e^{-2i\omega_0 t}$$
$$= 2C_1\left(\frac{e^{i\omega_0 t} + e^{-i\omega_0 t}}{2}\right) + C_3\left(\frac{e^{2i\omega_0 t} + e^{-2i\omega_0 t}}{2}\right)$$
$$\quad + 2C_2\left(\frac{e^{i\omega_0 t} - e^{-i\omega_0 t}}{2i}\right) + C_4\left(\frac{e^{2i\omega_0 t} - e^{-2i\omega_0 t}}{2i}\right),$$
$$x_2(t) = \frac{1}{2}(C_1 - iC_2)e^{i\omega_0 t} + \frac{1}{2}(C_1 + iC_2)e^{-i\omega_0 t} - \frac{1}{2}(C_3 - iC_4)e^{2i\omega_0 t} - \frac{1}{2}(C_3 + iC_4)e^{-2i\omega_0 t}$$
$$= C_1\left(\frac{e^{i\omega_0 t} + e^{-i\omega_0 t}}{2}\right) - C_3\left(\frac{e^{2i\omega_0 t} + e^{-2i\omega_0 t}}{2}\right)$$

$$+ C_2 \left(\frac{e^{i\omega_0 t} - e^{-i\omega_0 t}}{2i} \right) - C_4 \left(\frac{e^{2i\omega_0 t} - e^{-2i\omega_0 t}}{2i} \right).$$

Mithilfe der Eulerschen Identitäten wir daraus

$$x_1(t) = 2C_1 \cos(\omega_0 t) + 2C_2 \sin(\omega_0 t) + C_3 \cos(2\omega_0 t) + C_4 \sin(2\omega_0 t),$$
$$x_2(t) = C_1 \cos(\omega_0 t) + C_2 \sin(\omega_0 t) - C_3 \cos(2\omega_0 t) - C_4 \sin(2\omega_0 t).$$

Die Anfangsbedingungen in der aufgelisteten Reihenfolge ergeben

$$2C_1 + C_3 = x_0, \quad C_1 - C_3 = 0, \quad C_2 + C_4 = 0 \quad \text{und} \quad C_2 - C_4 = 0.$$

Dies führen zu $C_1 = C_3 = \frac{x_0}{3}, C_2 = C_4 = 0$ und insgesamt zur Lösung

$$x_1(t) = \frac{x_0}{3} [2 \cos(\omega_0 t) + \cos(2\omega_0 t)],$$
$$x_2(t) = \frac{x_0}{3} [\cos(\omega_0 t) - \cos(2\omega_0 t)].$$

Die 1. Lösungsmethode ist offensichtlich langwierig. Mithilfe der Eigenwertmethode lässt sich ein schnelleres Verfahren angeben. Dazu muss jeder Eigenwert einfach sein. Die zugehörigen Eigenvektoren nennt man in der Tragwerksdynamik „Modalformen".

Herleitung von (16.6) **und** (16.7)

2. Lösungsmethode. Dazu benutzen wir

Satz. Gegeben ist die Matrixgleichung eines Mehrmassensystems $M\ddot{x} + Kx = F$.
   Sind M und K diagonalisierbare Matrizen (alle Eigenwerte einfach), M^* und K^* diese Diagonalmatrizen (verallgemeinerte Massenmatrix und verallgemeinerte Steifigkeitsmatrix), dann gibt es eine Matrix ϕ (Modalmatrix), sodass $\phi^T M \phi = M^*$ und $\phi^T K \phi = K^*$.
   Dabei besteht die Matrix

$$M^* = \begin{pmatrix} m_1^* & 0 & \cdots & 0 \\ 0 & m_2^* & \cdots & \vdots \\ \vdots & \vdots & \ddots & 0 \\ 0 & \cdots & 0 & m_n^* \end{pmatrix}$$

aus den verallgemeinerten Massen,

$$K^* = \begin{pmatrix} \omega_1^2 m_1^* & 0 & \cdots & 0 \\ 0 & \omega_2^2 m_2^* & \cdots & \vdots \\ \vdots & \vdots & \ddots & 0 \\ 0 & \cdots & 0 & \omega_n^2 m_n^* \end{pmatrix}$$

aus den verallgemeinerten Steifigkeiten des i-ten Eigenvektors und die Matrix ϕ aus den Eigenvektoren ϕ_i der Matrix

$$-\omega^2 \cdot M + K. \tag{16.6}$$

Wir geben dazu keinen Beweis an, sondern zeigen nur das Vorgehen und danach einige Beispiele.

Folgerung. Soll die Matrixgleichung $M\ddot{x} + Kx = F$ gelöst werden, so schreiben wir die Lösung zuerst als $x = \phi y$. Dann folgt $M\phi\ddot{y} + M\phi y = F$. Multiplikation von links mit ϕ^T liefert $\phi^T M\phi\ddot{y} + \phi^T M\phi y = \phi^T F$ oder mit $F_* = \phi^T F$ die Gleichung

$$M^*\ddot{y} + K^*y = F^*. \tag{16.7}$$

Man bestimmt also zuerst die Lösungen y von (16.7) und verwendet dann $x = \phi y$ für die Lösungen von x. Gleichung (16.7) entkoppelt damit das System (16.2) in n Gleichungen für ein Ersatz-Einmasseschwingersystem.

Beispiel 2. Betrachten Sie nochmals Beispiel 1, also eine freie Schwingung ohne Anregung.

a)   Lösen Sie das DG-System mithilfe des Ansatzes

$$x = \begin{pmatrix} x_1 \\ x_2 \end{pmatrix} = \begin{pmatrix} \phi_x \\ \phi_y \end{pmatrix} \cos(\omega t - \varphi) = \phi \cdot \cos(\omega t - \varphi)$$

und den Anfangsbedingungen $x_1(0) = x_0$, $\dot{x}_1(0) = 0$, $x_2(0) = 0$, $\dot{x}_2(0) = 0$ unter Verwendung von (16.6).

b)   Bestimmen Sie die Lösung mit Hilfe von (16.7).

c)   Stellen Sie die beiden Modalformen in einem Diagramm dar.

Lösung.

a)   Unser DG-System (16.2) lautet in Matrixschreibweise

$$M\ddot{x} + Kx = 0 \tag{16.8}$$

mit

$$M = \begin{pmatrix} m & 0 \\ 0 & 2m \end{pmatrix} \quad \text{und} \quad K = \begin{pmatrix} 2D & -2D \\ -2D & 6D \end{pmatrix}.$$

Den vorgeschlagenen Lösungsansatz in (16.8) eingefügt, ergibt
Eingesetzt folgt $(-\omega^2 \cdot M + K)\phi \cdot \cos(\omega t - \varphi) = 0$.
Damit muss $\det(-\omega^2 \cdot M + K) = 0$ sein.

Es gilt also

$$\begin{vmatrix} -m\omega^2 + 2D & -2D \\ -2D & -2m\omega^2 + 6D \end{vmatrix} = 0$$

oder

$$m \begin{vmatrix} -\omega^2 + 2\omega_0^2 & -2\omega_0^2 \\ -2\omega_0^2 & -2\omega^2 + 6\omega_0^2 \end{vmatrix} = 0 \quad \text{mit} \quad \omega_0^2 = \frac{D}{m} \tag{16.9}$$

Dies führt auf

$$(-\omega^2 + 2\omega_0^2)(-2\omega^2 + 6\omega_0^2) - 4\omega_0^4 = 0,$$
$$\omega^4 - 5\omega_0^2\omega^2 + 4\omega_0^2 = 0$$

und $\omega_{1.2}^2 = \frac{5\omega_0^2 \pm 3\omega_0^2}{2}$ mit den Lösungen $\omega_1^2 = \omega_0^2$ und $\omega_2^2 = 4\omega_0^2$.
Für die Eigenvektoren oder Modalformen im Fall von ω_1 erhält man

$$\omega_0^2 \begin{pmatrix} 1 & -2 \\ -2 & 4 \end{pmatrix} \begin{pmatrix} a \\ b \end{pmatrix} = \mathbf{0},$$

daraus $a = 2b$ und somit

$$\boldsymbol{\phi}_1 = \begin{pmatrix} \phi_{x1} \\ \phi_{y1} \end{pmatrix} = \begin{pmatrix} 2 \\ 1 \end{pmatrix}.$$

Der Eigenwert ω_2 liefert

$$\omega_0^2 \begin{pmatrix} -2 & -2 \\ -2 & -2 \end{pmatrix} \begin{pmatrix} a \\ b \end{pmatrix} = \mathbf{0},$$

daraus $a = -b$ und

$$\boldsymbol{\phi}_2 = \begin{pmatrix} \phi_{x1} \\ \phi_{y1} \end{pmatrix} = \begin{pmatrix} 1 \\ -1 \end{pmatrix}.$$

Insgesamt lautet die Modalmatrix $\boldsymbol{\phi} = \begin{pmatrix} 2 & 1 \\ 1 & -1 \end{pmatrix}$.
Daraus folgt dann

$$\begin{pmatrix} x_1 \\ x_2 \end{pmatrix} = A_1 \begin{pmatrix} 2 \\ 1 \end{pmatrix} \cos(\omega_1 t - \varphi_1) + A_2 \begin{pmatrix} 1 \\ -1 \end{pmatrix} \cos(\omega_2 t - \varphi_2).$$

Die vier Anfangsbedingungen führen zu
I. $x_0 = 2A_1 \cos(\varphi_1) + A_2 \cos(\varphi_2)$
II. $0 = A_1 \cos(\varphi_1) - A_2 \cos(\varphi_2)$

III. $0 = 2A_1\omega_1\sin(\varphi_1) + A_2\omega_2\sin(\varphi_2)$

IV. $0 = A_1\omega_1\sin(\varphi_1) + A_2\omega_2\sin(\varphi_2)$.

III. und IV. ergeben $0 = A_1\omega_1\sin(\varphi_1)$ und $\varphi_1 = 0$.

Mit I. und II. erhält man $x_0 = 3A_1\cos(\varphi_1)$ und daraus $A_1 = \frac{x_0}{3}$.

Weiter muss $A_2 \neq 0$ sein, ansonsten $A_1 = 0$ wäre. Damit ist $\varphi_2 = 0$ und somit $A_2 = \frac{x_0}{3}$.

Insgesamt ist

$$\begin{pmatrix} x_1 \\ x_2 \end{pmatrix} = \frac{x_0}{3}\begin{pmatrix} 2 \\ 1 \end{pmatrix}\cos(\omega_0 t) + \frac{x_0}{3}\begin{pmatrix} 1 \\ -1 \end{pmatrix}\cos(2\omega_0 t)$$

oder einzeln

$$x_1(t) = \frac{x_0}{3}[2\cos(\omega_0 t) + \cos(2\omega_0 t)],$$

$$x_2(t) = \frac{x_0}{3}[\cos(\omega_0 t) - \cos(2\omega_0 t)].$$

b) Zuerst berechnen wir

$$\phi^T M \phi = \begin{pmatrix} 2 & 1 \\ 1 & -1 \end{pmatrix}\begin{pmatrix} m & 0 \\ 0 & 2m \end{pmatrix}\begin{pmatrix} 2 & 1 \\ 1 & -1 \end{pmatrix} = \begin{pmatrix} 6 & 0 \\ 0 & 3 \end{pmatrix} = M^*,$$

$$\phi^T K \phi = \begin{pmatrix} 2 & 1 \\ 1 & -1 \end{pmatrix}\begin{pmatrix} 2D & -2D \\ -2D & 6D \end{pmatrix}\begin{pmatrix} 2 & 1 \\ 1 & -1 \end{pmatrix} = \begin{pmatrix} 6 & 0 \\ 0 & 12 \end{pmatrix} = K^*.$$

Damit ist nach (16.7)

$$M^*\ddot{y} + K^*y = 0,$$

$$m\begin{pmatrix} 6 & 0 \\ 0 & 3 \end{pmatrix}\begin{pmatrix} \ddot{y}_1 \\ \ddot{y}_2 \end{pmatrix} + D\begin{pmatrix} 6 & 0 \\ 0 & 12 \end{pmatrix}\begin{pmatrix} y_1 \\ y_2 \end{pmatrix} = 0$$

oder einzeln

$$\ddot{y}_1 + \omega_0^2 y_1 = 0,$$

$$\ddot{y}_2 + 4\omega_0^2 y_2 = 0.$$

Die Lösungen lauten

$$y_1(t) = A_1\cos(\omega_0 t) + B_1\sin(\omega_0 t),$$

$$y_2(t) = A_2\cos 2(\omega_0 t) + B_2\sin(2\omega_0 t).$$

Unter Verwendung von $x = \phi y$ folgt

$$\begin{pmatrix} x_1 \\ x_2 \end{pmatrix} = \begin{pmatrix} 2 & 1 \\ 1 & -1 \end{pmatrix}\begin{pmatrix} y_1 \\ y_2 \end{pmatrix}$$

oder einzeln

$$x_1(t) = 2A_1 \cos(\omega_0 t) + 2B_1 \sin(\omega_0 t) + A_2 \cos(2\omega_0 t) + B_2 \sin(2\omega_0 t),$$
$$x_2(t) = A_1 \cos(2\omega_0 t) + B_1 \sin(2\omega_0 t) - A_2 \cos(2\omega_0 t) - B_2 \sin(2\omega_0 t).$$

Die vier Anfangsbedingungen liefern das System

I. $x_0 = 2A_1 + A_2$
II. $0 = A_1 - A_2$
III. $0 = 2B_1 + B_2$
IV. $0 = 2B_1 - 2B_2$.

Daraus folgt

$$A_1 = A_2 = \frac{x_0}{3}, \quad B_1 = B_2 = 0$$

und insgesamt abermals

$$x_1(t) = \frac{x_0}{3} \left[2\cos(\omega_0 t) + \cos(2\omega_0 t) \right],$$
$$x_2(t) = \frac{x_0}{3} \left[\cos(\omega_0 t) - \cos(2\omega_0 t) \right].$$

c) Bis auf einen Normierungsfaktor ist $\phi_1 = \binom{2}{1}$ und $\phi_2 = \binom{1}{-1}$. In Abb. 16.1 links sind die horizontalen Verschiebungen fett gezeichnet und die Modalformen fein.

Beispiel 3. Gegeben ist das Modell eines dreistöckigen Hauses (Abb. 15.5, 3. und 4. Skizze).

Für die Decken nehmen wir $m_1 = m_2 = m_3 = m$ und für die Federkonstanten gelte

$$D_1 := D, \quad D_2 = \frac{3}{5}D, \quad D_3 = 2D.$$

a) Stellen Sie im Fall einer freien Schwingung das DG-System für die Auslenkungen $x_1(t)$, $x_2(t)$ und $x_3(t)$ der Decken mit der Zeit auf.
b) Schreiben Sie das System aus a) als Matrixgleichung $M\ddot{x} + Kx = 0$ und bestimmen Sie die Eigenwerte mithilfe von $\det(-\omega^2 \cdot M + K) = 0$.
c) Geben Sie zu jedem Eigenwert eine Modalform an und setzen Sie die drei Vektoren zur Modalmatrix ϕ zusammen.
d) Stellen Sie die beiden Modalformen in einem Diagramm dar.
e) Formulieren Sie das System $M^*\ddot{y} + K^*y = 0$ und lösen Sie dieses für $x_1(0) = x_0$, $x_2(0) = 0$, $x_3(0) = 0$, $\dot{x}_1(0) = 0$, $\dot{x}_2(0) = 0$ und $\dot{x}_3(0) = 0$.
f) Bestimmen Sie schließlich die Lösungen für $x_1(t)$, $x_2(t)$ und $x_3(t)$.

Lösung.

a) Aus (16.1) ergibt sich das System

$$m\ddot{x}_1 + Dx_1 - Dx_2,$$

$$m\ddot{x}_2 - Dx_1 + 1.6 \cdot Dx_2 - 0.6 \cdot Dx_3,$$

$$m\ddot{x}_3 - 0.6 \cdot Dx_2 + 2.6 \cdot Dx_3.$$

b) Es gilt

$$m \begin{pmatrix} 1 & 0 & 0 \\ 0 & 1 & 0 \\ 0 & 0 & 1 \end{pmatrix} \begin{pmatrix} \ddot{x}_1 \\ \ddot{x}_2 \\ \ddot{x}_3 \end{pmatrix} + D \begin{pmatrix} 1 & -1 & 0 \\ -1 & 1.6 & -0.6 \\ 0 & -0.6 & 2.6 \end{pmatrix} \begin{pmatrix} x_1 \\ x_2 \\ x_3 \end{pmatrix} = \mathbf{0}.$$

Für die Eigenwerte muss $\det(-\omega^2 \cdot \mathbf{M} + \mathbf{K}) = 0$ oder

$$\begin{vmatrix} -\omega^2 m + D & -D & 0 \\ -D & -\omega^2 m + 1.6D & -0.6D \\ 0 & -0.6D & -\omega^2 m + 2.6D \end{vmatrix} = 0 \quad \text{oder}$$

$$m \begin{vmatrix} -\omega^2 + \omega_0^2 & -\omega_0^2 & 0 \\ -\omega_0^2 & -\omega^2 + 1.6\omega_0^2 & -0.6\omega_0^2 \\ 0 & -0.6\omega_0^2 & -\omega^2 + 2.6\omega_0^2 \end{vmatrix} = 0 \quad \text{mit} \quad \omega_0^2 = \frac{D}{m}$$

gelöst werden. Man erhält

$$(-\omega^2 + \omega_0^2)[(-\omega^2 + 1.6\omega_0^2)(-\omega^2 + 2.6\omega_0^2) - 0.36\omega_0^4] - \omega_0^4(-\omega^2 + 2.6\omega_0^2) = 0$$

und daraus die charakteristische Gleichung

$$5\omega^6 - 26\omega_0^2\omega^4 + 35\omega_0^4\omega^2 - 6\omega_0^6 = 0$$

mit den Lösungen $\omega_1^2 = 0.2\omega_0^2$, $\omega_2^2 = 2\omega_0^2$, $\omega_3^2 = 3\omega_0^2$.

c) Für ω_1 gilt es

$$\omega_0^2 \begin{pmatrix} 0.8 & -1 & 0 \\ -1 & 1.4 & -0.6 \\ 0 & -0.6 & 2.4 \end{pmatrix} \begin{pmatrix} a \\ b \\ c \end{pmatrix} = 0$$

zu lösen. Aus den drei Gleichungen

$$0.8a - b = 0, \quad a - 1.4b + 0.6c = 0, \quad 0.6b - 2.4c = 0$$

folgt $b = 0.8a$, $b = 4c$ und damit die 1. Modalform zu

$$\phi_1 = \begin{pmatrix} 5 \\ 4 \\ 1 \end{pmatrix}.$$

Der EW ω_2 liefert

$$\begin{pmatrix} -1 & -1 & 0 \\ -1 & -0.4 & -0.6 \\ 0 & -0.6 & 0.6 \end{pmatrix} \begin{pmatrix} a \\ b \\ c \end{pmatrix} = 0,$$

daraus

$$a + b = 0, \quad a + 0.4b + 0.6c = 0, \quad 0.6b - 0.6c = 0$$

und folglich $b = -a, b = c$, also

$$\phi_2 = \begin{pmatrix} -1 \\ 1 \\ 1 \end{pmatrix}.$$

Für ω_3 ist

$$\begin{pmatrix} -2 & -1 & 0 \\ -1 & -1.4 & -0.6 \\ 0 & -0.6 & -0.4 \end{pmatrix} \begin{pmatrix} a \\ b \\ c \end{pmatrix} = 0$$

zu lösen.
Man erhält

$$2a + b = 0, \quad a + 0.4b + 0.6c = 0, \quad 0.6b + 0.4c = 0$$

und daraus $b = -2a, c = -1.5b$,

$$\phi_3 = \begin{pmatrix} 1 \\ -2 \\ 3 \end{pmatrix}.$$

Schließlich hat man

$$\phi = \begin{pmatrix} 5 & -1 & 1 \\ 4 & 1 & -2 \\ 1 & 1 & 3 \end{pmatrix}.$$

d) Die drei Modalformen entnimmt man Abb. 16.1 mitte. Die horizontalen Verschiebungen sind fett gezeichnet und die Modalformen fein.

e) Man erhält

$$\phi^T M \phi = \begin{pmatrix} 5 & 4 & 1 \\ -1 & 1 & 1 \\ 1 & -2 & 3 \end{pmatrix} \begin{pmatrix} m & 0 & 0 \\ 0 & m & 0 \\ 0 & 0 & m \end{pmatrix} \begin{pmatrix} 5 & -1 & 1 \\ 4 & 1 & -2 \\ 1 & 1 & 3 \end{pmatrix}$$

$$= m \begin{pmatrix} 42 & 0 & 0 \\ 0 & 3 & 0 \\ 0 & 0 & 14 \end{pmatrix} = M^* \quad \text{und}$$

$$\phi^T K \phi = \begin{pmatrix} 5 & 4 & 1 \\ -1 & 1 & 1 \\ 1 & -2 & 3 \end{pmatrix} \begin{pmatrix} D & -D & 0 \\ -D & 1.6D & -0.6D \\ 0 & -0.6D & 2.6D \end{pmatrix} \begin{pmatrix} 5 & -1 & 1 \\ 4 & 1 & -2 \\ 1 & 1 & 3 \end{pmatrix}$$

$$= D \begin{pmatrix} 8.4 & 0 & 0 \\ 0 & 6 & 0 \\ 0 & 0 & 42 \end{pmatrix} = K^*.$$

Damit ist

$$m \begin{pmatrix} 42 & 0 & 0 \\ 0 & 3 & 0 \\ 0 & 0 & 14 \end{pmatrix} \begin{pmatrix} \ddot{y}_1 \\ \ddot{y}_2 \\ \ddot{y}_3 \end{pmatrix} + D \begin{pmatrix} 8.4 & 0 & 0 \\ 0 & 6 & 0 \\ 0 & 0 & 42 \end{pmatrix} \begin{pmatrix} y_1 \\ y_2 \\ y_3 \end{pmatrix} = 0$$

oder einzeln

$$\ddot{y}_1 + 0.2\omega_0^2 y_1 = 0,$$
$$\ddot{y}_2 + 2\omega_0^2 y_2 = 0,$$
$$\ddot{y}_3 + 3\omega_0^2 y_3 = 0.$$

Die zugehörigen Lösungen lauten

$$y_1(t) = A\cos(\sqrt{0.2}\omega_0 t), \quad y_2(t) = B\cos(\sqrt{2}\omega_0 t), \quad y_3(t) = C\cos(\sqrt{3}\omega_0 t).$$

Dabei fehlen die Sinusterme aufgrund der Anfangsbedingungen.

f) Weiter ist $x = \phi y$ oder

$$\begin{pmatrix} x_1 \\ x_2 \\ x_3 \end{pmatrix} = \begin{pmatrix} 5 & -1 & 1 \\ 4 & 1 & -2 \\ 1 & 1 & 3 \end{pmatrix} \begin{pmatrix} y_1 \\ y_2 \\ y_3 \end{pmatrix}.$$

Ausgeschrieben hat man

$$x_1(t) = 5y_1 - y_2 + y_3 = 5A\cos(\sqrt{0.2}\omega_0 t) - B\cos(\sqrt{2}\omega_0 t) + C\cos(\sqrt{3}\omega_0 t),$$
$$x_2(t) = 4y_1 + y_2 - 2y_3 = 4A\cos(\sqrt{0.2}\omega_0 t) + B\cos(\sqrt{2}\omega_0 t) - 2C\cos(\sqrt{3}\omega_0 t),$$
$$x_3(t) = y_1 + y_2 + 3y_3 = A\cos(\sqrt{0.2}\omega_0 t) + B\cos(\sqrt{2}\omega_0 t) + 3C\cos(\sqrt{3}\omega_0 t).$$

Die Anfangsbedingungen liefern

I. $x_0 = 5A - B + C$

II. $0 = 4A + B - 2C$

III. $0 = A + B + 3C$

und daraus $9A - C = x_0$, $3A - 5C = 0$.

Es folgen die Konstanten $A = \frac{5x_0}{42}$, $B = -\frac{14x_0}{42}$, $C = \frac{3x_0}{42}$ und damit die Lösungen

$$x_1(t) = \frac{x_0}{42}[25\cos(\sqrt{0.2}\omega_0 t) + 14\cos(\sqrt{2}\omega_0 t) + 3\cos(\sqrt{3}\omega_0 t)],$$

$$x_2(t) = \frac{x_0}{42}[20\cos(\sqrt{0.2}\omega_0 t) - 14\cos(\sqrt{2}\omega_0 t) - 6\cos(\sqrt{3}\omega_0 t)],$$

$$x_3(t) = \frac{x_0}{42}[5\cos(\sqrt{0.2}\omega_0 t) - 14\cos(\sqrt{2}\omega_0 t) + 9\cos(\sqrt{3}\omega_0 t)].$$

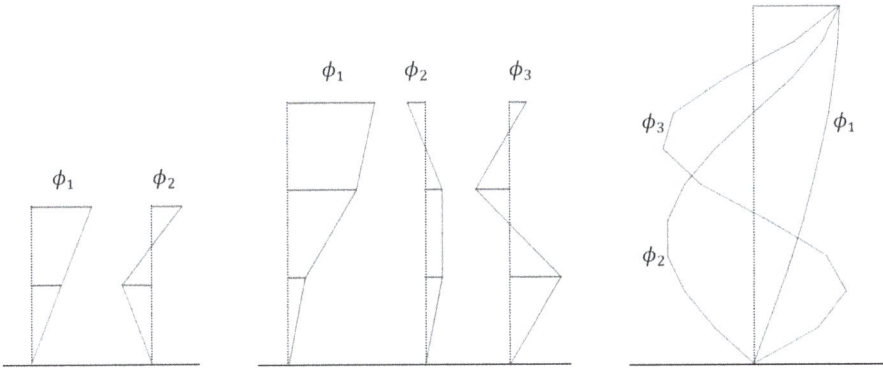

Abb. 16.1: Modalformen zu den Beispielen 2, 3 und 6.

Beispiel 4. Das dreistöckige Hausmodell aus Bsp. 3 wird nun an jeder Deckplatte mit der Kraft $F(t) = F_0\cos(\omega t)$ angeregt. Bestimmen Sie im eingeschwungenen Zustand die zugehörigen Verschiebungen $x_1(t)$, $x_2(t)$ und $x_3(t)$ zuerst allgemein und dann für $\omega = \omega_0$.

Lösung. Zuerst bestimmen wir mit (16.7)

$$F_* = \phi^T F = \begin{pmatrix} 5 & 4 & 1 \\ -1 & 1 & 1 \\ 1 & -2 & 3 \end{pmatrix}\begin{pmatrix} F_0\cos(\omega t) \\ F_0\cos(\omega t) \\ F_0\cos(\omega t) \end{pmatrix} = F_0\cos(\omega t)\begin{pmatrix} 10 \\ 1 \\ 2 \end{pmatrix}$$

und erhalten

$$m\begin{pmatrix} 42 & 0 & 0 \\ 0 & 3 & 0 \\ 0 & 0 & 14 \end{pmatrix}\begin{pmatrix} \ddot{y}_1 \\ \ddot{y}_2 \\ \ddot{y}_3 \end{pmatrix} + D\begin{pmatrix} 8.4 & 0 & 0 \\ 0 & 6 & 0 \\ 0 & 0 & 42 \end{pmatrix}\begin{pmatrix} y_1 \\ y_2 \\ y_3 \end{pmatrix} = F_0\cos(\omega t)\begin{pmatrix} 10 \\ 1 \\ 2 \end{pmatrix}. \qquad (16.10)$$

Einzeln ist

$$\ddot{y}_1 + \frac{1}{5}\omega_0^2 y_1 = \frac{5}{21} \cdot \frac{F_0}{m} \cos(\omega t),$$

$$\ddot{y}_2 + 2\omega_0^2 y_2 = \frac{1}{3} \cdot \frac{F_0}{m} \cos(\omega t),$$

$$\ddot{y}_3 + 3\omega_0^2 y_3 = \frac{1}{7} \cdot \frac{F_0}{m} \cos(\omega t).$$

Mit (11.11) ergibt sich

$$y_1(t) = \frac{25}{21} \cdot \frac{F_0}{m\omega_0^2} \cdot \frac{1}{|1 - \frac{\omega^2}{0.2\omega_0^2}|} \cdot \cos(\omega t),$$

$$y_2(t) = \frac{1}{6} \cdot \frac{F_0}{m\omega_0^2} \cdot \frac{1}{|1 - \frac{\omega^2}{2\omega_0^2}|} \cdot \cos(\omega t),$$

$$y_3(t) = \frac{1}{21} \cdot \frac{F_0}{m\omega_0^2} \cdot \frac{1}{|1 - \frac{\omega^2}{3\omega_0^2}|} \cdot \cos(\omega t).$$

Schließlich setzen wir die Lösungen mit

$$x = \phi y = \begin{pmatrix} 5 & -1 & 1 \\ 4 & 1 & -2 \\ 1 & 1 & 3 \end{pmatrix} y$$

zusammen und erhalten

$$x_1(t) = \frac{F_0}{m\omega_0^2}\left(\frac{125}{21 \cdot |1 - \frac{\omega^2}{0.2\omega_0^2}|} - \frac{1}{6 \cdot |1 - \frac{\omega^2}{2\omega_0^2}|} + \frac{1}{21 \cdot |1 - \frac{\omega^2}{3\omega_0^2}|} \right) \cdot \cos(\omega t),$$

$$x_2(t) = \frac{F_0}{m\omega_0^2}\left(\frac{100}{21 \cdot |1 - \frac{\omega^2}{0.2\omega_0^2}|} + \frac{1}{6 \cdot |1 - \frac{\omega^2}{2\omega_0^2}|} - \frac{2}{21 \cdot |1 - \frac{\omega^2}{3\omega_0^2}|} \right) \cdot \cos(\omega t),$$

$$x_3(t) = \frac{F_0}{m\omega_0^2}\left(\frac{25}{21 \cdot |1 - \frac{\omega^2}{0.2\omega_0^2}|} + \frac{1}{6 \cdot |1 - \frac{\omega^2}{2\omega_0^2}|} + \frac{3}{21 \cdot |1 - \frac{\omega^2}{3\omega_0^2}|} \right) \cdot \cos(\omega t).$$

Speziell für $\omega = \omega_0$ wird daraus

$$x_1(t) = \frac{35}{6} \cdot \frac{F_0}{m\omega_0^2} \cdot \cos(\omega_0 t),$$

$$x_2(t) = \frac{29}{6} \cdot \frac{F_0}{m\omega_0^2} \cdot \cos(\omega_0 t),$$

$$x_3(t) = \frac{3}{2} \cdot \frac{F_0}{m\omega_0^2} \cdot \cos(\omega_0 t).$$

Berücksichtigung der Dämpfung

Herleitung von (16.11)

Möchte man in der Bewegungsgleichung (16.2) auch die Dämpfung einbauen, so erhält man eine Gleichung der Form $M\ddot{x} + C\dot{x} + Kx = F$. Zur Illustration ergibt sich für ein Dreiersystem die Dämpfungsmatrix zu

$$C = \begin{pmatrix} \mu_1 & -\mu_1 & 0 \\ -\mu_1 & \mu_1 + \mu_2 & -\mu_2 \\ 0 & -\mu_2 & \mu_2 + \mu_3 \end{pmatrix}.$$

Obige DG führt dann aber unweigerlich auf komplexe Eigenwerte. Deshalb behilft man sich dahin gehend, dass die Dämpfung erst mit dem entkoppelten System (16.7) einbezogen wird. Man erhält

$$M^* \ddot{y} + C^* \dot{y} + K^* y = F^*$$

mit

$$C^* = \begin{pmatrix} \mu_1^* & 0 & \cdots & 0 \\ 0 & \mu_2^* & \cdots & \vdots \\ \vdots & \vdots & \ddots & 0 \\ 0 & \cdots & 0 & \mu_n^* \end{pmatrix} = \begin{pmatrix} 2\xi\omega_1 m_1^* & 0 & \cdots & 0 \\ 0 & 2\xi\omega_2 m_2^* & \cdots & \vdots \\ \vdots & \vdots & \ddots & 0 \\ 0 & \cdots & 0 & 2\xi\omega_n m_n^* \end{pmatrix}. \quad (16.11)$$

Dabei setzt sich die Matrix C^* aus den modalen Dämpfungen und diese wiederum aus den modalen Massen zusammen. Für jeden Freiheitsgrad wurde das Dämpfungsmaß ξ gleich gross gewählt, was nicht zwingend ist. Ein häufig verwendeter Wert ist $\xi = 0.017$.

Beispiel 5. Betrachten Sie nochmals das dreistöckige Hausmodell aus Bsp. 4. Verwenden Sie für jede Deckplatte das modale Dämpfungsmaß $\xi = 0.017$ und bestimmen Sie die zugehörigen Verschiebungen $x_1(t)$, $x_2(t)$ und $x_3(t)$ zuerst allgemein und dann für $\omega = \omega_0$ im eingeschwungenen Zustand.

Lösung. Wir steigen mit Gleichung (16.10) wieder ein und erhalten

$$m \begin{pmatrix} 42 & 0 & 0 \\ 0 & 3 & 0 \\ 0 & 0 & 14 \end{pmatrix} \begin{pmatrix} \ddot{y}_1 \\ \ddot{y}_2 \\ \ddot{y}_3 \end{pmatrix} + 2\xi m \begin{pmatrix} 42 \cdot \sqrt{0.2}\omega_0 & 0 & 0 \\ 0 & 3 \cdot \sqrt{2}\omega_0 & 0 \\ 0 & 0 & 14 \cdot \sqrt{3}\omega_0 \end{pmatrix} \begin{pmatrix} \dot{y}_1 \\ \dot{y}_2 \\ \dot{y}_3 \end{pmatrix}$$

$$+ D \begin{pmatrix} 8.4 & 0 & 0 \\ 0 & 6 & 0 \\ 0 & 0 & 42 \end{pmatrix} \begin{pmatrix} y_1 \\ y_2 \\ y_3 \end{pmatrix} = F_0 \cos(\omega t) \begin{pmatrix} 10 \\ 1 \\ 2 \end{pmatrix}.$$

Einzeln ergibt sich

$$\ddot{y}_1 + 0.017 \cdot 2\sqrt{0.2}\omega_0 \dot{y}_1 + 0.2\omega_0^2 y_1 = \frac{5}{21} \cdot \frac{F_0}{m} \cos(\omega t),$$

$$\ddot{y}_2 + 0.017 \cdot 2\sqrt{2}\omega_0 \dot{y}_2 + 2\omega_0^2 y_2 = \frac{1}{3} \cdot \frac{F_0}{m} \cos(\omega t),$$

$$\ddot{y}_3 + 0.017 \cdot 2\sqrt{3}\omega_0 \dot{y}_3 + 3\omega_0^2 y_3 = \frac{1}{7} \cdot \frac{F_0}{m} \cos(\omega t).$$

Unter Verwendung von Gleichung (11.10) ist

$$y_1(t) = \frac{25}{21} \cdot \frac{F_0}{m\omega_0^2} \cdot \frac{1}{\sqrt{(1 - \frac{\omega^2}{0.2\omega_0^2})^2 + 4 \cdot 0.017^2 \cdot \frac{\omega^2}{0.2\omega_0^2}}} \cdot \cos\left[\omega t - \arctan\left(\frac{2 \cdot 0.017 \cdot \frac{\omega}{0.2\omega_0}}{1 - \frac{\omega^2}{0.2\omega_0^2}}\right)\right],$$

$$y_2(t) = \frac{1}{6} \cdot \frac{F_0}{m\omega_0^2} \cdot \frac{1}{\sqrt{(1 - \frac{\omega^2}{2\omega_0^2})^2 + 4 \cdot 0.017^2 \cdot \frac{\omega^2}{2\omega_0^2}}} \cdot \cos\left[\omega t - \arctan\left(\frac{2 \cdot 0.017 \cdot \frac{\omega}{2\omega_0}}{1 - \frac{\omega^2}{2\omega_0^2}}\right)\right],$$

$$y_3(t) = \frac{1}{21} \cdot \frac{F_0}{m\omega_0^2} \cdot \frac{1}{\sqrt{(1 - \frac{\omega^2}{3\omega_0^2})^2 + 4 \cdot 0.017^2 \cdot \frac{\omega^2}{3\omega_0^2}}} \cdot \cos\left[\omega t - \arctan\left(\frac{2 \cdot 0.017 \cdot \frac{\omega}{3\omega_0}}{1 - \frac{\omega^2}{3\omega_0^2}}\right)\right].$$

Die Verschiebungen setzen wir mithilfe von die Lösungen

$$x = \phi y = \begin{pmatrix} 5 & -1 & 1 \\ 4 & 1 & -2 \\ 1 & 1 & 3 \end{pmatrix} y$$

zusammen und erhalten

$$x_1(t) = 5y_1 - y_2 + y_3,$$

$$x_2(t) = 4y_1 + y_2 - 2y_3,$$

$$x_3(t) = y_1 + y_2 + 3y_3.$$

Im Fall von $\omega = \omega_0$ reduziert sich die modalen Lösungen zu

$$y_1(t) = \frac{F_0}{m\omega_0^2} \cdot 0.30 \cdot \cos(\omega_0 t + 0.043),$$

$$y_2(t) = \frac{F_0}{m\omega_0^2} \cdot 0.33 \cdot \cos(\omega_0 t - 0.034),$$

$$y_3(t) = \frac{F_0}{m\omega_0^2} \cdot 0.07 \cdot \cos(\omega_0 t - 0.017).$$

Die Verschiebungen sind dann

$$x_1(t) = \frac{F_0}{m\omega_0^2}[1.49\cos(\omega_0 t + 0.043) - 0.33\cos(\omega_0 t - 0.034) + 0.07\cos(\omega_0 t - 0.017)],$$

$$x_2(t) = \frac{F_0}{m\omega_0^2}[1.19\cos(\omega_0 t + 0.043) + 0.33\cos(\omega_0 t - 0.034) - 0.14\cos(\omega_0 t - 0.017)],$$

$$x_3(t) = \frac{F_0}{m\omega_0^2}[0.30\cos(\omega_0 t + 0.043) + 0.33\cos(\omega_0 t - 0.034) + 0.21\cos(\omega_0 t - 0.017)].$$

Beispiel 6. Das dreistöckige Hochhausmodell wird zu einem zehnstöckigen Hochhaus erweitert.

Die Massen der Deckplatten werden von oben gezählt mit $m_1, m_2, \ldots, m_{10}$ und deren Verschiebungen mit $x_1, x_2, \ldots, x_{10}$ bezeichnet. Entsprechend lauten die Federkonstanten $D_1, D_2, \ldots, D_{10}$.

a) Geben Sie das DG-System gemäß (16.1) für dieses Modell bei einer freien Schwingung an.

b) Speziell wählen wir $m_k = m$ und $D_k = D$ für $k = 1, 2, \ldots, 10$. Wie lauten Massen- und Steifigkeitsmatrix in diesem Fall?

c) Berechnen Sie die zehn Eigenfrequenzen ω_n der Matrix $-\omega^2 \cdot M + K$ für $\omega_0 = 40\frac{1}{s}$.

d) Ermitteln Sie die zehn Modalformen ϕ_n und stellen Sie die ersten vier in einem Diagramm dar.

Lösung.

a) Die 1. Gleichung und die 10. Gleichung lauten $m_1\ddot{x}_1 + D_1(x_1 - x_2) = 0$ und $m_{10}\ddot{x}_{10} + D_{10}x_{10} + D_9(x_{10} - x_9) = 0$ resp. Die 2. bis zur 9. Gleichung werden beschrieben durch

$$m_k\ddot{x}_k + D_{k-1}(x_k - x_{k-1}) + D_k(x_k - x_{k+1}) = 0 \quad \text{für } k = 2, 3, \ldots, 9.$$

b) Es gilt

$$M = m\begin{pmatrix} 1 & 0 & \cdots & 0 \\ 0 & 1 & \cdots & 0 \\ \vdots & \vdots & \ddots & \vdots \\ 0 & \cdots & 0 & 1 \end{pmatrix} \quad \text{und} \quad K = D\begin{pmatrix} 1 & -1 & 0 & 0 \\ -1 & 2 & -1 & \vdots \\ \vdots & \vdots & \ddots & \vdots \\ 0 & 0 & -1 & 2 \end{pmatrix}.$$

c) Aus $\det(-\omega^2 \cdot M + K) = 0$ folgt

$$\omega_{1\pm} = \pm 5.98, \quad \omega_{2\pm} = \pm 17.8, \quad \omega_{3\pm} = \pm 29.2, \quad \omega_{4\pm} = \pm 40.6, \quad \omega_{5\pm} = \pm 49.9,$$

$$\omega_{6\pm} = \pm 58.6, \quad \omega_{7\pm} = \pm 66.1, \quad \omega_{8\pm} = \pm 72.1, \quad \omega_{9\pm} = \pm 76.4, \quad \omega_{10\pm} = \pm 79.1.$$

d) Die folgende Tabelle erfasst die zehn Modalformen. Dabei wurde jeweils die Komponente der obersten Deckplatte m_1 eins gesetzt. Die Anzahl Nullstellen der Modalformen nimmt mit zunehmendem Index jeweils um eins zu. Abb. 16.1 rechts enthält die ersten drei Modalformen.

Nummer	ϕ_1	ϕ_2	ϕ_3	ϕ_4	ϕ_5
1	1	1	1	1	1
2	0.98	0.8	0.47	−0.03	−0.56
3	0.93	0.45	−0.31	−1.03	−1.25
4	0.87	0	−0.93	−0.97	0
5	0.78	−0.44	−1.05	0.09	1.25
6	0.68	−0.80	−0.61	1.06	0.55
7	0.57	−1	0.16	0.93	−1
8	0.44	−1	0.84	−0.15	−1
9	0.30	−0.80	1.07	−1.08	0.56
10	0.15	−0.45	0.74	−0.90	1.25

Nummer	ϕ_6	ϕ_7	ϕ_8	ϕ_9	ϕ_{10}
1	1	1	1	1	1
2	−1.15	−1.73	−2.25	−2.65	−2.91
3	−0.83	0.26	1.81	3.36	4.56
4	1.27	1.54	−0.01	−2.90	−5.80
5	0.65	−1.39	−1.80	1.41	6.53
6	−1.36	−0.52	2.25	0.57	−6.66
7	−0.45	1.77	−1.02	−2.35	6.21
8	1.43	−0.77	−0.98	3.31	−5.19
9	0.24	−1.21	2.24	−3.10	3.72
10	−1.46	1.65	−1.82	1.80	−1.90

Anhang: Beweis Schwingungstilger mit Dämpfung

Es soll das System (15.3.2) gelöst werden:

I. $\quad [1 + D - \Omega^2 + 2i\Omega(\xi_1 + \xi_2\sqrt{D\gamma})]x_1 - (D + 2i\xi_2\Omega\sqrt{D\gamma})x_2 = x$

II. $\quad -(D + 2i\xi_2\Omega\sqrt{D\gamma})x_1 + (D - \gamma\Omega^2 + 2i\xi_2\Omega\sqrt{D\gamma})x_2 = 0.$

Aus der zweiten Gleichung erhält man $x_2 = \frac{D + 2i\xi_2\Omega\sqrt{D\gamma}}{D - \gamma\Omega^2 + 2i\xi_2\Omega\sqrt{D\gamma}}x_1$ und damit für das Verhältnis

$$\frac{x_1}{x} = \frac{D - \gamma\Omega^2 + 2i\xi_2\Omega\sqrt{D\gamma}}{[1 + D - \Omega^2 + 2i\Omega(\xi_1 + \xi_2\sqrt{D\gamma})] \cdot (D - \gamma\Omega^2 + 2i\xi_2\Omega\sqrt{D\gamma}) - (D + 2i\xi_2\Omega\sqrt{D\gamma})^2}. \quad (A1)$$

Zuerst wird der Nenner N von (A1) ausmultipliziert und es ergibt sich:

$$N = (1 + D - \Omega^2)(D - \gamma\Omega^2) + (1 + D - \Omega^2)2i\xi_2\Omega\sqrt{D\gamma} + (D - \gamma\Omega^2)2i\Omega(\xi_1 + \xi_2\sqrt{D\gamma})$$

$$- 4\xi_2\Omega^2(\xi_1 + \xi_2\sqrt{D\gamma})\sqrt{D\gamma} - D^2 - 4D i\xi_2\Omega\sqrt{D\gamma} + 4\xi_2^2\Omega^2 D\gamma$$

$$= D - \gamma\Omega^2 + D^2 - \gamma D\Omega^2 - D\Omega^2 + \gamma\Omega^4 - 4\xi_1\xi_2\Omega^2\sqrt{D\gamma} - 4\xi_2^2\Omega^2 D\gamma - D^2 + 4\xi_2^2\Omega^2 D\gamma$$

$$+ (1 + D - \Omega^2)2i\xi_2\Omega\sqrt{D\gamma} + (D - \gamma\Omega^2)2i\Omega(\xi_1 + \xi_2\sqrt{D\gamma}) - 4D i\xi_2\Omega\sqrt{D\gamma}$$

$$= D - \gamma\Omega^2 - \gamma D\Omega^2 - D\Omega^2 + \gamma\Omega^4 - 4\xi_1\xi_2\Omega^2\sqrt{D\gamma} + 2i\xi_2\Omega\sqrt{D\gamma} + 2i\xi_2 D\Omega\sqrt{D\gamma}$$

$$- 2i\xi_2\Omega^3\sqrt{D\gamma} + 2i\xi_1 D\Omega + 2i\xi_2 D\Omega\sqrt{D\gamma} - 2i\xi_1\Omega^3\gamma + -2i\xi_2\Omega^3\gamma\sqrt{D\gamma} - 4i\xi_2 D\Omega\sqrt{D\gamma}$$

und damit

$$N = (1 - \Omega^2)(D - \gamma\Omega^2) - \Omega^2(D\gamma + 4\xi_1\xi_2\sqrt{D\gamma}) + 2i\xi_1\Omega(D - \gamma\Omega^2)$$

$$+ 2i\xi_2\Omega\sqrt{D\gamma}[1 - \Omega^2(1 + \gamma)].$$

Eingesetzt in (A1) entsteht;

$$\frac{x_1}{x} = ((D - \gamma\Omega^2) + i(2\xi_2\Omega\sqrt{D\gamma}))$$

$$/((1 - \Omega^2)(D - \gamma\Omega^2) - \Omega^2(D\gamma + 4\xi_1\xi_2\sqrt{D\gamma})$$

$$+ i\{2\xi_1\Omega(D - \gamma\Omega^2) + 2\xi_2\Omega\sqrt{D\gamma}[1 - \Omega^2(1 + \gamma)]\}). \quad (A2)$$

Die komplexe Zahl (A2) ist von der Gestalt $\frac{a + ib}{c + id}$. Dann hat man $|\frac{a + ib}{c + id}|^2 = \frac{a^2 + b^2}{c^2 + d^2}$ und es ergibt sich $|\frac{a + ib}{c + id}| = \sqrt{\frac{a^2 + b^2}{c^2 + d^2}}$. Damit wird aus (A2)

$$\left|\frac{x_1}{x}(\Omega)\right| = (((D - \gamma\Omega^2)^2 + (2\xi_2\Omega\sqrt{D\gamma})^2)$$

https://doi.org/10.1515/9783111345819-017

$$/([(1 - \Omega^2)(D - \gamma\Omega^2) - \Omega^2(D\gamma + 4\xi_1\xi_2\sqrt{D\gamma})]^2$$

$$+ \{2\xi_1\Omega(D - \gamma\Omega^2) + 2\xi_2\Omega\sqrt{D\gamma}[1 - \Omega^2(1 + \gamma)]\}^2))^{1/2}. \qquad (A3)$$

Nehmen wir einmal ein ungedämpftes Hauptsystem, das heißt $\xi_1 = 0$. Dann reduziert sich (A3) zu

$$\left|\frac{x_1}{x}(\Omega)\right| = \sqrt{\frac{(D - \gamma\Omega^2)^2 + (2\xi_2\Omega\sqrt{D\gamma})^2}{[(1 - \Omega^2)(D - \gamma\Omega^2) - \Omega^2 D\gamma]^2 + 4\xi_2^2\Omega^2 D\gamma[1 - \Omega^2(1 + \gamma)]^2}}. \qquad (A4)$$

Für eine Darstellung beachten wir, dass $D = \frac{D_2}{D_1} = \frac{\omega_2^2}{\omega_1^2}\frac{m_2}{m_1} = \frac{\omega_2^2}{\omega_1^2}\gamma$. Zusätzlich wählen wir speziell $\frac{\omega_2^2}{\omega_1^2} = 1$. Damit ist $D = \gamma$ und wir nehmen $\gamma = 0.05$. Dann schreibt sich (A4) als

$$\left|\frac{x_1}{x}(\Omega)\right| = \sqrt{\frac{\gamma^2(1 - \Omega^2)^2 + 4\xi_2^2\Omega^2\gamma^2}{[(1 - \Omega^2)(\gamma - \gamma\Omega^2) - \Omega^2\gamma^2]^2 + 4\xi_2^2\Omega^2\gamma^2[1 - \Omega^2(1 + \gamma)]^2}}$$

$$= \sqrt{\frac{\gamma^2(1 - \Omega^2)^2 + 4\xi_2^2\Omega^2\gamma^2}{[\gamma(1 - \Omega^2)^2 - \Omega^2\gamma^2]^2 + 4\xi_2^2\Omega^2\gamma^2[1 - \Omega^2(1 + \gamma)]^2}}$$

$$= \sqrt{\frac{0.05^2(1 - \Omega^2)^2 + 4\xi_2^2\Omega^2 0.05^2}{[0.05(1 - \Omega^2)^2 - \Omega^2 0.05^2]^2 + 4\xi_2^2\Omega^2 0.05^2(1 - 1.05\Omega^2)^2}}.$$

Diese Funktion stellen wir für $\xi_2 = \{0, 0.1, 0.3, \infty\}$ dar (Abb. A.1).

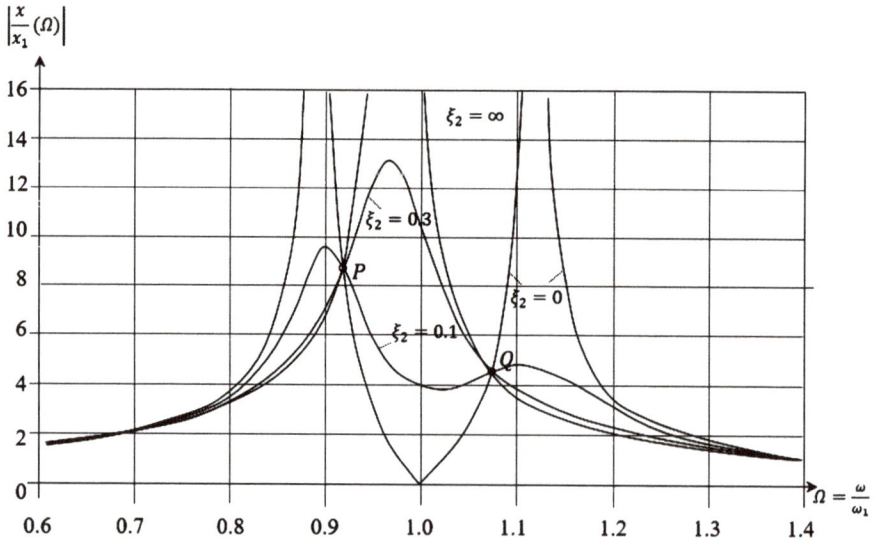

Abb. A.1: Skizze der Fixpunkte beim Tilger mit Dämpfung.

Man erkennt, dass es unabhängig vom gewählten ξ_2 immer zwei Fixpunkte P und Q gibt! Die optimale Dämpfung $\xi_{2\text{opt.}}$ wäre dann erreicht, wenn die beiden Maxima auf gleicher Höhe zu liegen kämen. Da der Rechenaufwand dafür noch größer wäre, als er eh schon ist, und außerdem nicht davon auszugehen ist, dass die entstehenden Gleichungen sich geschlossen lösen lassen und schließlich die beiden Fixpunkte nahe an der Maxima liegen, begnügt man sich mit der etwas schwächeren Bedingung, dass P und Q auf gleicher Höhe liegen. Sinnvollerweise wählt man zu deren Berechnung zwei Funktionen $|\frac{x_1}{x}(\Omega)|^2$ mit einfachen Werten für ξ_2, nämlich $\xi_2 = 0$ und $\xi_2 = \infty$. Für $\xi_2 = 0$ erhält man

$$\left|\frac{x_1}{x}(\Omega)\right|^2_{\xi_2=0} = \frac{D - \gamma\Omega^2}{(1 - \Omega^2)(D - \gamma\Omega^2) - \Omega^2 D\gamma} \tag{A5}$$

und im Fall von $\xi_2 = \infty$ schreibt man

$$\left|\frac{x_1}{x}(\Omega)\right|^2_{\xi_2=\infty} = \frac{\frac{\gamma^2(1-\Omega^2)^2}{\xi_2^2} + 4\Omega^2\gamma^2}{\frac{((1-\Omega^2)(\gamma-\gamma\Omega^2)-\Omega^2\gamma^2)^2}{\xi_2^2} + 4\Omega^2\gamma^2[1 - \Omega^2(1 + \gamma)]^2}$$

und bildet dann

$$\lim_{\xi_2\to 0}\left|\frac{x_1}{x}(\Omega)\right|^2_{\xi_2=\infty} = \frac{1}{1 - \Omega^2(1 + \gamma)}. \tag{A6}$$

Gleichsetzen von (A5) und (A6) führt auf

$$\frac{D - \gamma\Omega^2}{(1 - \Omega^2)(D - \gamma\Omega^2) - \Omega^2 D\gamma} = \pm\frac{1}{1 - \Omega^2(1 + \gamma)}. \tag{A7}$$

Das Pluszeichen ergibt $\Omega = 0$. Mit dem Minuszeichen hat man

$$(D - \gamma\Omega^2)[1 - \Omega^2(1 + \gamma)] = \Omega^2 D\gamma - (1 - \Omega^2)(D - \gamma\Omega^2).$$

Weiter ist:

$$(D - \gamma\Omega^2)(2 - 2\Omega^2 - \gamma\Omega^2) - \gamma D\Omega^2 = 0,$$

$$2D - 2D\Omega^2 - \gamma D\Omega^2 - 2\gamma\Omega^2 + 2\gamma\Omega^4 + \gamma^2\Omega^4 - \gamma D\Omega^2 = 0,$$

$$\gamma(2 + \gamma)\Omega^4 - 2(\gamma D + \gamma + D)\Omega^2 + 2D = 0$$

und

$$\Omega^2_{1,2} = \frac{2(\gamma D + \gamma + D) \pm \sqrt{4(\gamma D + \gamma + D)^2 - 8\gamma D(2 + \gamma)}}{2\gamma(2 + \gamma)}$$

$$
= \frac{(\gamma D + \gamma + D) \pm \sqrt{(\gamma D + \gamma + D)^2 - 2\gamma D(2 + \gamma)}}{\gamma(2 + \gamma)}
$$

$$
= \frac{(\gamma D + \gamma + D) \pm W}{\gamma(2 + \gamma)} \quad \text{mit } W := \sqrt{(\gamma D + \gamma + D)^2 - 2\gamma D(2 + \gamma)}. \tag{A8}
$$

Eingesetzt in die rechte Seite von (A7) folgt

$$
\frac{1}{1 - (1 + \gamma)\frac{(\gamma D + \gamma + D) + W}{\gamma(2 + \gamma)}} = -\frac{1}{1 - (1 + \gamma)\frac{(\gamma D + \gamma + D) - W}{\gamma(2 + \gamma)}},
$$

$$
\gamma(2 + \gamma) - (1 + \gamma)(\gamma D + \gamma + D + W) = (1 + \gamma)(\gamma D + \gamma + D - W) - \gamma(2 + \gamma) \quad \text{und}
$$

$$
\gamma(2 + \gamma) = (1 + \gamma)(\gamma D + \gamma + D). \tag{A9}
$$

Jetzt substituieren wir zurück. Es ist $D = \frac{D_2}{D_1} = \frac{\omega_2^2 \, m_2}{\omega_1^2 \, m_1} = \beta^2 \gamma$ und wir definieren das Verhältnis $\beta = \frac{\omega_2}{\omega_1}$ der Tilgermasse zum Hauptsystem.

Dann geht die Gleichung (A9) über in

$$
\gamma(2 + \gamma) = (1 + \gamma)(\beta^2 \gamma^2 + \gamma + \beta^2 \gamma), \quad \frac{\gamma(2 + \gamma)}{1 + \gamma} - \gamma = \beta^2 \gamma(1 + \gamma),
$$

$$
\frac{\gamma(2 + \gamma) - \gamma(1 + \gamma)}{(1 + \gamma)^2} = \beta^2, \quad \frac{2 - \gamma - 1 - \gamma}{(1 + \gamma)^2} = \beta^2, \quad \frac{1}{(1 + \gamma)^2} = \beta^2
$$

und schließlich $\beta_{\text{opt.}} = \frac{1}{1 + \gamma}$ oder $f_{2\text{opt.}} = \frac{1}{1 + \gamma} f_1$.

Für $\gamma = 0.05$ wäre $f_2 = 0.9523 f_1$. Der Tilger müsste also 4.76 % weniger schwingen als das Hauptsystem. Somit ist eine Größe optimiert, nämlich D oder mit $D = \beta^2 \gamma$, also β. Mithilfe von $D = \beta^2 \gamma = \frac{\gamma}{(1 + \gamma)^2}$ kann man noch die Lage der Punkte P und Q angeben.

Dazu benötigen wir eine Vorbereitung. Wir schreiben

$$
\gamma D + \gamma + D = \beta^2 \gamma^2 + \gamma + \beta^2 \gamma = \beta^2 \gamma(1 + \gamma) + \gamma
$$

$$
= \frac{\gamma(1 + \gamma)}{(1 + \gamma)^2} + \gamma = \frac{\gamma}{(1 + \gamma)} + \gamma = \frac{2\gamma + \gamma^2}{(1 + \gamma)} = \frac{\gamma(2 + \gamma)}{(1 + \gamma)}.
$$

Damit wird aus (A8)

$$
\Omega_{1,2}^2 = \frac{1}{\gamma(2 + \gamma)} \cdot \left(\frac{\gamma(2 + \gamma)}{1 + \gamma} \pm \sqrt{\left(\frac{\gamma(2 + \gamma)}{1 + \gamma} \right)^2 - \frac{2\gamma^2(2 + \gamma)}{(1 + \gamma)^2}} \right)
$$

$$
= \frac{1}{\gamma(2 + \gamma)} \cdot \left(\frac{\gamma(2 + \gamma)}{1 + \gamma} \pm \sqrt{\frac{\gamma^2(2 + \gamma)^2}{(1 + \gamma)^2} - \frac{2\gamma^2(2 + \gamma)}{(1 + \gamma)^2}} \right)
$$

$$
= \frac{1}{\gamma(2 + \gamma)} \cdot \left(\frac{\gamma(2 + \gamma)}{1 + \gamma} \pm \sqrt{\frac{\gamma^3(2 + \gamma)}{(1 + \gamma)^2}} \right) = \frac{1}{\gamma(2 + \gamma)} \cdot \left(\frac{\gamma(2 + \gamma)}{1 + \gamma} \pm \frac{\gamma\sqrt{\gamma(2 + \gamma)}}{1 + \gamma} \right)
$$

$$
= \frac{1}{1 + \gamma} \pm \frac{\sqrt{\gamma}}{(1 + \gamma)\sqrt{2 + \gamma}} = \frac{1}{1 + \gamma}\left(1 \pm \sqrt{\frac{\gamma}{2 + \gamma}} \right).
$$

und schließlich

$$\Omega_{1,2} = \sqrt{\frac{1}{1+\gamma}\left(1 \pm \sqrt{\frac{\gamma}{2+\gamma}}\right)}. \tag{A10}$$

Die maximale Ordinate ergibt sich dann mit (A7) zu

$$\left|\frac{x_1}{x}(\Omega_{1,2})\right| = \frac{1}{\left|1 - \frac{1}{1+\gamma}(1 \pm \sqrt{\frac{\gamma}{2+\gamma}})(1+\gamma)\right|} = \frac{1}{\left|1 - (1 \pm \sqrt{\frac{\gamma}{2+\gamma}})\right|} = \frac{1}{\left|\pm \sqrt{\frac{\gamma}{2+\gamma}}\right|} = \sqrt{\frac{2+\gamma}{\gamma}}.$$

In der Funktion $\left|\frac{x_1}{x}(\Omega)\right|$ von (A4) gilt es jetzt noch das Dämpfungsmaß $\xi_2 = \frac{\mu_2}{2\sqrt{D_1 m_1}}$ oder die Dämpfung μ_2 zu optimieren. Um die Amplitude von $\left|\frac{x_1}{x}(\Omega)\right|$ weiter abzuflachen, fordert man sinnvollerweise, dass die Tangenten in P und Q waagrecht sind. Das führt zu den beiden Gleichungen

$$\frac{d}{d\Omega}\left|\frac{x_1}{x}(\Omega)\right|_{\Omega=\Omega_1} = 0 \quad \text{und} \quad \frac{d}{d\Omega}\left|\frac{x_1}{x}(\Omega)\right|_{\Omega=\Omega_2} = 0. \tag{A11}$$

Der Rechenaufwand zur Berechnung von $\xi_{2\text{opt.}}$ ist enorm. Natürlich könnte man leistungsfähige Großrechner zur Hilfe nehmen. Dem Autor steht ein CAS-Rechner zur Verfügung, der aufgrund der Speicherkapazität nur an einer späteren Stelle eingesetzt werden kann. Es folgt demnach eine sehr lange (Hand-)Rechnung. Die Bedingungen (A11) erfordern die Quotientenregel. Dazu berechnen wir separat

$$\begin{aligned}
|x_1(\Omega)| &= \left(D - \gamma\Omega^2\right)^2 + 4\xi_2^2\Omega^2 D\gamma = D^2 - 2D\gamma\Omega^2 + \gamma^2\Omega^4 + 4\xi_2^2\Omega^2 D\gamma \\
&= \frac{\gamma^2}{(1+\gamma)^4} + \gamma^2\Omega^4 + \frac{2\Omega^2\gamma^2}{(1+\gamma)^2}(\xi_2^2 - 1) \\
&= \gamma^2\left[\Omega^4 + \frac{2\Omega^2}{(1+\gamma)^2}(\xi_2^2 - 1) + \frac{1}{(1+\gamma)^4}\right]
\end{aligned} \tag{A12}$$

und

$$\frac{d}{d\Omega}|x_1(\Omega)| = \gamma^2\left(4\Omega^3 + \frac{4\Omega}{(1+\gamma)^2}(\xi_2^2 - 1)\right) = 4\gamma^2\Omega\left[\Omega^2 + \frac{(\xi_2^2 - 1)}{(1+\gamma)^2}\right]. \tag{A13}$$

Weiter ist:

$$\begin{aligned}
|x(\Omega)| &= \left(D - \gamma\Omega^2 - D\Omega^2 + \gamma\Omega^4 - \Omega^2\gamma D\right)^2 + 4\Omega^2\xi_2^2 D\gamma\left(1 - \Omega^2(1+\gamma)\right)^2 \\
&= \left(D - (\gamma + D + \gamma D)\Omega^2 + \gamma\Omega^4\right)^2 + 4\Omega^2\xi_2^2 D\gamma\left(1 - 2\Omega^2(1+\gamma) + \Omega^4(1+\gamma)^2\right) \\
&= D^2 - 2D(\gamma + D + \gamma D)\Omega^2 + 2\gamma D\Omega^4 + (\gamma + D + \gamma D)^2\Omega^4 - 2\gamma(\gamma + D + \gamma D)\Omega^6 \\
&\quad + \gamma^2\Omega^8 + 4\Omega^2\xi_2^2 D\gamma - 8\Omega^4\xi_2^2 D\gamma(1+\gamma) + 4\Omega^6\xi_2^2 D\gamma(1+\gamma)^2 \\
&= D^2 + \Omega^2\left(-2D(\gamma + D + \gamma D) + 4\xi_2^2 D\gamma\right)
\end{aligned}$$

$$+ \Omega^4\left(2\gamma D + (\gamma + D + \gamma D) - 8\xi_2^2 D\gamma(1+\gamma)\right)$$

$$+ \Omega^6\left(-2\gamma(\gamma + D + \gamma D) + 4\xi_2^2 D\gamma(1+\gamma)^2\right) + \gamma^2\Omega^8$$

$$= \frac{\gamma^2}{(1+\gamma)^4} + \Omega^2\left(-\frac{2\gamma^2(2+\gamma)}{(1+\gamma)^3} + 4\xi_2^2\frac{\gamma^2}{(1+\gamma)^2}\right)$$

$$+ \Omega^4\left(\frac{2\gamma^2}{(1+\gamma)^2} + \frac{\gamma^2(2+\gamma)^2}{(1+\gamma)^2} - 8\xi_2^2\frac{\gamma^2}{1+\gamma}\right)$$

$$+ \Omega^6\left(-\frac{2\gamma^2(2+\gamma)}{1+\gamma} + 4\xi_2^2\gamma^2\right) + \gamma^2\Omega^8$$

$$= \gamma^2\left[\Omega^8 + 2\Omega^6\left(2\xi_2^2 - \frac{2+\gamma}{1+\gamma}\right) + \frac{\Omega^4}{1+\gamma}\left(\frac{6+4\gamma+\gamma^2}{1+\gamma} - 8\xi_2^2\right)\right.$$

$$\left. + \frac{2\Omega^2}{(1+\gamma)^2}\left(2\xi_2^2 - \frac{2+\gamma}{1+\gamma}\right) + \frac{1}{(1+\gamma)^4}\right] \tag{A14}$$

und damit:

$$\frac{d}{d\Omega}|x(\Omega)| = \gamma^2\Omega\left[8\Omega^6 + 12\Omega^4\left(2\xi_2^2 - \frac{2+\gamma}{1+\gamma}\right) + \frac{4\Omega^2}{1+\gamma}\left(\frac{6+4\gamma+\gamma^2}{1+\gamma} - 8\xi_2^2\right)\right.$$

$$\left. + \frac{4}{(1+\gamma)^2}\left(2\xi_2^2 - \frac{2+\gamma}{1+\gamma}\right)\right]. \tag{A15}$$

Dann ist mit (A13) und (A14):

$$\frac{d}{d\Omega}|x_1(\Omega)||x(\Omega)| = \gamma^4\Omega\left[4\Omega^2 + \frac{4(\xi_2^2-1)}{(1+\gamma)^2}\right]$$

$$\cdot\left[\Omega^8 + 2\Omega^6\left(2\xi_2^2 - \frac{2+\gamma}{1+\gamma}\right) + \frac{\Omega^4}{1+\gamma}\left(\frac{6+4\gamma+\gamma^2}{1+\gamma} - 8\xi_2^2\right)\right.$$

$$\left. + \frac{2\Omega^2}{(1+\gamma)^2}\left(2\xi_2^2 - \frac{2+\gamma}{1+\gamma}\right) + \frac{1}{(1+\gamma)^4}\right] \tag{A16}$$

und aus (A12) und (A15) folgt:

$$|x_1(\Omega)|\frac{d}{d\Omega}|x(\Omega)| = \gamma^4\Omega\left[\Omega^4 + \frac{2\Omega^2}{(1+\gamma)^2}(\xi_2^2-1) + \frac{1}{(1+\gamma)^4}\right]$$

$$\times\left[8\Omega^6 + 12\Omega^4\left(2\xi_2^2 - \frac{2+\gamma}{1+\gamma}\right) + \frac{4\Omega^2}{1+\gamma}\left(\frac{6+4\gamma+\gamma^2}{1+\gamma} - 8\xi_2^2\right)\right.$$

$$\left. + \frac{4}{(1+\gamma)^2}\left(2\xi_2^2 - \frac{2+\gamma}{1+\gamma}\right)\right]. \tag{A17}$$

Dividiert mit $\gamma^4\Omega$ und ausmultipliziert (wir nennen die Seiten trotz der Division gleich) schreibt sich (A16) als:

$$\frac{d}{d\Omega}|x_1(\Omega)||x(\Omega)| = 4\Omega^{10} + 8\Omega^8\left(2\xi_2^2 - \frac{2+\gamma}{1+\gamma}\right) + \frac{4\Omega^6}{1+\gamma}\left(\frac{6+4\gamma+\gamma^2}{1+\gamma} - 8\xi_2^2\right)$$

$$+ \frac{8\Omega^4}{(1+\gamma)^2}\left(2\xi_2^2 - \frac{2+\gamma}{1+\gamma}\right) + \frac{4\Omega^2}{(1+\gamma)^2} + \frac{4\Omega^8(2\xi_2^2-1)}{(1+\gamma)^2}$$

$$+ \frac{8\Omega^6(2\xi_2^2-1)}{(1+\gamma)^2}\left(2\xi_2^2 - \frac{2+\gamma}{1+\gamma}\right) + \frac{4\Omega^4(2\xi_2^2-1)}{(1+\gamma)^3}\left(\frac{6+4\gamma+\gamma^2}{1+\gamma} - 8\xi_2^2\right)$$

$$+ \frac{8\Omega^2(2\xi_2^2-1)}{(1+\gamma)^4}\left(2\xi_2^2 - \frac{2+\gamma}{1+\gamma}\right) + \frac{4(2\xi_2^2-1)}{(1+\gamma)^6}$$

$$= 4\Omega^{10} + 16\Omega^8\xi_2^2 - 8\Omega^8\frac{2+\gamma}{1+\gamma} + \frac{4\Omega^6(6+4\gamma+\gamma^2)}{(1+\gamma)^2} - \frac{32\Omega^6\xi_2^2}{1+\gamma}$$

$$+ \frac{16\Omega^4\xi_2^2}{(1+\gamma)^2} - \frac{8\Omega^4(2+\gamma)}{(1+\gamma)^3} + \frac{4\Omega^2}{(1+\gamma)^4} + \frac{8\Omega^8\xi_2^2}{(1+\gamma)^2} - \frac{4\Omega^8}{(1+\gamma)^2}$$

$$+ \frac{32\Omega^6\xi_2^4}{(1+\gamma)^2} - \frac{16\Omega^6\xi_2^2(2+\gamma)}{(1+\gamma)^3} - \frac{16\Omega^6\xi_2^2}{(1+\gamma)^2} + \frac{8\Omega^6(2+\gamma)}{(1+\gamma)^3}$$

$$+ \frac{8\Omega^4\xi_2^2(6+4\gamma+\gamma^2)}{(1+\gamma)^4} - \frac{64\Omega^4\xi_2^4}{(1+\gamma)^3} - \frac{4\Omega^4\xi_2^2(6+4\gamma+\gamma^2)}{(1+\gamma)^4}$$

$$+ \frac{32\Omega^4\xi_2^2}{(1+\gamma)^3} + \frac{32\Omega^2\xi_2^4}{(1+\gamma)^4} - \frac{16\Omega^2\xi_2^2(2+\gamma)}{(1+\gamma)^5} - \frac{16\Omega^2\xi_2^2}{(1+\gamma)^4}$$

$$+ \frac{8\Omega^2(2+\gamma)}{(1+\gamma)^5} + \frac{8\xi_2^2}{(1+\gamma)^6} - \frac{4}{(1+\gamma)^6}. \tag{A18}$$

Weiter wird aus (A17):

$$|x_1(\Omega)|\frac{d}{d\Omega}|x(\Omega)| = 8\Omega^{10} + 12\Omega^8\left(2\xi_2^2 - \frac{2+\gamma}{1+\gamma}\right) + \frac{4\Omega^6}{1+\gamma}\left(\frac{6+4\gamma+\gamma^2}{1+\gamma} - 8\xi_2^2\right)$$

$$+ \frac{4\Omega^4}{(1+\gamma)^2}\left(2\xi_2^2 - \frac{2+\gamma}{1+\gamma}\right) + \frac{16\Omega^8(2\xi_2^2-1)}{(1+\gamma)^2}$$

$$+ \frac{24\Omega^6(2\xi_2^2-1)}{(1+\gamma)^2}\left(2\xi_2^2 - \frac{2+\gamma}{1+\gamma}\right) + \frac{8\Omega^4(2\xi_2^2-1)}{(1+\gamma)^3}\left(\frac{6+4\gamma+\gamma^2}{1+\gamma} - 8\xi_2^2\right)$$

$$+ \frac{8\Omega^2(2\xi_2^2-1)}{(1+\gamma)^4}\left(2\xi_2^2 - \frac{2+\gamma}{1+\gamma}\right) + \frac{8\Omega^6}{(1+\gamma)^4} + \frac{12\Omega^4}{(1+\gamma)^4}\left(2\xi_2^2 - \frac{2+\gamma}{1+\gamma}\right)$$

$$+ \frac{4\Omega^2}{(1+\gamma)^5}\left(\frac{6+4\gamma+\gamma^2}{1+\gamma} - 8\xi_2^2\right) + \frac{4}{(1+\gamma)^6}\left(2\xi_2^2 - \frac{2+\gamma}{1+\gamma}\right)$$

$$= 8\Omega^{10} + 24\Omega^8\xi_2^2 - 12\Omega^8\frac{2+\gamma}{1+\gamma} + \frac{4\Omega^6(6+4\gamma+\gamma^2)}{(1+\gamma)^2} - \frac{32\Omega^6\xi_2^2}{1+\gamma}$$

$$+ \frac{8\Omega^4\xi_2^2}{(1+\gamma)^2} - \frac{4\Omega^4(2+\gamma)}{(1+\gamma)^3} + \frac{32\Omega^8\xi_2^2}{(1+\gamma)^2} - \frac{16\Omega^8}{(1+\gamma)^2} + \frac{96\Omega^6\xi_2^4}{(1+\gamma)^2}$$

$$- \frac{48\Omega^6\xi_2^2(2+\gamma)}{(1+\gamma)^3} - \frac{48\Omega^6\xi_2^2}{(1+\gamma)^2} + \frac{24\Omega^6(2+\gamma)}{(1+\gamma)^3} + \frac{16\Omega^4\xi_2^2(6+4\gamma+\gamma^2)}{(1+\gamma)^4}$$

$$- \frac{128\Omega^4\xi_2^4}{(1+\gamma)^3} - \frac{8\Omega^4(6+4\gamma+\gamma^2)}{(1+\gamma)^4} + \frac{64\Omega^4\xi_2^2}{(1+\gamma)^3} + \frac{32\Omega^2\xi_2^4}{(1+\gamma)^4}$$

$$-\frac{16\Omega^2\xi_2^2(2+\gamma)}{(1+\gamma)^5} - \frac{16\Omega^2\xi_2^2}{(1+\gamma)^4} + \frac{8\Omega^2(2+\gamma)}{(1+\gamma)^5} + \frac{8\Omega^6}{(1+\gamma)^4}$$

$$+\frac{24\Omega^4\xi_2^2}{(1+\gamma)^4} - \frac{12\Omega^4(2+\gamma)}{(1+\gamma)^5} + \frac{4\Omega^2(6+4\gamma+\gamma^2)}{(1+\gamma)^6}$$

$$-\frac{32\Omega^2\xi_2^2}{(1+\gamma)^5} + \frac{8\xi_2^2}{(1+\gamma)^6} - \frac{4(2+\gamma)}{(1+\gamma)^7}. \tag{A19}$$

Gleichung (A11) lautet, wenn man die Ausdrücke (A18) und (A19) auf die rechte Seite bringt:

$$4\Omega^{10} + 8\Omega^8\xi_2^2 - 4\Omega^8\frac{2+\gamma}{1+\gamma} - \frac{8\Omega^4\xi_2^2}{(1+\gamma)^2} + \frac{4\Omega^4(2+\gamma)}{(1+\gamma)^3} - \frac{4\Omega^2}{(1+\gamma)^4} + \frac{24\Omega^8\xi_2^2}{(1+\gamma)^2} - \frac{12\Omega^8}{(1+\gamma)^2}$$

$$+\frac{64\Omega^6\xi_2^4}{(1+\gamma)^2} - \frac{32\Omega^6\xi_2^2(2+\gamma)}{(1+\gamma)^3} - \frac{32\Omega^6\xi_2^2}{(1+\gamma)^2} + \frac{16\Omega^6(2+\gamma)}{(1+\gamma)^3} + \frac{8\Omega^4\xi_2^2(6+4\gamma+\gamma^2)}{(1+\gamma)^4}$$

$$-\frac{64\Omega^4\xi_2^4}{(1+\gamma)^3} - \frac{4\Omega^4(6+4\gamma+\gamma^2)}{(1+\gamma)^4} + \frac{32\Omega^4\xi_2^2}{(1+\gamma)^3} + \frac{4}{(1+\gamma)^6} + \frac{8\Omega^6}{(1+\gamma)^4} + \frac{24\Omega^4\xi_2^2}{(1+\gamma)^4}$$

$$-\frac{12\Omega^4(2+\gamma)}{(1+\gamma)^5} + \frac{4\Omega^2(6+4\gamma+\gamma^2)}{(1+\gamma)^6} - \frac{32\Omega^2\xi_2^2}{(1+\gamma)^5} - \frac{4(2+\gamma)}{(1+\gamma)^7} = 0. \tag{A20}$$

(A20) stellt eine biquadratische Gleichung $a\xi_2^4 + b\xi_2^2 + c = 0$ dar mit:

$$a = \frac{64\Omega^6}{(1+\gamma)^2} - \frac{64\Omega^4}{(1+\gamma)^3},$$

$$b = 8\Omega^8 - \frac{8\Omega^4}{(1+\gamma)^2} + \frac{24\Omega^8}{(1+\gamma)^2} - \frac{32\Omega^6(2+\gamma)}{(1+\gamma)^3} - \frac{32\Omega^6}{(1+\gamma)^2} + \frac{8\Omega^4(6+4\gamma+\gamma^2)}{(1+\gamma)^4}$$

$$+\frac{32\Omega^4}{(1+\gamma)^3} + \frac{24\Omega^4}{(1+\gamma)^4} - \frac{32\Omega^2}{(1+\gamma)^5} \quad \text{und}$$

$$c = 4\Omega^{10} - 4\Omega^8\frac{2+\gamma}{1+\gamma} + \frac{4\Omega^4(2+\gamma)}{(1+\gamma)^3} - \frac{4\Omega^2}{(1+\gamma)^4} - \frac{12\Omega^8}{(1+\gamma)^2} + \frac{16\Omega^6(2+\gamma)}{(1+\gamma)^3}$$

$$-\frac{4\Omega^4(6+4\gamma+\gamma^2)}{(1+\gamma)^4} + \frac{4}{(1+\gamma)^6} + \frac{8\Omega^6}{(1+\gamma)^4} - \frac{12\Omega^4(2+\gamma)}{(1+\gamma)^5}$$

$$+\frac{4\Omega^2(6+4\gamma+\gamma^2)}{(1+\gamma)^6} - \frac{4(2+\gamma)}{(1+\gamma)^7}.$$

An dieser Stelle kommt der CAS-Rechner zum Einsatz. Berechnet wird $\xi_2^2 = \frac{-b\pm\sqrt{b^2-4ac}}{2a}$ und im Ergebnis gemäß (A10) $\Omega_2^2 = \frac{1}{1+\gamma}(1+\sqrt{\frac{\gamma}{2+\gamma}})$ ersetzt.

Der Rechner bietet nur das folgende Ergebnis an, was umgeformt werden muss:

$$\xi_2^2 = \frac{\gamma\sqrt{2}\sqrt{2+\gamma}\sqrt{\sqrt{2+\gamma}(2\gamma+1)+2\gamma\sqrt{\gamma}+3\sqrt{\gamma}}}{8(1+\gamma)\sqrt{\sqrt{2+\gamma}+\sqrt{\gamma}}}$$

$$-\frac{\gamma(\sqrt{2+\gamma}(2\gamma-1)(1+\gamma+\sqrt{\gamma}\sqrt{2+\gamma})+\sqrt{\gamma})}{4(1+\gamma)\sqrt{2+\gamma}(\sqrt{2+\gamma}+\sqrt{\gamma})^2}$$

$$=\frac{\gamma\sqrt{2}\sqrt{2+\gamma}\sqrt{\sqrt{2+\gamma}(2\gamma+1)+2\gamma\sqrt{\gamma}+3\sqrt{\gamma}}}{8(1+\gamma)\sqrt{\sqrt{2+\gamma}+\sqrt{\gamma}}}\cdot\frac{\sqrt{\sqrt{2+\gamma}-\sqrt{\gamma}}}{\sqrt{\sqrt{2+\gamma}-\sqrt{\gamma}}}$$

$$-\frac{\gamma(\sqrt{2+\gamma}(2\gamma-1)(1+\gamma+\sqrt{\gamma}\sqrt{2+\gamma})+\sqrt{\gamma})}{8(1+\gamma)\sqrt{2+\gamma}(1+\gamma+\sqrt{\gamma}\sqrt{2+\gamma})}. \tag{A21}$$

Es sei $\xi_2^2 := T_1 + T_2$. Der erste Term T_1 von (A21) ist

$$T_1 = (\gamma\sqrt{2}\sqrt{2+\gamma}(4\gamma+2+2\gamma^2+2\gamma\sqrt{\gamma}\sqrt{2+\gamma}+3\sqrt{\gamma}\sqrt{2+\gamma}$$

$$-2\gamma\sqrt{\gamma}\sqrt{2+\gamma}-\sqrt{\gamma}\sqrt{2+\gamma}-2\gamma^2-3\gamma)^{1/2})/(8(1+\gamma)\sqrt{2})$$

$$=\frac{\gamma\sqrt{2+\gamma}\sqrt{2+2\gamma+2\sqrt{\gamma}\sqrt{2+\gamma}}}{8(1+\gamma)}=\frac{\gamma\sqrt{2}\sqrt{2+\gamma}\sqrt{1+\gamma+\sqrt{\gamma}\sqrt{2+\gamma}}}{8(1+\gamma)}. \tag{A22}$$

Wir versuchen folgenden Ansatz für die Doppelwurzel W_1 in (A22)

$$W_1 = \sqrt{1+\gamma+\sqrt{\gamma}\sqrt{2+\gamma}} = k_1\sqrt{2+\gamma}+k_2\sqrt{\gamma}.$$

Dann ist $1+\gamma+\sqrt{\gamma}\sqrt{2+\gamma} = \gamma k_1^2 + (2+\gamma)k_2^2 + 2k_1k_2\sqrt{\gamma}\sqrt{2+\gamma}$.
Durch Koeffizientenvergleich hat man

$$1+\gamma = \gamma k_1^2 + (2+\gamma)k_2^2 \quad \text{und} \quad 1 = 2k_1k_2. \tag{A23}$$

Die erste Gleichung von (A23) wird zu

$$1+\gamma = \gamma k_1^2 + \frac{(2+\gamma)}{4k_1^2}, \quad 4\gamma k_1^4 - 4(1+\gamma)k_1^2 + (2+\gamma) = 0$$

mit

$$k_1^2 = \frac{4(1+\gamma)\pm\sqrt{16(1+\gamma)^2-16\gamma(2+\gamma)}}{8\gamma} = \frac{1+\gamma\pm\sqrt{1+\gamma+\gamma^2-2\gamma-\gamma^2}}{2\gamma} = \frac{1+\gamma\pm 1}{2\gamma}.$$

Daraus ergibt sich zusammen mit der 2. Gleichung von (A23)

$$k_1 = \begin{cases} \pm\sqrt{\frac{2+\gamma}{2\gamma}}, \\ \pm\frac{1}{\sqrt{2}}, \end{cases} \quad k_2 = \begin{cases} \pm\sqrt{\frac{\gamma}{2(2+\gamma)}}, \\ \pm\frac{1}{\sqrt{2}}. \end{cases}$$

Beides führt zu

$$W_1 = \sqrt{1+\gamma+\sqrt{\gamma}\sqrt{2+\gamma}} = \frac{1}{\sqrt{2}}(\sqrt{2+\gamma}+\sqrt{\gamma}).$$

Damit haben wir für den ersten Term von (A21) die Darstellung

$$\frac{\gamma\sqrt{2+\gamma}(\sqrt{2+\gamma}+\sqrt{\gamma})}{8(1+\gamma)}. \tag{A24}$$

Insgesamt lautet (A21)

$$
\begin{aligned}
\xi_2^2 &= \frac{\gamma}{8(1+\gamma)}\left[\sqrt{2+\gamma}(\sqrt{2+\gamma}+\sqrt{\gamma}) - \frac{(\sqrt{2+\gamma}(2\gamma-1)(1+\gamma+\sqrt{\gamma}\sqrt{2+\gamma})+\sqrt{\gamma})}{\sqrt{2+\gamma}(1+\gamma+\sqrt{\gamma}\sqrt{2+\gamma})}\right]\\
&= \frac{\gamma}{8(1+\gamma)}[((2+\gamma)(\sqrt{2+\gamma}+\sqrt{\gamma})(1+\gamma+\sqrt{\gamma}\sqrt{2+\gamma})\\
&\quad - \sqrt{2+\gamma}(2\gamma-1)(1+\gamma+\sqrt{\gamma}\sqrt{2+\gamma})-\sqrt{\gamma})/(\sqrt{2+\gamma}(1+\gamma+\sqrt{\gamma}\sqrt{2+\gamma}))]\\
&= \frac{\gamma}{8(1+\gamma)}\left[\frac{(1+\gamma+\sqrt{\gamma}\sqrt{2+\gamma})[(2+\gamma)(\sqrt{2+\gamma}+\sqrt{\gamma})-\sqrt{2+\gamma}(2\gamma-1)]-\sqrt{\gamma}}{\sqrt{2+\gamma}(1+\gamma+\sqrt{\gamma}\sqrt{2+\gamma})}\right]\\
&= \frac{\gamma}{8(1+\gamma)}[((1+\gamma+\sqrt{\gamma}\sqrt{2+\gamma})\\
&\quad \times [2\sqrt{2+\gamma}+2\sqrt{\gamma}+\gamma\sqrt{2+\gamma}+\gamma\sqrt{\gamma}-2\gamma\sqrt{2+\gamma}+\sqrt{2+\gamma}]-\sqrt{\gamma})\\
&\quad /(\sqrt{2+\gamma}(1+\gamma+\sqrt{\gamma}\sqrt{2+\gamma}))]\\
&= \frac{\gamma}{8(1+\gamma)}\left[\frac{(1+\gamma+\sqrt{\gamma}\sqrt{2+\gamma})[3\sqrt{2+\gamma}+(2+\gamma)\sqrt{\gamma}-\gamma\sqrt{2+\gamma}]-\sqrt{\gamma}}{\sqrt{2+\gamma}(1+\gamma+\sqrt{\gamma}\sqrt{2+\gamma})}\right]\\
&= \frac{\gamma}{8(1+\gamma)}\left[\frac{\sqrt{2+\gamma}(1+\gamma+\sqrt{\gamma}\sqrt{2+\gamma})[3-\gamma+\sqrt{\gamma}\sqrt{2+\gamma}]-\sqrt{\gamma}}{\sqrt{2+\gamma}(1+\gamma+\sqrt{\gamma}\sqrt{2+\gamma})}\right]\\
&= \frac{\gamma}{8(1+\gamma)}[((\sqrt{2+\gamma}[3-\gamma+\sqrt{\gamma}\sqrt{2+\gamma}+3\gamma-\gamma^2+\gamma\sqrt{\gamma}\sqrt{2+\gamma}+3\sqrt{\gamma}\sqrt{2+\gamma}\\
&\quad -\gamma\sqrt{\gamma}\sqrt{2+\gamma}+\gamma(2+\gamma)]-\sqrt{\gamma})/(\sqrt{2+\gamma}(1+\gamma+\sqrt{\gamma}\sqrt{2+\gamma}))]\\
&= \frac{\gamma}{8(1+\gamma)}\left[\frac{\sqrt{2+\gamma}[3+4\gamma+4\sqrt{\gamma}\sqrt{2+\gamma}]-\sqrt{\gamma}}{\sqrt{2+\gamma}(1+\gamma+\sqrt{\gamma}\sqrt{2+\gamma})}\right]\\
&= \frac{\gamma}{8(1+\gamma)}\left[\frac{3+4\gamma+4\sqrt{\gamma}\sqrt{2+\gamma}-\sqrt{\frac{\gamma}{2+\gamma}}}{(1+\gamma+\sqrt{\gamma}\sqrt{2+\gamma})}\right]\\
&= \frac{\gamma}{8(1+\gamma)}\left[\frac{3+4\gamma+3\sqrt{\gamma}\sqrt{2+\gamma}+\sqrt{\gamma}\sqrt{2+\gamma}-\sqrt{\frac{\gamma}{2+\gamma}}}{(1+\gamma+\sqrt{\gamma}\sqrt{2+\gamma})}\right]\\
&= \frac{\gamma}{8(1+\gamma)}\left[\frac{3+4\gamma+3\sqrt{\gamma}\sqrt{2+\gamma}+\sqrt{\frac{\gamma}{2+\gamma}}(1+\gamma)}{(1+\gamma+\sqrt{\gamma}\sqrt{2+\gamma})}\right]\\
&= \frac{\gamma}{8(1+\gamma)}\left[\frac{(3+\sqrt{\frac{\gamma}{2+\gamma}})(1+\gamma+\sqrt{\gamma}\sqrt{2+\gamma})}{(1+\gamma+\sqrt{\gamma}\sqrt{2+\gamma})}\right].
\end{aligned}
$$

Somit hat man endlich

$$\xi_2^2 = \frac{\gamma}{8(1+\gamma)}\left(3 + \sqrt{\frac{\gamma}{2+\gamma}}\right).$$ (A25)

Auf dieselbe Weise erhält man für $\Omega_1^2 = \frac{1}{1+\gamma}\left(1 - \sqrt{\frac{\gamma}{2+\gamma}}\right)$ das Ergebnis

$$\xi_2^2 = \frac{\gamma}{8(1+\gamma)}\left(3 - \sqrt{\frac{\gamma}{2+\gamma}}\right).$$ (A26)

Es bietet sich an, das arithmetische Mittel der beiden Werte (A25) und (A26) zu nehmen. Aus

$$\xi_{2\text{opt.}}^2 = \frac{6\gamma}{8(1+\gamma)} = \frac{3\gamma}{8(1+\gamma)} \quad \text{folgt} \quad \xi_{2\text{opt.}} = \sqrt{\frac{3\gamma}{8(1+\gamma)}}.$$ (A27)

Weiterführende Literatur

E. Brommundt und D. Sachau. *Schwingungslehre mit Maschinendynamik*. Springer, 2. Auflage 2014. ISBN 978-3-658-06547-8.

A. Ettemeyer, O. Wallrappa und B. Schäfer. Technische Mechanik. Teil 2: Elastostatik. Fachhochschule München Fachbereich 06 – Feinwerk- und Mikrotechnik, Version 2.02, 2006.

H. Irretier. *Schwingungstechnik*. Institut für Mechanik, Universität Kassel, 6. Auflage 2006.

S. Kolling und H. Steinhilber. *Technische Schwingungslehre*. Technische Hochschule Mittelhessen, 2. Auflage, 2013.

D. Kraft. *Kompendium der Maschinendynamik*. Fachbereich Maschinenbau Fachhochschule München, 5. Auflage, Wintersemester 1999/2000.

M. Krakow. Differenzialgleichungen für Ingenieure. 12. Vorlesung, TU Berlin, Wintersemester 2006/2007.

L. Nasdala. *FEM-Formelsammlung Statik und Dynamik*. Vieweg+Teubner, 1. Auflage, 2010. ISBN 978-3-8348-0980-3.

T. Ranz. *Elementare Materialmodelle der Linearen Viskosität im Zeitbereich*. Universität München, 2007. ISSN 1862-5703.

H. A. Richard und M. Sander. *Technische Mechanik*. Vieweg+Teubner, 2. Auflage 2008. ISBN 978-3-8348-0454-9.

H. Sager. *Fourier-Transformation*. VDF-Verlag, 1. Auflage, 2012. ISBN 978-3-7281-3393-3.

E. Schuler. Tragwerkslehre II. Festigkeitslehre. Universität Lichtenstein, Februar 2017.

E. Schuler. Tragwerkslehre I. Vorlesungsskript, Universität Liechtenstein, Wintersemester 2019/2020.

F. Stussi und P. Dubas. *Grundlagen des Stahlbaues*. Springer, 2. Auflage, 1971. ISBN 978-3-642-95194-7.

M. Wagner. *Lineare und nichtlineare FEM*. Springer, 2. Auflage. ISBN 978-3-658-25051-5.

https://www.bau.unisiegen.de/subdomains/baustatik/lehre/bachelor/bst3/arbeitsblaetter/materialgesetze_festigkeitshypothesen_ss_2017.pdf

https://www.bau.unisiegen.de/subdomains/baustatik/lehre/bachelor/bst3/arbeitsblaetter/einfuehrung_in_die_baudynamik_ss2018.pdf

https://www.math.uni-hamburg.de/home/oberle/skripte/diffgln/dgl1-09.pdf

http://wandinger.userweb.mwn.de/LA_Dynamik_2/v6_2.pdf

http://wandinger.userweb.mwn.de/LA_TMET/v4_3.pdf

http://wandinger.userweb.mwn.de/TM2/v3_3.pdf

https://doi.org/10.1515/9783111345819-018

Stichwortverzeichnis

https://doi.org/10.1515/9783111345819-019